U0115088

Power Query实战

Excel智能化数据清洗神器应用精讲

陈平 著

電子工業出版社
Publishing House of Electronics Industry
北京•BEIJING

内 容 简 介

本书从 Power Query 的 M 语言的基础语法讲起，从清洗各种类型数据逐步深入到实现与外部 AI 功能对接，每一章基本上都配有项目实战案例，突出了函数的使用方法，拆解了计算过程，让读者不仅可以系统地学习编程的相关知识，还能够对 Power Query 应用开发有更加深入的理解。

本书共 15 章，涵盖的主要内容有 Power Query 的简介及基础语法，Power Query 中从多种数据源导入数据的方法，自制文件管理器案例，在 Power Query 中实现条件计算、数据去重、匹配扩展、分隔提取字符等，在 Power Query 中模拟 Excel 的绝对引用和相对引用，以电商平台批量上传产品数据表为例，介绍 Power Query 中的数据自动化处理功能，商品库存管理，根据指定规则分隔数据，多行多列数据的清洗方法，在 Power Query 中进行有关时间的计算，提取代码中的数据，Power Query 中自定义函数的编写基础，使用 Power Query 对接人工智能 API 处理数据。

本书从基础入手，通过丰富的案例对函数的计算过程进行详细解释，不仅适合入门读者和进阶读者阅读，也适合经常使用 Excel 的办公人员阅读。另外，本书还适合作为相关培训机构的教材。

未经许可，不得以任何方式复制或抄袭本书之部分或全部内容。
版权所有，侵权必究。

图书在版编目（CIP）数据

Power Query 实战：Excel 智能化数据清洗神器应用精讲 / 陈平著. —北京：电子工业出版社，2023.1

ISBN 978-7-121-44568-2

Ⅰ. ①P… Ⅱ. ①陈… Ⅲ. ①表处理软件 Ⅳ.①TP391.13

中国版本图书馆 CIP 数据核字（2022）第 219928 号

责任编辑：张月萍　　　特约编辑：田学清
印　　刷：三河市双峰印刷装订有限公司
装　　订：三河市双峰印刷装订有限公司
出版发行：电子工业出版社
　　　　　北京市海淀区万寿路 173 信箱　　　邮编：100036
开　　本：787×1092　1/16　印张：17.75　　字数：348 千字
版　　次：2023 年 1 月第 1 版
印　　次：2023 年 1 月第 1 次印刷
定　　价：79.00 元

凡所购买电子工业出版社图书有缺损问题，请向购买书店调换。若书店售缺，请与本社发行部联系，联系及邮购电话：（010）88254888，88258888。

质量投诉请发邮件至 zlts@phei.com.cn，盗版侵权举报请发邮件至 dbqq@phei.com.cn。

本书咨询联系方式：（010）51260888-819，faq@phei.com.cn。

前　言

在大数据时代，数据的来源具有多样性、复杂性。针对数量庞大、渠道及格式多样的数据，数据清洗就成为刚需。在数据分析中，数据清洗实际上是十分繁重且关键的一步。Power Query 作为数据清洗的工具，能将这些多源的数据集中并统一转换成所需要的格式，为数据分析创造前提条件。

此外，Power Query还能使办公自动化更进一步，与常用办公软件Excel无缝衔接，使日常的重复工作实现自动化，得到高效并准确的处理结果，不仅可以为企业节省人力成本，还可以为个人节省时间。

作者的使用体会

在未使用Power Query之前，作者常用的是Excel中的函数，但是自从使用了Power Query，很多在 Excel 中看似困难的操作只需要进行简单的处理即可完成，甚至都不需要自己编写函数，直接在操作界面中操作即可。对于没有编程经验的人来说，使用Power Query 的关键就是搞清楚数据的格式，如果理解了这一点，那么在使用函数的过程中会容易很多。

本书的特色

Power Query 中的函数多达几百个，选择案例中介绍的那些常用的函数并熟练运用，基本上可以解决工作中遇到的大部分问题。本书不仅说明了操作过程，还帮助读者拓展思路，使读者能够举一反三地来解决问题；同时，通过丰富的案例对函数的计算过程进行详细解释，使读者能够更好地理解函数的计算过程，更清楚函数的计算逻辑。

本书读者对象

- 经常使用 Excel 的办公人员
- 经常需要整合各个渠道数据的人员
- 经常需要生成不同报表的统计人员
- 企业运营管理及分析人员
- 做市场分析的统计人员

- 其他对数据整理及分析感兴趣的人员

本书包括什么内容

第 1 章：主要介绍 Power Query 的一些基本概念，如 Power Query 的作用、打开方式、主界面功能、数据类型、函数概况、基础语法、数据的引用方式等。

第 2 章：介绍 Power Query 中从多种数据源导入数据的方法，如从 Excel 工作簿、工作表、表格、文本文件、文件夹、MySQL 数据库、Web 页面及其他数据源导入数据。

第 3 章：以自制文件管理器作为案例，通过数据的获取、提取、判断和筛选等方式来熟悉一些基本操作，最后利用批处理文件来批量移动、复制、删除和重命名文件。

第 4 章：对比 Excel 中的条件计算公式，了解 Power Query 中的数据自动化清洗计算功能。

第 5 章：对比 Excel 中的数据去重及数据匹配功能，了解 Power Query 中 VLOOKUP 匹配函数的实现方法。

第 6 章：对比 Excel 中提取文本中数据的方法，了解 Power Query 中功能更强大的提取方式，包括提取任意数字、英文、符号及指定国家语言字符等。

第 7 章：对比 Excel 中的绝对引用和相对引用，了解在 Power Query 中实现相对引用、绝对引用和混合引用的方法。

第 8 章：以电商平台批量上传产品数据表作为案例，通过分析目标表格式，介绍如何使用 Power Query 对源数据表格进行清洗并达到目标表格式的要求，以及如何处理标题内容和列的顺序不符合要求的表格。

第 9 章：以库存的断码缺货及补货作为案例，通过 Power Query 对数据进行清洗，使其能自动显示断码缺货的情况及补货的需求。

第 10 章：对比 Excel 中的“分列”功能，Power Query 中“拆分列”功能的规则具有多样性，不仅可以按分隔符、按字符数、按位置来拆分列，还可以按照既有规则转换拆分列，以及自定义规则转换拆分列（如中文转英文、英文转数字等）。

第 11 章：使用 Power Query 对合并单元格的数据进行处理，使其成为可用于分析的数据，包括列标题的合并、行标题的合并、数据值的合并等。

第 12 章：主要介绍 Power Query 中时间类函数的应用、日期及时间类函数的主要分类、日期格式的互相转换等，以排班表和账期计算作为案例来充分展示时间类函数的应用。

第 13 章：主要介绍如何提取带有 table 标签的网页数据，如何对 JSON 格式的数据进行清洗，以及如何提取代码中的指定数据。

第 14 章：主要介绍 Power Query 中的函数概念、自定义函数的备注，以及自定义函数实战。

第 15 章：使用 Power Query 进行人工智能开发，通过解读开放文档中的说明，连接开放的 API，使数据处理更加智能化。

作者介绍

陈平，长居上海，曾创办跨境独立站兼任运营总监，并在多家跨境物流企业从事市场及渠道分析工作多年，他结合市场的数据分析所提出的建议成功帮助企业提升了产品的销量。在开通“数据技巧”微信公众号后，他的原创文章累计近 300 篇，并在简书、今日头条等平台进行分享，深得读者认可。

目 录

第 1 章

Power Query 简介

Power Query 是一种数据连接技术，可用于发现、连接、合并和优化数据源以满足分析需要。从字面意义上讲，Power Query（查询增强版）是一个 Excel 插件，是 Power BI 的一个组件，其使用的函数语法被称为 M 语言。在数据获取—数据清洗—数据计算—数据展示的过程中处于数据获取及数据清洗阶段，它能够自动化处理大部分需求的数据。

本章主要涉及的知识点有：

- Power Query 的作用
- Power Query 的打开方式
- Power Query 主界面功能介绍
- Power Query 中的数据类型
- Power Query 中的函数概况
- Power Query 中的基础语法
- Power Query 中数据的引用方式

注意：M 语言对数据格式的要求非常严格，不仅包括了函数书写的大小写格式，还包括了参数和返回值的类型等。

1.1 Power Query 的作用

Power Query 作为一种超级查询，在获取数据上，微软提供了大量的数据源接口，尤其是在 Power BI Desktop 中的数据源接口更多。其主要作用有以下几点。

1）数据整合

Power Query 可以通过连接从多个数据源中获取数据，数据源不仅包括文件，还包括数据库、文件夹、Web 页面等。Excel 中的 Power Query 数据源接口如图 1.1 所示，Power BI Desktop 中的 Power Query 数据源接口如图 1.2 所示。

2）数据转换

Power Query 可以在其内部对数据进行任意的转换及格式的更改，如图 1.3 所示。

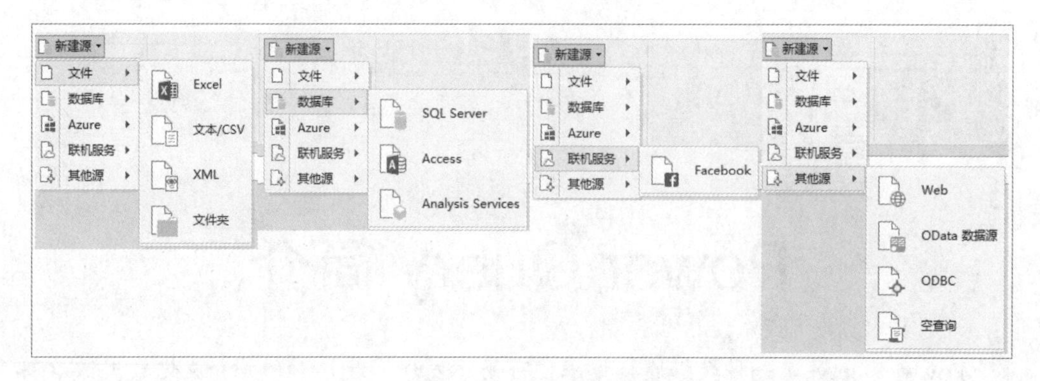

图 1.1　Excel 中的 Power Query 数据源接口

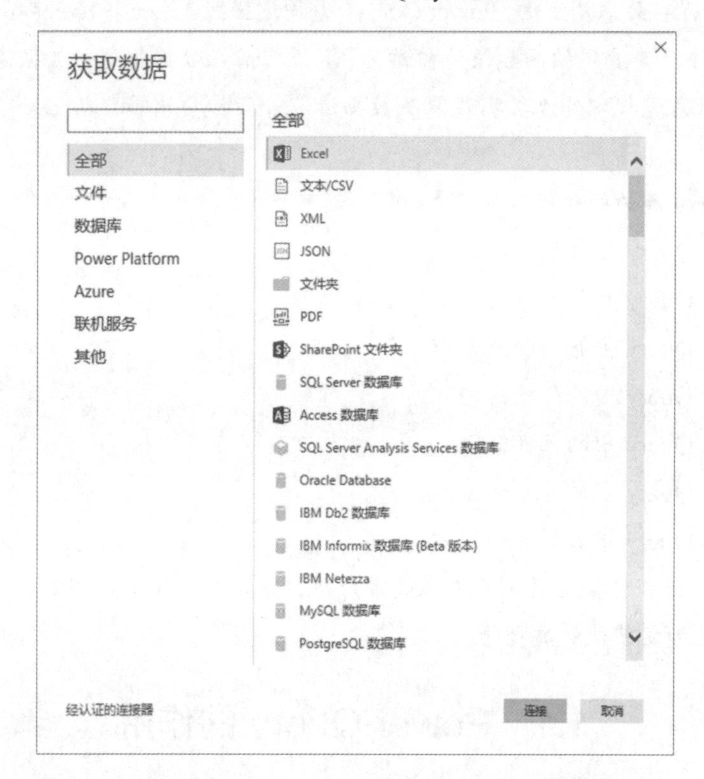

图 1.2　Power BI Desktop 中的 Power Query 数据源接口

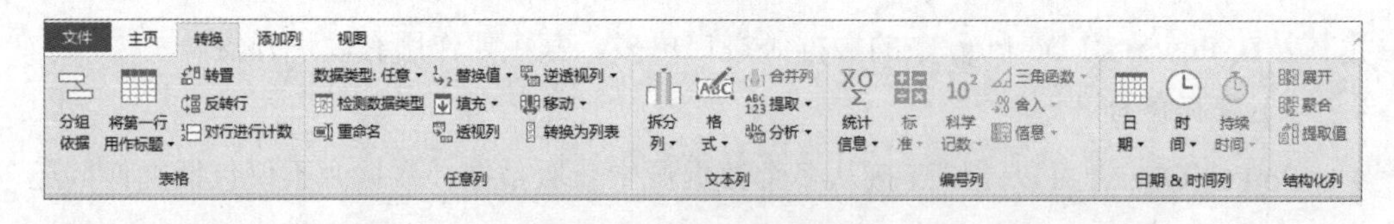

图 1.3　数据转换

3）数据组合

可以通过结构上的合并、数据源的合并、合并查询及追加查询等进行数据的组合，如图 1.4 所示。

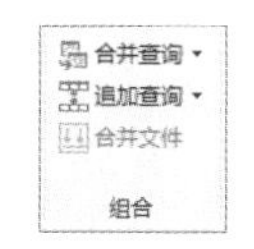

图 1.4　数据组合

1.2　Power Query 的打开方式

在 Excel 2016 中，Power Query 自动嵌入数据标签中，Power Query 的入口如图 1.5 所示。而在较早版本的 Excel 中则需要安装 Power Query 插件，并且在这些较早版本的 Excel 中需要手动下载 Power Query 插件。Power Query 插件可以在微软的官方下载中心下载，如图 1.6 所示，只需根据 Excel 的版本选择对应的版本下载即可。

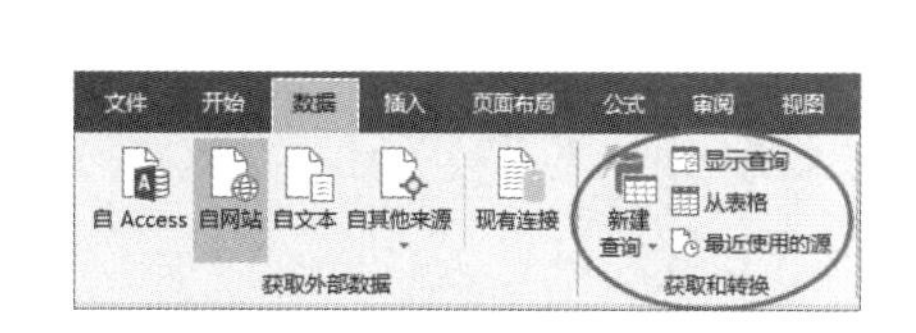

图 1.5　Power Query 的入口

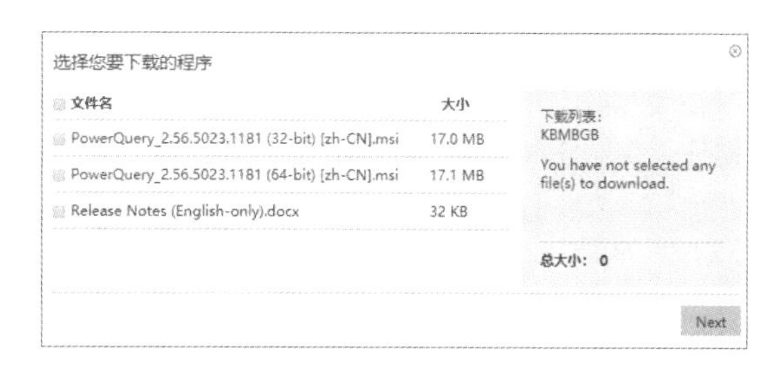

图 1.6　下载 Power Query 插件

如果想要使用 Power Query，则首先需要进入该软件，方法为：在 Excel 中，选择“数据”→“新建查询”→“合并查询”→“启动 Power Query 编辑器”命令，如图 1.7 所示。

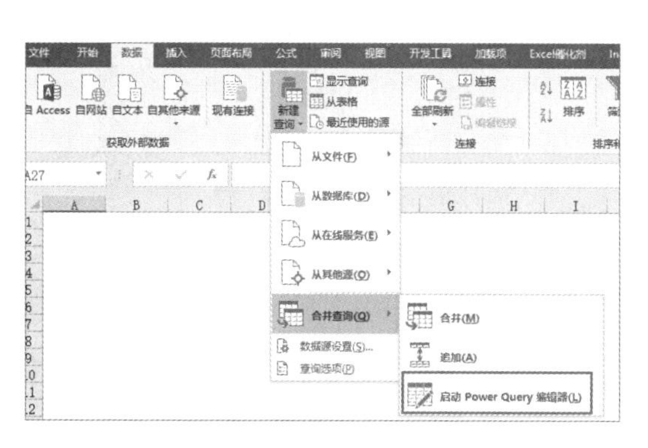

图 1.7　选择“启动 Power Query 编辑器”命令

1.3　Power Query 主界面功能介绍

进入 Power Query 主界面后，可以仔细观察主界面中的选项卡及功能区。大部分操作都可以通过选择选项卡中的选项来完成，所以，了解功能选项卡所在的位置对日常的使用会有非常大的帮助。

先来了解主界面功能分布，如图 1.8 所示。如果部分区域未显示，则可以通过“视图”选项卡进行调用，如图 1.9 所示。

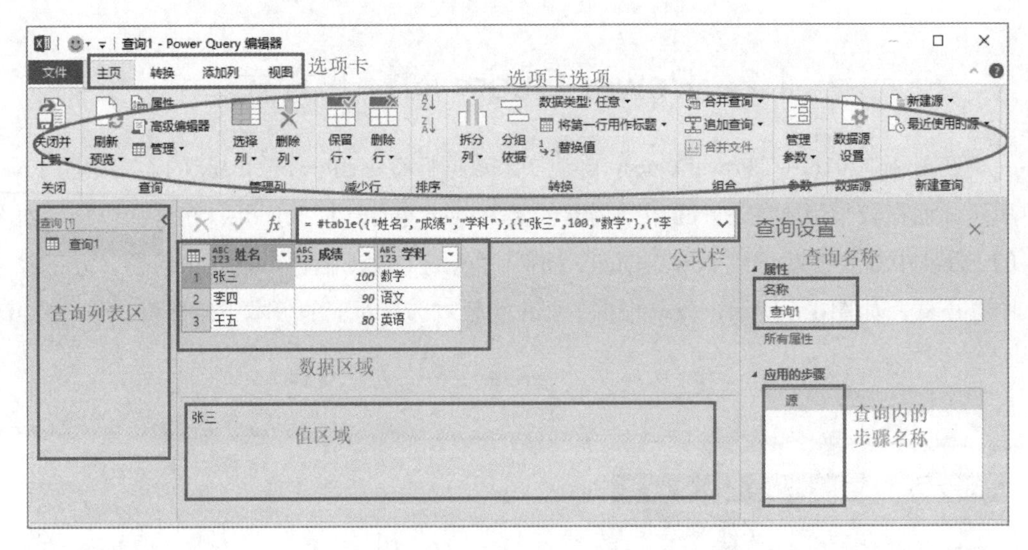

图 1.8 Power Query 主界面功能分布

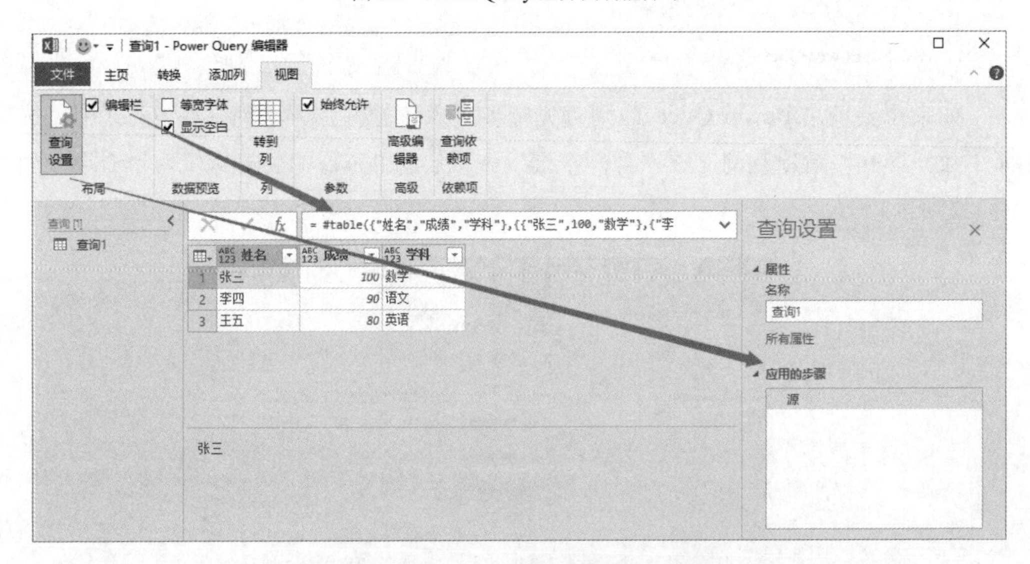

图 1.9 Power Query 中的“视图”选项卡

由图 1.8 可以了解到，在 Power Query 中一共有 4 个选项卡，因为最后的“视图”选项卡不是常用的主要操作选项卡，所以实际上平时用得比较多的就 3 个选项卡，如图 1.10 所示。

仔细观察这 3 个选项卡，可以发现其中有非常多的类似功能，尤其是“转换”和“添加列”选项卡，只不过“转换”选项卡中的选项是在原有表格基础上进行的操作，而“添加列”选项卡中的选项则是在添加列上进行的操作。除此之外，剩余的功能从字面意义上就能基本理解，所以 Power Query 的上手是相对比较容易的，学习后获得的回报是相对比较高的。

图 1.10　Power Query 中常用的 3 个选项卡

1.4　Power Query 中的数据类型

Power Query 对数据格式的要求是非常严格的，要学习 Power Query 的语言，就必须了解其认可的数据类型及数据类型之间是如何运算的。因为在很多情况下，错误的原因就在于数据类型上的差异，所以如果掌握了数据类型，那么接下来的操作就会很顺畅。

注意：Power Query 中的数据类型主要分为数据结构的类型和数据值的类型。

1.4.1　数据结构的类型

在 Power Query 中，数据结构的类型主要分为 3 种，即表格（Table）、列表（List）、记录（Record）。

1）表格

一般从 Excel 或其他数据源导入数据后，就会形成一个表格。表格是人们常用的一种格式，其可以进行嵌套，也就是表格中带有表格，如图 1.11 所示。

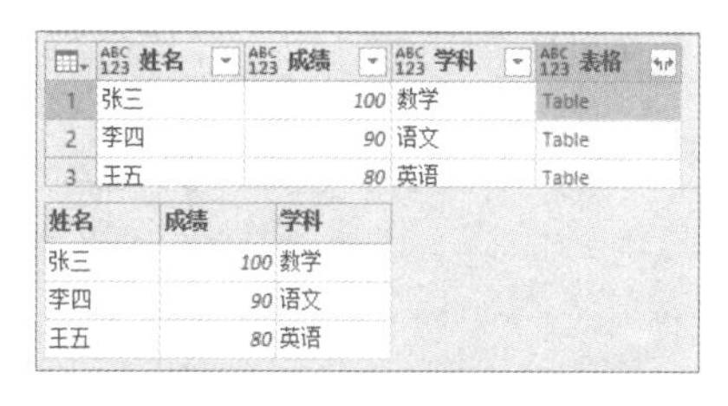

	姓名	成绩	学科	表格
1	张三	100	数学	Table
2	李四	90	语文	Table
3	王五	80	英语	Table

姓名	成绩	学科
张三	100	数学
李四	90	语文
王五	80	英语

图 1.11　表格的数据格式

2）列表

列表代表的是单列的数据，与表格之间的差异是列表不存在标题，但是列的值可以是带有表格或列表的数据，如图 1.12 所示。

3）记录

记录是由一组标题和对应的单个数据构成的类型，标题需要为文本类型，而记录中的值则可以为任意类型，如图 1.13 所示。

列表
1 张三
2 李四
3 王五
4 Table
5 List
姓名 成绩 学科
张三 100 数学
李四 90 语文
王五 80 英语

图 1.12　列表的数据格式

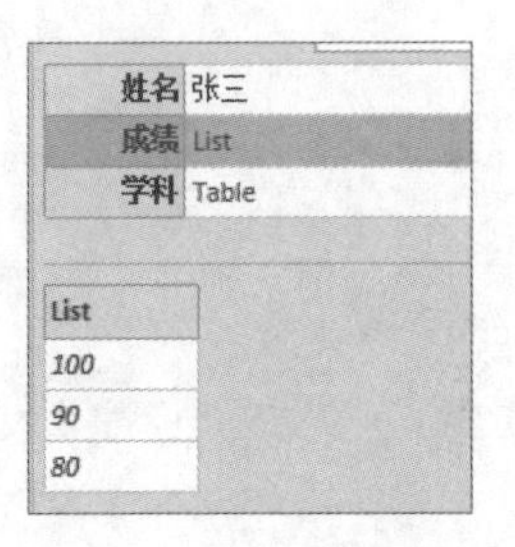

姓名 张三
成绩 List
学科 Table
List
100
90
80

图 1.13　记录的数据格式

1.4.2　数据结构的创建

上一节介绍的 3 种 Power Query 中的数据结构类型可以直接通过特定的书写格式来获取，只需要分别注意这 3 种数据结构类型基本的书写格式即可。

1）表格的创建

可以直接通过#table 来创建表格。Power Query 中对于#table 的解释如图 1.14 所示。

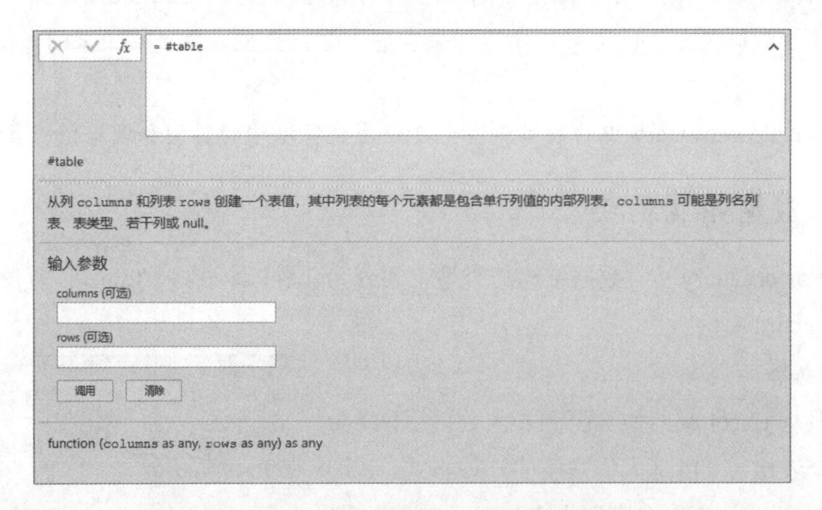

图 1.14　Power Query 中对于#table 的解释

使用#table 创建表格的语法格式如下：

```
=#table({},{{}})
=#table({标题},{{每列的内容}})
=#table({标题 1,标题 2,标题 3},
        {
            {第一行数据},
```

```
            {第二行数据},
            {第三行数据}
        }
    )
```

注意：这里的“table”中的“t”采用小写格式。

以下是创建表格的示例代码，其输出结果如图 1.15 所示。

```
=#table({"姓名","成绩","学科"},
        {
            {"张三",100,"数学"},
            {"李四",90,"语文"},
            {"王五",80,"英语"}
        }
    )
```

	姓名	成绩	学科
1	张三	100	数学
2	李四	90	语文
3	王五	80	英语

图 1.15　创建的表格

图 1.15 所示的表格是通过#table 直接创建的，还有一种方式也可以创建表格，同时对创建出来的列进行类型的定义。语法格式如下：

```
=#table(type table [标题 1=类型 1,标题 2=类型 2],
        {
            {1 行 1 列数据, 1 行 2 列数据},
            {2 行 1 列数据, 2 行 2 列数据}
        }
    )
```

以上面的示例为基础，使用新的方式创建表格的代码如下，得到的结果如图 1.16 所示。

```
=#table(type table [姓名=text,成绩=number,学科=text],
        {
            {"张三",100,"数学"},
            {"李四",90,"语文"},
            {"王五",80,"英语"}
        }
    )
```

	姓名	成绩	学科
1	张三	100	数学
2	李四	90	语文
3	王五	80	英语

图 1.16　创建带有数据类型的表格

图 1.17　创建的列表

注意：在图 1.16 中，“姓名”字段左边是“ABC”，代表文本类型；“成绩”字段左边是“1.2”，代表小数类型。

2）列表的创建

可以直接用{数据 1,数据 2,…}的格式创建列表，所有内容都书写在大括号中，这些内容就是列表的数据，并且列表中的值可以是任意类型的数据。以下是创建列表的示例代码，其输出结果如图 1.17 所示。

```
{
1,
"a",
"中国",
{1,2,3},
[姓名="张三"],
#table({"姓名","成绩","学科"},
        {
            {"张三",100,"数学"},
            {"李四",90,"语文"},
            {"王五",80,"英语"}
        }
    )
}
```

3）记录的创建

可以直接用[标题 1=数据 1,标题 2=数据 2,…]的格式创建记录，所有内容都书写在中括号中，标题和数据组成一组，以下是创建记录的示例代码，其输出结果如图 1.18 所示。

```
[
姓名="张三",
成绩={100,90,80},
学科=#table({"姓名","成绩","学科"},
            {
                {"张三",100,"数学"},
                {"李四",90,"语文"},
                {"王五",80,"英语"}
            }
        )
]
```

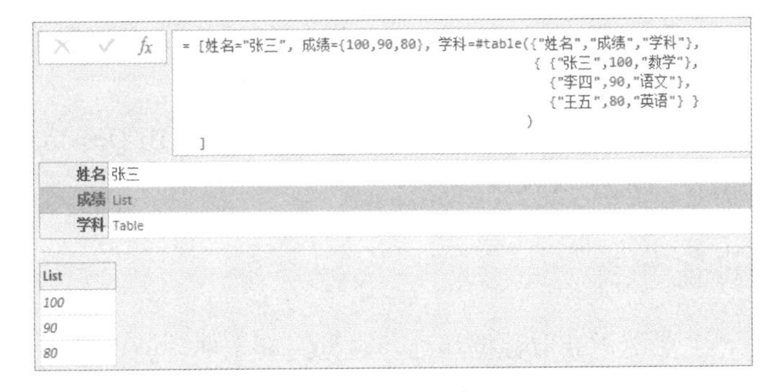

图 1.18 创建的记录

1.4.3 数据值的类型

Power Query 中的数据类型除了数据结构的类型，还有数据值的类型，如图 1.19 所示。每种类型在 Power Query 中都有专门的函数去对应处理，所以 Power Query 中的函数是比较多的。其中，表格、列表和记录在某种意义上可以算作一种特殊的值类型。

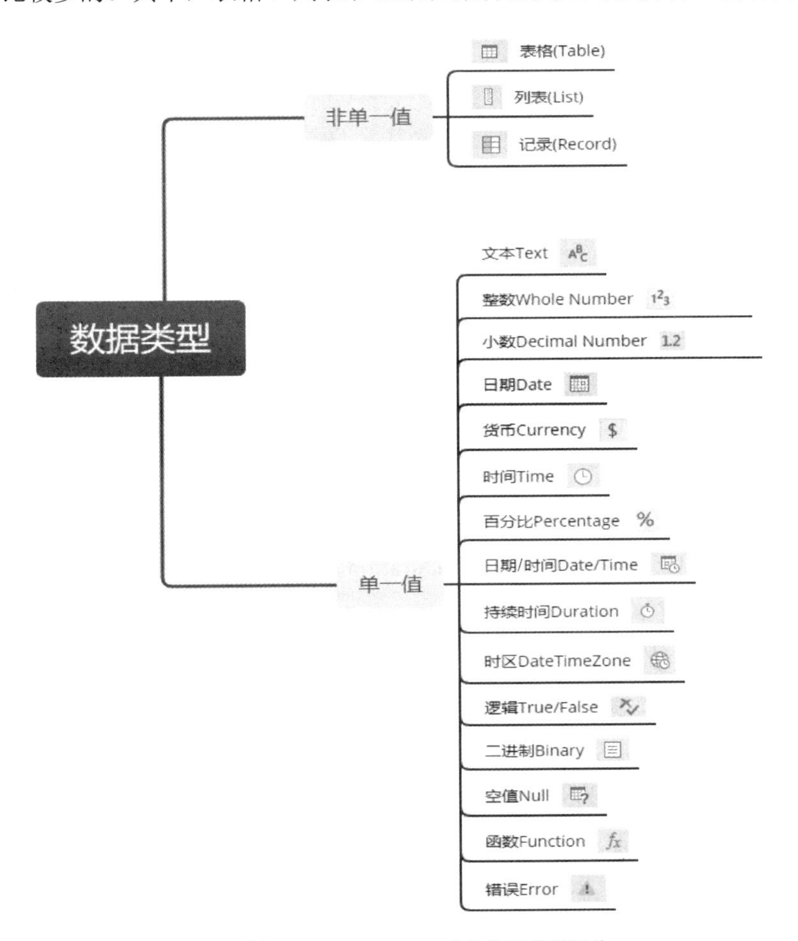

图 1.19 Power Query 中的数据类型汇总

1.5 Power Query 中的函数概况

在 Excel 的 Power Query 中有 770 多个函数，而在 Power BI Desktop 的 Power Query 中则有 910 多个函数。

1.5.1 函数功能分类

Power Query 主要用于获取数据和处理数据，其主要功能也是围绕这些进行的。Power Query 中的函数按功能分类如图 1.20 所示。

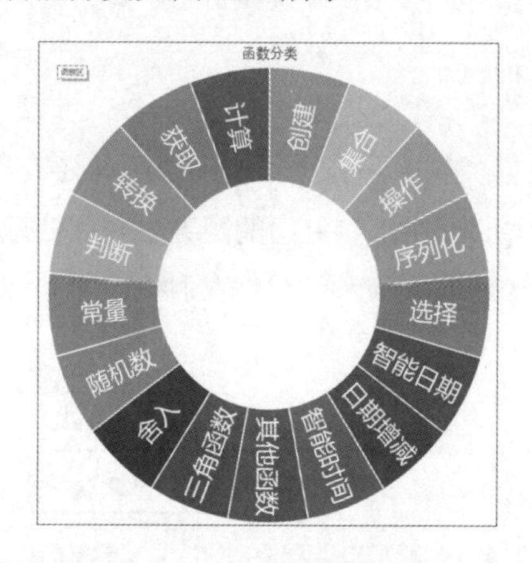

图 1.20 Power Query 中的函数按功能分类

其中，获取、创建、转换、集合是 Power Query 的主要功能，具体到明细则还有判断、选择、舍入、计算等。

1.5.2 主要函数的分布

在 Power Query 的 770 多个函数中，用于 3 种数据结构类型（Table、List、Record）的函数合计就有近 200 个，占比达到近 24%，另外几个常用的函数前缀（Text、Number、Date、DateTime、DateTimeZone、Time、Duration、Binary）又占到 33%左右，基本上这两类函数已经超过整体数量的一半了，如图 1.21 所示。

虽然 Others 函数很多，但是大部分都是不常用的函数，主要的函数还是 Table、List 等常用结构和类型的函数，如图 1.22 所示，如果按大类区分，那么 Others 函数基本排不上前列。

当然，在实际工作中用到的函数可能只有 10%左右。就像用户知道在 Excel 中有多少函数吗？实际使用的函数又有多少呢？

那要记住这些函数难不难呢？这些函数很多都是功能类似的。例如，进行数据格式转换的函数，其中带有 From 关键词的就有几十个，这种函数就很容易记住并被使用，如 Text.From、Number.From、Date.From 等函数。

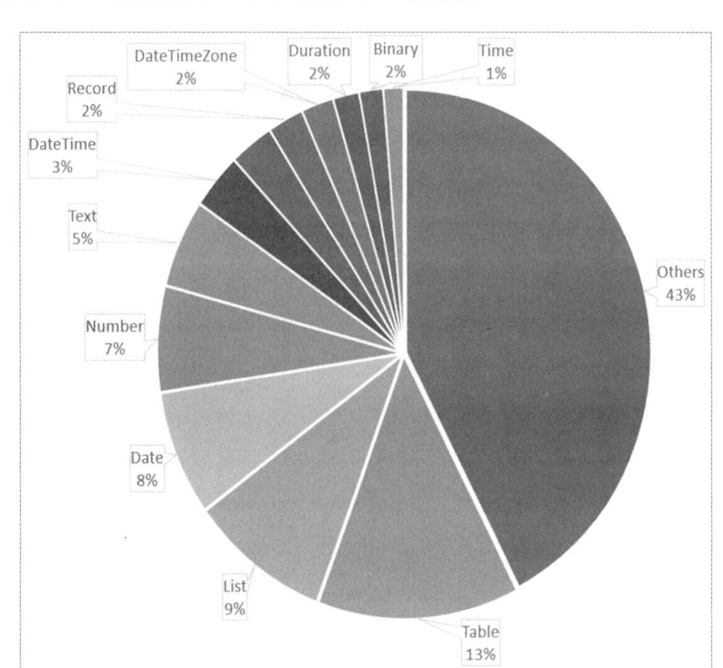

图 1.21　数据函数的分布比例

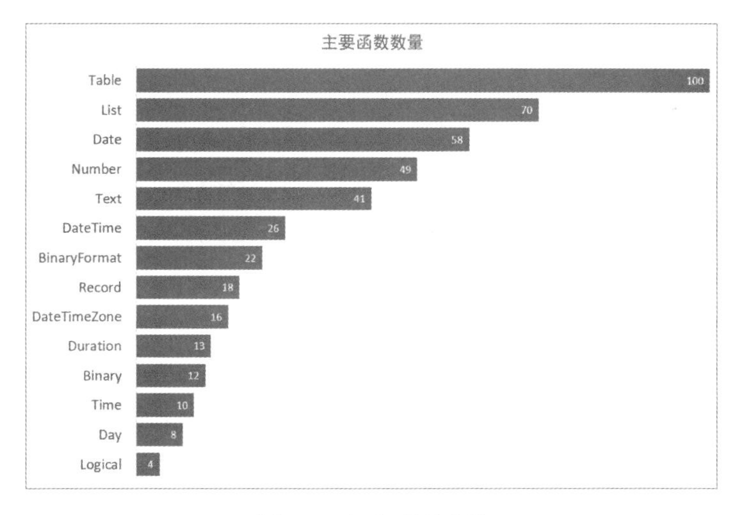

图 1.22　主要函数的数量

其中比较难理解的是表结构的函数，如 Table、List、Record。数据结构越是复杂越是比较难理解，难易程度是 Table>List>Record，而且从函数的数量关系上也能看出来。

此外，在 Power Query 中，很多时候只需要使用选项卡中的选项就能得到所需的结果，有些看似复杂的函数，通过选项卡中的选项即可完成。如果把选项卡中的选项理解并学会使用，那么基本上就能满足 80%日常工作的需求了。

1.5.3 函数的使用方法

1）一般函数的使用方法

Power Query 中的函数的数量非常多，在一般情况下，人们不会掌握所有函数，所以要了解如何查看函数的使用方法并学会使用。

在一般情况下，在公式栏中输入“=函数名”即可获取相关函数的使用方法及说明。例如，在公式栏中输入“=Table.SelectColumns”，即可看到 Table.SelectColumns 函数的使用方法、每个参数的作用说明、每个参数的类型及该函数最终返回值的数据类型，如图 1.23 所示。

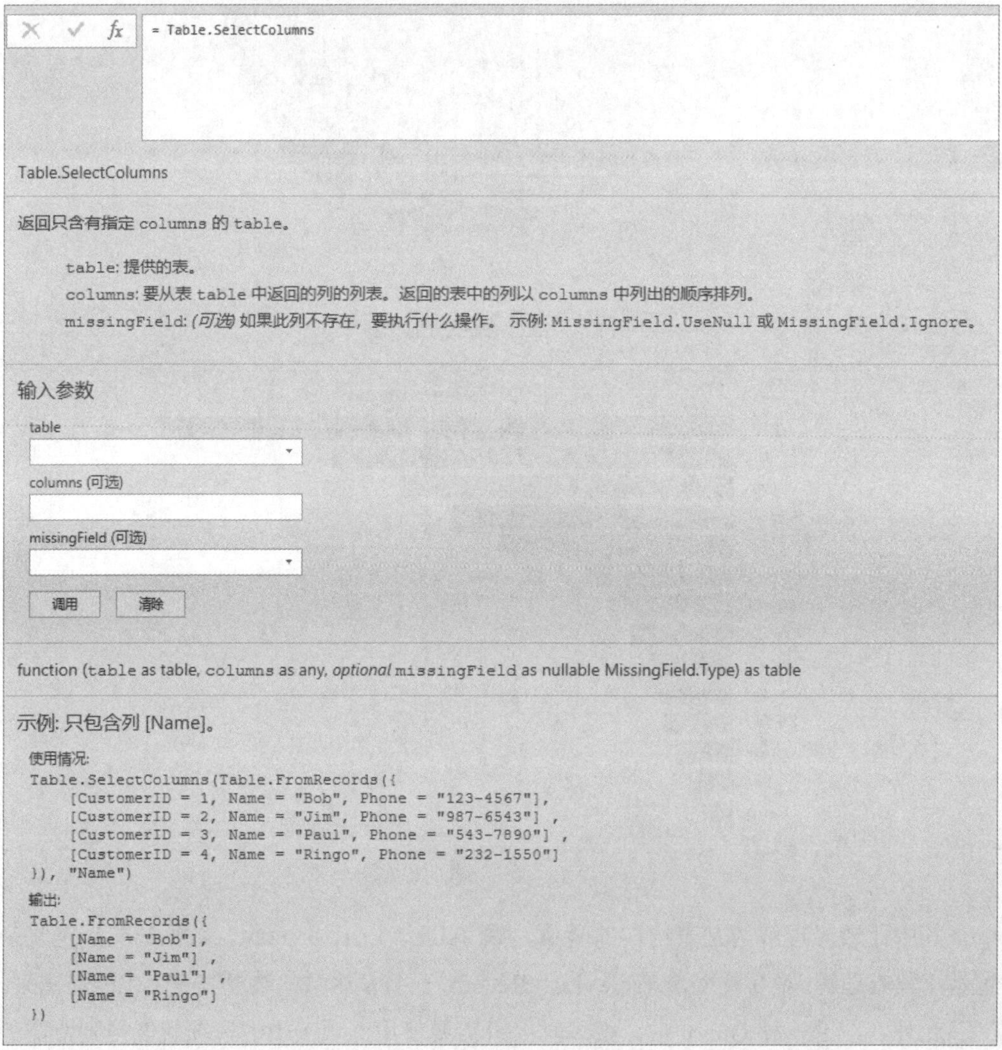

= Table.SelectColumns

Table.SelectColumns

返回只含有指定 columns 的 table。

table: 提供的表。
columns: 要从表 table 中返回的列的列表。返回的表中的列以 columns 中列出的顺序排列。
missingField: *(可选)* 如果此列不存在，要执行什么操作。 示例: MissingField.UseNull 或 MissingField.Ignore。

输入参数

table

columns (可选)

missingField (可选)

调用　清除

function (table as table, columns as any, *optional* missingField as nullable MissingField.Type) as table

示例: 只包含列 [Name]。

使用情况:
```
Table.SelectColumns(Table.FromRecords({
    [CustomerID = 1, Name = "Bob", Phone = "123-4567"],
    [CustomerID = 2, Name = "Jim", Phone = "987-6543"] ,
    [CustomerID = 3, Name = "Paul", Phone = "543-7890"] ,
    [CustomerID = 4, Name = "Ringo", Phone = "232-1550"]
}), "Name")
```
输出:
```
Table.FromRecords({
    [Name = "Bob"],
    [Name = "Jim"] ,
    [Name = "Paul"] ,
    [Name = "Ringo"]
})
```

图 1.23　获取 Table.SelectColumns 函数的使用方法及说明

```
function(table as table, columns as any, optional missingField as nullable
MissingField) as table
```

上述函数公式对参数 table、columns、missingField 都进行了作用说明，此外在每一个参数后面紧跟着“as+类型”。例如，“table”的类型是“as table”（表格），“columns”的类型是“as any”（可接受 1 种以上类型），“missingField”的类型是“as nullable missingField”（可为空的 MissingField 常量函数）。“optional”代表可选参数，在括号外面最后的“as table”代表该函数最终返回值的类型是 table。

这些说明对于使用函数是非常有帮助的，毕竟在 Power Query 中，类型是一个非常重要的内容，并且往往是错误产生的根本原因，如果理解了函数的参数类型和返回值类型，那么基本上使用 Power Query 就没有什么问题了，其余的就是思路了。

注意：可以在公式栏中直接输入“#shared”来获得所有函数及说明。Power Query 对函数是区分大小写的，所以书写时要特别留意。

2）自定义函数的使用方法

除了系统自带的一些 Power Query 函数，还可以创建自定义函数。示例如下：

```
fx=(x,y)=>x+y
```

- fx 代表自定义函数的名称。
- x 和 y 均代表函数中的参数，所有参数需要书写在括号中。
- x+y 代表函数的表达式，输入参数 x 和 y 后，返回这两个参数相加之后的值。

1.6　Power Query 中的基础语法

在 Power Query 中使用的是 M 语言，而每一种语言都有自己的一些语句和语法，那么 M 语言中有哪些语句和语法呢？在 M 语言中，主要的语言结构有 3 种，接下来一一进行介绍。

1.6.1　let…in…语句

let…in…语句是 Power Query 中必用的语句。单击“主页”→“高级编辑器”按钮，会弹出“高级编辑器”窗口，如图 1.24 所示，所有操作步骤都是在这个语句之内的。以下代码就是基础的新建空白查询：

```
let
    源=""
in
    源
```

let…in…语句在写法上有以下注意事项：

- let 和 in 都必须小写。

- 在 let 和 in 之间除了最后一个步骤不需要使用“,”结束，其他步骤都需要使用“,”结束。
- in 后面返回的步骤名称可以是之前的任意一个步骤。但是如果使用的不是最后一个步骤名称，则在此步骤之前的名称不会显示在“应用的步骤”列表中。

可以对比使用最后的步骤名称和不使用最后的步骤名称的差异，如图 1.25 和图 1.26 所示。

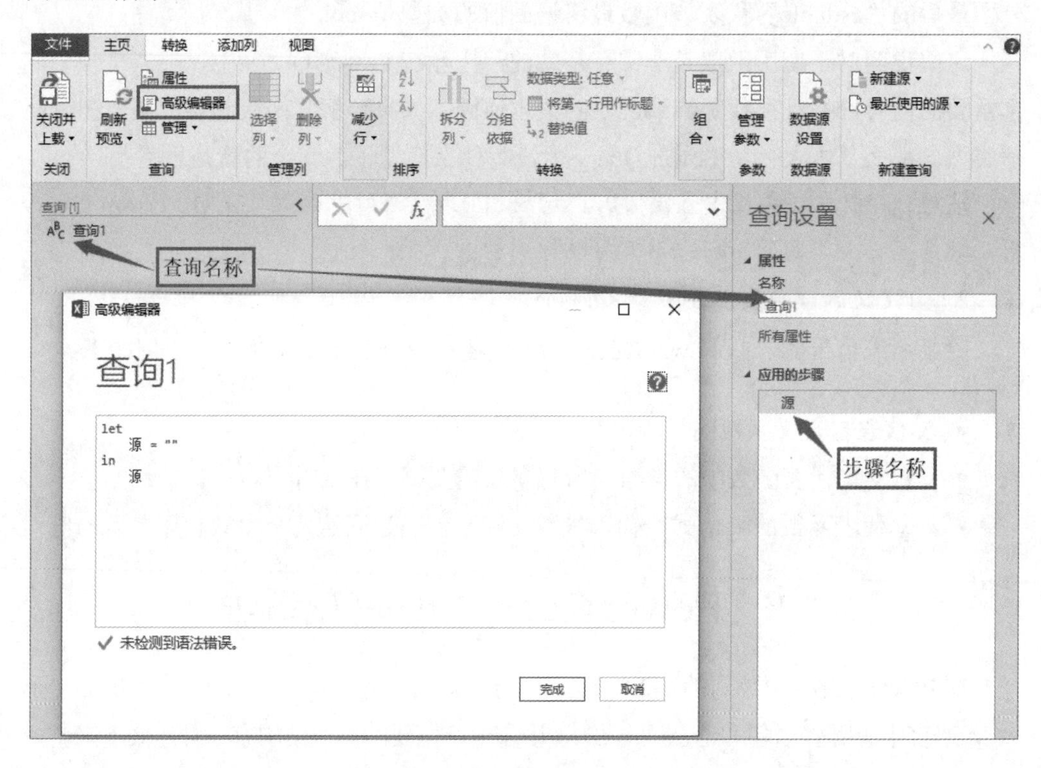

图 1.24 “高级编辑器”窗口

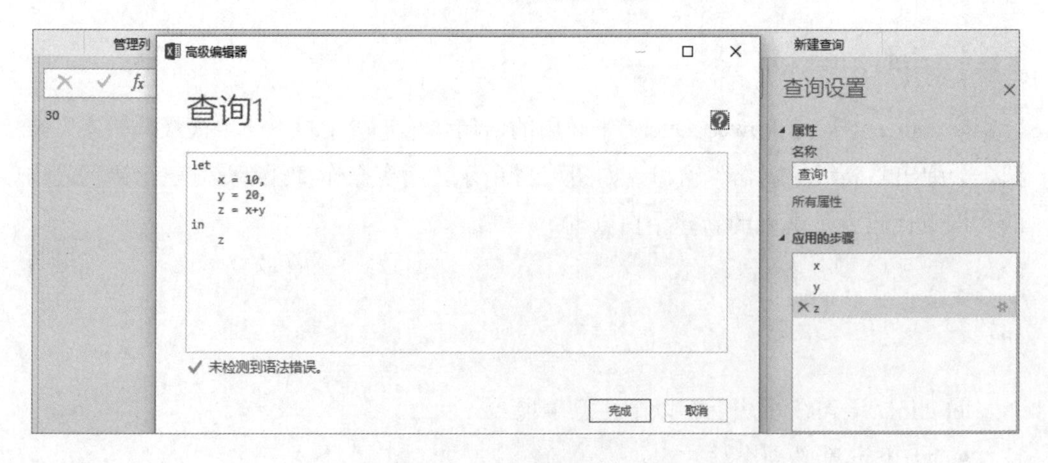

图 1.25 in 之后使用最后的步骤名称

图 1.26　in 之后不使用最后的步骤名称

- let…in…语句可以嵌套使用。

把之前的步骤全部赋值给变量 a，最后返回的是变量 a 的值加上变量 b 的值，即最终返回 30+100=130，如图 1.27 所示。

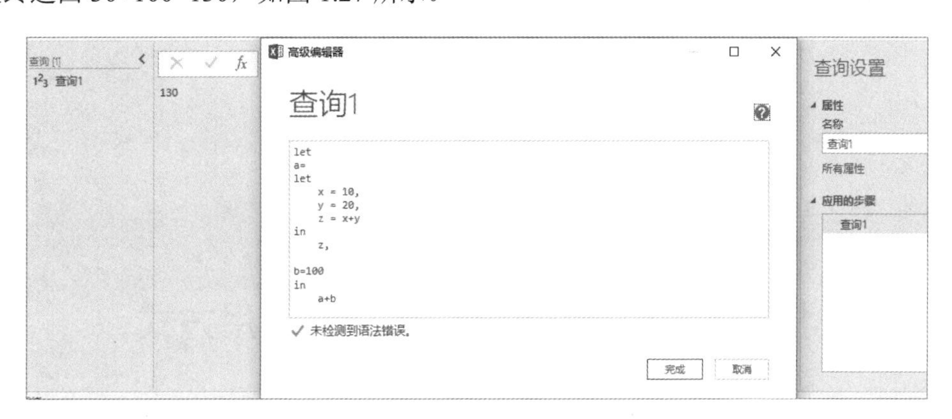

图 1.27　嵌套使用 let…in…语句

注意：在嵌套使用 let…in…语句的过程中，“z”后面需要添加“,”，通常很容易会把这点忽略。在正常情况下，“in”后面直接就结束了，因此不需要添加“,”，但是如果嵌套使用 let…in…语句，则需要特别留意。

1.6.2　if…then…else…语句

if…then…else…语句属于条件判断语句，如果读者熟悉任何一门计算机语言，应该会知道这个语句是很基础的，即使不知道这个语句，也应该了解 Excel 中的 IF 函数。

该语句可以嵌套使用，可以通过以下示例来了解这个语句的简单用法：

```
let
    color="blue",
    判断=
        if color="red" then "红色"
```

```
        else if color="yellow" then "黄色"
        else "其他颜色"
in
    判断
```

上述示例中最后的判断步骤的结果是“其他颜色”，其条件是依次来判断的。

1.6.3 try…otherwise…语句

try…otherwise…语句主要用于判断返回值是否为错误，类似于 Excel 中的 IFERROR 函数，try 后面直接跟判断表达式，如果正确，则返回表达式本身的值，否则执行 otherwise 后的表达式。

示例如图 1.28 所示。如果 try 后面的表达式正确，则直接返回正确的表达式的值；如果两个不同数据类型的数据相加，则会判断错误并返回 otherwise 后的表达式的值。

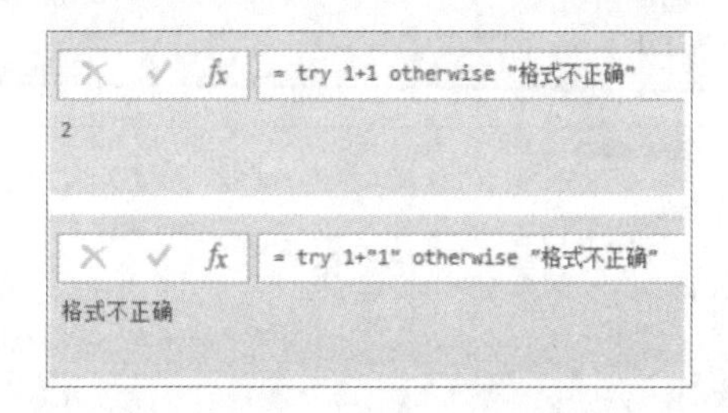

图 1.28　try…otherwise…语句的示例

1.7　Power Query 中数据的引用方式

Power Query 中的数据实际上是由表、列、记录、值等数据组成的。对这些数据的引用也是经常用到的，这也是基本的操作能力。本节主要介绍在 Power Query 中数据的引用方式。

注意：在引用过程中，需要特别注意是引用过程中的数据还是引用查询中的数据，不同方式所使用的方法不一样。

建立两个查询，即“表 1”和“表 2”，如图 1.29 所示。

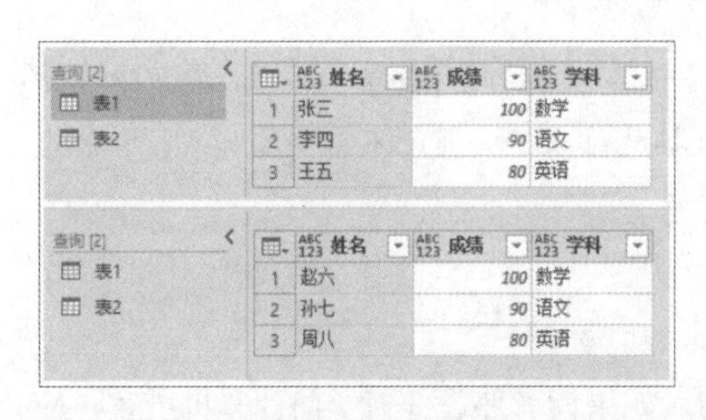

图 1.29　引用表格数据

1.7.1　引用查询表的整表数据

查询表的整表数据可以通过直接使用表名的方式进行引用。图 1.30 所示为在添加列中直接引用“表 1”的整表数据。

图 1.30　引用“表 1”的整表数据

1.7.2　引用查询表中的单列数据

查询表中的单列数据可以通过表名和列名组合的方式进行引用，表名即查询名，列名用“[标题]”表示。图 1.31 所示为在添加列中引用“表 1”中的“姓名”列数据。

图 1.31　引用“表 1”中的“姓名”列数据

1.7.3　引用查询表中的单行数据

查询表中的单行数据可以通过表名和行号组合的方式进行引用，表名即查询名或步骤名，行号用“{行号}”表示。图 1.32 所示为在添加列中引用“表 1”中的第 1 行数据。

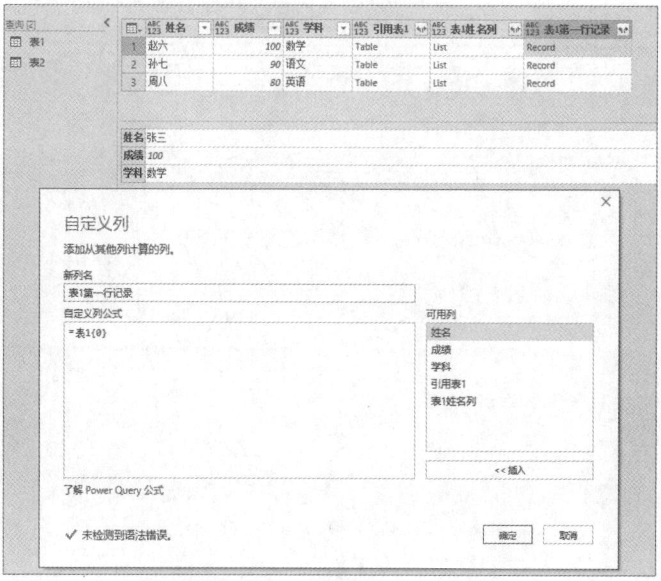

图 1.32　引用“表 1”中的第 1 行数据

注意：在 Power Query 中，第 1 行的标号为“0”，第 2 行的标号为“1”，这里要引用的是第 1 行的数据，所以用“{0}”表示，同时需要注意，返回数据的类型是 record（记录）类型，而不是表格类型。

1.7.4　引用查询表中的值数据

查询表中的值数据可以通过表名、列名和行号组合的方式进行引用，表名即查询名或步骤名，列名用“[标题]”表示，行号用“{行号}”表示。图 1.33 所示为在添加列中引用“表 1”中的第 1 行、“姓名”列的值数据。

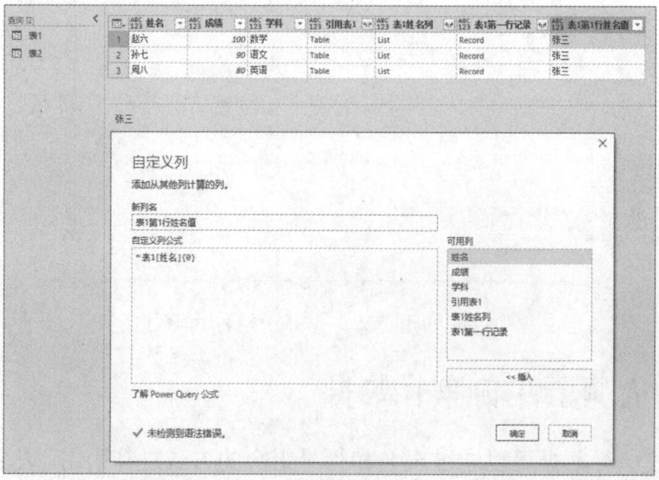

图 1.33　引用“表 1”中的第 1 行、“姓名”列的值数据

注意：如果值数据的格式是表格或列表等格式，则返回的数据的格式也是对应的格式。

1.7.5　引用查询表中的部分列数据

前面讲过如何引用查询表的整表数据，但是如果只想引用查询表中的部分列数据，则可以使用 Power Query 中的 Table.SelectColumns 函数进行操作。图 1.34 所示为在“表 1”的添加列中引用“表 2”中的“姓名”列和“成绩”列数据。

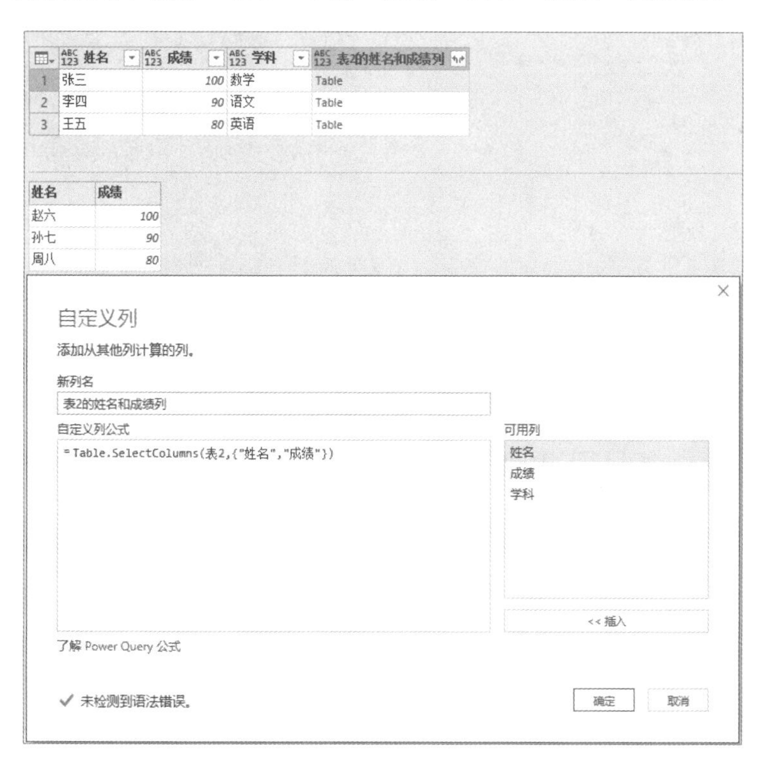

图 1.34　引用“表 2”中的“姓名”列和“成绩”列数据

注意：因为引用的是两列的数据，所以使用了列表的格式“{}”作为参数。

1.7.6　引用查询表中的部分行数据

如果想要引用查询表中的部分行数据，则可以使用 Power Query 中的 Table.FromRecords 函数进行操作。图 1.35 所示为在“表 1”的添加列中引用“表 2”中的第 2 行和第 3 行数据。通过一个 record 格式的列表来返回形成一个所需要的 table 格式的列表。

注意：Table.FromRecords 函数中的参数必须是列表类型的，所以在所需的行数据外面嵌套了“{}”作为列表类型。

	姓名	成绩	学科	表2的姓名和成绩列	表2的第2和第3行
1	张三	100	数学	Table	Table
2	李四	90	语文	Table	Table
3	王五	80	英语	Table	Table

姓名	成绩	学科
孙七	90	语文
周八	80	英语

自定义列

添加从其他列计算的列。

新列名

表2的第2和第3行

自定义列公式

```
= Table.FromRecords({表2{1},表2{2}})
```

可用列

姓名

成绩

学科

表2的姓名和成绩列

<< 插入

了解 Power Query 公式

✓ 未检测到语法错误。

确定 取消

图 1.35　引用“表 2”中的第 2 行和第 3 行数据

1.7.7　引用查询记录中的数据

记录是由一组标题及对应的值来表示的格式，如果一个查询的数据结构是记录，则要引用记录中的值可以使用“=记录[标题]”格式来实现。图 1.36 所示为引用记录中“姓名”对应的值。

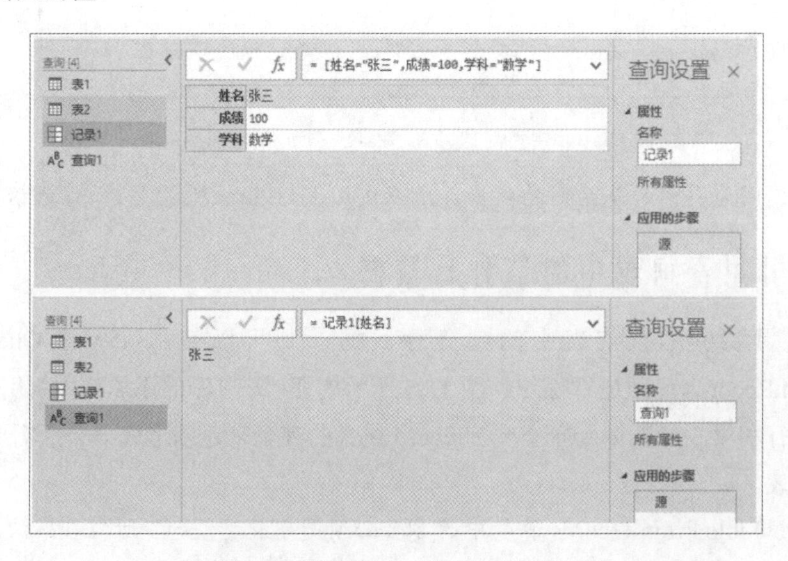

图 1.36　引用记录中“姓名”对应的值

1.7.8 引用查询列表中的数据

列表是由一组数据组成的格式，如果一个查询的数据结构是列表，则要引用列表中的值只需指定数据所在的索引位置即可，索引的位置是从 0 开始的。图 1.37 所示为引用列表中的第 2 个数据，直接使用“查询名{索引位置}”来表示即可。

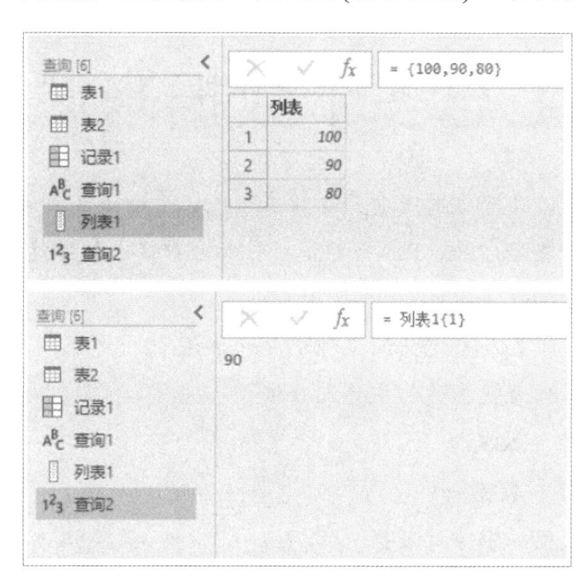

图 1.37　引用列表中的第 2 个数据

注意：到目前为止都是引用查询表中的数据，如果需要的是当前查询中的数据，则只要将对查询表的引用改成对步骤名称的引用即可。

第 2 章

汇总多个数据来源

现在是信息时代，各个方面都会产生数据。Power Query 具有针对多数据源渠道的导入接口，在数据整合方面，Power Query 有着自身强大的功能支持。

本章主要涉及的知识点有：

- 从 Excel 的超级表及自定义的名称中导入数据
- 从 Excel 的工作表及工作簿中导入数据
- 从文本文件中导入数据
- 从文件夹中导入数据
- 从 MySQL 数据库中导入数据
- 从 Web 页面中导入数据
- 从其他数据源中导入数据

注意：Excel 中的 Power Query 导入数据的数据源与 Power BI Desktop 中的 Power Query 导入数据的数据源种类不同，但是在一般情况下，Power BI Desktop 支持的数据源类型远远多于 Excel 所支持的数据源类型。

2.1 从 Excel 的超级表及自定义的名称中导入数据

表格在 Excel 中是非常常见的，一般情况下，我们见到的表格都是普通表格。而超级表和 Power Query 中的表格非常像，都有标题及记录内容。自定义的名称是在 Excel 中自定义的一个区域，可以带标题，也可以不带标题。

2.1.1 Excel 中的超级表及名称的生成

超级表需要在插入表格后才会生成（快捷键为“Ctrl+T”），如图 2.1 所示。插入后的表格会有超级表特有的功能，包括“表名称”、“调整表格大小”和“插入切片器”等功能，如图 2.2 所示。

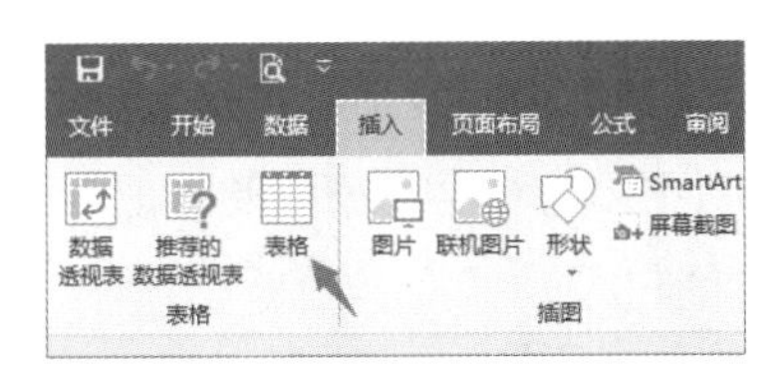

图 2.1　表格的插入

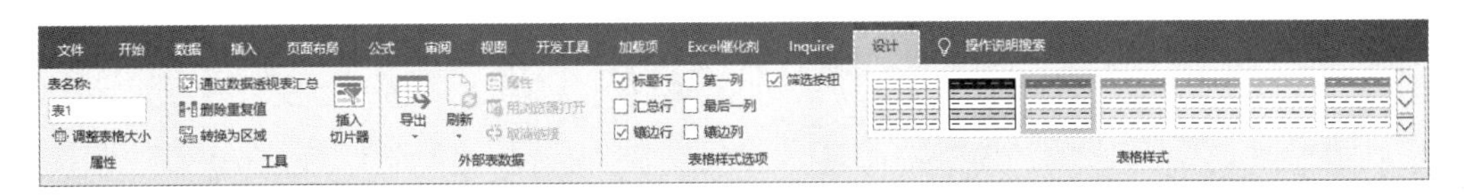

图 2.2　表格的功能

自定义名称可以通过 Excel 中“公式”选项卡下的“定义的名称”选项组中的选项来实现插入，如图 2.3 所示。单击“定义的名称”选项组中的“名称管理器”按钮，在弹出的“名称管理器”对话框中能够查看所有表名称和自定义名称，可以看到表格的图标和自定义名称的图标有所差异，如图 2.4 所示。

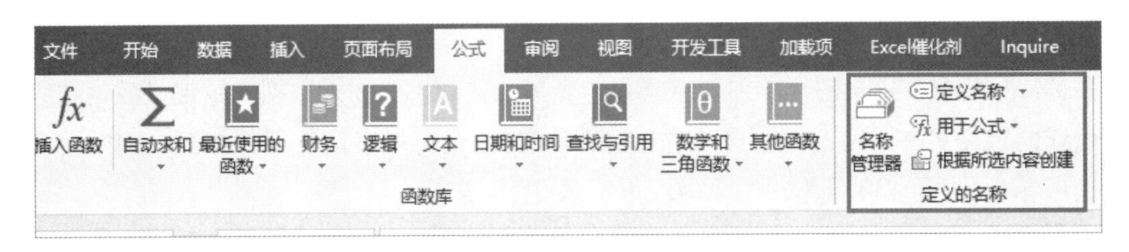

图 2.3　“定义的名称”选项组

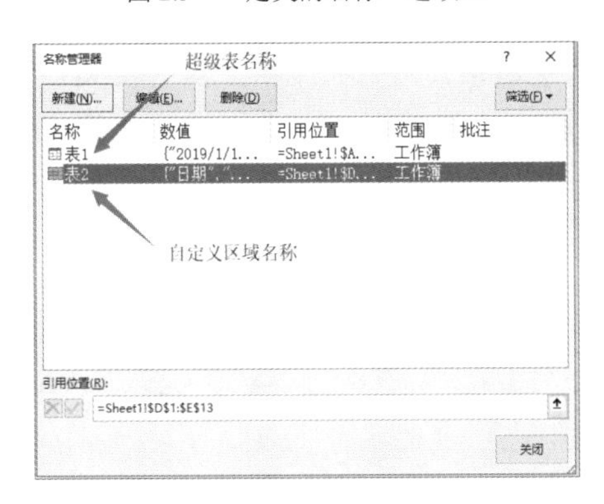

图 2.4　“名称管理器”对话框

注意：在 Excel 中，自定义名称和表名称不能重复，如果重复，则会显示名称冲突，无法命名。

2.1.2　如何快速分辨超级表

在一般情况下，可以通过单击表格内容后观察是否会有“设计”选项卡出现来快速分辨一个表是否为超级表。如果通过肉眼辨别，如图 2.5 所示的两个表，请注意左侧表中值为“1200”的 B13 单元格右下角有一个小三角的标记，如果一个表带有这种标记，则基本可以认定该表为 Excel 中的超级表。

	A	B	C	D	E	F
1	日期	金额		日期	金额	
2	2019/1/1	100		2019/1/1	100	
3	2019/2/1	200		2019/2/1	200	
4	2019/3/1	300		2019/3/1	300	
5	2019/4/1	400		2019/4/1	400	
6	2019/5/1	500		2019/5/1	500	
7	2019/6/1	600		2019/6/1	600	
8	2019/7/1	700		2019/7/1	700	
9	2019/8/1	800		2019/8/1	800	
10	2019/9/1	900		2019/9/1	900	
11	2019/10/1	1000		2019/10/1	1000	
12	2019/11/1	1100		2019/11/1	1100	
13	2019/12/1	1200		2019/12/1	1200	
14						
15						

图 2.5　超级表与普通表的对比

2.1.3　“数据”选项卡中的“从表格”选项

“数据”选项卡中的“从表格”选项的功能是可以直接导入超级表或已经定义的名称，只需要在定义的范围内任意选择一个单元格即可（如果数据未被定义成为超级表或自定义名称，则系统会自动辨认数据边界），也可以手动选择数据源，同时会让操作者确认首行是否为标题，如图 2.6 所示。

注意：超级表被导入后，系统会自动认定首行为标题；自定义名称被导入后，系统会自动认定首行为数据内容。如果在“查询选项”对话框中勾选了“自动检测未结构化源的列类型和标题”复选框，则在将超级表或自定义名称导入 Power Query 时，Power Query 会智能识别数据首行是否为标题及自动更改数据类型，如图 2.7 所示。

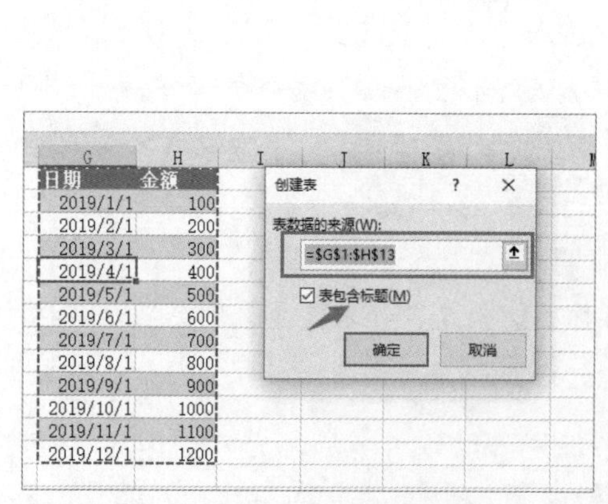

图 2.6　未被定义的数据从表格导入

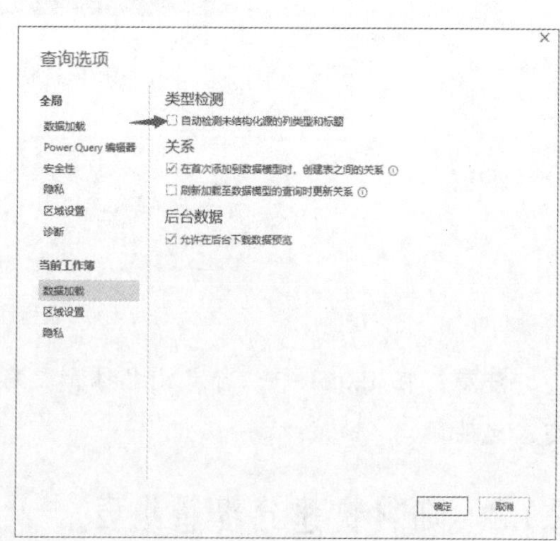

图 2.7　“查询选项”对话框

2.1.4　从表格导入数据涉及的 Power Query 函数

在 Power Query 中，每一个操作步骤或动作实际上都是由函数及语法构成的，从表格导入数据涉及的 Power Query 函数为 Excel.CurrentWorkbook，如图 2.8 所示。此函数是一个不需要参数的函数，返回的结果是一个表，如图 2.9 所示，也就是是“名称管理器”对话框中显示的所有表名称及自定义名称。

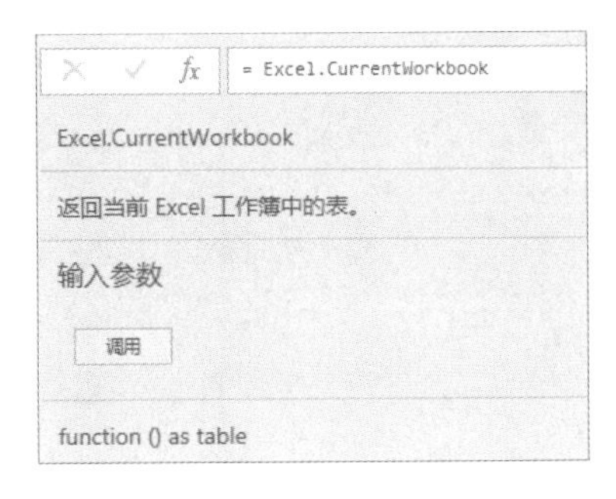

图 2.8　Excel.CurrentWorkbook 函数

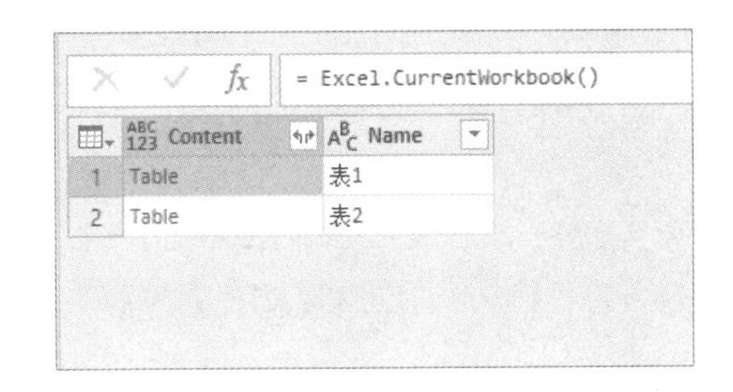

图 2.9　使用 Excel.CurrentWorkbook 函数后返回的结果

如果需要导入多个表，则可以直接通过筛选表名来实现，通过展开“Content”列就可以实现多表数据合并的目的。

注意：在数据合并时，必须保证列标题一致，否则就会出现如图 2.10 所示的结果，达不到合并数据的目的。

	日期	金额	Column1	Column2	Name
1	2019/1/1 0:00:00	100	null	null	表1
2	2019/2/1 0:00:00	200	null	null	表1
3	2019/3/1 0:00:00	300	null	null	表1
4	2019/4/1 0:00:00	400	null	null	表1
5	2019/5/1 0:00:00	500	null	null	表1
6	2019/6/1 0:00:00	600	null	null	表1
7	2019/7/1 0:00:00	700	null	null	表1
8	2019/8/1 0:00:00	800	null	null	表1
9	2019/9/1 0:00:00	900	null	null	表1
10	2019/10/1 0:00:00	1000	null	null	表1
11	2019/11/1 0:00:00	1100	null	null	表1
12	2019/12/1 0:00:00	1200	null	null	表1
13	null	null	日期	金额	表2
14	null	null	2019/1/1 0:00:00	100	表2
15	null	null	2019/2/1 0:00:00	200	表2
16	null	null	2019/3/1 0:00:00	300	表2
17	null	null	2019/4/1 0:00:00	400	表2
18	null	null	2019/5/1 0:00:00	500	表2
19	null	null	2019/6/1 0:00:00	600	表2
20	null	null	2019/7/1 0:00:00	700	表2
21	null	null	2019/8/1 0:00:00	800	表2
22	null	null	2019/9/1 0:00:00	900	表2
23	null	null	2019/10/1 0:00:00	1000	表2
24	null	null	2019/11/1 0:00:00	1100	表2
25	null	null	2019/12/1 0:00:00	1200	表2

图 2.10　列标题不一致的数据的合并结果

2.2 从 Excel 的工作表及工作簿中导入数据

除了需要定义表格及名称，在很多情况下还需要导入整个工作表，甚至整个工作簿的所有工作表的数据。在很多时候，不同工作表、工作簿中的数据格式都是一样的，只是数据内容不一样。可以直接选择“数据”→“获取数据”→“从工作簿”选项，在弹出的对话框中选择要导入的 Excel 工作簿，导入数据，弹出的“导航器”对话框如图 2.11 所示。

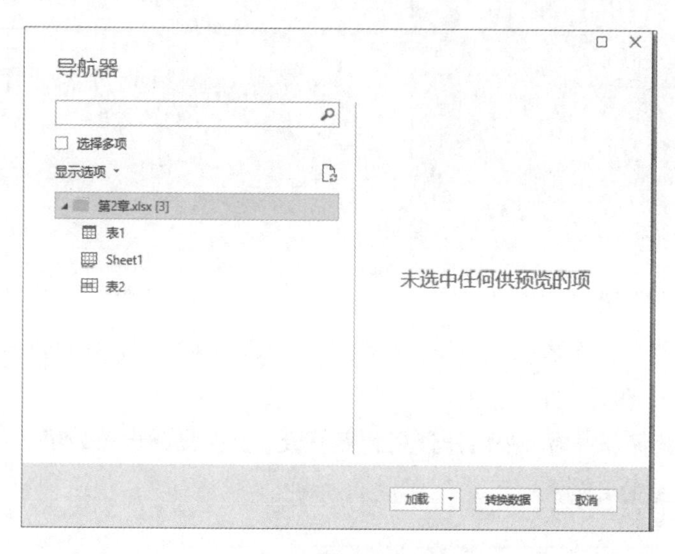

图 2.11 “导航器”对话框

由图 2.11 可以看到，这个“导航器”对话框中一共有 3 个数据，根据实际需要选择要导入的数据，如果需要全部导入，则选择文件夹即可，然后单击“转换数据”按钮，将数据导入 Power Query。

- 表 1：超级表的名称。
- 表 2：自定义区域的名称。
- Sheet1：工作表的名称。

数据导入后，可以看到整个工作簿数据的全貌，如图 2.12 所示。

	Name	Data	Item	Kind	Hidden
1	Sheet1	Table	Sheet1	Sheet	FALSE
2	表1	Table	表1	Table	FALSE
3	表2	Table	表2	DefinedName	FALSE

图 2.12 整个工作簿数据

图 2.12 中表格的主要列标题介绍如下。

- Name：主要是被导入的数据所在表的名称。

- Data：数据。在不同名称下包含的数据内容，通过单击其中的内容即可预览。
- Kind：数据类型。这里有 3 种数据类型，即 Sheet（工作表）、Table（超级表）、DefinedName（自定义名称）。
- Hidden：是否被隐藏。如果工作簿中包含了隐藏的工作表，则在"Hidden"列中对应的值就为 True。

注意：在从 Excel 的工作表及工作簿中导入数据时，经常会遇到数据重复的问题，实际上这可能是筛选数据导致的。如果对表格中的数据进行了筛选，则会产生另外一个隐藏的表格，如图 2.13 所示。

	Name	Data	Item	Kind	Hidden
1	Sheet1	Table	Sheet1	Sheet	FALSE
2	表1	Table	表1	Table	FALSE
3	_xlnm._FilterDatabase	Table	Sheet1!_xlnm._FilterDatabase	DefinedName	TRUE
4	表2	Table	表2	DefinedName	FALSE

图 2.13　工作簿中带有筛选的表

2.3　从文本文件中导入数据

除 Excel 的超级表、自定义名称、工作表及工作簿以外，文本文件也是经常会遇到的数据源。在大数据时代，Excel 有行数的上限，如果要存储的数据的数量超过了这个上限，就无法进行整体存储，而文本文件的存储则不受这个限制。所以，当要存储的数据的数量超过 Excel 的行数上限时，可以选择文本文件作为存储数据的载体。

2.3.1　按规则分隔的文本文件

如果是常规的分隔符，那么在导入数据时就会像使用 Excel 中的"分列"功能一样，会对分隔符进行选择，同时会对语言进行选择，通常选择"936:简体中文(GB2312)"选项，如图 2.14 所示。

进入 Power Query 界面后查看公示栏，可以看到这个过程实际上是由 File.Contents 函数和 Csv.Document 函数组合而成的。

- File.Contents 函数用于以二进制形式返回文件的内容，参数为有效的绝对路径。该函数的语法格式如下：

```
File.Contents(path as text)
```

- Csv.Document 函数用于将二进制文件转换成 CSV 文件，同时在该函数中指定了分隔的条件及语言的转换。该函数的语法格式如下：

```
Csv.Document(source as any,
```

```
        optional columns as any,
        optional delimiter as any,
        optional extraValues as nullable number,
        optional encoding as nullable TextEncoding.Type
        )
        as table
```

看似复杂的一个函数构成，实际上除了第一个数据源是必需参数，其余的都是可选参数（如数据列数、分隔符类型、语言格式等）。

注意：source 数据源支持二进制类型及文本类型。

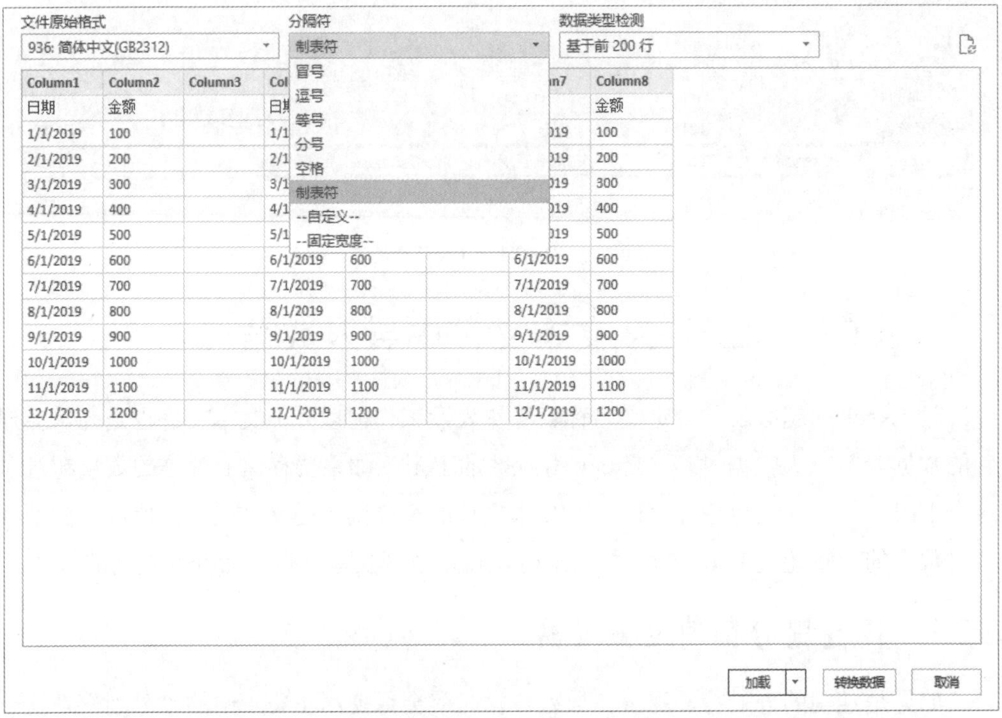

图 2.14　文本导入向导对话框

2.3.2　无分隔符的文本文件

如果文本无分隔符，则可以把文本全部导入单个单元格，或者根据行分隔成表格的数据样式导入 Power Query。

文本文件的导入用到了二进制转换，这里涉及两个用于二进制转换的函数，即 Lines.FromBinary 和 Text.FromBinary。

- Lines.FromBinary 函数用于将二进制文件根据行转换成列表，如图 2.15 所示。
- Text.FromBinary 函数用于将二进制文件转换成文本文件，如图 2.16 所示。

	列表
1	日期 金额 日期 金额 日期 金额
2	1/1/2019 100 1/1/2019 100 1/1/2019 100
3	2/1/2019 200 2/1/2019 200 2/1/2019 200
4	3/1/2019 300 3/1/2019 300 3/1/2019 300
5	4/1/2019 400 4/1/2019 400 4/1/2019 400
6	5/1/2019 500 5/1/2019 500 5/1/2019 500
7	6/1/2019 600 6/1/2019 600 6/1/2019 600
8	7/1/2019 700 7/1/2019 700 7/1/2019 700
9	8/1/2019 800 8/1/2019 800 8/1/2019 800
10	9/1/2019 900 9/1/2019 900 9/1/2019 900
11	10/1/2019 1000 10/1/2019 1000 10/1/2019 1000
12	11/1/2019 1100 11/1/2019 1100 11/1/2019 1100
13	12/1/2019 1200 12/1/2019 1200 12/1/2019 1200

图 2.15　使用 Lines.FromBinary 函数进行转换的结果

日期	金额	日期	金额	日期	金额
1/1/2019	100	1/1/2019	100	1/1/2019	100
2/1/2019	200	2/1/2019	200	2/1/2019	200
3/1/2019	300	3/1/2019	300	3/1/2019	300
4/1/2019	400	4/1/2019	400	4/1/2019	400
5/1/2019	500	5/1/2019	500	5/1/2019	500
6/1/2019	600	6/1/2019	600	6/1/2019	600
7/1/2019	700	7/1/2019	700	7/1/2019	700
8/1/2019	800	8/1/2019	800	8/1/2019	800
9/1/2019	900	9/1/2019	900	9/1/2019	900
10/1/2019	1000	10/1/2019	1000	10/1/2019	1000
11/1/2019	1100	11/1/2019	1100	11/1/2019	1100
12/1/2019	1200	12/1/2019	1200	12/1/2019	1200

图 2.16　使用 Text.FromBinary 函数进行转换的结果

2.4　从文件夹中导入数据

如果需要同时导入多个文件，如需要导入多个 Excel 工作簿文件，一个一个进行导入会显得非常麻烦，此时需要一个能够批量导入数据的功能，从文件夹中导入就可以实现这个功能。

2.4.1　获取文件夹下的文件信息

当从文件夹中导入数据时，“导航器”对话框如图 2.17 所示，然后单击“转换数据”按钮，将数据导入 Power Query。

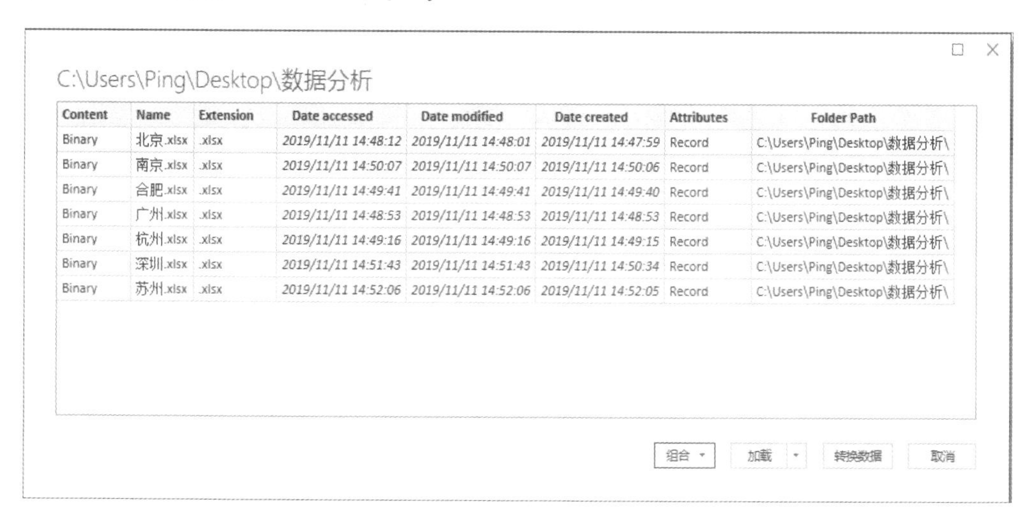

C:\Users\Ping\Desktop\数据分析

Content	Name	Extension	Date accessed	Date modified	Date created	Attributes	Folder Path
Binary	北京.xlsx	.xlsx	2019/11/11 14:48:12	2019/11/11 14:48:01	2019/11/11 14:47:59	Record	C:\Users\Ping\Desktop\数据分析\
Binary	南京.xlsx	.xlsx	2019/11/11 14:50:07	2019/11/11 14:50:07	2019/11/11 14:50:06	Record	C:\Users\Ping\Desktop\数据分析\
Binary	合肥.xlsx	.xlsx	2019/11/11 14:49:41	2019/11/11 14:49:41	2019/11/11 14:49:40	Record	C:\Users\Ping\Desktop\数据分析\
Binary	广州.xlsx	.xlsx	2019/11/11 14:48:53	2019/11/11 14:48:53	2019/11/11 14:48:53	Record	C:\Users\Ping\Desktop\数据分析\
Binary	杭州.xlsx	.xlsx	2019/11/11 14:49:16	2019/11/11 14:49:16	2019/11/11 14:49:15	Record	C:\Users\Ping\Desktop\数据分析\
Binary	深圳.xlsx	.xlsx	2019/11/11 14:51:43	2019/11/11 14:51:43	2019/11/11 14:50:34	Record	C:\Users\Ping\Desktop\数据分析\
Binary	苏州.xlsx	.xlsx	2019/11/11 14:52:06	2019/11/11 14:52:06	2019/11/11 14:52:05	Record	C:\Users\Ping\Desktop\数据分析\

组合　加载　转换数据　取消

图 2.17　“导航器”对话框

图 2.17 中表格的主要列标题介绍如下。

- Content：文件的内容，是二进制类型，后续如果要获取文件的内容，则需要通过函数针对这个二进制文件来提取。

Content Type	application/vnd.ms-excel
Kind	Excel File
Size	4617216
ReadOnly	FALSE
Hidden	FALSE
System	FALSE
Directory	FALSE
Archive	TRUE
Device	FALSE
Normal	FALSE
Temporary	FALSE
SparseFile	FALSE
ReparsePoint	FALSE
Compressed	FALSE
Offline	FALSE
NotContentIndexed	FALSE
Encrypted	FALSE
ChangeTime	2019/11/11 10:16:01

图 2.18　文件属性记录内容

- Name：文件的名称。
- Extension：文件格式，当后续使用函数提取二进制文件中的内容时，可以通过判断及筛选进行操作。
- Date accessed：文件访问的日期。
- Date modified：文件修改的日期。
- Date created：文件创建的日期。
- Attributes：文件的属性，是记录类型，包含了文件的其他属性，如文件大小等，如图 2.18 所示。
- Folder Path：文件夹路径，包含被导入的文件夹下的子文件夹。

2.4.2　提取文件内容

可以通过添加列及使用 Power Query 中的数据提取函数来提取文件内容。用于提取文件内容的函数主要有以下几个。

- Excel.Workbook：用于提取 Excel 工作簿文件中的内容。该函数的使用方法如图 2.19 所示，该函数的参数说明如表 2.1 所示。

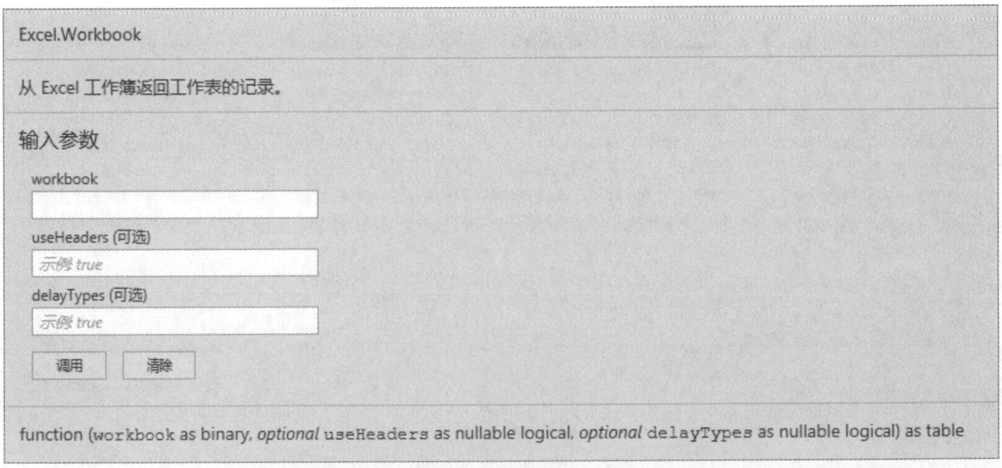

Excel.Workbook

从 Excel 工作簿返回工作表的记录。

输入参数

workbook

useHeaders (可选)

示例 true

delayTypes (可选)

示例 true

调用　清除

function (workbook as binary, *optional* useHeaders as nullable logical, *optional* delayTypes as nullable logical) as table

图 2.19　Excel.Workbook 函数的使用方法

表 2.1　Excel.Workbook 函数的参数说明

参　数	属　性	数 据 类 型	说　明
workbook	必选	二进制类型（binary）	Excel 工作簿的二进制文件
useHeaders	可选	可为空值的逻辑类型（nullable logical）	true 代表第一行为标题； false 代表第一行为数据； 空缺则默认为 false
delayTypes	可选	可为空值的逻辑类型（nullable logical）	延迟类型

注意：逻辑值要使用小写格式的 true 或 false，不能使用 1 或 0 来代替。

返回值是一个表格类型的数据，包含工作表名称及工作表内容，如图 2.20 所示。如果工作簿中有多个表格内容，则会显示各个工作表名称及对应的数据表格内容。展开 Excel 工作表中的内容，如图 2.21 所示，可以看到所有工作表的数据都加载进来了。

```
= Table.AddColumn(源, "自定义", each Excel.Workbook([Content],true,false))
```

	Content	Name	Extension	Date accessed	Date modified	Date created	Attributes	Folder Path	自定义
1	Binary	北京.xlsx	.xlsx	2019/11/11 14:48:12	2019/11/11 14:48:01	2019/11/11 14:47:59	Record	C:\Users\Ping\Desktop\数据分...	Table
2	Binary	南京.xlsx	.xlsx	2019/11/11 14:50:07	2019/11/11 14:50:07	2019/11/11 14:50:06	Record	C:\Users\Ping\Desktop\数据分...	Table
3	Binary	合肥.xlsx	.xlsx	2019/11/11 14:49:41	2019/11/11 14:49:41	2019/11/11 14:49:40	Record	C:\Users\Ping\Desktop\数据分...	Table
4	Binary	广州.xlsx	.xlsx	2019/11/11 14:48:53	2019/11/11 14:48:53	2019/11/11 14:48:53	Record	C:\Users\Ping\Desktop\数据分...	Table
5	Binary	杭州.xlsx	.xlsx	2019/11/11 14:49:16	2019/11/11 14:49:16	2019/11/11 14:49:15	Record	C:\Users\Ping\Desktop\数据分...	Table

Name	Data	Item	Kind	Hidden
Sheet1	Table	Sheet1	Sheet	FALSE
Sheet2	Table	Sheet2	Sheet	FALSE
Sheet3	Table	Sheet3	Sheet	FALSE

图 2.20　Excel.Workbook 函数的返回值

	Content	Name	Extension	Date accessed	Date modified	Date created	Attributes	Folder Path	Name.1	Data	Item	Kind	Hidden
1	Binary	北京.xlsx	.xlsx	2019/11/11 14:48:12	2019/11/11 14:48:01	2019/11/11 14:47:59	Record	C:\Users\Ping\Desktop\数据分析\	Sheet1	Table	Sheet1	Sheet	FALSE
2	Binary	北京.xlsx	.xlsx	2019/11/11 14:48:12	2019/11/11 14:48:01	2019/11/11 14:47:59	Record	C:\Users\Ping\Desktop\数据分析\	Sheet2	Table	Sheet2	Sheet	FALSE
3	Binary	北京.xlsx	.xlsx	2019/11/11 14:48:12	2019/11/11 14:48:01	2019/11/11 14:47:59	Record	C:\Users\Ping\Desktop\数据分析\	Sheet3	Table	Sheet3	Sheet	FALSE
4	Binary	南京.xlsx	.xlsx	2019/11/11 14:50:07	2019/11/11 14:50:07	2019/11/11 14:50:06	Record	C:\Users\Ping\Desktop\数据分析\	Sheet1	Table	Sheet1	Sheet	FALSE
5	Binary	南京.xlsx	.xlsx	2019/11/11 14:50:07	2019/11/11 14:50:07	2019/11/11 14:50:06	Record	C:\Users\Ping\Desktop\数据分析\	Sheet2	Table	Sheet2	Sheet	FALSE
6	Binary	南京.xlsx	.xlsx	2019/11/11 14:50:07	2019/11/11 14:50:07	2019/11/11 14:50:06	Record	C:\Users\Ping\Desktop\数据分析\	Sheet3	Table	Sheet3	Sheet	FALSE
7	Binary	合肥.xlsx	.xlsx	2019/11/11 14:49:41	2019/11/11 14:49:41	2019/11/11 14:49:40	Record	C:\Users\Ping\Desktop\数据分析\	Sheet1	Table	Sheet1	Sheet	FALSE
8	Binary	合肥.xlsx	.xlsx	2019/11/11 14:49:41	2019/11/11 14:49:41	2019/11/11 14:49:40	Record	C:\Users\Ping\Desktop\数据分析\	Sheet2	Table	Sheet2	Sheet	FALSE
9	Binary	合肥.xlsx	.xlsx	2019/11/11 14:49:41	2019/11/11 14:49:41	2019/11/11 14:49:40	Record	C:\Users\Ping\Desktop\数据分析\	Sheet3	Table	Sheet3	Sheet	FALSE
10	Binary	广州.xlsx	.xlsx	2019/11/11 14:48:53	2019/11/11 14:48:53	2019/11/11 14:48:53	Record	C:\Users\Ping\Desktop\数据分析\	Sheet1	Table	Sheet1	Sheet	FALSE
11	Binary	广州.xlsx	.xlsx	2019/11/11 14:48:53	2019/11/11 14:48:53	2019/11/11 14:48:53	Record	C:\Users\Ping\Desktop\数据分析\	Sheet2	Table	Sheet2	Sheet	FALSE
12	Binary	广州.xlsx	.xlsx	2019/11/11 14:48:53	2019/11/11 14:48:53	2019/11/11 14:48:53	Record	C:\Users\Ping\Desktop\数据分析\	Sheet3	Table	Sheet3	Sheet	FALSE
13	Binary	杭州.xlsx	.xlsx	2019/11/11 14:49:16	2019/11/11 14:49:16	2019/11/11 14:49:15	Record	C:\Users\Ping\Desktop\数据分析\	Sheet1	Table	Sheet1	Sheet	FALSE
14	Binary	杭州.xlsx	.xlsx	2019/11/11 14:49:16	2019/11/11 14:49:16	2019/11/11 14:49:15	Record	C:\Users\Ping\Desktop\数据分析\	Sheet2	Table	Sheet2	Sheet	FALSE
15	Binary	杭州.xlsx	.xlsx	2019/11/11 14:49:16	2019/11/11 14:49:16	2019/11/11 14:49:15	Record	C:\Users\Ping\Desktop\数据分析\	Sheet3	Table	Sheet3	Sheet	FALSE
16	Binary	深圳.xlsx	.xlsx	2019/11/11 14:51:43	2019/11/11 14:51:43	2019/11/11 14:50:34	Record	C:\Users\Ping\Desktop\数据分析\	Sheet1	Table	Sheet1	Sheet	FALSE
17	Binary	深圳.xlsx	.xlsx	2019/11/11 14:51:43	2019/11/11 14:51:43	2019/11/11 14:50:34	Record	C:\Users\Ping\Desktop\数据分析\	Sheet2	Table	Sheet2	Sheet	FALSE
18	Binary	深圳.xlsx	.xlsx	2019/11/11 14:51:43	2019/11/11 14:51:43	2019/11/11 14:50:34	Record	C:\Users\Ping\Desktop\数据分析\	Sheet3	Table	Sheet3	Sheet	FALSE
19	Binary	苏州.xlsx	.xlsx	2019/11/11 14:52:06	2019/11/11 14:52:06	2019/11/11 14:52:05	Record	C:\Users\Ping\Desktop\数据分析\	Sheet1	Table	Sheet1	Sheet	FALSE
20	Binary	苏州.xlsx	.xlsx	2019/11/11 14:52:06	2019/11/11 14:52:06	2019/11/11 14:52:05	Record	C:\Users\Ping\Desktop\数据分析\	Sheet2	Table	Sheet2	Sheet	FALSE
21	Binary	苏州.xlsx	.xlsx	2019/11/11 14:52:06	2019/11/11 14:52:06	2019/11/11 14:52:05	Record	C:\Users\Ping\Desktop\数据分析\	Sheet3	Table	Sheet3	Sheet	FALSE

图 2.21　展开 Excel 工作表中的内容

注意：为避免数据太多，可以保留所需要的内容列，将其余不需要的内容列删除后再展开，如图 2.22 所示。

- Csv.Document：用于返回表格类型的 CSV 文件内容。
- Text.FromBinary：用于将二进制文件转换为文本文件。
- Access.Database：用于提取 Access 数据库文件中的内容。

注意：如果导入的文件夹中的文件正在被打开使用，则文件夹被导入时会生成一个以“~$”开头的文件名，如图 2.23 所示。如果直接用数据提取，则会出现如图 2.24 所示的出错信息。

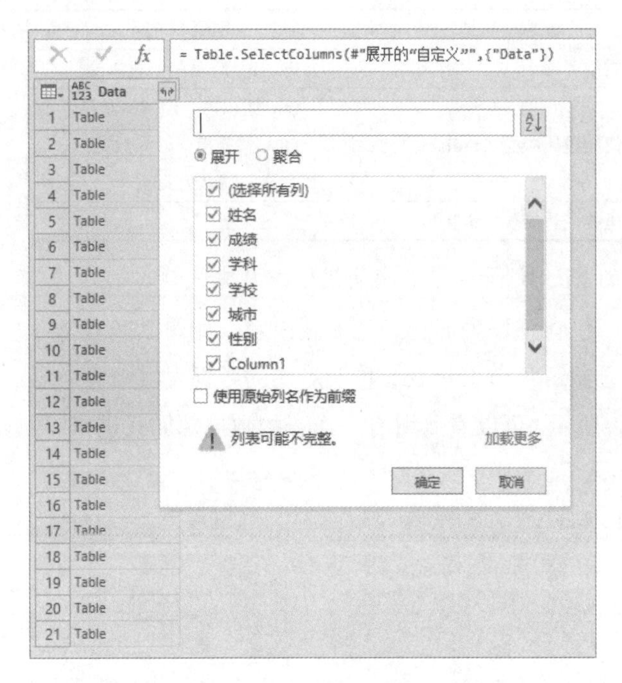

图 2.22　删除不需要的内容列后再展开

	Content	Name	Extension
1	Binary	~$北京.xlsx	.xlsx
2	Binary	北京.xlsx	.xlsx
3	Binary	南京.xlsx	.xlsx
4	Binary	合肥.xlsx	.xlsx
5	Binary	广州.xlsx	.xlsx
6	Binary	杭州.xlsx	.xlsx
7	Binary	深圳.xlsx	.xlsx
8	Binary	苏州.xlsx	.xlsx

图 2.23　文件被打开使用时导入文件夹的显示

DataSource.Error: 文件"C:\Users\Ping\Desktop\数据分析\~$北京.xlsx"正由另一进程使用，因此该进程无法访问此文件。
详细信息:
C:\Users\Ping\Desktop\数据分析\~$北京.xlsx

图 2.24　文件被打开使用时提取数据的出错信息

2.5　从 MySQL 数据库中导入数据

前文提到过的数据导入都是以文件为基础作为数据源导入 Power Query 的。实际上，在多数情况下，数据是存储在数据库中的，目前比较常用的数据库为 MySQL。本节以本地数据库为例，介绍如何把 MySQL 数据库中的数据导入 Power Query 进行处理。

2.5.1　从 MySQL 数据库中提取函数

针对 MySQL 数据库，Power Query 中有专门的函数——MySQL.Database 来获取数据源，使用该函数可以从数据库中提取数据。MySQL.Database 函数的使用说明如图 2.25 所示。

MySQL.Database

返回服务器 server 上 MySQL 数据库(在名为 database 的数据库实例中)中可用的 SQL 表、视图和存储标量函数的表。可以视需要指定服务器的端口，并用冒号分隔。可以指定可选的记录参数 options 来控制以下选项:

Encoding：指定用于对发送到服务器的所有查询进行编码的字符集的 TextEncoding 值(默认值为 null)。
CreateNavigationProperties：一个逻辑值(true/false)，用于在返回的值上设置是否生成导航属性(默认值为 true)。
NavigationPropertyNameGenerator：一个函数，用于创建导航属性的名称。
Query：用于检索数据的本机 SQL 查询。如果查询生成多个结果集，则仅返回第一个结果集。
CommandTimeout：一个时间段，控制在取消服务器端查询之前允许该查询运行的时间。默认值为十分钟。
ConnectionTimeout：一个时间段，控制在放弃尝试建立到服务器的连接之前等待的时间。默认值与驱动程序相关。
TreatTinyAsBoolean：一个逻辑值(true/false)，用于确定是否将服务器上的 tinyint 列强制设置为逻辑值。默认值为 true。
OldGuids：一个逻辑值(true/false)，用于设置是将 char(36)列(如果为 false)还是 binary(16)列(如果为 true)视为 GUID。默认值为 false。
ReturnSingleDatabase：一个逻辑值(true/false)，用于设置是返回所有数据库的所有表(如果为 false)，还是返回指定数据库的表和视图(如果为 true)。默认值为 false。
HierarchicalNavigation：一个逻辑值(true/false)，用于设置是否查看按架构名称分组的表(默认值为 false)。

例如，可以将记录参数指定为 [option1 = value1, option2 = value2...] 或 [Query = "select ..."]。

输入参数

server
示例 abc
database
示例 abc

▷ options (可选)

调用　清除

function (server as text, database as text, *optional* options as nullable record) as table

图 2.25　MySQL.Database 函数的使用说明

下面具体分析这个函数的一些用法，MySQL.Database 函数的参数说明如表 2.2 所示。

表 2.2　MySQL.Database 函数的参数说明

参　　数	属　　性	数 据 格 式	说　　明
server	必选	文本类型（text）	服务器名称
database	必选	文本类型（text）	数据库名称
options	可选	可为空记录类型（nullable record）	可选择的参数列表组成的记录

其中，参数 options 的选项中有如下两个会经常使用的参数。

- Query：如果需要使用 SQL 语句，则需要在这个参数记录下进行填写。
- ReturnSingleDatabase：是一个逻辑值，其中 true 表示仅返回数据库中的表。

2.5.2　身份的验证

如果出现如图 2.26 所示的身份验证错误提示信息，则需要填写授权凭据。

图 2.26　身份验证错误提示信息

如果需要单独设置数据源权限，则可以单击“主页”选项卡中的“数据源设置”按钮，在弹出的“数据源设置”对话框中输入数据库的用户名和密码，如图 2.27 所示。

注意：这里使用的是本地数据库，所以服务器默认为“localhost”，用户名默认为具有最高权限的“root”，数据库使用的是“abc”数据库。

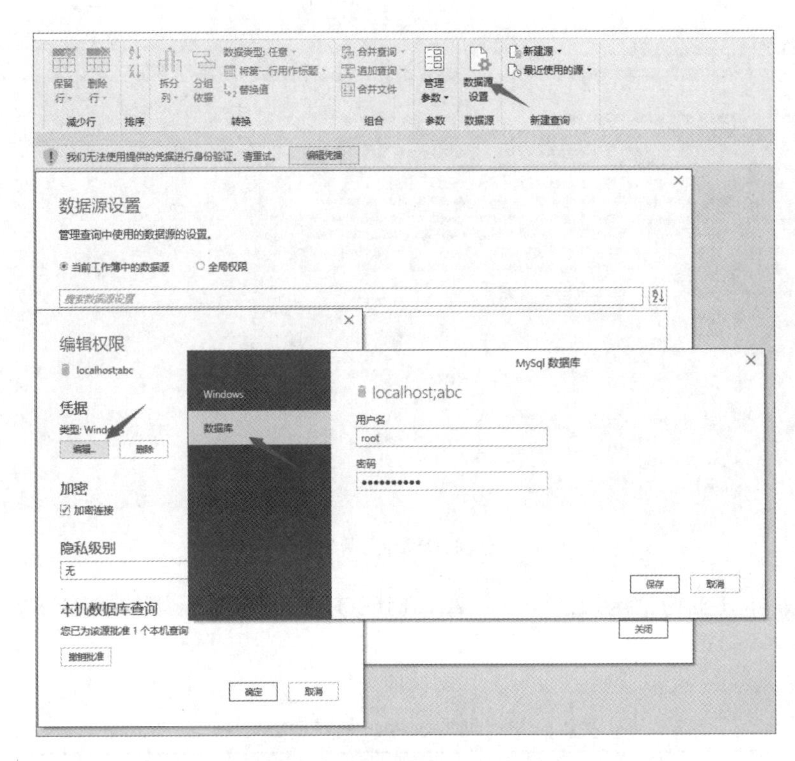

图 2.27　输入数据库的用户名和密码

2.5.3　提取数据库中的表格内容

想要提取数据库中的表格内容，可以直接使用 MySQL.Database 函数进行操作。不使用该函数的第 3 参数获取的 MySQL 数据库内容如图 2.28 所示。

```
= MySQL.Database("localhost","abc")
```

	Name	Data	Schema	Item	Kind
1	abc.test	Table	abc	test	Table
2	abc.user	Table	abc	user	Table
3	abc.学生成绩	Table	abc	学生成绩	Table
4	mysql.columns_priv	Table	mysql	columns_priv	Table
5	mysql.component	Table	mysql	component	Table
6	mysql.db	Table	mysql	db	Table
7	mysql.default_roles	Table	mysql	default_roles	Table
8	mysql.engine_cost	Table	mysql	engine_cost	Table
9	mysql.func	Table	mysql	func	Table
10	mysql.general_log	Table	mysql	general_log	Table
11	mysql.global_grants	Table	mysql	global_grants	Table
12	mysql.gtid_executed	Table	mysql	gtid_executed	Table
13	mysql.help_category	Table	mysql	help_category	Table
14	mysql.help_keyword	Table	mysql	help_keyword	Table
15	mysql.help_relation	Table	mysql	help_relation	Table

图 2.28　不使用 MySQL.Database 函数的第 3 参数获取的 MySQL 数据库内容

由图 2.28 可以看到，返回的结果是整个服务器中所有的数据库数据，但是我们通常只需要选定的数据库中的表数据。因此，需要使用 MySQL.Database 函数的第 3 参数的 ReturnSingleDatabase 参数，使用该参数可以仅返回所需数据库中的表数据，如图 2.29 所示。

```
= MySQL.Database("localhost", "abc", [ReturnSingleDatabase=true])
```

	Name	Data	Schema	Item	Kind
1	abc.test	Table	abc	test	Table
2	abc.user	Table	abc	user	Table
3	abc.学生成绩	Table	abc	学生成绩	Table

图 2.29　仅返回所需数据库中的表数据

2.5.4　指定 SQL 语句进行提取

使用数据库肯定离不开 SQL 语言，既然 Power Query 支持从数据库中导入数据，那也就是可以支持 SQL 语言处理，其具体的操作语句可以直接在 MySQL.Database 函数的第 3 参数的 Query 参数中进行书写。

例如，数据库中学生成绩表的数据内容如图 2.30 所示，如果只需要提取上海的学生数据，则可以直接在导入前通过 SQL 选择语句进行处理。通常这种提取条件的 SQL 语句书写如下：

```
SELECT * FROM abc.学生成绩 WHERE 城市="上海"
```

	姓名	成绩	学科	学校	城市	性别
1	陈婵	35	美术	一中	杭州	男
2	陈聪	35	音乐	一中	上海	男
3	陈德伟	54	美术	八中	广州	女
4	陈栋	40	体育	二中	合肥	男
5	陈鹄	55	英文	五中	上海	女
6	陈欢	97	化学	七中	广州	男
7	陈锦	65	英文	二中	北京	男
8	陈立	59	音乐	八中	深圳	男
9	陈立荣	43	历史	二中	北京	女
10	陈斯云	81	英文	六中	深圳	男
11	陈松	59	化学	二中	北京	女
12	陈忠	62	美术	三中	广州	女
13	蔡安	31	政治	五中	杭州	男
14	蔡晨	54	体育	三中	深圳	男
15	蔡菊	57	语文	七中	北京	男
16	蔡梦	77	政治	六中	深圳	男
17	张柏	82	政治	七中	合肥	男

图 2.30　数据库中学生成绩表的数据内容

可以通过单击步骤名称右侧的齿轮形按钮，直接在弹出的“MySQL 数据库”对话框的“SQL 语句”文本框中书写 SQL 语句，如图 2.31 所示。

注意： 如果直接使用 MySQL.Database 函数的第 3 参数的 Query 参数，则语句内的单个直双引号需要使用两个直双引号替代。

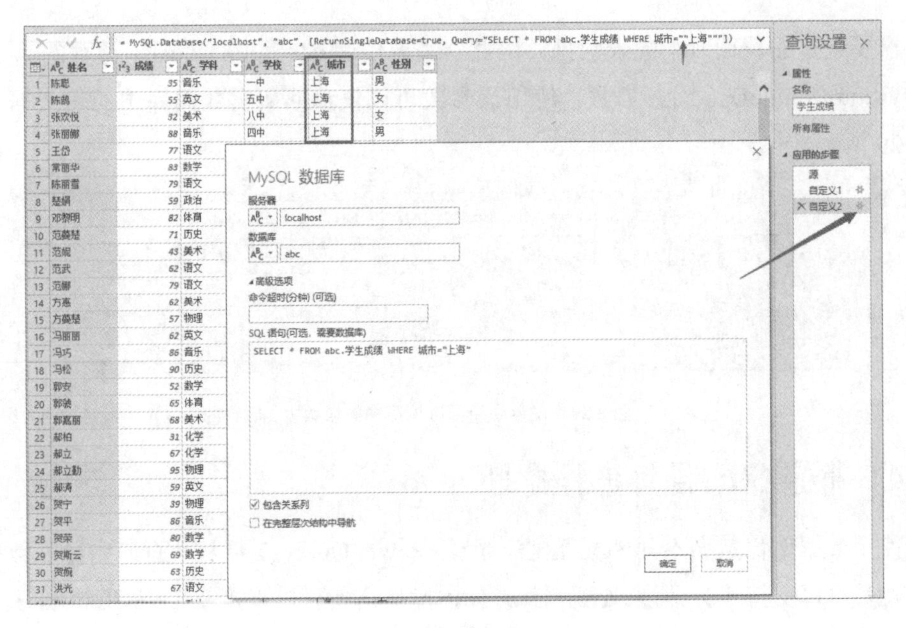

图 2.31　导入前使用 SQL 语句

2.6　从 Web 页面中导入数据

除了存储在本地数据库中的数据，还有一部分是网络上的一些公开数据，而这些公开数据对于数据分析来说又是比较重要的。例如，中国银行的外汇牌价表如图 2.32 所示。

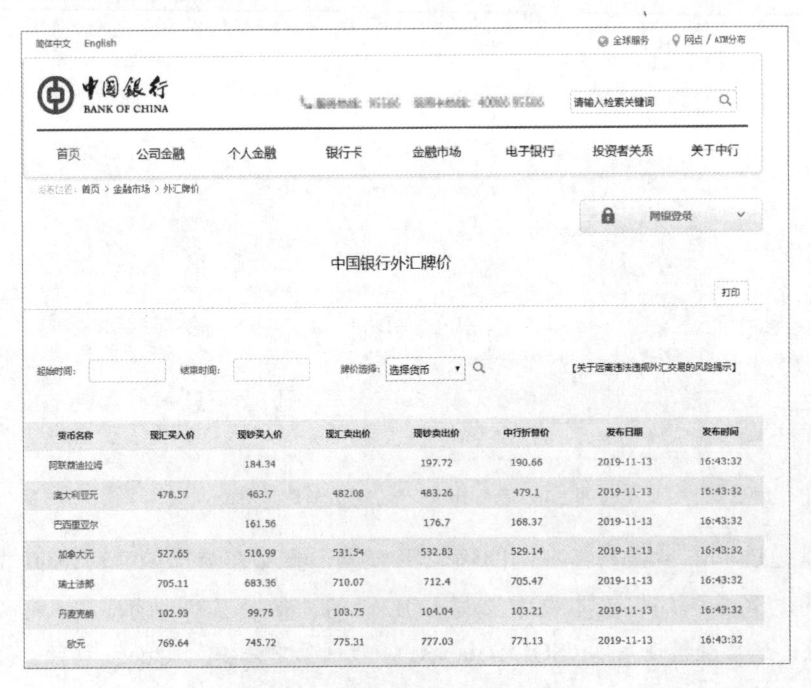

货币名称	现汇买入价	现钞买入价	现汇卖出价	现钞卖出价	中行折算价	发布日期	发布时间
阿联酋迪拉姆		184.34		197.72	190.66	2019-11-13	16:43:32
澳大利亚元	478.57	463.7	482.08	483.26	479.1	2019-11-13	16:43:32
巴西里亚尔		161.56		176.7	168.37	2019-11-13	16:43:32
加拿大元	527.65	510.99	531.54	532.83	529.14	2019-11-13	16:43:32
瑞士法郎	705.11	683.36	710.07	712.4	705.47	2019-11-13	16:43:32
丹麦克朗	102.93	99.75	103.75	104.04	103.21	2019-11-13	16:43:32
欧元	769.64	745.72	775.31	777.03	771.13	2019-11-13	16:43:32

图 2.32　中国银行的外汇牌价表

这些外汇牌价都是官方提供的实时数据，在 Power Query 中可以通过选择“主页”→“新建源”→“其他源”→“Web”选项来获取，如图 2.33 所示。

图 2.33　选择“Web”选项

此时选择“Web”选项会弹出如图 2.34 所示的“从 Web”对话框，在该对话框的“URL”文本框中输入网页地址，在“文件打开格式为”下拉列表中选择“Html 页”选项。

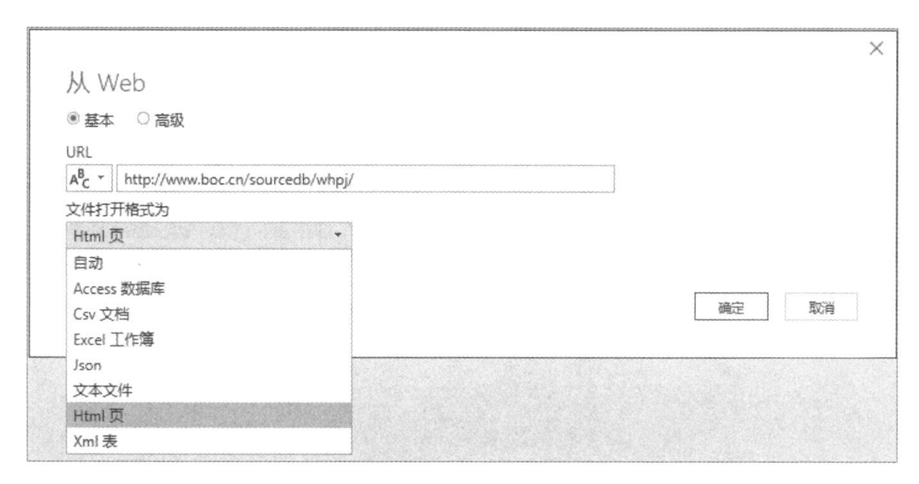

图 2.34　“从 Web”对话框

单击“确定”按钮后，结果如图 2.35 所示，返回的是表格类型的数据，这里可以看到“Source”列中有两个元素，一个是“Table”，另一个是“Service”，而所需要的表格类型的数据则是在“Table”元素这一行与“Data”列的交叉处。

注意：只有在 HTML 网页源代码中使用 table 标签的数据才可以直接返回表格类型的数据，如图 2.36 所示。

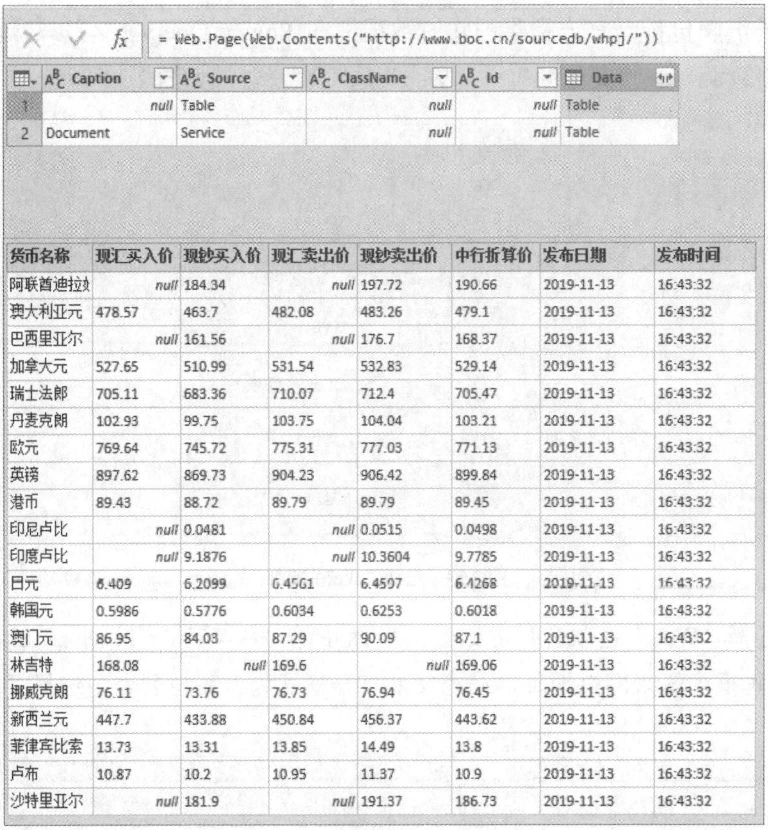

= Web.Page(Web.Contents("http://www.boc.cn/sourcedb/whpj/"))

	Caption	Source	ClassName	Id	Data
1	null	Table	null	null	Table
2	Document	Service	null	null	Table

货币名称	现汇买入价	现钞买入价	现汇卖出价	现钞卖出价	中行折算价	发布日期	发布时间
阿联酋迪拉	null	184.34	null	197.72	190.66	2019-11-13	16:43:32
澳大利亚元	478.57	463.7	482.08	483.26	479.1	2019-11-13	16:43:32
巴西里亚尔	null	161.56	null	176.7	168.37	2019-11-13	16:43:32
加拿大元	527.65	510.99	531.54	532.83	529.14	2019-11-13	16:43:32
瑞士法郎	705.11	683.36	710.07	712.4	705.47	2019-11-13	16:43:32
丹麦克朗	102.93	99.75	103.75	104.04	103.21	2019-11-13	16:43:32
欧元	769.64	745.72	775.31	777.03	771.13	2019-11-13	16:43:32
英镑	897.62	869.73	904.23	906.42	899.84	2019-11-13	16:43:32
港币	89.43	88.72	89.79	89.79	89.45	2019-11-13	16:43:32
印尼卢比	null	0.0481	null	0.0515	0.0498	2019-11-13	16:43:32
印度卢比	null	9.1876	null	10.3604	9.7785	2019-11-13	16:43:32
日元	6.409	6.2099	6.4561	6.4597	6.4268	2019-11-13	16:43:32
韩国元	0.5986	0.5776	0.6034	0.6253	0.6018	2019-11-13	16:43:32
澳门元	86.95	84.03	87.29	90.09	87.1	2019-11-13	16:43:32
林吉特	168.08	null	169.6	null	169.06	2019-11-13	16:43:32
挪威克朗	76.11	73.76	76.73	76.94	76.45	2019-11-13	16:43:32
新西兰元	447.7	433.88	450.84	456.37	443.62	2019-11-13	16:43:32
菲律宾比索	13.73	13.31	13.85	14.49	13.8	2019-11-13	16:43:32
卢布	10.87	10.2	10.95	11.37	10.9	2019-11-13	16:43:32
沙特里亚尔	null	181.9	null	191.37	186.73	2019-11-13	16:43:32

图 2.35　从 Web 页面中导入的数据表

```
</div>

                <table cellpadding="0" align="left" cellspacing="0" width="100%">
                    <tr>
                        <th>货币名称</th>
                        <th>现汇买入价</th>
                        <th>现钞买入价</th>
                        <th>现汇卖出价</th>
                        <th>现钞卖出价</th>
                        <th>中行折算价</th>
                        <th>发布日期</th>
                        <th>发布时间</th>
                    </tr>


                    <tr>
                        <td>阿联酋迪拉姆</td>
                        <td></td>
                        <td>184.41</td>
                        <td></td>
                        <td>197.79</td>
                        <td>190.66</td>
                        <td>2019-11-13</td>
                        <td>17:38:40</td>
                    </tr>
```

图 2.36　带有 table 标签的网页源代码

2.7　从其他数据源中导入数据

前面提到的数据源都是 Excel 中的 Power Query 所能支持的数据源格式，但是还有一些数据源是需要进行函数的组合才能获取的。下面来看一下如何从几个比较特别的数据源中导入数据。

2.7.1　从 HTML 文件中导入数据

HTML 文件也是一种比较常见的文件，从 Web 页面中导入数据的操作实际是由 Web.Contents 函数和 Web.Page 函数嵌套组合而成的。Web.Contents 函数返回的是二进制类型的数据，而 Web.Page 函数返回的则是 HTML 文档的内容（分解为其组成结构），以及完整文档的表示形式及其删除标签后的文本。

先来了解 Web.Page 函数，该函数的使用方法如图 2.37 所示，这个函数只有一个参数，并且该参数的类型是 any，可以接收 HTML 格式的文件。Web.Page 函数可以接收两种类型的参数：一种是二进制类型，另一种是文本类型。

图 2.37　Web.Page 函数的使用方法

图 2.38 所示为一个简单的本地网页格式文件的内容和代码，其中包含了表格数据，如果直接使用从 Web 页面中导入数据的操作，则结果如图 2.39 所示。因为网页代码中包含了 table 标签，虽然可以获取到表格内容，但是如果是中文，则还需要指定编码格式，所以要对 HTML 格式进行优化。

先通过 Text.FromBinary 函数把二进制文件转换成文本文件，同时对语言处理进行优化，如图 2.40 所示。

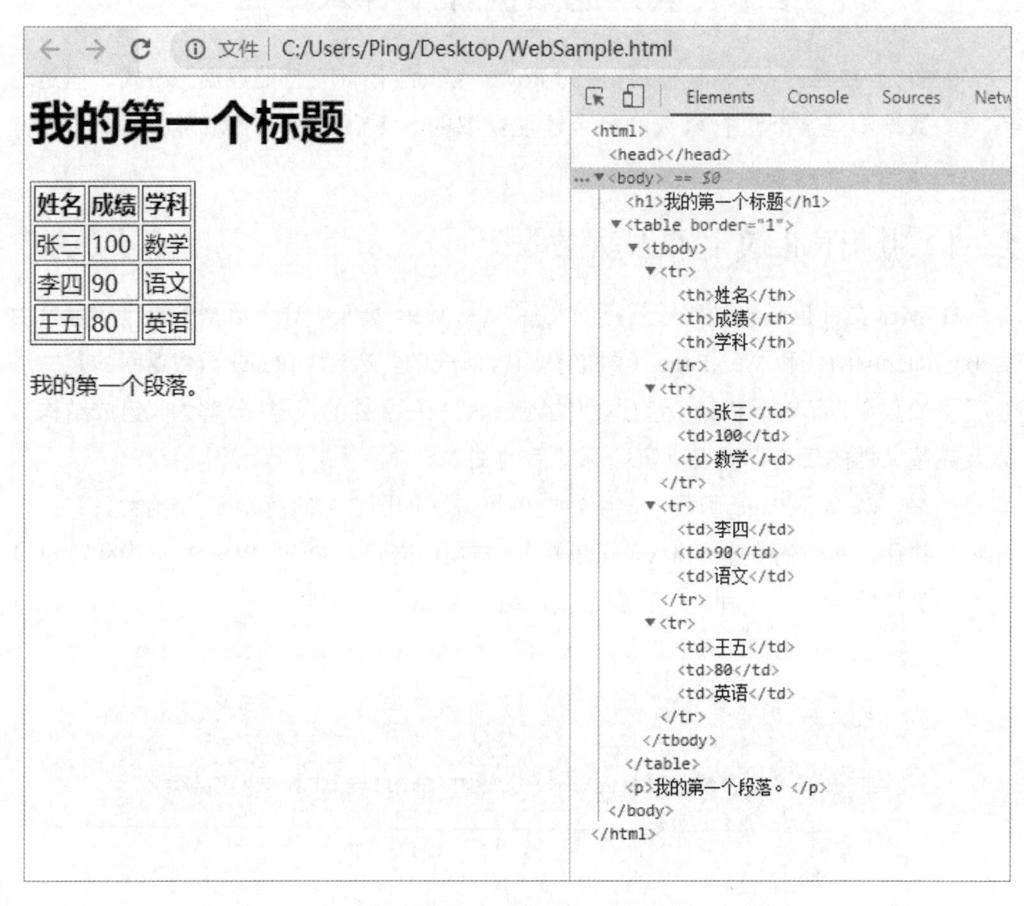

图 2.38　本地网页格式文件的内容和代码

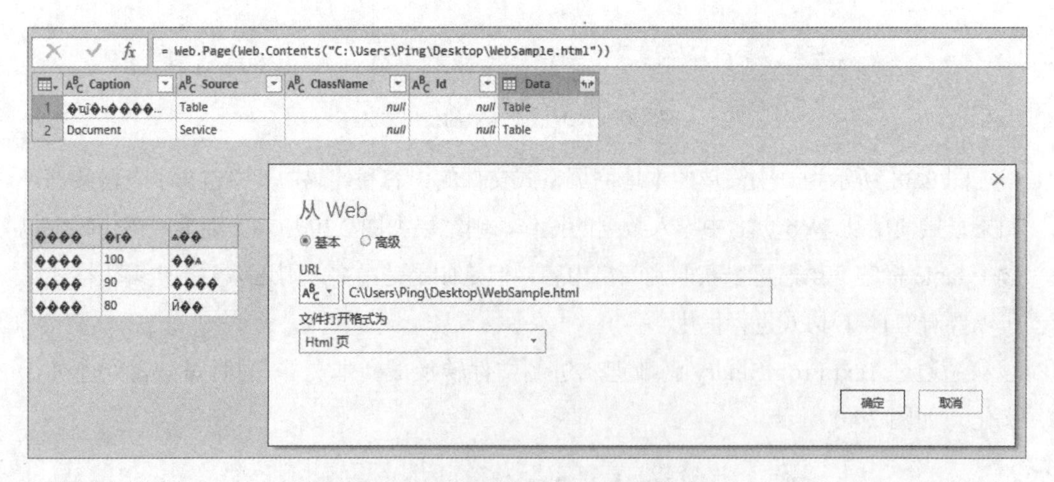

图 2.39　直接导入 HTML 文件的结果

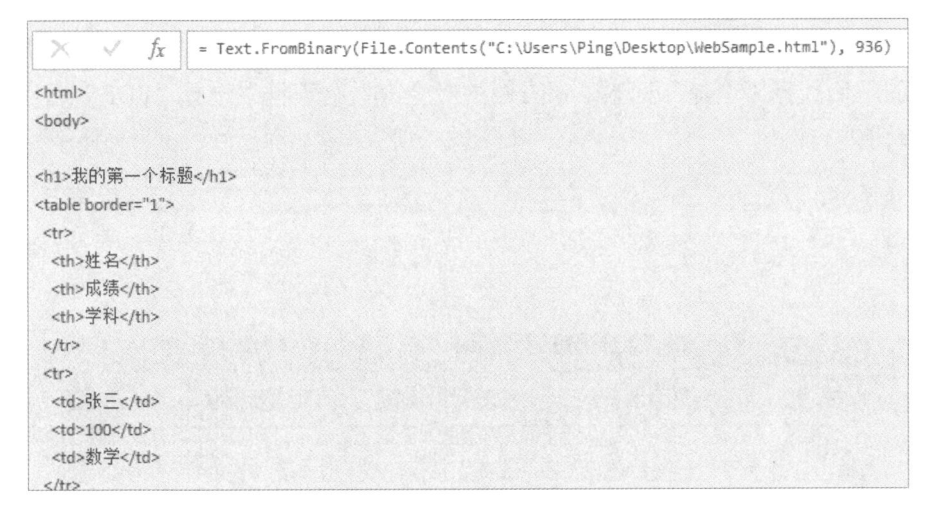

图 2.40　转换文件格式并优化语言处理

注意：图 2.40 中的公式栏内的 Text.FromBinary 函数的第 2 参数 936 代表“简体中文 GB2312”字体格式。同时，转换后的文本数据内也存在 HTML 文件的网页编码，因此可以继续使用 Web.Page 函数再次进行转换，如图 2.41 所示。

	Caption	Source	ClassName	Id	Data
1	我的第一个标题	Table	null	null	Table
2	Document	Service	null	null	Table

姓名	成绩	学科
张三	100	数学
李四	90	语文
王五	80	英语

图 2.41　以文本数据作为 Web.Page 函数的参数的处理结果

2.7.2　从 PDF 文件中导入数据

除了一般的文件，PDF 文件也是常用的文件，Power Query 也可以将其作为一个数据源。但是目前此功能只在 Power BI Desktop 上才能使用，因为 Power BI Desktop 支持的数据源类型比 Excel 支持的数据源类型要多很多，PDF 文件就是其支持的数据源之一。

注意：旧版本的 Power BI Desktop 需要在选项的预览中进行加载，而新版本的 Power BI Desktop 则可以直接使用。

可以通过“主页”选项卡中的“获取数据”来选择 PDF 文件作为数据源，图 2.42 所示为一个典型的 PDF 文件中带有表格的数据。在 Power BI Desktop 的“主页”选项卡中，选择“获取数据”→“更多”选项，如图 2.43 所示，在弹出的“获取数据”对话框的左侧选择“全部”标签，在右侧的“全部”列表框中选择“PDF”选项，如图 2.44 所示。

货币名称	现汇买入价	现钞买入价	现汇卖出价	现钞卖出价	中行折算价	发布日期	发布时间
阿联酋迪拉姆		184.44		197.82	190.66	2019-11-13	18:28:10
澳大利亚元	477.79	462.94	481.3	482.48	479.1	2019-11-13	18:28:10
巴西里亚尔		161.65		176.81	168.37	2019-11-13	18:28:10
加拿大元	527.59	510.94	531.48	532.77	529.14	2019-11-13	18:28:10
瑞士法郎	706.66	684.85	711.62	713.96	705.47	2019-11-13	18:28:10
丹麦克朗	103.09	99.9	103.91	104.2	103.21	2019-11-13	18:28:10
欧元	770.84	746.89	776.53	778.25	771.13	2019-11-13	18:28:10
英镑	899.03	871.1	905.65	907.85	899.84	2019-11-13	18:28:10
港币	89.46	88.75	89.82	89.82	89.45	2019-11-13	18:28:10
印尼卢比		0.0482		0.0516	0.0498	2019-11-13	18:28:10
印度卢比		9.1618		10.3314	9.7785	2019-11-13	18:28:10
日元	6.4245	6.2248	6.4717	6.4752	6.4268	2019-11-13	18:28:10
韩国元	0.598	0.577	0.6028	0.6247	0.6018	2019-11-13	18:28:10
澳门元	87	84.08	87.34	90.14	87.1	2019-11-13	18:28:10
林吉特	168.17		169.69		169.06	2019-11-13	18:28:10
挪威克朗	75.88	73.53	76.48	76.7	76.45	2019-11-13	18:28:10
新西兰元	446.97	433.18	450.11	455.63	443.62	2019-11-13	18:28:10
菲律宾比索	13.72	13.3	13.84	14.48	13.8	2019-11-13	18:28:10
卢布	10.87	10.2	10.95	11.37	10.9	2019-11-13	18:28:10
沙特里亚尔		182		191.47	186.73	2019-11-13	18:28:10
瑞典克朗	71.78	69.57	72.36	72.56	72.09	2019-11-13	18:28:10
新加坡元	513.47	497.62	517.07	518.62	514.05	2019-11-13	18:28:10
泰国铢	23.12	22.4	23.3	24.02	23.09	2019-11-13	18:28:10
土耳其里拉	121.31	115.37	122.29	137.98	121.25	2019-11-13	18:28:10
新台币		22.2		23.94	23.05	2019-11-13	18:28:10
美元	700.73	695.03	703.7	703.7	700.26	2019-11-13	18:28:10
南非兰特	46.66	43.08	46.98	50.56	46.89	2019-11-13	18:28:10

图 2.42 PDF 文件中带有表格的数据

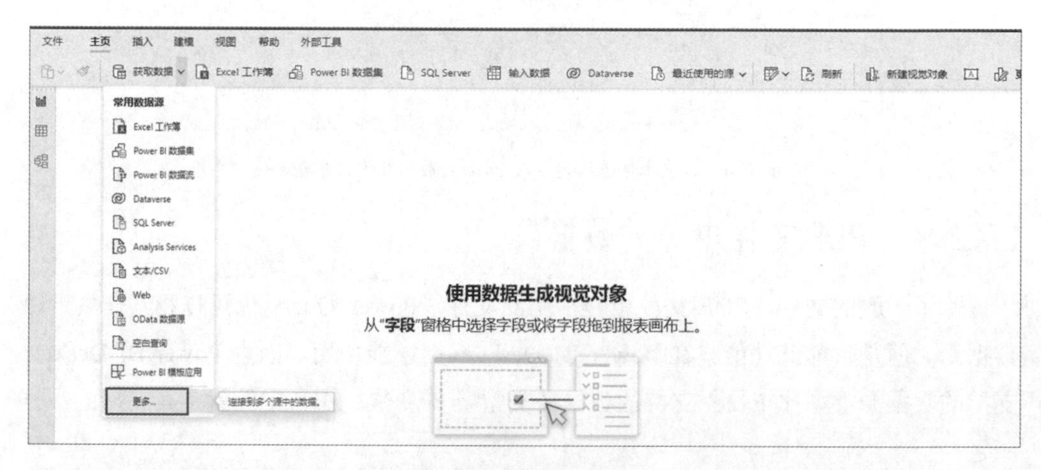

图 2.43 选择“更多”选项

单击“连接”按钮，在弹出的对话框中选择要导入的 PDF 文件，导入数据。在弹出的“导航器”对话框的左侧选择要导入的数据，在右侧可以看到数据的预览，如图 2.45 所示。

注意：从 PDF 文件中导入数据是按页进行分隔的，包括表格类型数据和页面格式数据，导入后再进行数据合并操作。

图 2.44　“获取数据”对话框

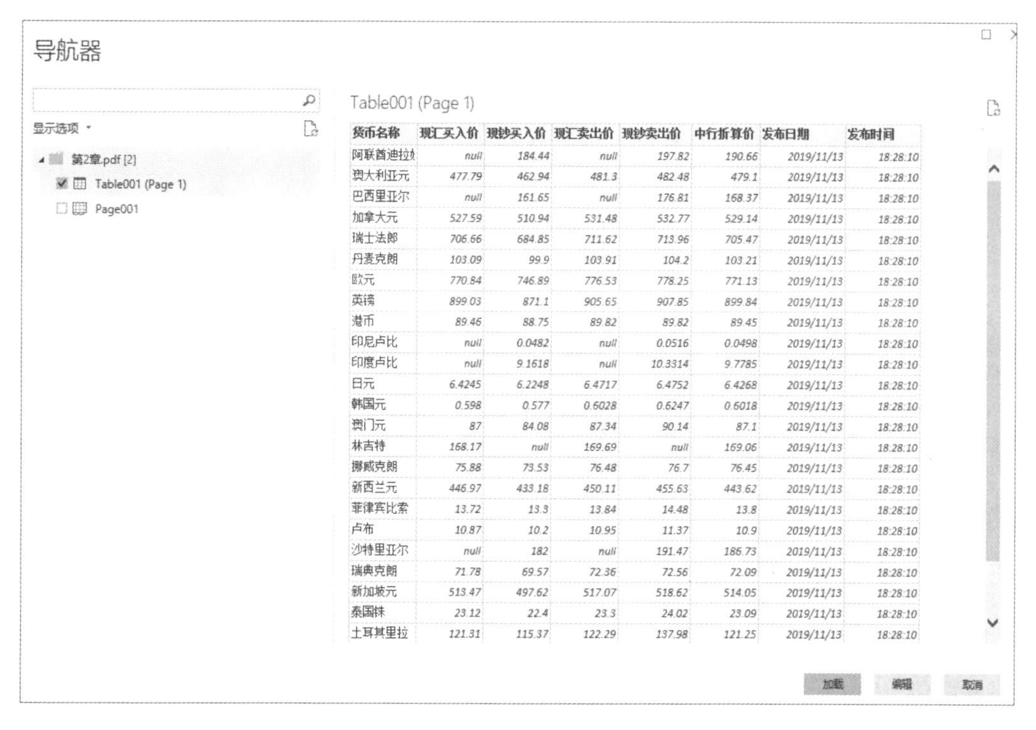

货币名称	现汇买入价	现钞买入价	现汇卖出价	现钞卖出价	中行折算价	发布日期	发布时间
阿联酋迪拉姆	null	184.44	null	197.82	190.66	2019/11/13	18:28:10
澳大利亚元	477.79	462.94	481.3	482.48	479.1	2019/11/13	18:28:10
巴西里亚尔	null	161.65	null	176.81	168.37	2019/11/13	18:28:10
加拿大元	527.59	510.94	531.48	532.77	529.14	2019/11/13	18:28:10
瑞士法郎	706.66	684.85	711.62	713.96	705.47	2019/11/13	18:28:10
丹麦克朗	103.09	99.9	103.91	104.2	103.21	2019/11/13	18:28:10
欧元	770.84	746.89	776.53	778.25	771.13	2019/11/13	18:28:10
英镑	899.03	871.1	905.65	907.85	899.84	2019/11/13	18:28:10
港币	89.46	88.75	89.82	89.82	89.45	2019/11/13	18:28:10
印尼卢比	null	0.0482	null	0.0516	0.0498	2019/11/13	18:28:10
印度卢比	null	9.1618	null	10.3314	9.7785	2019/11/13	18:28:10
日元	6.4245	6.2248	6.4717	6.4752	6.4268	2019/11/13	18:28:10
韩国元	0.598	0.577	0.6028	0.6247	0.6018	2019/11/13	18:28:10
澳门元	87	84.08	87.34	90.14	87.1	2019/11/13	18:28:10
林吉特	168.17	null	169.69	null	169.06	2019/11/13	18:28:10
挪威克朗	75.88	73.53	76.48	76.7	76.45	2019/11/13	18:28:10
新西兰元	446.97	433.18	450.11	455.63	443.62	2019/11/13	18:28:10
菲律宾比索	13.72	13.3	13.84	14.48	13.8	2019/11/13	18:28:10
卢布	10.87	10.2	10.95	11.37	10.9	2019/11/13	18:28:10
沙特里亚尔	null	182	null	191.47	186.73	2019/11/13	18:28:10
瑞典克朗	71.78	69.57	72.36	72.56	72.09	2019/11/13	18:28:10
新加坡元	513.47	497.62	517.07	518.62	514.05	2019/11/13	18:28:10
泰国铢	23.12	22.4	23.3	24.02	23.09	2019/11/13	18:28:10
土耳其里拉	121.31	115.37	122.29	137.98	121.25	2019/11/13	18:28:10

图 2.45　“导航器”对话框

第 3 章

自制文件管理器案例

搜索文件是基本且常用的功能，一般可以通过 Windows 系统自带的“搜索”选项卡中的选项来实现，如图 3.1 所示。可以通过 Power Query 来自行创建所需要的文件搜索等功能。通过在 Power Query 中的操作来实现这些搜索功能并在此基础上进一步完善。

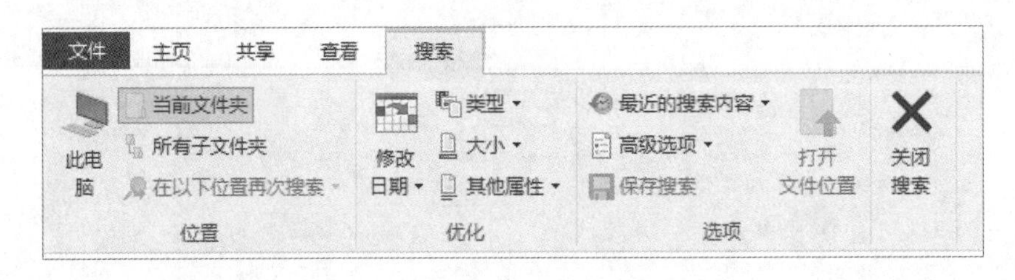

图 3.1　Windows 系统自带的“搜索”选项卡

本章主要涉及的知识点有：

- 批量获取文件夹下的文件信息的方法
- 根据导入表的各种参数匹配进行筛选
- 通过超链接跳转到文件夹及文件
- 通过 BAT 文件批量处理文件

3.1　从文件夹中获取所需要的数据

Windows 系统自带的“搜索”选项卡中的一些选项的功能，如是否为当前文件夹、是否包含所有子文件夹、修改的日期、文件的类型、文件的大小等，都可以在 Power Query 中实现，下面来学习如何进行具体操作。

3.1.1　设置文件匹配信息的参数表格

既然需要创建一个与 Windows 系统自带的文件搜索功能相似的搜索功能，那么首先需要将 Windows 系统自带的“搜索”选项卡中的一些选项的功能做成搜索参数并作为函数的参数，具体内容如图 3.2 所示。

文件路径	是否包含子文件夹	文件大小(■)	文件名	文件类型	修改日期	匹配模式

图 3.2　搜索参数设置

接着可以在这些参数的基础上，通过数据有效性的序列来设置一些功能性设计。例如，“是否包含子文件夹”可以设置成下拉菜单选择“是”或“否”，“匹配模式”可以选择“模糊匹配”或“精确匹配”等，如图 3.3 所示。

图 3.3　数据有效性下拉菜单

填写完信息后，把参数表导入 Power Query，这些参数是进行计算的前提，如图 3.4 所示。

图 3.4　被导入 Power Query 的参数表

3.1.2　获取指定文件夹下的数据

用于获取文件夹下的数据的函数是 Folder.Files，那么文件路径就是此函数的参数，因此，可以在参数表的文件路径中填写指定文件夹的路径来获取数据。该函数的语法格式如下：

```
Folder.Files(参数表[文件路径]{0})
```

注意：“参数表”代表查询名称；“[文件路径]”代表指定标题列；“0”代表第一行数据。但是这里会有一个问题，如果文件路径是空白（即 null），那么这个函数公式得到的结果会是一个错误，因此可以指定一个默认文件路径，这样就可以避免函数出错。

可以直接设置一个默认文件路径，也可以通过参数表设置当前文件所在的文件路径，这样这个文件路径就是可变的，它会随着文件所在位置的变化而变化。设置文件所在的路径可以在 Excel 中使用 CELL 函数来实现，如图 3.5 所示。

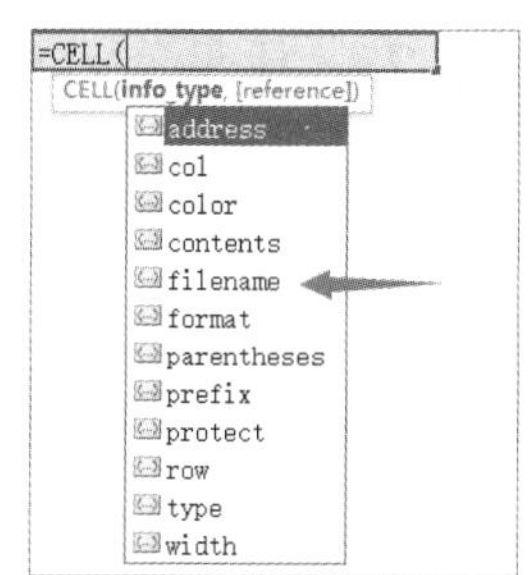

图 3.5　CELL 函数的使用

CELL 函数的第 1 参数是需要返回的数据，这里选择 filename 作为参数是因为使用参数 filename 返回数据时会把文件路径一起显示出来。

CELL 函数的第 2 参数是一个可选参数。如果不填写第 2 参数，则会返回最近打开工作簿的当前文件路径；如果填写了第 2 参数，则可以固定返回当前工作簿的文件路径，如图 3.6 所示。

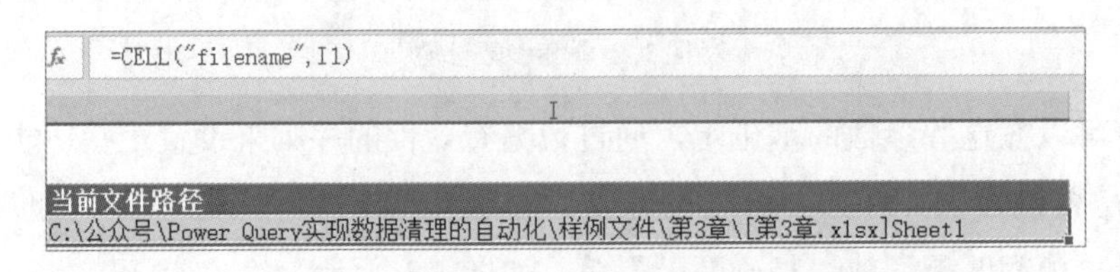

图 3.6　CELL 函数的返回结果及参数写法

这样在参数表中就增加了一个包含当前工作簿的文件路径的列。

3.2　数据判断及筛选

在前面章节中已经把参数表导入 Power Query，接下来就是要把参数表中的参数转换成所需要的格式，并且利用这些参数进行判断及对后续获取的数据进行筛选。

3.2.1　提取默认文件路径

之前使用 CELL 函数获取了当前工作簿所在的目录及文件名，由于只需要其中的目录作为默认的文件路径，因此需要去除文件名及工作表名。

文件名和目录的判定方式是以“[”为分界线的，因此可以先选中所需要处理的列，然后依次选择“转换”→“提取”→“分隔符之前的文本”选项，同时在分隔符中选择“[”即可，如图 3.7 所示。

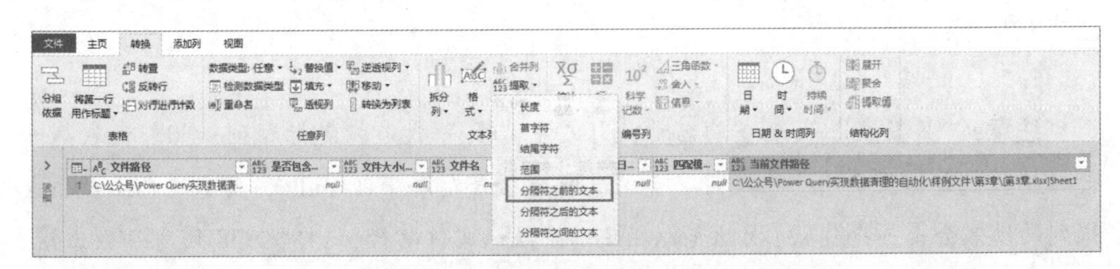

图 3.7　选择“分隔符之前的文本”选项

3.2.2　判断是否使用默认文件路径

前文提到在使用 Folder.Files 函数时，如果文件路径是空值，则会出现错误，如图 3.8 所示。

图 3.8　默认导入文件夹时文件路径为空的错误信息

所以需要有默认文件路径，在使用 Folder.Files 函数前，可以先通过 if 语句对该函数的参数进行判断，如果参数不为空，则使用原本输入的文件路径，否则使用默认文件路径，其具体判断代码如下：

```
文件目录=
if 参数表[文件路径]{0}=null
then 参数表[当前文件路径]{0}
else 参数表[文件路径]{0},
```

注意：“文件目录”为步骤名称；代码最后的“,”代表此步骤是中间步骤而不是最后步骤。

获得正确的文件目录后，就可以直接进行文件夹的导入。代码如下：

```
导入文件夹数据=Folder.Files(文件目录);
```

把参数表的文件路径删除后进行刷新，如图 3.9 所示。

	文件路径	是否包含子文件夹	文件大小(M)	文件名	文件类型	修改日期	匹配模式	当前文件路径
1	null	null	null	null	null	null	null	C:\公众号\Power Query实现...

图 3.9　文件路径为空状态参数

同时尝试在另外一个空查询中输入上述获取文件夹信息的函数代码后，结果发现可以正常运行，包含一个原本文件和一个当前打开的本文件（文件夹中仅有的一个文件），如图 3.10 所示。

	Content	Name	Extension	Date accessed	Date modified	Date created	Attributes	Folder Path
1	Binary	~$第3章.xlsx	.xlsx	2019/11/25 17:00:41	2019/11/25 17:00:41	2019/11/25 17:00:41	Record	C:\公众号\Power Query实现数据清理的自动化\样例文件\第3章\
2	Binary	第3章.xlsx	.xlsx	2019/11/25 16:33:39	2019/11/25 16:33:38	2019/11/20 14:12:42	Record	C:\公众号\Power Query实现数据清理的自动化\样例文件\第3章\

图 3.10　获取文件夹信息

3.2.3　提取文件大小信息

文件大小的信息内容是在“Attributes”列的“Record”中，因此需要提取“Record”中的信息。可以看一下“Record”中包含了哪些记录信息，如图 3.11 所示。

Content Type	application/vnd.openxmlformats-officedocument.spreadsheetml.sheet
Kind	Excel File
Size	165
ReadOnly	FALSE
Hidden	TRUE
System	FALSE
Directory	FALSE
Archive	TRUE
Device	FALSE
Normal	FALSE
Temporary	FALSE
SparseFile	FALSE
ReparsePoint	FALSE
Compressed	FALSE
Offline	FALSE
NotContentIndexed	TRUE
Encrypted	FALSE
ChangeTime	2019/11/21 13:14:35

图 3.11　“Attributes”列的“Record”中包含的信息

由图 3.11 可知，文件大小的信息内容就在其中，当然还有一些其他属性，可以根据实际情况进行提取。

可以通过添加列的方式来提

取“Record”中的信息，如图 3.12 所示。需要注意在添加列中进行提取的书写方法与在操作表中进行提取的书写方法之间的差异性。

图 3.12　提取文件大小的信息内容

（1）在添加列中进行提取的书写方法，代码如下：

```
[Attributes][Size]
```

同时在新列名中写上所需要的自定义标题即可。注意引用记录的函数写法，可以查看 1.7.7 节的内容。

（2）在操作表中进行提取的书写方法，代码如下：

```
Table.AddColumn(源, "文件大小", each [Attributes][Size] as number)
```

这里涉及一个新函数，即 Table.AddColumn，实际上添加列的操作就是使用了这个函数。Table.AddColumn 函数的参数说明如表 3.1 所示。

表 3.1　Table.AddColumn 函数的参数说明

参　数	属　性	数 据 类 型	说　明
table	必选	表格类型（table）	需要操作的表
newColumnName	必选	文本类型（text）	新列的名称
columnGenerator	必选	函数类型（function）	填写在添加列中的函数
columnType	可选	可为空类型（nullable type）	可以指定添加列中数据的类型

3.2.4　判断是否包含子文件夹

完成数据导入及从 record 类型数据中提取文件大小的信息内容后，就要考虑是否包含子文件夹，还是仅搜索当前文件夹中的文件。

在当前文件夹中再加入一个文件夹数据，如图 3.13 所示。在 Power Query 中刷新后，可以看到实际上默认自动包含所有子文件夹中的文件信息，如图 3.14 所示。

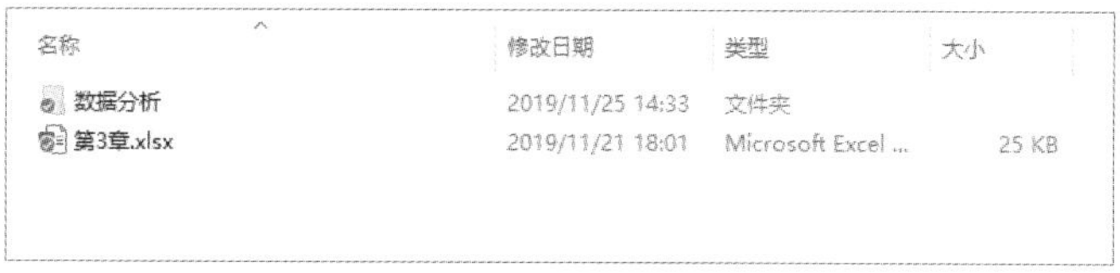

图 3.13　导入包含子文件夹的文件夹

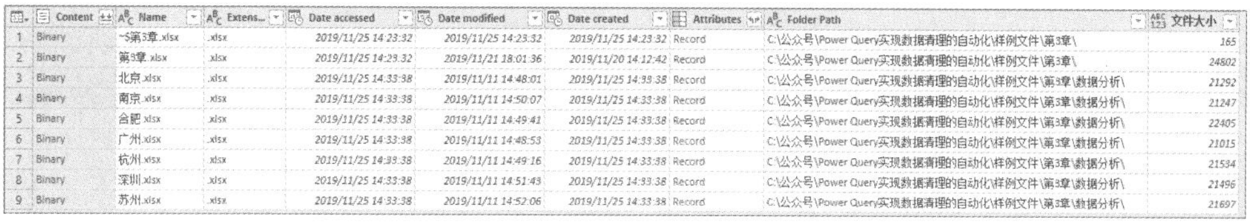

	Content	Name	Extens...	Date accessed	Date modified	Date created	Attributes	Folder Path	文件大小
1	Binary	~$第3章.xlsx	.xlsx	2019/11/25 14:23:32	2019/11/25 14:23:32	2019/11/25 14:23:32	Record	C:\公众号\Power Query实现数据清理的自动化\样例文件\第3章\	165
2	Binary	第3章.xlsx	.xlsx	2019/11/25 14:23:32	2019/11/21 18:01:36	2019/11/20 14:12:42	Record	C:\公众号\Power Query实现数据清理的自动化\样例文件\第3章\	24802
3	Binary	北京.xlsx	.xlsx	2019/11/25 14:33:38	2019/11/11 14:48:01	2019/11/25 14:33:38	Record	C:\公众号\Power Query实现数据清理的自动化\样例文件\第3章\数据分析\	21292
4	Binary	南京.xlsx	.xlsx	2019/11/25 14:33:38	2019/11/11 14:50:07	2019/11/25 14:33:38	Record	C:\公众号\Power Query实现数据清理的自动化\样例文件\第3章\数据分析\	21247
5	Binary	合肥.xlsx	.xlsx	2019/11/25 14:33:38	2019/11/11 14:49:41	2019/11/25 14:33:38	Record	C:\公众号\Power Query实现数据清理的自动化\样例文件\第3章\数据分析\	22405
6	Binary	广州.xlsx	.xlsx	2019/11/25 14:33:38	2019/11/11 14:48:53	2019/11/25 14:33:38	Record	C:\公众号\Power Query实现数据清理的自动化\样例文件\第3章\数据分析\	21015
7	Binary	杭州.xlsx	.xlsx	2019/11/25 14:33:38	2019/11/11 14:49:16	2019/11/25 14:33:38	Record	C:\公众号\Power Query实现数据清理的自动化\样例文件\第3章\数据分析\	21534
8	Binary	深圳.xlsx	.xlsx	2019/11/25 14:33:38	2019/11/11 14:51:43	2019/11/25 14:33:38	Record	C:\公众号\Power Query实现数据清理的自动化\样例文件\第3章\数据分析\	21496
9	Binary	苏州.xlsx	.xlsx	2019/11/25 14:33:38	2019/11/11 14:52:06	2019/11/25 14:33:38	Record	C:\公众号\Power Query实现数据清理的自动化\样例文件\第3章\数据分析\	21697

图 3.14　Power Query 中显示当前文件夹及子文件夹中的文件信息

接下来，就可以通过“是否包含子文件夹”这个参数进行判断并筛选。如果参数为“否”，则可以单独筛选当前文件夹，也就是导入当前文件夹下的内容；如果参数为“是”，则直接默认导入所有文件即可。可以直接使用代码进行判断，代码如下：

```
筛选所需文件=
if 参数表[是否包含子文件夹]{0}="否"
then Table.SelectRows(提取文件大小,
                  each [Folder Path]=文件目录
                  )
else 提取文件大小,
```

（1）先判断参数表中包含子文件夹的参数是否为“否”。

（2）如果参数为“否”，则筛选出当前文件夹下的内容（不含子文件夹）。这里涉及一个新函数，即 Table.SelectRows，该函数的参数说明如表 3.2 所示。

（3）如果参数为“是”，则直接默认导入文件夹的操作（包含子文件夹）。

表 3.2　Table.SelectRows 函数的参数说明

参　　数	属　　性	数 据 类 型	说　　明
table	必选	表格类型（table）	需要操作的表
condition	必选	函数类型（function）	返回与选择函数条件相匹配的行

到目前为止，基本上已经完成了第 1 参数及第 2 参数的使用，同时大致的文件内容也已经成型，这时还需要删除打开文件中的缓存文件，可以发现文件名开头为“~$”的文件就是缓存文件，那就可以筛选出文件名开头不是“~$”的文件（这一步也可以在文件夹导入后直接操作）。菜单操作下可以直接通过筛选进行去除，如图 3.15 所示。

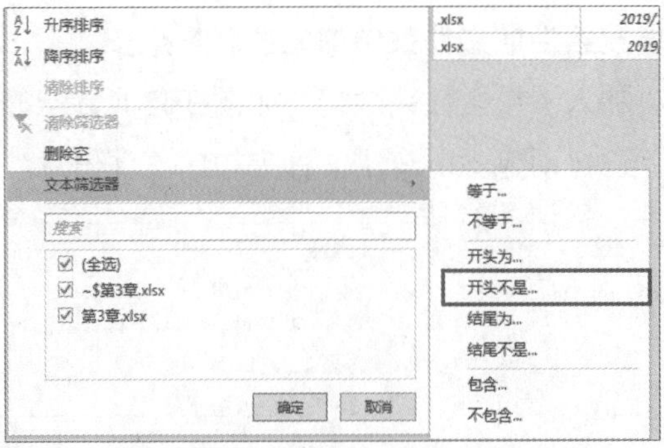

图 3.15　筛选去除缓存文件

当然也可以直接使用代码来完成，代码如下：

```
去除缓存文件=
Table.SelectRows(筛选所需文件,
            each not Text.StartsWith([Name], "~$")
            ),
```

这里涉及一个新函数，即 Text.StartsWith，该函数的参数说明如表 3.3 所示。

表 3.3　Text.StartsWith 函数的参数说明

参　数	属　性	数 据 类 型	说　明
text	必选	文本类型（text）	要搜索的文本
substring	必选	文本类型（text）	在文本中搜索的字符串
comparer	可选	函数类型（function）	搜索比较的方式，有 3 种： Comparer.Ordinal，区分大小写的比较； Comparer.OrdinalIgnoreCase，不区分大小写的比较； Comparer.FromCulture，区分区域性的比较

3.2.5　筛选文件类型

针对筛选文件类型，一般需要解决以下几个问题：

（1）文件名类型的描述大小写一致。

因为在 Power Query 中对大小写格式及文件类型都有严格意义上的标准。

（2）确定是绝对筛选还是相对筛选。

例如，输入“xls”，是否同时需要筛选出 xlsx，这里以绝对筛选为例。使用的依旧是 Table.SelectRows 函数，但是这里同样会有一个参数为空的问题，直接把判断条件写在代码中，代码如下：

```
筛选文件类型=
if 参数表[文件类型]{0}=null
then 去除缓存文件
else Table.SelectRows(去除缓存文件,
```

```
                    each Text.Upper([Extension])=Text.Upper(参数表[文件类型]{0})
                    ),
```

如果参数为空，那么依旧可以筛选出所有文件类型。这里涉及一个新函数，即 Text.Upper，该函数主要用于将字符串文本转换为大写格式，该函数的参数说明如表 3.4 所示。

表 3.4　Text.Upper 函数的参数说明

参　数	属　性	数据类型	说　明
text	必选	文本类型（text）	需要转换为大写格式的文本
culture	可选	文本类型（text）	区域性的设置

3.2.6　筛选文件大小

筛选文件大小一般会用到几个比较符。“=”、“>”和“<”是常用的比较符，另外，还可能用到“>=”、“<=”和“<>”这几个比较符。如果直接在参数中输入筛选文件大小表达式，那么如何才能在 Power Query 中实现筛选的效果呢？

（1）确定参数类型。

如果直接在 Excel 参数单元格中输入比较符，那么输入的参数的类型是文本类型。

有明确的比较符，之后也可以在指定的范围内进行操作。

（2）统一文件大小的计量单位。

因为在 Power Query 中获取的文件大小的计量单位是字节（Byte），而搜索文件时基本上不会以字节为计量单位进行搜索，大部分都是以兆字节（MB）或千字节（KB）为计量单位进行搜索的，所以需要对计量单位进行转换。代码如下：

```
筛选文件大小=
if 参数表[#"文件大小(M)"]{0}=null
then 筛选文件类型
else Table.SelectRows(筛选文件类型,
                  each Expression.Evaluate(
                                  Text.From([文件大小]/1024/1024)
                                  & 参数表[#"文件大小(M)"]{0}
                                  )
           )
```

注意：如果列标题含有特殊字符，则需要使用“#”对列标题进行转义。

其中，除以 1024 表示对文件大小的计量单位进行转换，同时使用 Power Query 中的 Expression.Evaluate 函数，该函数的作用是计算文本表达式的值，该函数的使用方法与 Excel 中的宏函数 Evaluate 的使用方法类似。

这里涉及两个新函数，即 Expression.Evaluate 和 Text.From，这两个函数的参数说明分别如表 3.5 和表 3.6 所示。

表 3.5　Expression.Evaluate 函数的参数说明

参　数	属　性	数 据 类 型	说　明
document	必选	文本类型（text）	文本类型的表达式
enviroment	可选	可为空记录类型（nullable record）	对文本表达式中的函数进行定义

表 3.6　Text.From 函数的参数说明

参　数	属　性	数 据 类 型	说　明
value	必选	多于 1 种类型（any）	需要转换成文本类型的数据内容
culture	可选	可为空文本类型（nullable text）	区域性的设置

3.2.7　筛选修改日期

筛选修改日期同筛选文件大小一样，但是因为日期的问题无法直接使用 Expression.Evaluate 函数进行判断并筛选，所以可以对日期及判断符号进行处理。代码如下：

```
if 参数表[修改日期]{0}=null
then 筛选文件类型
else
Table.SelectRows(筛选文件大小,
            Expression.Evaluate("each Date.From([Date modified])"
                          & Text.Select(参数表[修改日期]{0},{"<",">","="})
                          & "日期",
                           [
                           Date.From=Date.From,
                           日期=Date.From(Text.Remove(参数表[修改日期]{0},
                                                {">","<","="}
                                                )
                                      )
                           ]
                          )
          )
```

这里涉及 3 个新函数，即 Text.Select、Text.Remove 和 Date.From。Text.Select 函数的参数说明如表 3.7 所示，Text.Remove 函数的参数说明如表 3.8 所示，Date.From 函数的参数说明如表 3.9 所示。

表 3.7　Text.Select 函数的参数说明

参　数	属　性	数 据 类 型	说　明
text	必选	可为空文本类型（nullable text）	需要选择的文本
selectChars	必选	多于 1 种类型（any）	需要提取的单个字符文本， 包括单字符文本、单字符列表

表 3.8　Text.Remove 函数的参数说明

参　　数	属　　性	数 据 类 型	说　　明
text	必选	可为空文本类型（nullable text）	需要选择的文本
removeChars	必选	多于 1 种类型（any）	需要删除的单个字符文本，包括单字符文本、单字符列表

表 3.9　Date.From 函数的参数说明

参　　数	属　　性	数 据 类 型	说　　明
value	必选	多于 1 种类型（any）	可以转换为日期类型的值
culture	可选	可为空文本类型（nullable text）	区域性的设置

此外，这里还使用了 Expression.Evaluate 函数的 3 种不同方式。

（1）直接把当前环境的 each 放入文本表达式中。

之前在筛选文件大小时，each 是放在 Expression.Evaluate 函数的外面的，但是这次需要把 each 放在 Expression.Evaluate 函数的里面，因为涉及的上下文环境不一样。

（2）直接使用表达式作为文本的一部分。代码如下：

```
Text.Select(参数表[修改日期]{0},{"<",">","="})
```

这里对比较符进行了提取，请注意这里的符号顺序，如果符号顺序是其他排序，则当比较符是两个时会出错。如果是使用 Text.Remove 函数进行删除，则无所谓顺序。

（3）使用了 Expression.Evaluate 函数的第 2 参数对函数进行定义。

字符串中含有函数表达式，如果希望其中的函数表达式不是文本而是函数本身，则可以使用 Expression.Evaluate 函数的第 2 参数，用记录的格式来对文本中的函数进行定义。代码如下：

```
"each Date.From([Date modified])"
```

在上述代码中，因为 Date.From 函数是包含在文本字符串中的，所以，如果要使其实现原本函数的作用，就需要在第 2 参数的记录中进行定义。

3.2.8 筛选文件名

因为在参数表中还有一个“匹配模式”参数，而这个匹配模式对应的是文件名搜索，这里的“匹配模式”参数有精确匹配和模糊匹配，所以这里也会使用一次 if 语句进行判断。代码如下：

```
if 参数表[文件名]{0}=null
  then 筛选修改日期
  else if 参数表[匹配模式]{0}=null or 参数表[匹配模式]{0}="精确"
      then Table.SelectRows(筛选修改日期,
                           each [Name]=参数表[文件名]{0}&[Extension]
```

```
                    )
    else Table.SelectRows(筛选修改日期,
                    each Text.Contains([Name],参数表[文件名]{0})
                    )
```

注意：在精确匹配的情况下，在导入文件名时未进行过处理，文件名是包含文件类型的，因此在这里进行匹配时还需要加上文件扩展名“[Extension]”。

可以发现在最初获取文件夹信息时，导入 Power Query 的文件名是包含文件类型的，实际上文件类型有单独的一列，所以文件名中的文件类型就可以删除。在查找文件名前建议进行一次清洗，有以下几种方法可以操作。

（1）通过“添加列”进行清洗操作。

在添加列中使用替换公式，在原来的文件名中删除扩展名中原有的内容，如图 3.16 所示，然后删除原来的文件名即可。

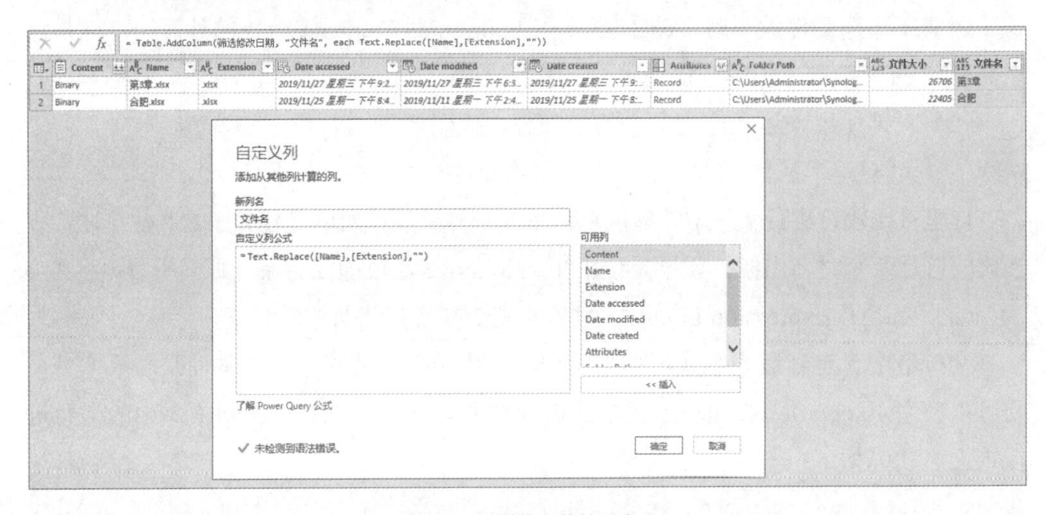

图 3.16　删除文件扩展名

这里涉及的新函数为 Text.Replace 和 Text.Contains，这两个函数的参数说明分别如表 3.10 和表 3.11 所示。

表 3.10　Text.Replace 函数的参数说明

参　数	属　性	数 据 类 型	说　明
text	必选	可为空文本类型（nullable text）	所需要处理的文本
old	必选	文本类型（text）	需要被替换的文本
new	必选	文本类型（text）	替换的文本

表 3.11　Text.Contains 函数的参数说明

参　数	属　性	数 据 类 型	说　明
text	必选	可为空文本类型（nullable text）	所需要处理的文本

续表

参　　数	属　　性	数 据 类 型	说　　明
substring	必选	文本类型（text）	查找的文本
comparer	可选	可为空的比较函数（comparer as null function）	替换的文本

（2）因为扩展名之前肯定存在一个英文点号，所以可以通过提取最后一个英文点号之前的文本作为新的文件名。

可以通过选择“转换”→“提取”→“分隔符之前的文本”选项来实现，如图 3.17 所示。需要注意的是，在选择“分隔符之前的文本”选项后，在弹出的“分隔符之前的文本”对话框的“高级选项”选区中，在“扫描分隔符”下拉列表中选择“从输入的末尾”选项，在“要跳过的分隔符数”文本框中输入“0”，如图 3.18 所示。

图 3.17　选择“分隔符之前的文本”选项

分隔符之前的文本
输入标记要提取内容的结尾的分隔符。
分隔符
.
◢ 高级选项
扫描分隔符
从输入的末尾
要跳过的分隔符数
0
确定　取消

图 3.18　“分隔符之前的文本”对话框

至此，如图 3.9 所示的参数表中的 8 个变量参数都已经处理完毕，可以根据实际的需求进行填写，然后直接刷新获取所需要的文件。在获取文件夹信息后，可以通过筛选将所需要的数据全部加载到工作表中。

注意：如果加载到 Excel 表格中的数据量过多，同时使用的是 Excel 的 32 位版本，则可能会遇到内存不够的情况，这时只需要把 Excel 升级到 64 位的版本即可。

3.3 利用 Excel 函数进行文件跳转

在 Excel 中，如果要进行文件的超链接，可以使用 HYPERLINK 函数，它不仅可以超链接到网页地址，还可以超链接到本地计算机中的文件地址。HYPERLINK 函数的参数说明如表 3.12 所示。

表 3.12　HyperLink 函数的参数说明

参　　数	属　　性	数 据 类 型	说　　明
Link_location	必选	文本类型	打开的文件的路径和文件名
Friendly_name	可选	文本类型	单元格中显示的跳转文本值

直接在加载后的表格最右侧的单元格中输入公式即可得到一个超链接单元格，直接使用文件路径作为 HYPERLINK 函数的参数即可。如果想直接跳转并打开文件，则还需要加上具体的文件名及文件名后缀，因为跳转到文件的超链接需要完整的文件路径、文件名及文件名后缀，所以在书写公式时要把这 3 个字段的值进行组合，结果如图 3.19 所示。

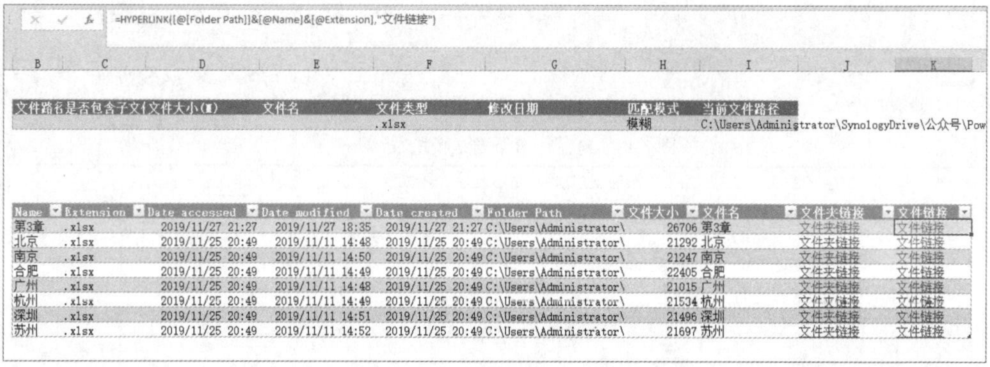

=HYPERLINK([@[Folder Path]]&[@Name]&[@Extension],"文件链接")

B	C	D	E	F	G	H	I	J	K
文件路名是否包含子文(文件大小(M)		文件名	文件类型	修改日期		匹配模式	当前文件路径		
			.xlsx			模糊	C:\Users\Administrator\SynologyDrive\公众号\Pow		

Name	Extension	Date accessed	Date modified	Date created	Folder Path	文件大小	文件名	文件夹链接	文件链接
第3章	.xlsx	2019/11/27 21:27	2019/11/27 18:35	2019/11/27 21:27	C:\Users\Administrator\	26706	第3章	文件夹链接	文件链接
北京	.xlsx	2019/11/25 20:49	2019/11/11 14:48	2019/11/25 20:49	C:\Users\Administrator\	21292	北京	文件夹链接	文件链接
南京	.xlsx	2019/11/25 20:49	2019/11/11 14:50	2019/11/25 20:49	C:\Users\Administrator\	21247	南京	文件夹链接	文件链接
合肥	.xlsx	2019/11/25 20:49	2019/11/11 14:49	2019/11/25 20:49	C:\Users\Administrator\	22405	合肥	文件夹链接	文件链接
广州	.xlsx	2019/11/25 20:49	2019/11/11 14:48	2019/11/25 20:49	C:\Users\Administrator\	21015	广州	文件夹链接	文件链接
杭州	.xlsx	2019/11/25 20:49	2019/11/11 14:49	2019/11/25 20:49	C:\Users\Administrator\	21534	杭州	文件夹链接	文件链接
深圳	.xlsx	2019/11/25 20:49	2019/11/11 14:51	2019/11/25 20:49	C:\Users\Administrator\	21496	深圳	文件夹链接	文件链接
苏州	.xlsx	2019/11/25 20:49	2019/11/11 14:52	2019/11/25 20:49	C:\Users\Administrator\	21697	苏州	文件夹链接	文件链接

图 3.19　添加文件超链接

可以在“文件夹链接”列（见图 3.19）中的单元格中输入公式（如果该列中没有其他内容，则可以在该列中的任意一个单元格中输入公式，表格会自动用输入的公式填充该列中所有的单元格），获取文件夹的超链接。公式如下：

```
=HYPERLINK([@[Folder Path]],"文件夹链接")
```

3.4 利用批处理文件批量移动、复制、删除和重命名文件

什么是批处理文件？如果从字面意义理解，那么批处理文件就是批量处理文件的程序，常见的文件名后缀是.bat。通过批处理文件可以很方便地进行一些通用的批量操作，而不需要通过手动一个一个去调整修改。

3.4.1　移动

移动的命令为 move，语法格式为“move 旧文件完整信息 新地址路径”，通过空格进行链接，可以在加载后的表格中使用添加新列的方式来书写公式用于跳转，可以在“移动文件”标题栏上方的单元格中输入想要批量移动文件的目标文件夹，以便引用，如图 3.20 所示。

```
="move "&""""&[@[Folder Path]]&[@Name]&[@Extension]&""" "&""""&$L$9&""""
```

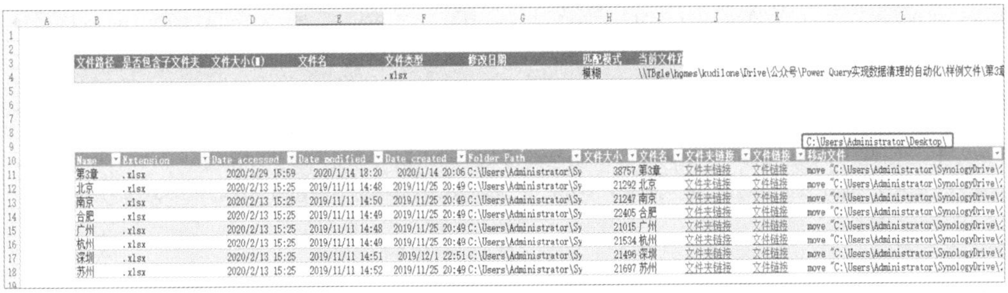

图 3.20　批量移动文件

在一些情况下，如文件夹名称或文件名中带有一些特殊符号及可能会出现的空格等，需要用双引号来确定信息。在上述公式中，move 命令和旧文件之间、旧文件和新地址路径之间都需要有空格，并且因为需要添加引号来使用绝对地址，所以使用两个引号（""""）来表示。同时，对于 L9 单元格需要绝对引用，这样才能在表格中批量生成公式。

3.4.2　复制

复制的命令为 copy，语法格式为“copy 旧文件完整信息 新地址路径”，公式的写法和 move 一样。

```
="copy "&""""&[@[Folder Path]]&[@Name]&[@Extension]&""" "&""""&$L$9&""""
```

3.4.3　删除

删除的命令为 del，语法格式为“del 旧文件完整信息”，公式的写法比之前的 move 和 copy 要相对简单。

```
="del "&""""&[@[Folder Path]]&[@Name]&[@Extension]&""""
```

3.4.4　重命名

重命名的命令为 ren，语法格式为“ren 旧文件名完整信息 新文件名”。如果新文件名和旧文件名处于同一个目录下，则可以省略新文件名的路径；如果需要移动后重命名或复制后重命名，则在之前 move 和 copy 时将最后的文件路径改成文件的完整信息即可，如图 3.21 所示。

```
="ren "&""""&[@[Folder Path]]&[@Name]&[@Extension]&""" "&""""&[@新文件名]&
[@Extension]&""""
```

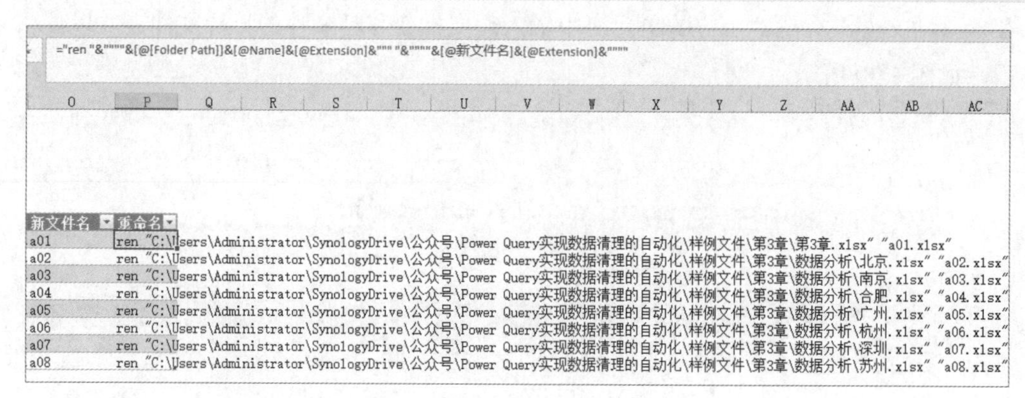

图 3.21 批量重命名文件

将这些批量生成的重命名语句复制并粘贴到一个新文本文件中，保存并关闭文件后修改文件名后缀为.bat，就可以生成一个实现这些操作的小程序文件，最终的程序文件如图 3.22 所示，双击“批量处理”图标即可执行程序。

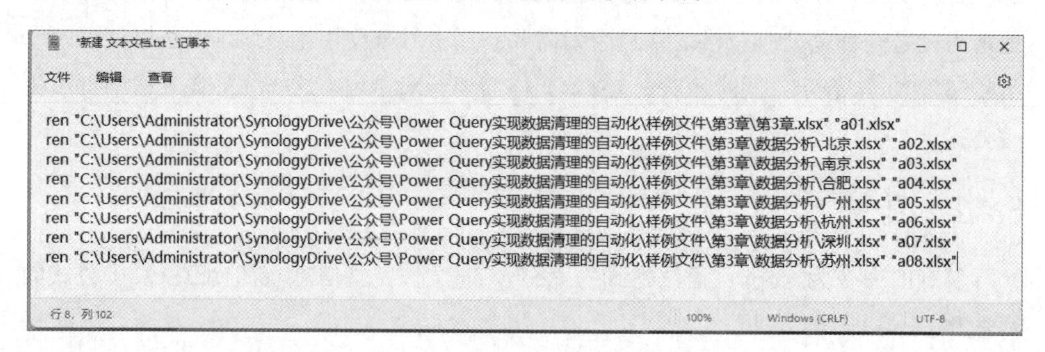

图 3.22 批处理文件

注意：如果文件名或文件夹名称中存在特殊符号，那么在保存文件时，需要在“编码”下拉列表中选择“ANSI”选项，如图 3.23 所示。

文件名(N): 批量重命名.bat
保存类型(T): 所有文件 (*.*)
隐藏文件夹　编码: ANSI　保存(S)　取消

图 3.23 选择“ANSI”选项

第 4 章

根据指定条件进行数据统计

数据的自动化处理是 Power Query 中的一个比较重要的功能，所以要把 Excel 中的一些常用统计公式运用到 M 函数中。就像在 Excel 中使用的一些进行条件计算的函数，如 SUMIF 和 SUMIFS 等函数，需要了解其在 Power Query 中是如何实现的。

4.1 Excel 中 SUMIF 函数的语法及功能介绍

在 Excel 中，SUMIF 函数的主要功能是条件求和，即对报表范围中符合指定条件的值求和，而在 Power Query 中则没有条件求和公式，所以需要通过组合函数来实现这个功能。

4.1.1 SUMIF 函数

首先来看 Excel 中对 SUMIF 函数语法的介绍。该函数的语法格式如下，其参数说明如表 4.1 所示。

```
SUMIF(range, criteria, [sum_range])
```

表 4.1 SUMIF 函数的参数说明

参　数	属　性	说　明
range	必选	条件区域
criteria	必选	求和条件
sum_range	可选	求和区域

注意： 文本条件（非引用）、含有逻辑或数学符号的条件都必须使用直双引号（""）表示。

来看一个示例，如图 4.1 所示，如果想要计算学生的总分，就需要用到 SUMIF 函数。

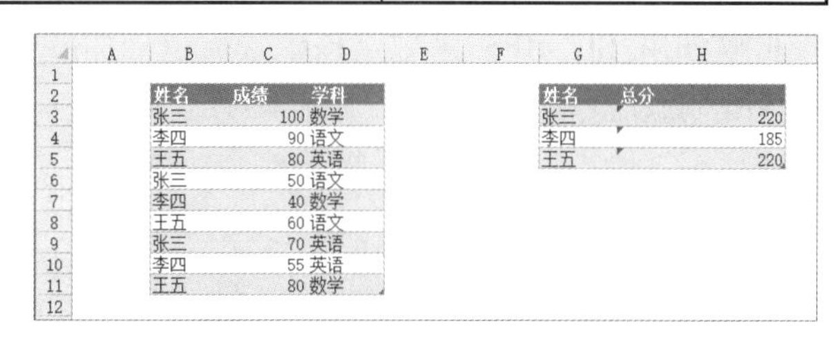

图 4.1 计算学生的总分

这里直接使用超级表格式，数据源的表名为“成绩表”，汇总表的表名为“总分表”。

4.1.2 条件区域（range）

SUMIF 函数的第 1 参数 range 为条件区域，指的是用于条件判断的区域，一般使用单元格区域$B$2:$B$11。如果使用的是超级表，则也可以表示为“成绩表[姓名]”。

4.1.3 求和条件（criteria）

SUMIF 函数的第 2 参数 criteria 为求和条件，可以直接在 H3 单元格中引用 G3；也可以表示为“总分表[@姓名]”，或者直接使用“[@姓名]”，代表总分表中的当前“姓名”列的值；如果直接使用姓名文本作为条件，则需要加上双引号，即在各个对应公式里要写为"张三"、"李四"和"王五"，如图 4.2 所示。

姓名	总分
张三	=SUMIF(成绩表[姓名],[@姓名],成绩表[成绩])
李四	=SUMIF(成绩表[姓名],"李四",成绩表[成绩])
王五	=SUMIF(成绩表[姓名],G5,成绩表[成绩])

图 4.2 求和条件的 3 种不同写法

4.1.4 求和区域（sum_range）

SUMIF 函数的第 3 参数 sum_range 为求和区域。此处的求和区域为$C$3:$C$11；也可以将求和区域表示为“成绩表[成绩]”，如果省略，则表示对条件区域中的值进行求和。

注意：在使用通配符时不区分英文大小写。

类似的函数还有 COUNTIF、AVERAGEIF 等，部分函数仅在 Microsoft 365（原 Office 365）中出现。

4.2 Excel 中 SUMIFS 函数的语法及功能介绍

前文介绍的 SUMIF 函数是一个单条件求和函数，如果是多条件求和，则在 Excel 中可以使用 SUMIFS 函数，该函数可以增加多个条件进行判断，其在参数结构上和 SUMIF 函数大部分都一样。

4.2.1 SUMIFS 函数

首先来看 Excel 中对 SUMIFS 函数语法的介绍。该函数的语法格式如下，其参数说明如表 4.2 所示，其可用于进行判断的条件参数多达 127 个。

```
SUMIFS(sum_range, criteria_range1, criteria1, [criteria_range2, criteria2], ...)
```

表 4.2　SUMIFS 函数的参数说明

参　　数	属　　性	说　　明
sum_range	必选	求和区域
criteria_range1	必选	条件 1 的区域
criteria1	必选	求和条件 1
criteria_range2	可选	条件 2 的区域
criteria2	可选	求和条件 2

以 4.1 节中介绍 SUMIF 函数时的案例数据为基础，如果要计算每名学生及格学科的总成绩，那么该如何计算呢？这时需要输入两个匹配区域及条件，一个是成绩的匹配，另一个是姓名的匹配，如图 4.3 所示。

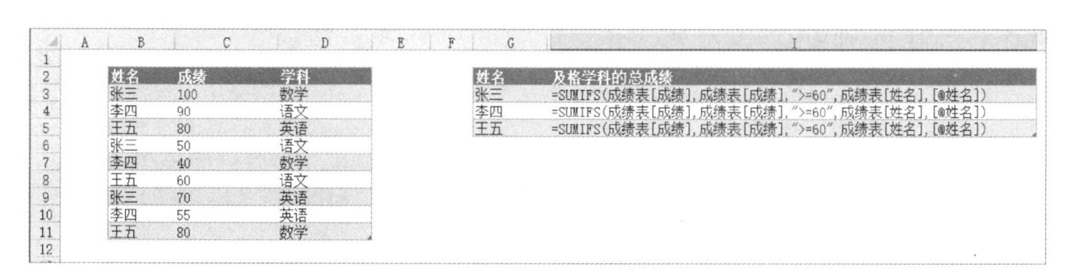

姓名	成绩	学科
张三	100	数学
李四	90	语文
王五	80	英语
张三	50	语文
李四	40	数学
王五	60	语文
张三	70	英语
李四	55	英语
王五	80	数学

姓名	及格学科的总成绩
张三	=SUMIFS(成绩表[成绩],成绩表[成绩],">=60",成绩表[姓名],[@姓名])
李四	=SUMIFS(成绩表[成绩],成绩表[成绩],">=60",成绩表[姓名],[@姓名])
王五	=SUMIFS(成绩表[成绩],成绩表[成绩],">=60",成绩表[姓名],[@姓名])

图 4.3　计算每名学生及格学科的总成绩

4.2.2　求和区域（sum_range）

SUMIFS 函数的第 1 参数 sum_range 为条件区域，指的是用于求和的区域，一般使用单元格区域$C$3:$C$11；也可以表示为“成绩表[成绩]”，其相对于 SUMIF 函数的第 1 参数所代表的区域有所差异。

4.2.3　条件 1 的区域（criteria_range1）

第 1 参数后的参数每两个为一组，一个是条件区域，另一个是判断条件。因为要判断是否为及格成绩，所以“成绩”列要作为判断条件的区域，区域为“成绩表[成绩]”。

4.2.4　求和条件 1（criteria1）

因为第 1 参数后的参数每两个为一组，所以针对前一个参数表示的条件区域，本参数表示的条件要求为及格成绩，也就是成绩大于 60 分，又因为这个判断条件带有比较符，所以需要加引号，即">=60"。

4.2.5　条件 2 的区域（criteria_range2）

之前一组参数是以成绩作为判断条件的，而第 2 组参数是以姓名作为判断条件的，因此“姓名”列要作为判断条件的区域，区域为“成绩表[姓名]”。

4.2.6 求和条件 2（criteria2）

本次的计算有两个条件，一个是成绩，另一个是姓名，所以在使用超级表时，公式中的姓名是相对引用当前行的，即第 2 个参数为“[@姓名]”。

类似的函数还有 COUNTIFS、AVERAGEIFS、MAXIFS、MINIFS 等。部分函数仅在 Microsoft 365（原 Office 365）中出现。

4.3 Power Query 中实现的方法

4.3.1 通过分组计算

如果要完全和前面的结果一致，计算全部学生的总分，则可以直接使用 Power Query 中的“分组依据”操作，如图 4.4 所示，分组依据是“姓名”，操作是“求和”，求和列是“成绩”列。返回的结果和之前的总分表一致，如图 4.5 所示。

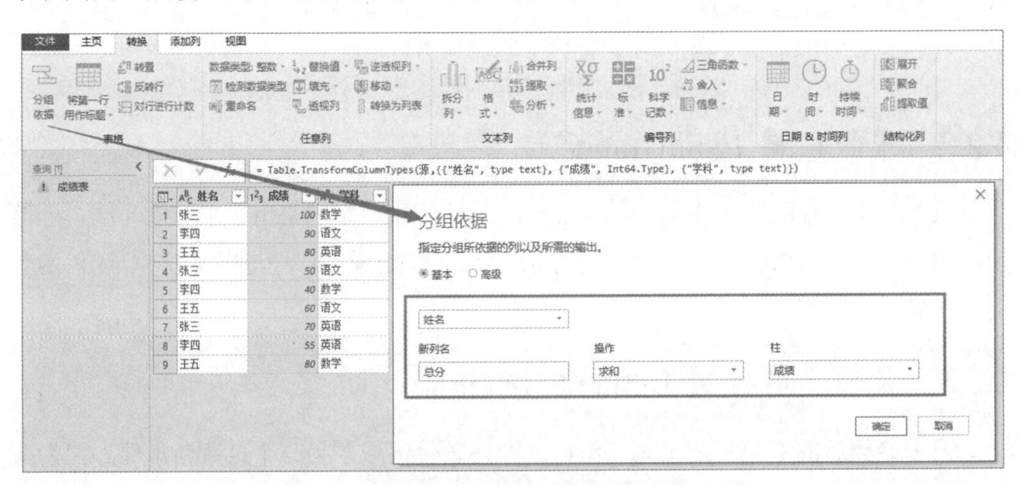

图 4.4 使用“分组依据”求和

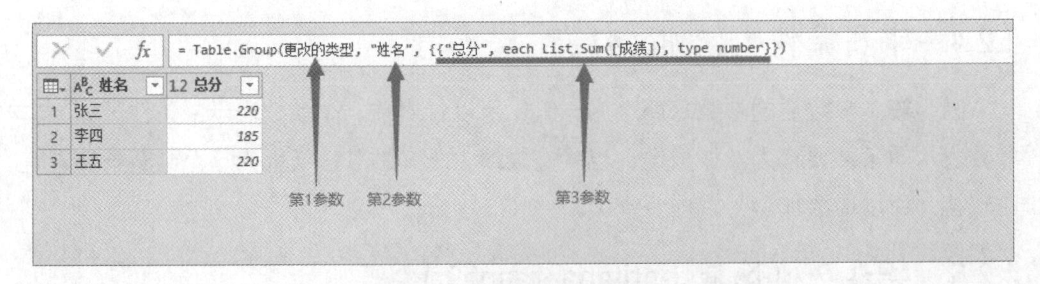

图 4.5 分组依据的公式及结果

实现“分组依据”操作的函数有两个，即 Table.Group 函数和 List.Sum 函数，这两个函数的参数说明分别如表 4.3 和表 4.4 所示。

表 4.3　Table.Group 函数的参数说明

参　　数	属　　性	数 据 类 型	说　　明
table	必选	表格类型（table）	需要操作的表格
key	必选	多于 1 种类型（any）	分组依据的字段、列表和文本类型
aggregatedColumns	必选	列表类型（list）	怎么进行分组，由至少 1 个新列名和 1 个公式组成
groupKind	可选	枚举类型（GroupKind.Type）	GroupKind.Global，全局分组，用 1 表示； GroupKind.Local，局部分组，用 0 表示； 默认全局分组
comparer	可选	函数类型（function）	匹配函数

表 4.4　List.Sum 函数的参数说明

参　　数	属　　性	数 据 类 型	说　　明
list	必选	列表类型（list）	需要操作的列
precision	可选	枚举类型（Precision.Type）	用 1 表示 Precision.Double； 用 0 表示 Precision.Decimal

在之前的“分组依据”操作中，只使用了 Table.Group 函数的必选参数，该函数的第 2 参数的类型是 any，如果只有一个汇总依据列，则可以直接使用文本类型；该函数的第 3 参数是由列名“总分”和求和函数 List.Sum 组成的（改变公式可以得到效果不同的计算结果），并且在最后定义了其数据类型为 number。

4.3.2　通过筛选表聚合求值

在已经有了汇总依据的“姓名”列的条件下，如图 4.6 所示，可以根据以下顺序进行条件求和。

通过添加列筛选出符合当前行姓名的表格数据，如图 4.7 所示。

图 4.6　求和条件列

图 4.7　通过添加列筛选成绩表

在添加列中使用的筛选表格数据的公式如下：

```
=Table.SelectRows(成绩表, (x)=>x[姓名]=[姓名])
```

注意：这里需要使用函数的标准写法“(x)=>”来替换 each 的写法，因为这里涉及两个当前行的概念：一个是成绩表的当前行，另一个是当前条件列求和表的当前行。所以如果两个同样是“each [姓名]”，则系统会无法分辨，而用“(x)=>”的写法使 x 来指代成绩表，这样就能分辨使用的是哪个表中的“姓名”列。

此时可以看到，返回的结果在添加列中得到了一个以当前行姓名作为条件的表格数据。在一般情况下，如果需要显示表格中的内容，则可以选中“展开”单选按钮；而如果需要体现计算后的结果，则可以选中“聚合”单选按钮，如图 4.8 所示。

图 4.8　聚合表格数据

返回的结果和之前使用“分组依据”操作后返回的结果一样，如图 4.9 所示。这个操作涉及一个新函数，即 Table.AggregateTableColumn，该函数的参数说明如表 4.5 所示。

```
= Table.AggregateTableColumn(已添加自定义,
                             "总分",
                             {
                              {"成绩", List.Sum, "总分"}
                             }
                            )
```

	姓名	总分
1	张三	220
2	李四	185
3	王五	220

图 4.9　使用聚合表方式返回的结果

表 4.5　Table.AggregateTableColumn 函数的参数说明

参　数	属　性	数 据 类 型	说　明
table	必选	表格类型（table）	需要操作的表
column	必选	文本类型（text）	具有表数据的列名

aggregations	必选	列表类型（list）	由多个添加列的聚合函数组成
			{
			{需聚合的列名,聚合函数,新列名}
			…
			}

4.3.3 通过列计算求值

如果只想计算张三的总分，那么使用“分组依据”操作后再筛选出姓名为“张三”的数据是否就可以了呢？可以这样操作，但是这样操作返回的是表格，而不是值。如果想要返回值，则需要进一步对表格的值进行引用（深化），或者可以先筛选再求值。

先筛选出以姓名为条件的表，再对“成绩”列进行求和，结果如图 4.10 所示。

```
List.Sum(Table.SelectRows(成绩表,
                          (x)=>x[姓名]=[姓名]
                          )[成绩]
        )
```

```
= Table.AddColumn(更改的类型, "总分",
        each List.Sum(Table.SelectRows(成绩表,
                          (x)=>x[姓名]=[姓名]
                          )[成绩]
                 )
        )
```

	姓名	总分
1	张三	220
2	李四	185
3	王五	220

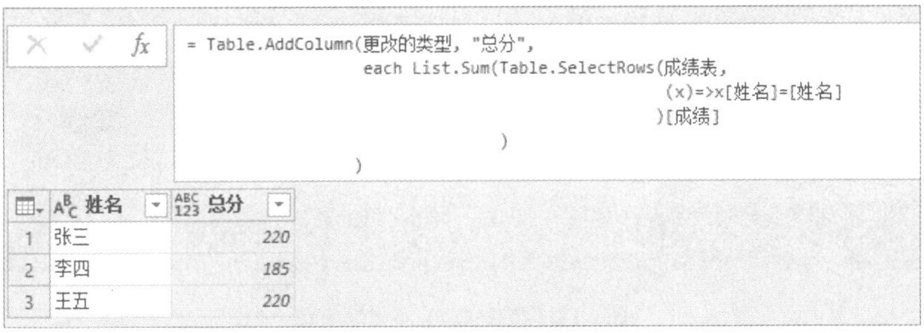

图 4.10 使用列求和公式计算的结果

4.3.4 对含有通配符的条件进行匹配求值

1. SUMIF 函数的公式计算

SUMIF 函数可以对带有通配符的条件进行匹配，如对以“语”字开头的学科的成绩进行求和，公式可以直接写成下面的形式：

```
=SUMIF(成绩表[学科],"语*",成绩表[成绩])
```

如果要对包含“语”字的学科的成绩进行求和（包括语文和英语），则公式前后可以都用“*”来表示，结果如图 4.11 所示。

```
=SUMIF(成绩表[学科],"*语*",成绩表[成绩])
```

姓名	成绩	学科
张三	100	数学
李四	90	语文
王五	80	英语
张三	50	语文
李四	40	数学
王五	60	语文
张三	70	英语
李四	55	英语
王五	80	数学

以“语”开头的成绩合计	=SUMIF(成绩表[学科],"语*",成绩表[成绩])	200
包含“语”字的学科成绩合计	=SUMIF(成绩表[学科],"*语*",成绩表[成绩])	405

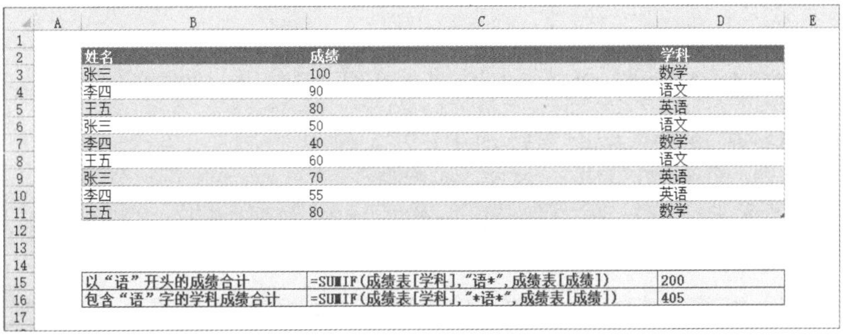

图 4.11 SUMIF 函数对含有通配符的条件进行匹配求值

2．在 Power Query 中实现类似使用通配符的筛选

在 Power Query 中，计算的过程是先筛选再计算，因此和之前的差异就在筛选条件上。表格中的文本筛选条件如图 4.12 所示。

图 4.12　表格中的文本筛选条件

只需要了解文本筛选条件所对应的函数或符号就能熟练地应用了。文本筛选条件对应的函数或符号如表 4.6 所示。

表 4.6　文本筛选条件对应的函数或符号

文本筛选条件	对应的函数或符号
等于	=
不等于	<>
开头为	Text.StartsWith
开头不是	not Text.StartsWith
结尾为	Text.EndsWith
结尾不是	not Text.EndsWith
包含	Text.Contains
不包含	not Text.Contains

如果想要计算以“语”字开头的学科的成绩合计，则只需要把筛选条件改为下面的代码即可，具体公式如图 4.13 所示。

```
Table.SelectRows(成绩表,
                (x)=>Text.StartsWith(x[学科],"语")
                )
```

同理，如果想要计算包含“语”字的学科的成绩合计，则直接替换相对应的筛选函数即可，如图 4.14 所示。

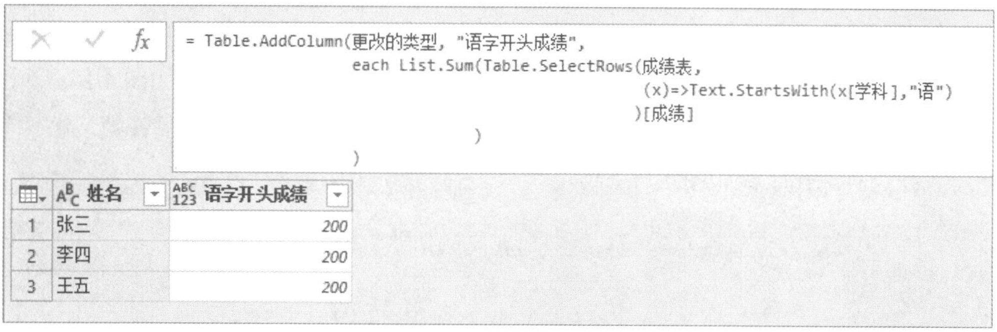

```
= Table.AddColumn(更改的类型, "语字开头成绩",
                  each List.Sum(Table.SelectRows(成绩表,
                                  (x)=>Text.StartsWith(x[学科],"语")
                                 )[成绩]
                       )
                  )
```

	姓名	语字开头成绩
1	张三	200
2	李四	200
3	王五	200

图 4.13　计算以“语”字开头的学科的成绩合计

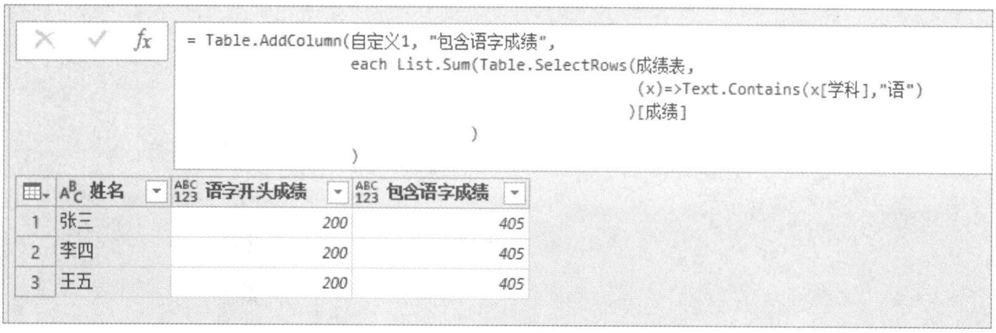

```
= Table.AddColumn(自定义1, "包含语字成绩",
                  each List.Sum(Table.SelectRows(成绩表,
                                  (x)=>Text.Contains(x[学科],"语")
                                 )[成绩]
                       )
                  )
```

	姓名	语字开头成绩	包含语字成绩
1	张三	200	405
2	李四	200	405
3	王五	200	405

图 4.14　计算包含“语”字的学科的成绩合计

4.3.5　多条件数据统计

在 Power Query 中，想要进行多条件的使用，只需要加上一个连接符“and”即可，也就是说，如果想要使用多个条件，则需要用 and 把各个条件连接起来。以 SUMIF 函数的案例来看，如果想要在 Power Query 中计算及格成绩的各名学生的总分，则需要在筛选时使用相对应的两个条件：成绩>=60，姓名=当前姓名。其返回结果如图 4.15 所示。

```
Table.SelectRows(成绩表,
            (x)=> x[成绩]>=60 and x[姓名]=[姓名]
           )
```

```
= Table.AddColumn(更改的类型, "及格成绩总分", each List.Sum(Table.SelectRows(成绩表,
                                  (x)=> x[成绩]>=60 and x[姓名]=[姓名]
                                 )[成绩]
                       )
          )
```

	姓名	及格成绩总分
1	张三	170
2	李四	90
3	王五	220

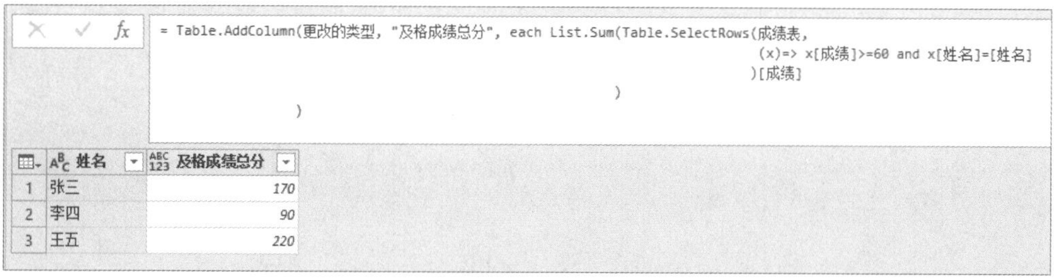

图 4.15　计算当前姓名下的及格成绩的总分

如果要计算当前姓名下及格的科目数，则可以用 List.Count 函数或 Table.RowCount 函数来替换 List.Sum 函数。List.Count 函数用于对列表中的项进行计数，如图 4.16 所示；Table.RowCount 函数用于对表中的行进行计数，如果使用的是对表中行的计数，就不需要对成绩进行深化了，如图 4.17 所示。

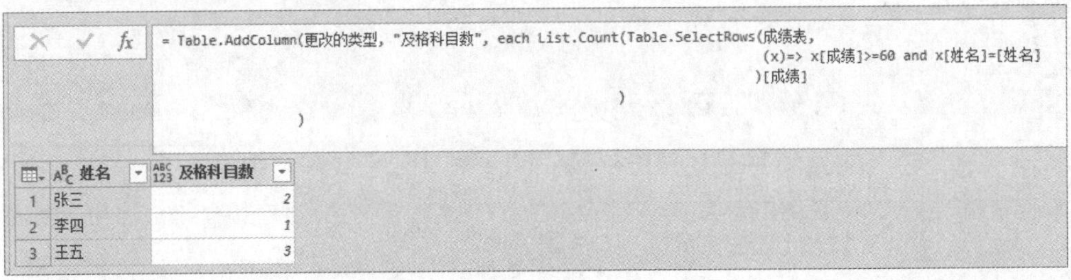

```
= Table.AddColumn(更改的类型, "及格科目数", each List.Count(Table.SelectRows(成绩表,
                                                        (x)=> x[成绩]>=60 and x[姓名]=[姓名]
                                                       )[成绩]
                                    )
                  )
```

	姓名	及格科目数
1	张三	2
2	李四	1
3	王五	3

图 4.16　使用 List.Count 函数计算及格科目数

```
= Table.AddColumn(更改的类型, "及格科目数", each Table.RowCount(Table.SelectRows(成绩表,
                                                        (x)=> x[成绩]>=60 and x[姓名]=[姓名]
                                                       )
                                    )
                  )
```

	姓名	及格科目数
1	张三	2
2	李四	1
3	王五	3

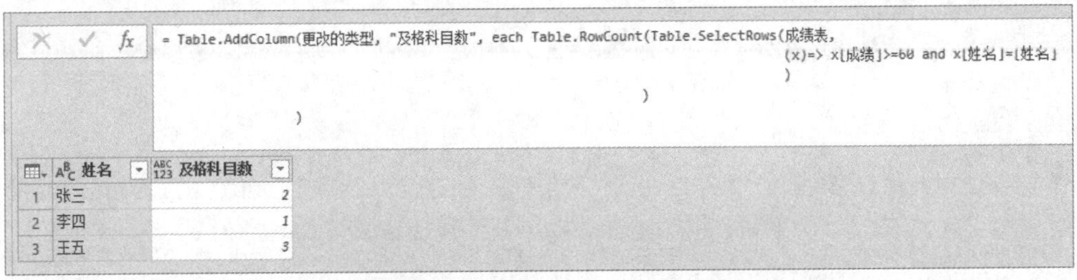

图 4.17　使用 Table.RowCount 函数计算及格科目数

第 5 章

数据的去重及匹配扩展

在整理数据的过程中，数据的去重及匹配扩展不仅可以使数据更精确，还可以丰富数据的内容。Excel 中经典的匹配函数就是 VLOOKUP，而在 Power Query 中能够更快速地自动化实现这个功能。

本章主要涉及的知识点有：

- Excel 中的数据去重方法
- 在 Excel 中匹配数据的方法
- 在 Power Query 中实现单表及多表数据的去重
- 在 Power Query 中实现多列数据的去重
- 在 Power Query 中实现 VLOOKUP 函数的绝对匹配
- 在 Power Query 中实现 VLOOKUP 函数的模糊匹配

5.1 Excel 中的数据去重方法

在 Excel 中，如果针对比较简单的去重，则有很多种方法。可以直接使用“删除重复值”按钮，也可以通过数据透视表的方式显示唯一值，还可以使用条件格式筛选后进行删除去重。

5.1.1 使用数据透视表去重

如果是对单列数据去重，则可以直接插入数据透视表，其会自动显示唯一值，利用这一特性可以进行数据去重，如图 5.1 所示。

如果是对多列数据去重，这样操作则会比较麻烦，需要把多列的数据复制并粘贴到单列的数据上面才能进行去重操作。

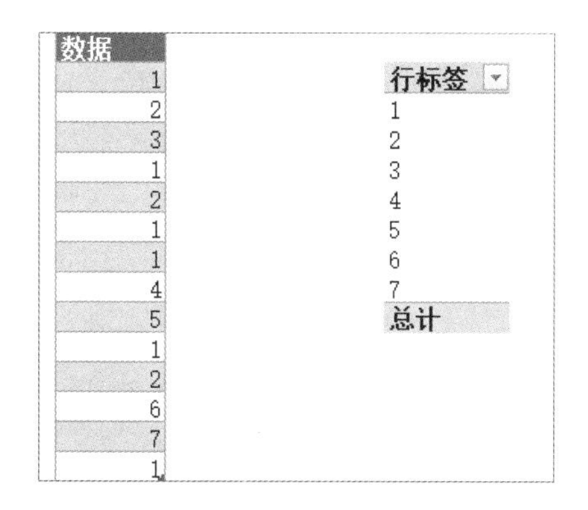

图 5.1 使用数据透视表对单列数据去重

5.1.2 使用“删除重复值”按钮去重

在 Excel 中，“数据”选项卡下的“数据工具”选项组中有一个“删除重复值”按钮，这个按钮的功能是可以针对单列或多列组合的数据快速去重，仅保留第一次出现的值或值的组合，如图 5.2 所示。

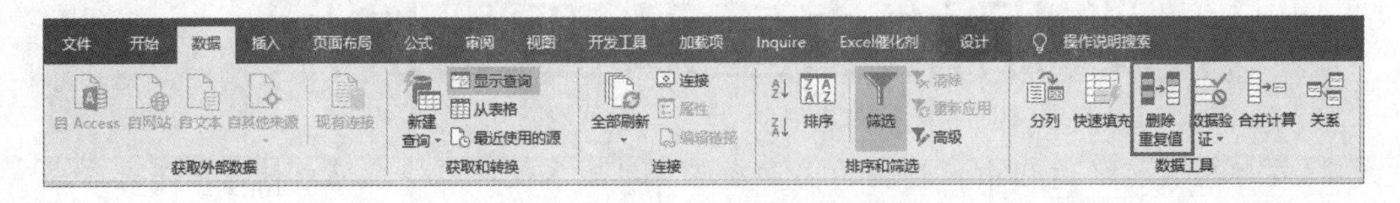

图 5.2 “删除重复值”按钮

去重数据源如图 5.3 所示。首先单击列中数据的任意单元格，然后单击“删除重复值”按钮，将会弹出“删除重复值”对话框，在确认第一行是否为标题的同时会智能化地选择数据区域范围，如图 5.4 所示。使用“删除重复值”按钮不仅可以针对单列数据进行去重，还可以针对多列组合数据进行去重。这里以多列组合数据的对比去重为例，同时选择两列的数据。最终返回的结果如图 5.5 所示，可以看到由两列数据组成的数据集中重复的数据已经被去除，保留的数据都是非重复数据。

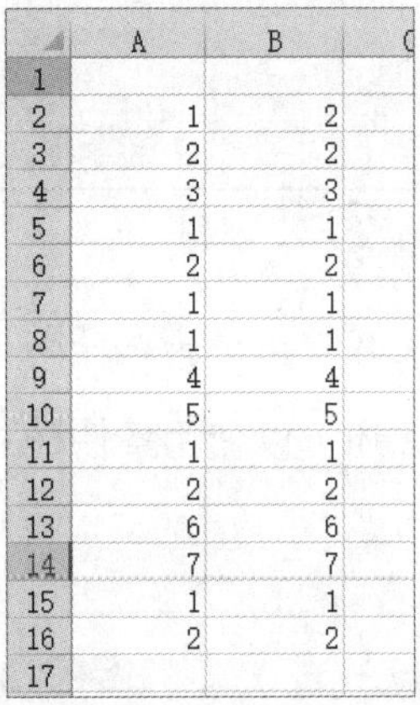

	A	B
1		
2	1	2
3	2	2
4	3	3
5	1	1
6	2	2
7	1	1
8	1	1
9	4	4
10	5	5
11	1	1
12	2	2
13	6	6
14	7	7
15	1	1
16	2	2
17		

图 5.3 去重数据源

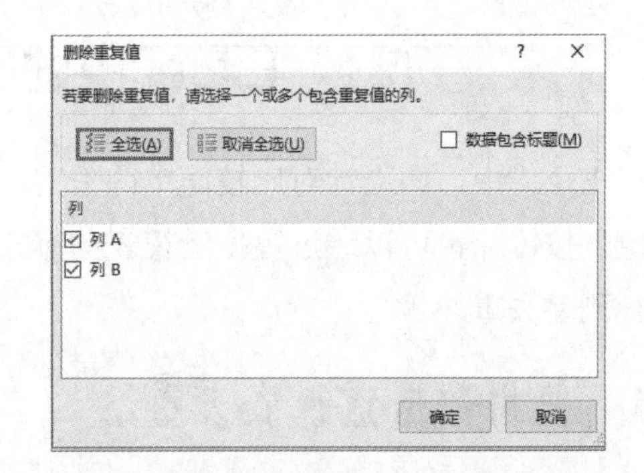

图 5.4 “删除重复值”对话框

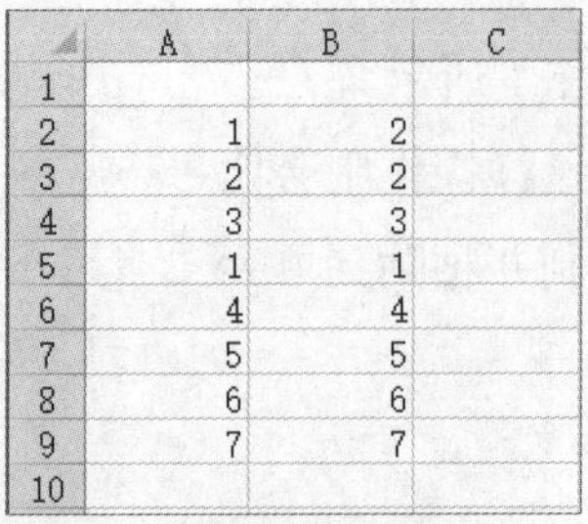

	A	B	C
1			
2	1	2	
3	2	2	
4	3	3	
5	1	1	
6	4	4	
7	5	5	
8	6	6	
9	7	7	
10			

图 5.5 多列组合数据去重后的结果

5.1.3　使用条件格式去重

在“开始”选项卡下的“样式”选项组中选择“条件格式”→“突出显示单元格规则”→“重复值”选项，如图 5.6 所示，通过设置单元格的颜色来突出显示重复值或唯一值，如图 5.7 所示。

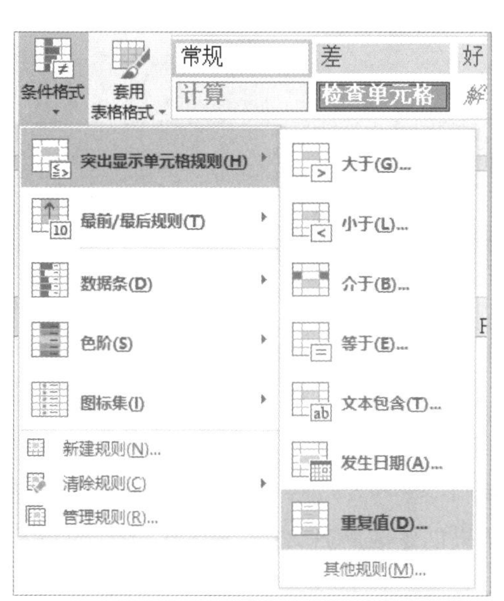

图 5.6　选择“重复值”选项

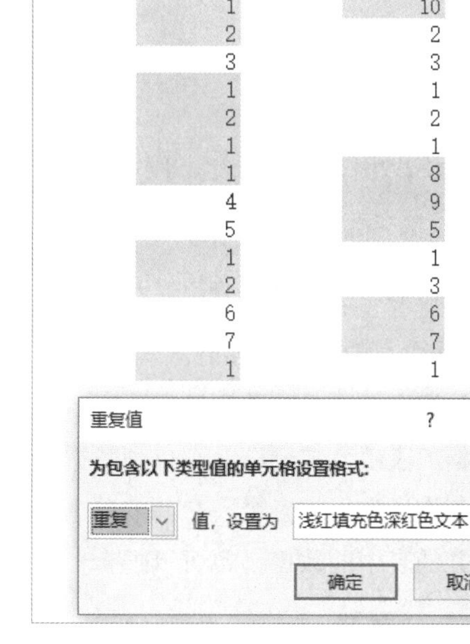

图 5.7　设置格式突出显示重复值或唯一值

这样的操作对于需要保留唯一值（重复值仅保留最开始出现的）也是比较麻烦的。

5.2　Power Query 中的数据去重方法

前面介绍的对 Excel 中的数据进行去重的方法虽然有很多种，但是也有很多的不足，如多列数据的合并去重，以及 A 列去重 B 列的值等，这些功能如果在 Excel 中操作，则会复杂很多，至少也是需要多个步骤的。如果此类操作比较频繁，或者去重后的数据需要被其他数据引用，就不太适合使用前面介绍的方法。

5.2.1　Power Query 中的单列数据去重

对于这种简单的去重，既然 Excel 中都有“删除重复值”按钮，那么在 Power Query 中怎么可能没有类似的选项呢？在 Power Query 中，可以通过选择“主页”→“删除行”→“删除重复项”选项进行操作，如图 5.8 所示，这样就能快速地获取单列数据的唯一值。

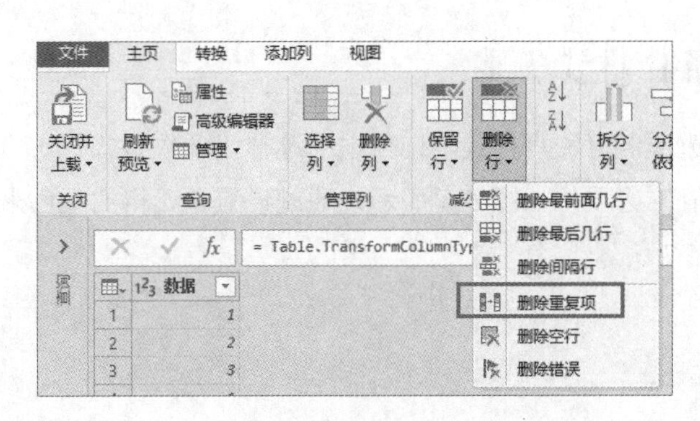

图 5.8　选择“删除重复项”选项

5.2.2　Power Query 中的多列数据去重

在 Power Query 中，对单列数据进行去重的方法很简单，那么应该如何对多列数据进行去重呢？这需要分为以下几种情况进行分析。

1．多个具有单列数据的表合并去重

如果存在多个具有单列数据的表，首先还是要进行表的合并，也就是把多个具有单列数据的表组合成一个具有单列数据的表，然后进行数据的去重操作。此时可以使用追加查询操作，把多个表合并成单个表，如图 5.9 所示。可以在操作的表中直接增加要合并的表中的数据，也可以把合并后的结果创建成新查询。

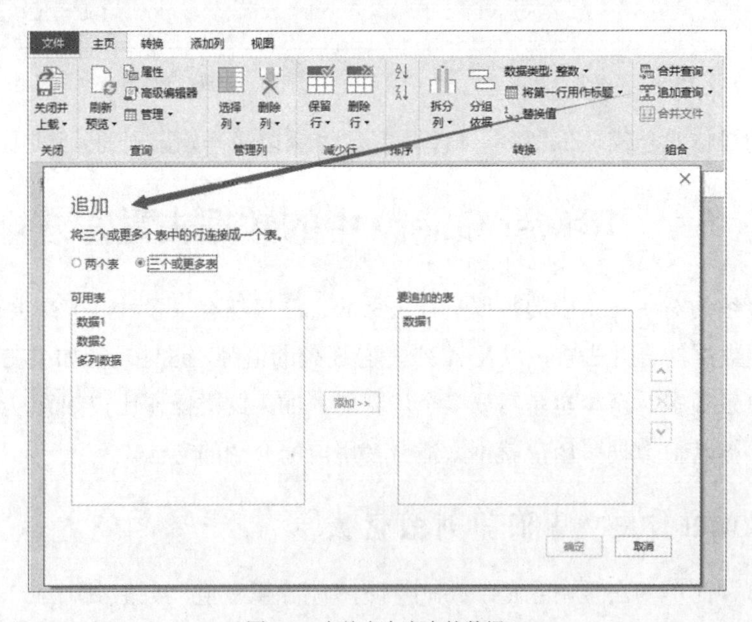

图 5.9　合并多个表中的数据

注意：在合并多个表格中的数据时，要进行合并的列的标题需要一致，否则会合并成错行的多列数据，如图 5.10 所示。

	数据1
1	1
2	2
3	3
4	1
5	2
6	1
7	1
8	4
9	5
10	1
11	2
12	6
13	7
14	1

	数据2
1	10
2	2
3	3
4	1
5	2
6	1
7	8
8	9
9	5
10	1
11	3
12	6
13	7
14	1

	数据1	数据2
1	1	null
2	2	null
3	3	null
4	1	null
5	2	null
6	1	null
7	1	null
8	4	null
9	5	null
10	1	null
11	2	null
12	6	null
13	7	null
14	1	null
15	null	10
16	null	2
17	null	3
18	null	1
19	null	2
20	null	1
21	null	8
22	null	9
23	null	5
24	null	1
25	null	3
26	null	6
27	null	7
28	null	1

图 5.10　标题不一致的列合并后的结果

2．同一个表中的多列数据组合去重

如果要以两列数据作为一个整体来判断是否重复，则在选中需要删除的重复项时可以选择是以单列数据还是以多列数据作为判断条件，在 Power Query 中实际上也有同样效果的操作，还是选择“主页”→“删除行”→“删除重复项”选项，但是之前是针对单列数据的去重，如果要对多列数据组合去重，则只需要在选择数据时选中需要组合匹配的列，如图 5.11 所示。

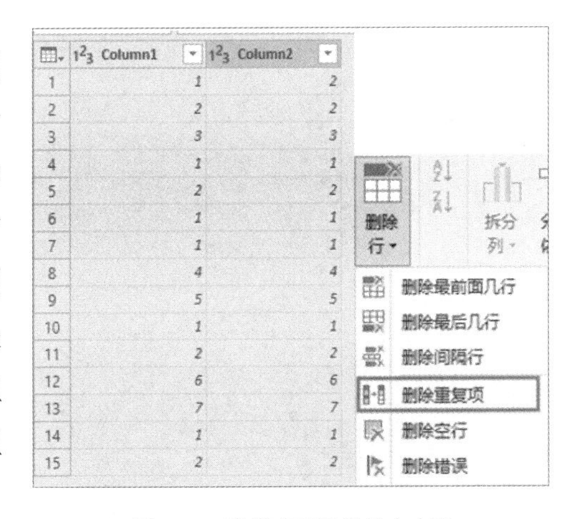

	Column1	Column2
1	1	2
2	2	2
3	3	3
4	1	1
5	2	2
6	1	1
7	1	1
8	4	4
9	5	5
10	1	1
11	2	2
12	6	6
13	7	7
14	1	1
15	2	2

图 5.11　选择多列数据组合去重

3．同一个表中的多个单列合并后去重

之前是使用追加查询操作的方式，把多个具有单列数据的表通过同样的列标题进行合并，那如果是处于同一个表中的多列，应该如何进行追加呢？去重数据源见图 5.11，要先把两列数据合并成单列数据，再进行判断。

（1）直接合并后去重。公式如下：

```
=Table.FromColumns({源[Column1]&源[Column2]})
```

通过合并列后，就可以形成单列的数据格式，这样就可以参照单列数据的去重方法进行处理了。

解释：这里的“源[Column1]”和“源[Column2]”分别代表了表中的“Column1”列和“Column2”列。

这里涉及一个新函数，即 Table.FromColumns，该函数主要用于从包含嵌套列表及列名和值的列表 lists 中创建一个类型为 columns 的表，其参数说明如表 5.1 所示。

表 5.1　Table.FromColumns 函数的参数说明

参　数	属　性	数 据 类 型	说　明
lists	必选	列表类型（list）	转换成表格的列表
columns	可选	多于 1 种类型（any）	列表类型：列数对应的列名列表 表格类型：指定列名及对应数据类型

注意：如果第 2 参数使用表格类型指定列名及对应数据类型，如 type table [a=text, b=number]，其中 a 代表 column1 的列名并指定文本类型，b 代表 column2 的列名并指定数字类型。

（2）通过逆透视来转换成单列。

选中所有需要被转换成单列的数据，通过“逆透视列”选项可以直接把所有需要转换的多列数据转换成单列数据，如图 5.12 所示。

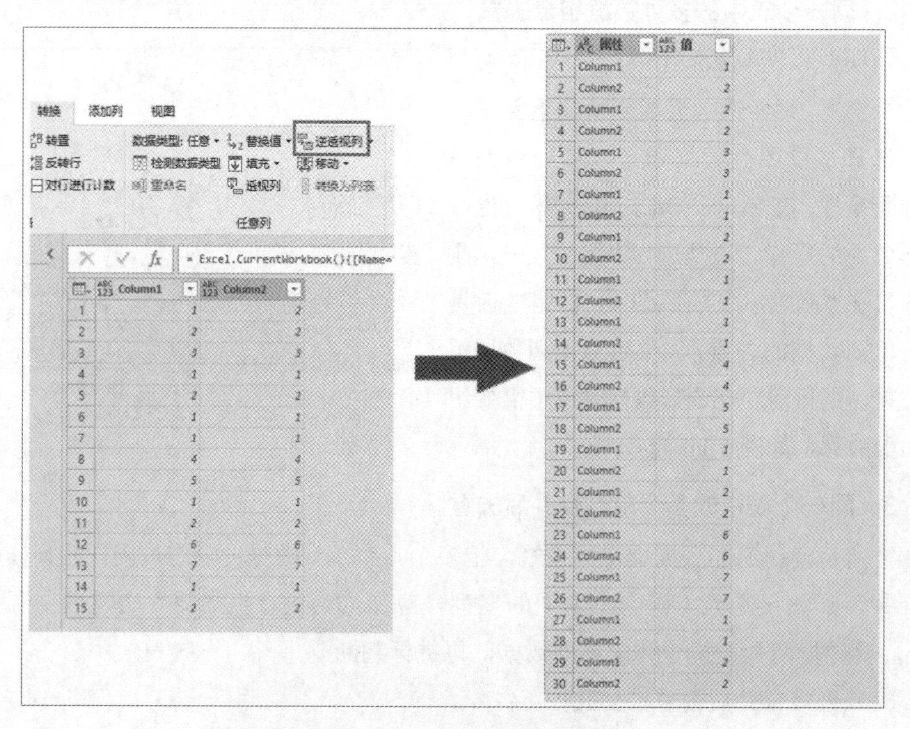

图 5.12　将多列数据转换成单列数据

注意：在逆透视前，需选中所有要被转换的列。

通过逆透视，就能将不同的列合并到一起，此时即可筛选不需要的列，同时对保留的列进行去重。

5.3　Excel 中的匹配扩展

在 Excel 中进行匹配扩展时用到的函数就是 VLOOKUP，通过目标值去寻找另外一个表中对应该值的其他数据，而且这个函数在日常工作中运用非常普遍。此外，还有 INDEX 和 MATCH 函数的组合可以弥补 VLOOKUP 函数的一些缺陷。

5.3.1　VLOOKUP 函数的绝对匹配

VLOOKUP 函数的语法格式如下，其参数说明如表 5.2 所示。

```
VLOOKUP(lookup_value,table_array,col_index_num,range_lookup)
```

表 5.2　VLOOKUP 函数的参数说明

参　数	属　性	参数样例	说　明
lookup_value	必选	1，“a”	要查找的值
table_array	必选	A1:b10	要查找的区域
col_index_num	必选	2	返回数据在查找区域的第几列
range_lookup	可选	1（TRUE）/0（FALSE），默认为 1	模糊匹配/精确匹配

在成绩表中新增一个“学号”列，所需要的数据从学号表中获取，如图 5.13 所示。

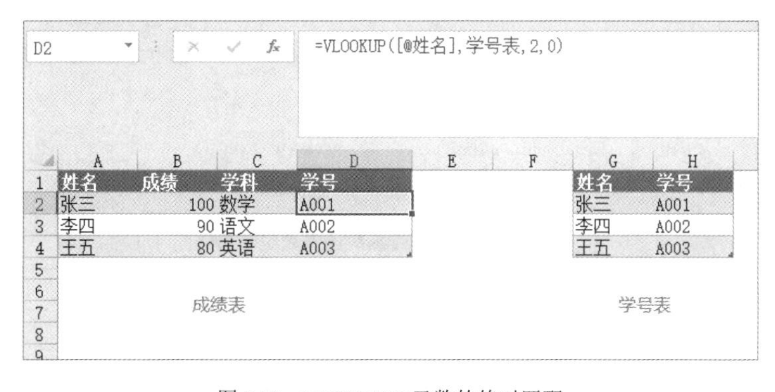

图 5.13　VLOOKUP 函数的绝对匹配

- 第 1 参数：要查找的值。“[@姓名]”代表当前成绩表的当前行的姓名。
- 第 2 参数：要查找的区域。“学号表”代表区域。
- 第 3 参数：返回数据在查找区域的第几列。“学号”在学号表中的第 2 列。
- 第 4 参数：模糊匹配或精确匹配。这里是精确匹配，所以为“0”。

注意：第 3 参数以匹配表中的值所在的列为第 1 列，向右扩展；如果要查找的数据在左边，则无法直接使用该函数查找。第 1 参数可以为数字类型或文本类型数据，也可以为类似 SUMIF 函数条件中使用的通配符。

5.3.2 VLOOKUP 函数的模糊匹配

既然上一节中已经介绍了 VLOOKUP 函数的绝对匹配，那么等级排名的应用场景就涉及 VLOOKUP 函数的模糊匹配。在成绩表中新增一个“成绩等级”列，所需要的数据从等级表中获取，如图 5.14 所示。

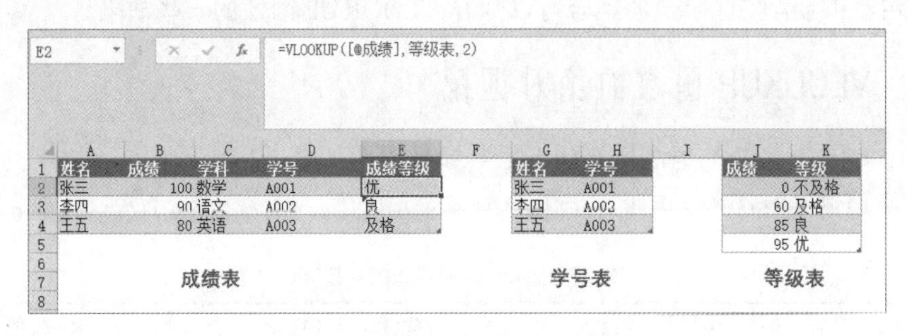

图 5.14 VLOOKUP 函数的模糊匹配

注意：图 5.14 中的公式省略了第 4 参数，因为其默认为 1，也就是模糊匹配。

5.3.3 使用 INDEX 和 MATCH 函数组合进行查找和匹配

为了弥补 VLOOKUP 函数只能以查找的数据列作为第 1 列的不足，可以使用 INDEX 和 MATCH 函数组合进行查找和匹配，这样就能很方便地找到对应的列所在的位置。INDEX 函数和 MATCH 函数的语法格式分别如下，这两个函数的参数说明分别如表 5.3 和表 5.4 所示。

```
INDEX(array, row_num, [column_num])
MATCH(lookup_value, lookup_array, [match_type])
```

表 5.3 INDEX 函数的参数说明

参　数	属　性	参数样例	说　明
array	必选	A1:b10	返回值的区域
row_num	必选	2	返回区域中的数据行号
column_num	可选	1	返回区域中的数据列号

表 5.4 MATCH 函数的参数说明

参　数	属　性	参数样例	说　明
lookup_value	必选	1，“a”	要查找的值
lookup_array	必选	A1:b10	查找值的区域

续表

参　　数	属　　性	参 数 样 例	说　　明
match_type	可选	-1，0，1	匹配到第一个值的模式，默认为 1 -1 代表“>=”； 0 代表“=”； 1 代表“<=”

注意：MATCH 函数的第 2 参数 lookup_array 表示的区域只能是单列或单行。如果 MATCH 函数的第 3 参数使用的是非绝对匹配模式，则在查找到位置前的数据都必须满足条件，否则就会出错。

因为 MATCH 函数返回的是一个数字，所以实际上只是把 INDEX 函数的第 2 参数及第 3 参数用 MATCH 函数返回的数字替代。

```
INDEX(array,                                                //返回值的区域
    MATCH(lookup_value, lookup_array, [match_type]),        //数据的行号
    [MATCH(lookup_value, lookup_array, [match_type])]       //数据的列号
)
```

以之前的案例来看，使用 INDEX 和 MATCH 函数组合进行查找和匹配的结果如图 5.15 所示。

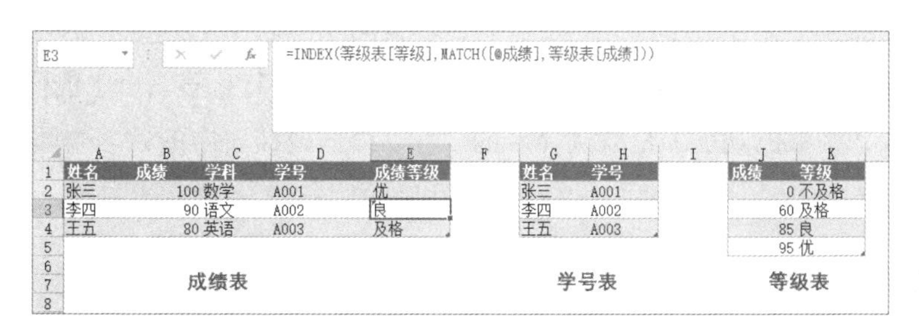

图 5.15　使用 INDEX 和 MATCH 函数组合查找成绩等级

注意：这里省略了 INDEX 函数的第 3 参数，因为该函数的第 1 参数表示的区域只有单列，所以可以省略第 3 参数的列号，如果第 1 参数表示的区域具有多行多列（如选择了“等级表”），则必须加上第 3 参数的列号“2”，当然这个“2”依旧可以使用 MATCH 函数返回的值来替代，如图 5.16 所示。

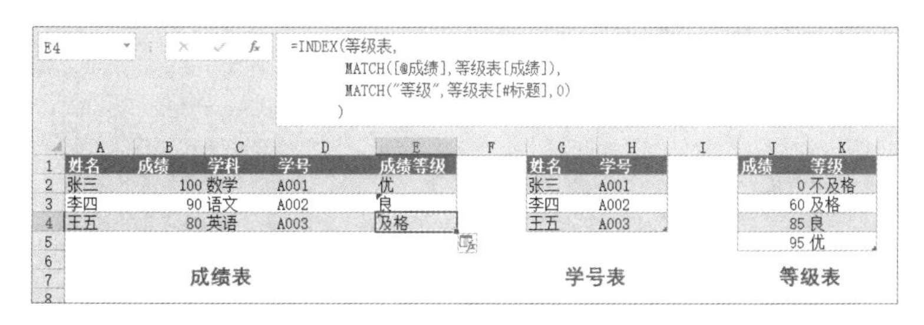

图 5.16　第 1 参数为多行多列区域时使用 INDEX 和 MATCH 函数组合进行查找和匹配

5.4 Power Query 中的匹配扩展

在 Power Query 中不仅可以实现 VLOOKUP 函数的绝对匹配和模糊匹配，还可以实现多条件匹配，甚至在 Power BI Desktop 中还能提供阈值来匹配。下面来看一下在 Power Query 中如何实现这些功能。

5.4.1 Power Query 中的绝对匹配扩展

在 Power Query 中，匹配扩展功能主要通过“主页”选项卡中的“合并查询”来实现，如图 5.17 所示。

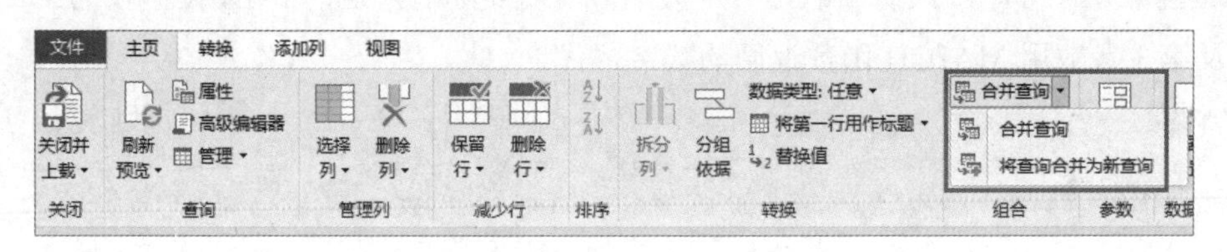

图 5.17 “合并查询”下拉列表

使用之前的案例数据，通过 Power Query 进行姓名的匹配来扩展学号，如图 5.18 所示，通过成绩表中的“姓名”列去匹配要查找的学号表中的“姓名”列。此时，在“联接种类”下拉列表中显示的“左外部(第一个中的所有行，第二个中的匹配行)”（类似 VLOOKUP 函数的功能）是默认显示的，可以根据成绩表中的姓名来匹配出学号表中的所有数据。

合并

选择表和匹配列以创建合并表。

成绩表

姓名	成绩	学科
张三	100	数学
李四	90	语文
王五	80	英语

学号表

姓名	学号
张三	A001
李四	A002
王五	A003

联接种类

左外部(第一个中的所有行，第二个中的匹配行)

✓ 所选内容匹配第一个表中的 3 行(共 3 行)。

确定 取消

图 5.18 “合并”对话框

在选择了对应的匹配列后，可以看到最后有一个结果信息，“所选内容匹配第一个表中的 3 行(共 3 行)。”，这就表示成绩表中的 3 行姓名数据都匹配到了学号表中的数据。单击“确定”按钮后可以看到如图 5.19 中左上角图所示的内容，返回的是表格类型的数据，单击“学号表”标题右侧的展开按钮，然后选中“展开”单选按钮，并在字段列表中勾选要展开的字段左侧的复选框（见图 5.19 中的右上角图），单击“确定”按钮后，即可获得匹配后所需要的扩展字段（见图 5.19 中的下图）。

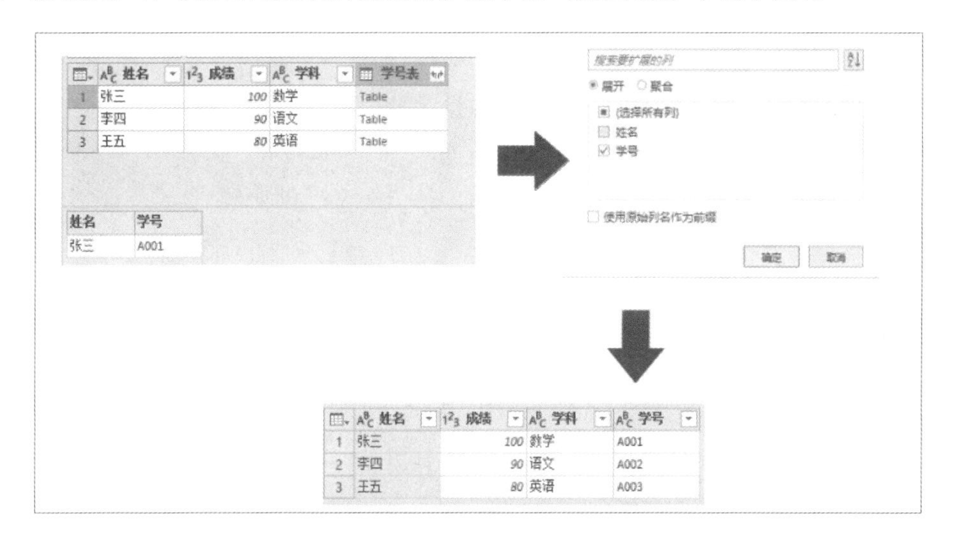

图 5.19　展开所需要的扩展列

5.4.2　Power Query 合并查询中的联接种类

在合并查询中，联接种类可以提供多个选项，如图 5.20 所示，不同的联接种类实现的效果是不一样的。

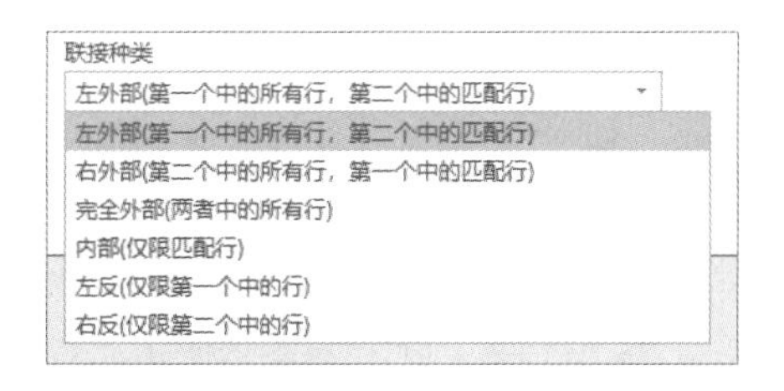

图 5.20　合并查询中的联接种类

想要了解并使用联接种类，首先需要知道什么是左，什么是右。

之前在使用 VLOOKUP 函数进行匹配扩展时，查找的数据源在公式的左边，而匹配的数据源则在另外的地方，可以理解为右边。

图 5.21 所示为介绍联接种类的图示，左代表了左边 1 的整个圆，右代表了右边 2 的整个圆。

图 5.21　介绍联接种类的图示

- 左外部：1 的全部数据加上 3 的匹配数据。
- 右外部：2 的全部数据加上 3 的匹配数据。
- 左反：1 的全部数据减去 3 的匹配数据。
- 右反：2 的全部数据减去 3 的匹配数据。
- 完全外部：返回 1 和 2 的全部数据。
- 内部：返回 1 和 2 相交的数据。

实际上，“右外部”和“右反”完全可以分别是“左外部”和“左反”的相反操作，只需要把操作的表和查询表反向替换即可，因此真正常用的联接也就 4 种。可以通过案例来深入了解，如图 5.22 所示，成绩表为左表，学号表为右表。

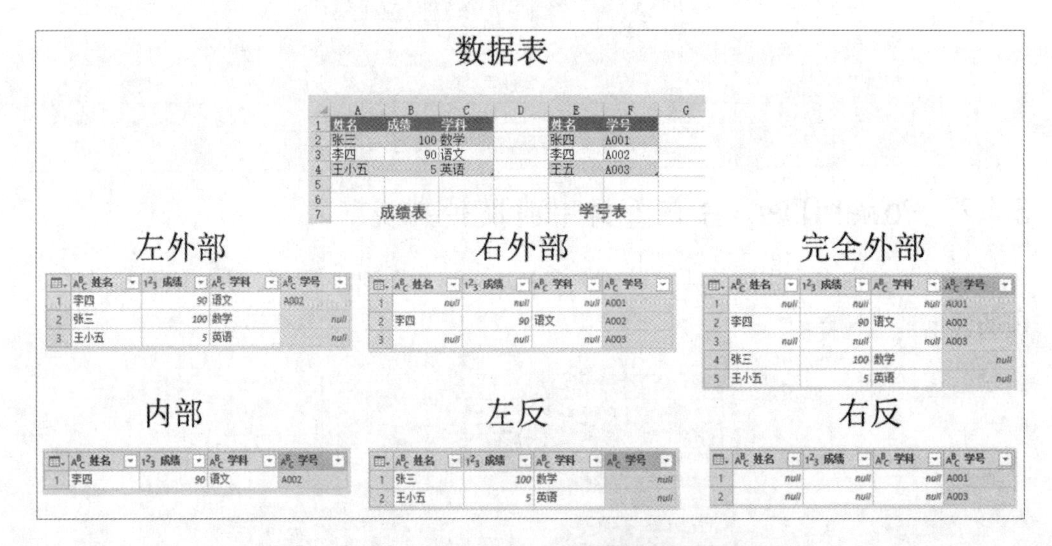

图 5.22　6 种不同的合并查询联接

- 左外部：成绩表全部姓名信息，显示匹配的学号表信息，未能匹配的返回空值。
- 右外部：学号表全部学号信息，显示匹配的成绩表信息，未能匹配的返回空值。
- 完全外部：返回成绩表和学号表全部内容，未能匹配的全部用空值返回。
- 内部：仅返回两个表中共同存在的“姓名”列的数据。
- 左反：返回成绩表中的姓名去除学号表中姓名后的数据。
- 右反：返回学号表中的姓名去除成绩表中姓名后的数据。

5.4.3　Power Query 中的模糊匹配扩展

在 Power Query 中，实现 VLOOKUP 函数的模糊匹配相对来说会比较麻烦，其本质是筛选匹配的表格数据，并返回符合条件的第 1 条信息。

1．筛选匹配的表格数据

首先通过 Table.SelectRows 这个常用的筛选函数对目标表进行查询，筛选出等级表中成绩小于或等于当前成绩的表格数据，如图 5.23 所示。

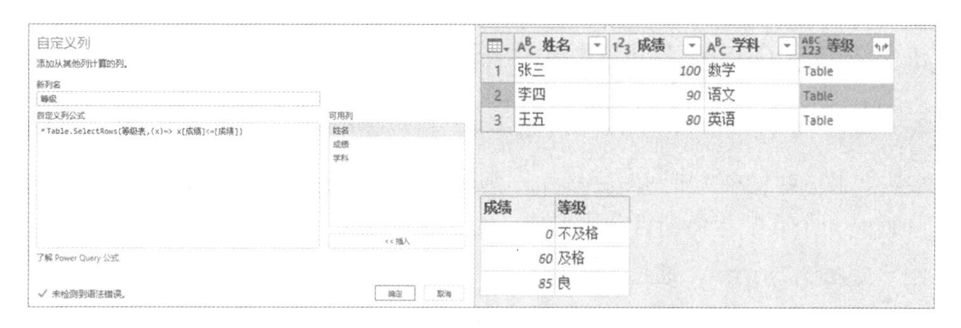

图 5.23　筛选出符合条件的表格数据

注意：这里涉及两个表格的当前行，因此需要使用变量 x 来替代 each。

2．返回等级最后一行的值

在筛选出的表格中，模糊匹配返回的是相对靠近的数据，因为成绩排名是从 0～95 升序排列的，所以要在返回的表格外面再嵌套一个 List.Last 函数，取出“等级”字段的最后一个值，如图 5.24 所示。

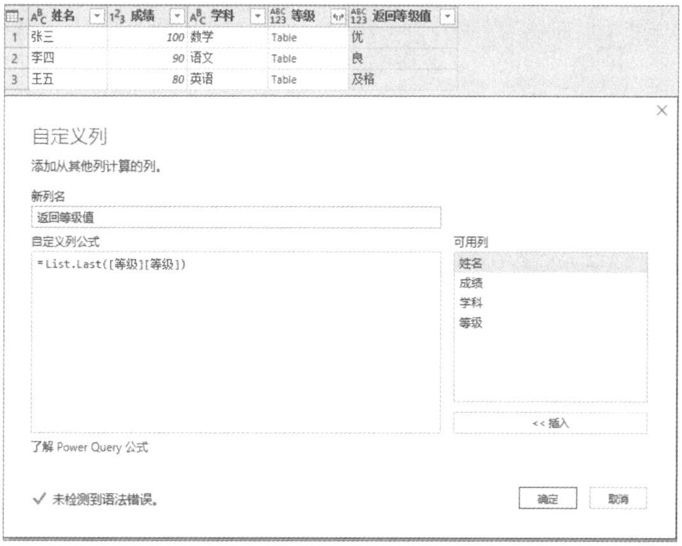

图 5.24　返回对应等级

注意：第 1 个[等级]代表当前“等级”列中的“Table”，第 2 个[等级]代表“Table”中的“等级”字段。

这样就实现了模糊匹配的操作，同时为了更简便，可以在添加第一个“等级”列时直接嵌套返回等级值的公式。公式如下：

```
List.Last(Table.SelectRows(等级表,
                        (x)=>x[成绩]<=[成绩]
                        )[等级]
      )
```

5.4.4 Power Query 使用阈值进行匹配扩展

在 Power BI Desktop 的 Power Query 中，可以使用阈值进行模糊匹配，这个功能在 Excel 的 Power Query 中没有体现，但确实是一个非常有用的功能。

阈值是一个匹配相似的百分比的值，数值区间为 0～1。0 为完全不匹配，1 为完全匹配，如图 5.25 所示，通过设置阈值可以返回模糊匹配后的结果。其中，两个不完全相同的姓名，可以通过阈值的设置是否相当来匹配。例如，“王小五”和“王五”的相似度约为 0.8333，“张三”和“张四”的相似度约为 0.4166。

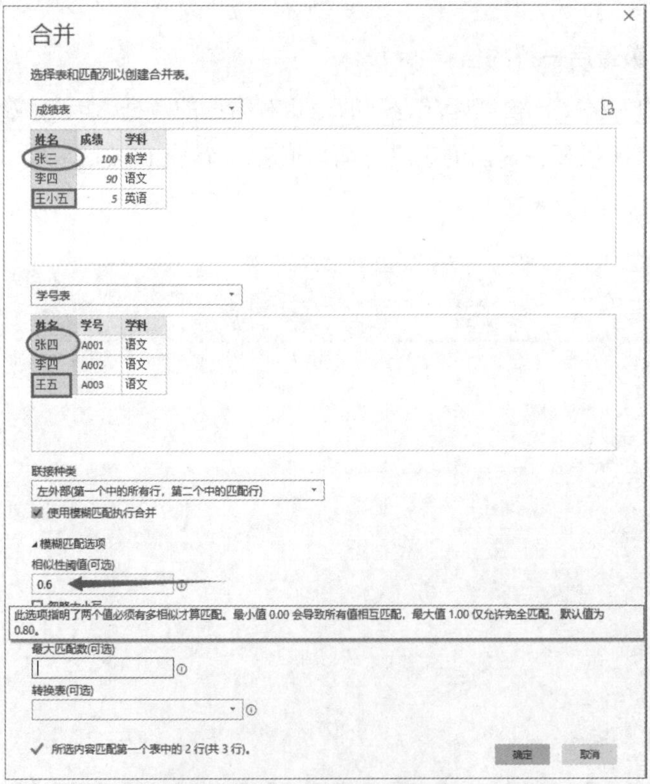

合并

选择表和匹配列以创建合并表。

成绩表

姓名	成绩	学科
张三	100	数学
李四	90	语文
王小五	5	英语

学号表

姓名	学号	学科
张四	A001	语文
李四	A002	语文
王五	A003	语文

联接种类

左外部(第一个中的所有行，第二个中的匹配行)

☑ 使用模糊匹配执行合并

◢ 模糊匹配选项

相似性阈值(可选)

0.6

此选项指明了两个值必须有多相似才算匹配。最小值 0.00 会导致所有值相互匹配，最大值 1.00 仅允许完全匹配。默认值为 0.80。

最大匹配数(可选)

转换表(可选)

✓ 所选内容匹配第一个表中的 2 行(共 3 行)。

确定　取消

图 5.25　合并查询中的阈值设置

如果设置的阈值小于 0.8333，则系统会认为“王五”=“王小五”；如果设置的阈值小于 0.4166，则系统会认为“张三”=“张四”，这样就可以进行智能化的匹配扩展。

5.4.5　Power Query 多列条件的匹配扩展

在使用“合并查询”时，之前都是根据单列数据来匹配的，如果想要匹配多列数据，则需要先后选择不同的列，如图 5.26 所示，能匹配到的只有成绩表中的第 2 行数据。

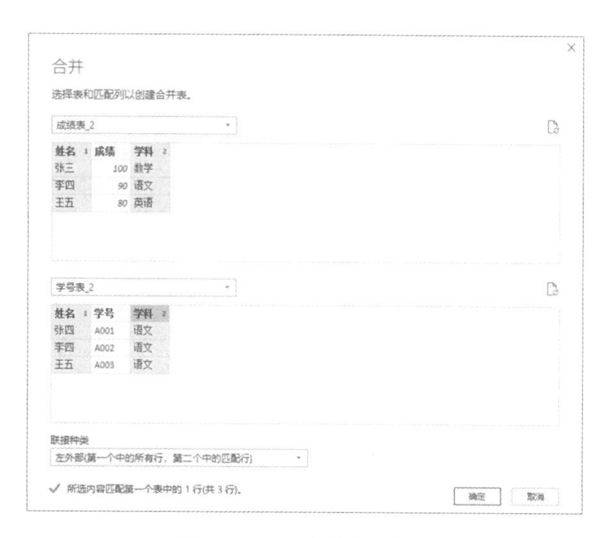

图 5.26　多列条件合并查询

注意：可以按 Ctrl 键来选择多列，同时列序号是对应匹配的。

返回匹配后的数据正常都会进行扩展提取，但是会碰到一个排序的问题，如图 5.27 所示，在展开所需要的“学号”字段后，排序会出现变动。如果想要排除这个问题，则需要把之前匹配好的表格保存，这时需使用 Table.Buffer 函数将表格缓存。如果使用“将查询合并为新查询”，则需要使用 Table.Buffer(源)把表格缓存后再展开，即可保持原有的排序，如图 5.28 所示。

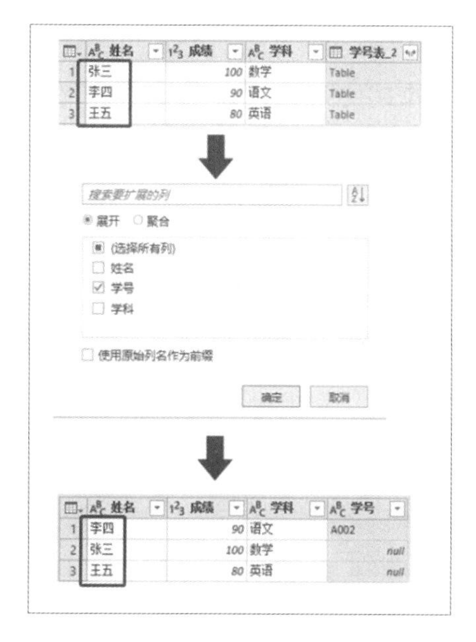

图 5.27　展开数据后的排序出现变动

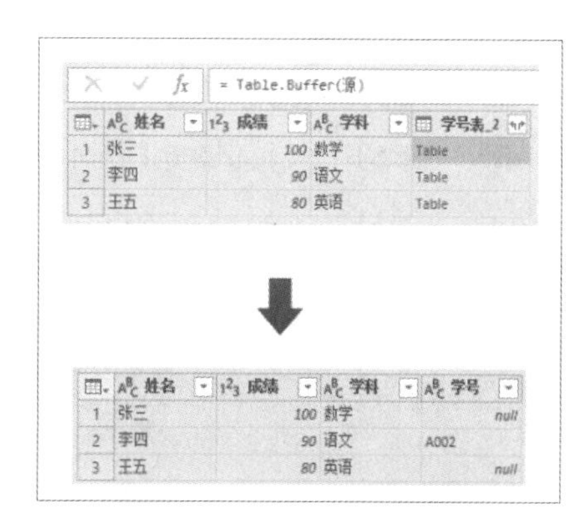

图 5.28　使用缓存保持原有的排序

第 6 章

提取复杂字符串中的任意字符

在日常工作中会涉及很多文本类型的数据，很多时候在文本类型的字样中包含了需要的数据，在大部分情况下需要从中提取所需的数据。

本章主要涉及的知识点有：

- 使用 Excel 公式提取数据
- 使用 Excel 中的“分列”功能提取数据
- 使用 Excel 数组公式提取数据
- 使用 Excel 快捷键提取数据
- 使用 Excel 插件中的自定义函数提取数据
- 使用自动化的 Power Query 提取数据

注意：本章内容不涉及 VBA 函数的编写。

6.1 提取简单文本中的数字

常用的提取数据的方式是使用 Excel 公式。因为在大多数人的习惯中，Excel 公式是很早接触的，那对于知识肯定是越来越实用、越来越便捷的。现在先来看一下在 Excel 中使用公式是如何提取数字、英文或中文的。

6.1.1 使用 Excel 公式提取数据

首先看一个简单案例，了解 Excel 中的一些文本提取函数，如 RIGHT、LEFT、MID、LEN、LENB 等。如图 6.1 所示，需要提取左边“文件名”列中的数字日期。

文件名	提取数字日期
20190103明细	
20190104明细	
20190105明细	
20190106明细	
20190107明细	
20190108明细	
20190109明细	
20190110明细	
20190111明细	

图 6.1　提取简单文本中的数字日期

类似这种的数字提取相对比较简单，因为日期都是 8 位的，并且都是从左边开始的，所以可以直接使用 LEFT 函数来提取。公式如下：

```
=LEFT([@文件名],8)
```

注意： 这里由于是在 Excel 中的超级表中进行处理的，因此模糊了单元格的概念，这也是为了方便在后续的操作中发生思想上的改变。"[@文件名]"代表的就是表的"文件名"列中的当前行数据。

6.1.2　使用"分列"功能提取数据

除了可以使用 Excel 公式提取数据，还可以使用 Excel 中的"分列"功能提取数据。使用"分列"功能提取数据的前提是有固定的分隔符或固定的宽度。选中图 6.1 中"文件名"列里除标题以外的数据，单击"数据"→"分列"按钮，则会弹出如图 6.2 所示的"文本分列向导"对话框。

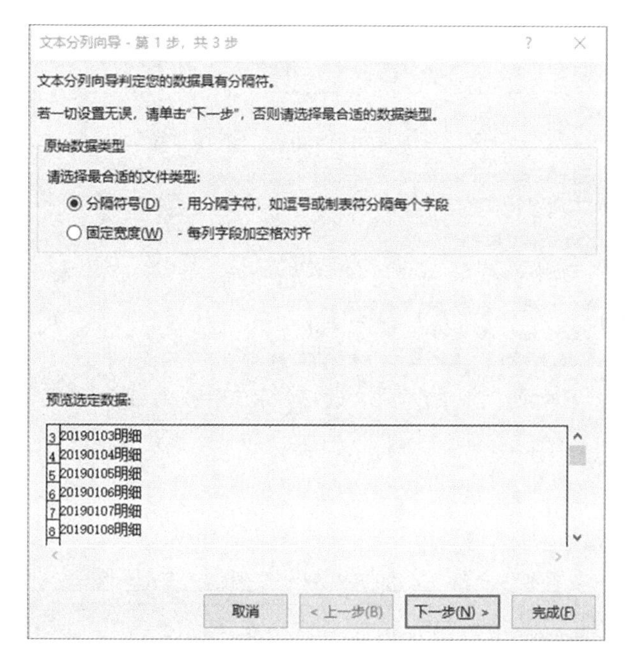

图 6.2　"文本分列向导"对话框

在此例中，可以使用固定宽度分列，因为可以很容易看到数字的宽度是固定的，使用固定宽度分列比较直观。当然如果一定要使用分隔符也是可以的，此时可以将分隔符设置为中文字符"明"，因为使用这个字符可以明显分隔出数字。

使用分隔符和固定宽度分列后的数据预览分别如图 6.3 和图 6.4 所示，可以看到两个分列还是有差异的，如果使用分隔符分列，则分隔符会自动消除，同时在返回数据时会自动根据分列的数量对应产生的数据。

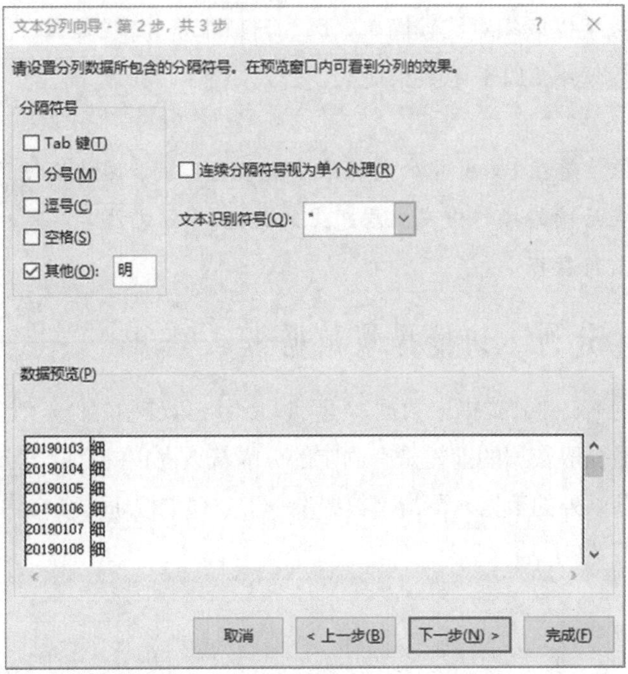

文本分列向导 - 第 2 步，共 3 步

请设置分列数据所包含的分隔符号。在预览窗口内可看到分列的效果。

分隔符号

Tab 键(T)

分号(M)

逗号(C)

空格(S)

其他(O): 明

连续分隔符号视为单个处理(R)

文本识别符号(Q): "

数据预览(P)

20190103 细
20190104 细
20190105 细
20190106 细
20190107 细
20190108 细

取消 < 上一步(B) 下一步(N) > 完成(F)

图 6.3　使用分隔符分列后的数据预览

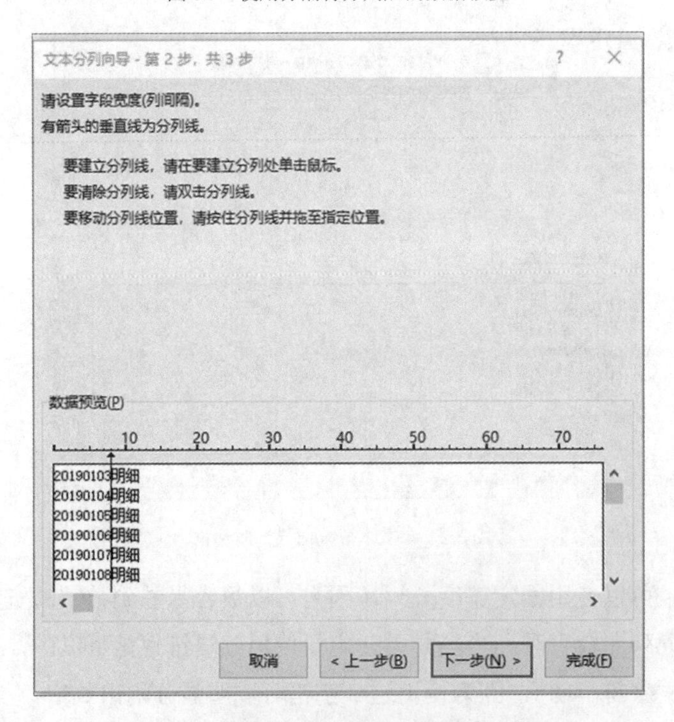

图 6.4　使用固定宽度分列后的数据预览

注意：当使用“分列”功能提取数据时，会在原数据上直接修改，如果想要保留原数据，则需要将要提取的数据复制到有后续空列的位置。

6.2　提取复杂文本中的数字

如果碰到类似的中文、英文或相关数据都是以前面这种规则排列的，那么可以使用前面章节中介绍的方式，用简单的函数即可。但是如果遇到稍微复杂一点儿的提取，如图 6.5 所示，那么这种简单的提取方式就无法使用了。

文件名	提取数字
鸡肉350	
猪肉10.20	
打火机1.50	
电视机1499	
微波炉599	
卫生纸5	
纸牌2.5	
火锅调料18.8	
剪刀15	

图 6.5　提取复杂文本中的数字

6.2.1　使用 Excel 数组公式提取数据

当遇到类似图 6.5 中的文本数据时，因为既无法使用简单的 LEFT 函数或 RIGHT 函数来提取，也无法使用单一的分隔符来提取。所以，此时可以考虑使用 Excel 中的数组公式来提取，公式如下：

```
{=-LOOKUP(0,
        -MID([@文件名],
             MIN(FIND(ROW($1:$10)-1,
                    [@文件名]&1/17
                    )
                 ),
             ROW($1:$99)
             )
        )}
```

注意：当使用数组公式时，需要在公式输入完成时按“Ctrl+Enter”组合键结束，如图 6.6 所示，公式中最外层的大括号（{}）不是手动输入的，而是通过按“Ctrl+Enter”组合键自动添加的。

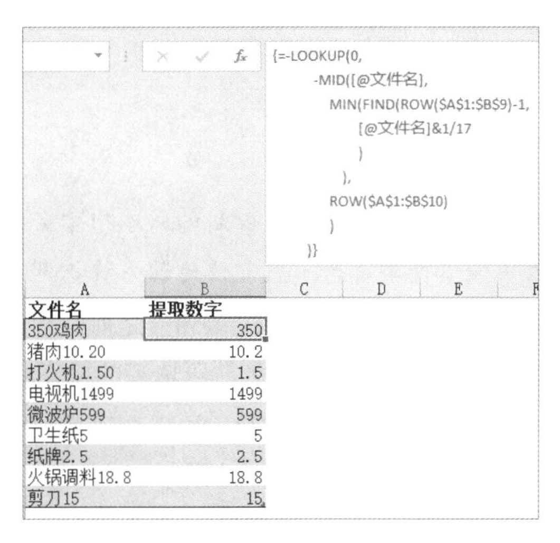

图 6.6　使用数组公式提取数字

那么这么复杂的公式容易被记住吗？上述公式中使用了一些特别的数字技巧，如

“1/17”就是为了能够把 0～9 之间的数字全部显示出来，找到最小的数字起始位。即使具有 Excel 公式基础的使用者也不一定能够马上写出这样的公式。因此，数组公式不仅理解起来相对比较难，而且在实际使用中还需要运用很多技巧。

如果读者对整个数组公式感兴趣，则可以在公式运算过程中，选中指定函数（含参数）返回其在中间运算过程中的值，按 F9 键计算。

例如，“ROW($1:$10)”返回的就是{1,2,3,⋯,10}这一组数，而最后减 1，代表的是{0, 1, 2,⋯, 9}这一组数。当然，也可以直接用 0～9 的数组代替其计算公式，只不过写得会有点儿多。

6.2.2 使用 Excel 快捷键提取数据

有读者会问：Excel 的快捷键是什么？熟知的当然是“Ctrl+C”“Ctrl+V”之类的复制、粘贴的快捷键，那提取数字有快捷键吗？

在 Excel 中，不仅有系统自带的快捷键，还可以自定义快捷键。例如，如果经常使用宏，则可以为宏自定义快捷键。

同样地，在 Excel 的单元格中输入前几个具有相同规则的数据，如图 6.7 所示，在输入“1.50”时，系统会自动智能预判可能会显示的信息，下面单元格中显示的灰色数字就是系统智能预判出的数据。

文件名	提取数字
鸡肉350	350
猪肉10.20	10.20
打火机1.50	1.50
电视机1499	1499
微波炉599	599
卫生纸5	5
纸牌2.5	2.5
火锅调料18.8	18.8
剪刀15	15

图 6.7　快捷键提取

注意：此快速填充功能仅在 Excel 2013 以后的版本中才会出现。另外，把“提取数字”列的数据类型改成文本类型是为了更方便地让系统识别所需要提取的数据。

在输入“350”和“10.2”之后，在输入“1.50”之前，选中需要输入数据的单元格，直接使用“Ctrl+E”快捷键，即可根据之前所填写的单元格进行提取和填充。

接着来看 Excel 中的快捷键能带来的体验。可以在“数据”选项卡下的“数据工具”选项组中找到“快速填充”功能，如图 6.8 所示。

根据“快速填充”功能的提示，可以看到以下两个关键点。

（1）输入所需的许多示例。

代表必须根据需要的数据做参考，通过人工智能进行归纳总结，输入越多的数据代表生产结果相对越准确。

（2）确保在要填充的列中有单元格处于活动状态。

代表在使用“快速填充”或“Ctrl+E”快捷键时在其旁边必须有数据列，而不能有空的列。此外，在输入时必须保持空单元格的状态。

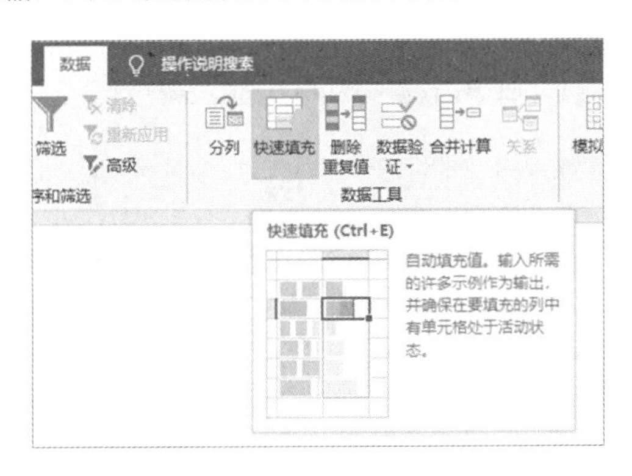

图 6.8　快速填充

6.2.3　使用 Excel 插件中的自定义函数提取数据

在使用 Excel 的过程中，实际上有很多可以利用的插件，这些插件的功能会让我们在平时工作中的效率有明显的提升。有些插件还配套很多自定义函数，在安装了这些插件后，这些插件配套的自定义函数就可以像正常的 Excel 内置函数一样使用。以 Excel 催化剂插件为例，如图 6.9 所示，插件下载并安装完成后，需要通过调用加载项的方式进行调用。而通常调用的加载项主要是“Excel 加载项”和“COM 加载项”（根据加载项的属性不同区分）。

单击“开发工具”选项卡下的“加载项”选项组中的“Excel 加载项”按钮，在弹出的“加载项”对话框中会出现插件所附带的 Vba 代码加载项，依次勾选所需要的加载项左侧的复选框后，单击“确定”按钮即可，如图 6.10 所示。

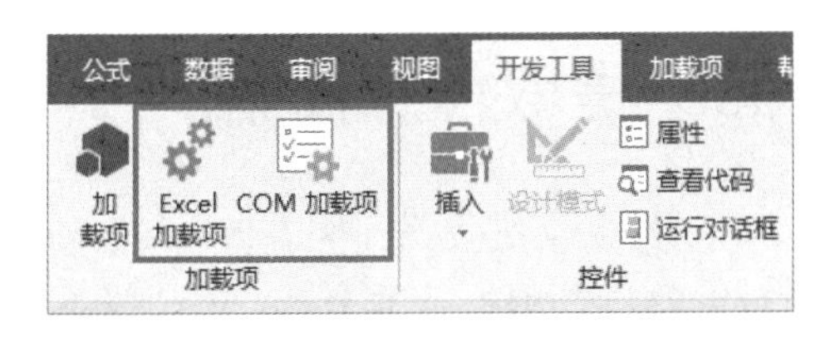

图 6.9　“开发工具”选项卡下的加载项

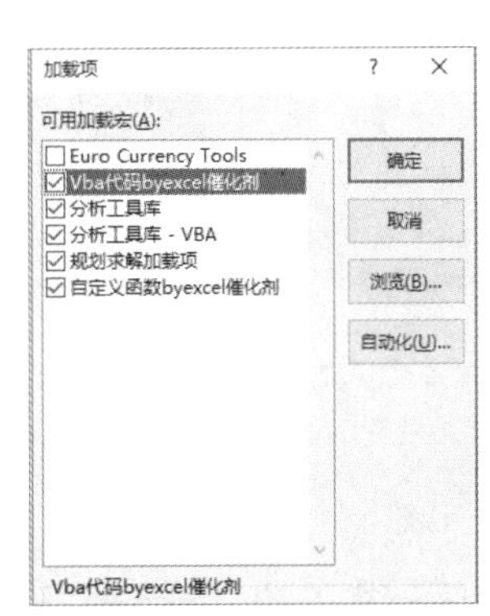

图 6.10　“加载项”对话框

这时就可以在常规的公式函数里直接找到插件所带的一些自定义函数，如图 6.11 所示，可以看到其中有几个用于文本提取的函数，如用于提取数字、提取英文、提取指定字符等的自定义函数。

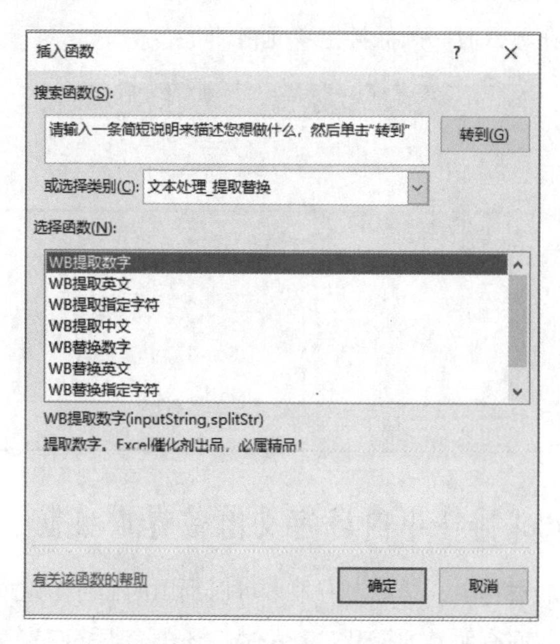

图 6.11　插件所带的自定义函数

如果想要提取表格中的数字，则可以直接使用“WB 提取数字”这个函数来提取所需要的数字，如图 6.12 所示。

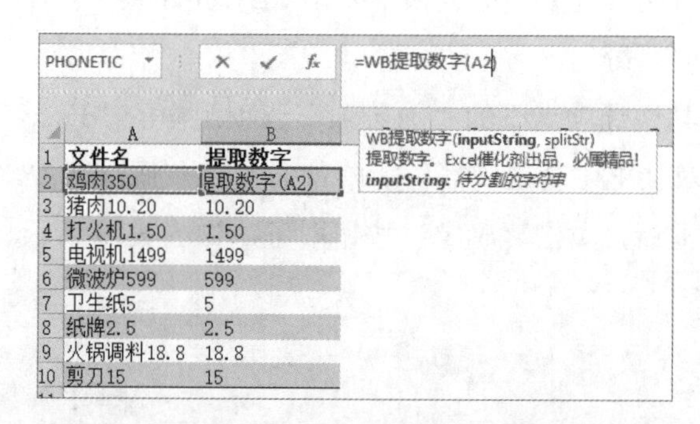

图 6.12　使用自定义函数提取数字

6.3　使用 Power Query 提取任意数据

有了前面介绍的方法，为什么还要使用 Power Query 进行操作呢？Power Query 又有什么不一样的地方呢？接下来会一一解答这些疑惑，来看一下 Excel 中的这个新功能（Power Query）到底能带来什么不一样的地方。

6.3.1　提取文本中的数字

Power Query 是在查询中处理的，而不是在原来的数据上进行修改的，所以必须把数据导入 Power Query 进行处理。这里只保留了数据列，也就是“文件名”列，如图 6.13 所示。

注意：在使用 Excel 中的 Power Query 时，比较常用的数据源是从表格导入，此时如果数据源不是表格类型，那么在被导入之前 Power Query 会自动把数据转换成表格类型，类似使用插入表格功能，同时会让用户确认第一行是否为标题行，如图 6.14 所示。

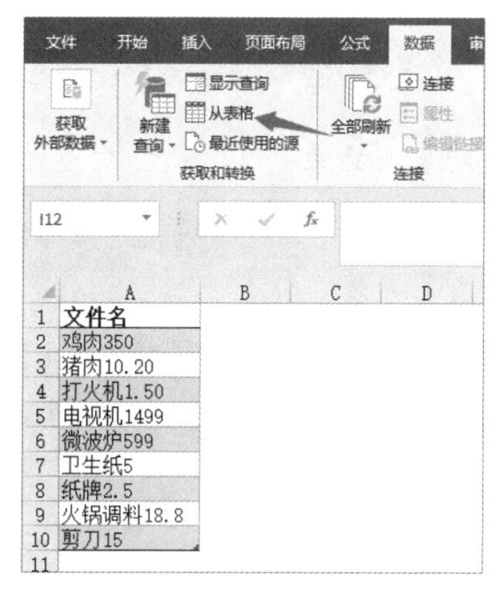

图 6.13　被导入 Power Query 的单列数据

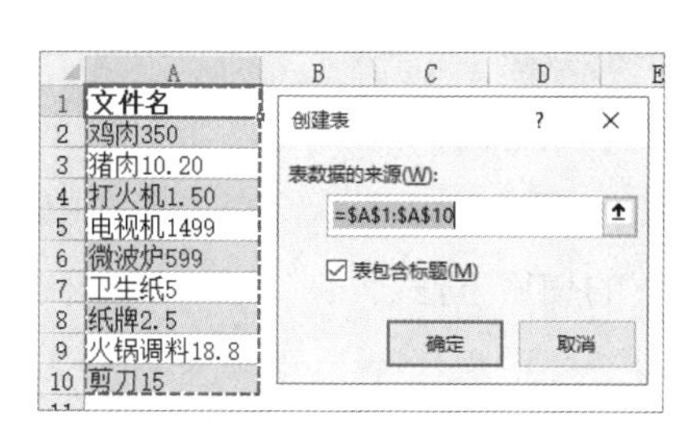

图 6.14　从表格导入数据前的确认

在正常情况下，Power Query 从表格导入数据后会自动生成两个步骤，即“源”和“更改的类型”，如图 6.15 所示。其中，可以通过 Power Query 中的选项设置去掉“更改的类型”步骤的自动生成，只需要把已勾选的复选框取消勾选即可，如图 6.16 所示。

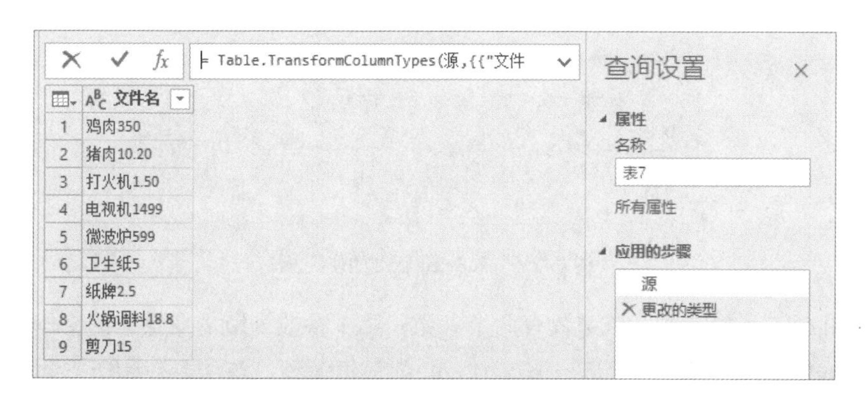

图 6.15　从表格导入数据后自动生成的操作步骤

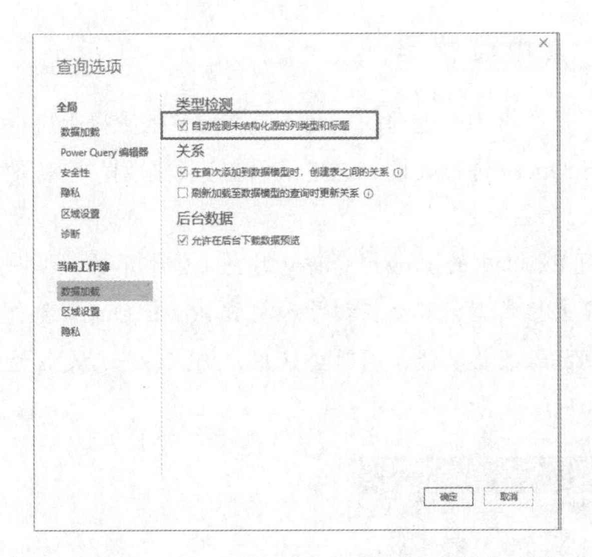

图 6.16　去掉“更改的类型”步骤的自动生成

到了这一步，在 Power Query 中的数据源已经准备好了，接下来就是具体操作提取其中的数字了。

用于文本提取的函数是 Text.Select，在使用该函数前，需要先了解这个函数的使用方法，如图 6.17 所示，在公式栏中输入“=Text.Select”后，按 Enter 键就可以显示该函数的使用方法。

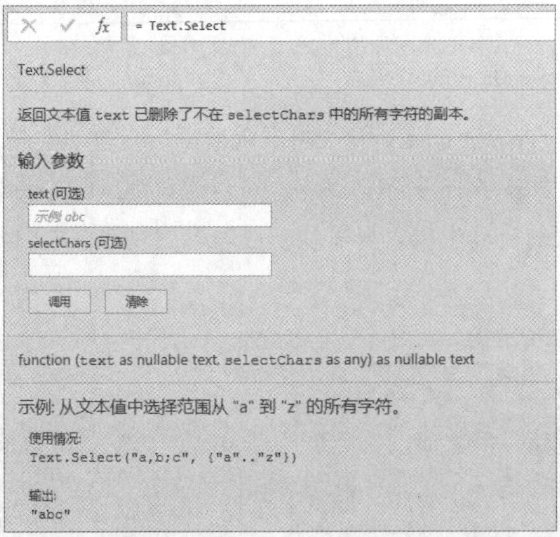

= Text.Select

Text.Select

返回文本值 text 已删除了不在 selectChars 中的所有字符的副本。

输入参数

text (可选)

示例 abc

selectChars (可选)

调用　清除

function (text as nullable text, selectChars as any) as nullable text

示例: 从文本值中选择范围从 "a" 到 "z" 的所有字符。

使用情况:

```
Text.Select("a,b;c", {"a".."z"})
```

输出:

```
"abc"
```

图 6.17　Text.Select 函数的使用方法

由图 6.17 可以看到，该函数有两个参数：第 1 参数为所需要操作的文本，其类型是“as nullable text”，也就是一个可为 null 的数据类型；第 2 参数为所需要提取的文本字符，其类型是“as any”，也就是不只 1 种类型（可以接受多于 1 种的类型）。

操作的目标是提取数字。在 Power Query 中可以使用“{0..9}”这样的列表格式表示所有数字，而 Text.Select 函数的第 2 参数又是可以接收多种类型数据的，那么是否也可以接收列表类型数据呢？在“自定义列”对话框的“自定义公式”文本框中输入使用“{0..9}”的公式，如图 6.18 所示。

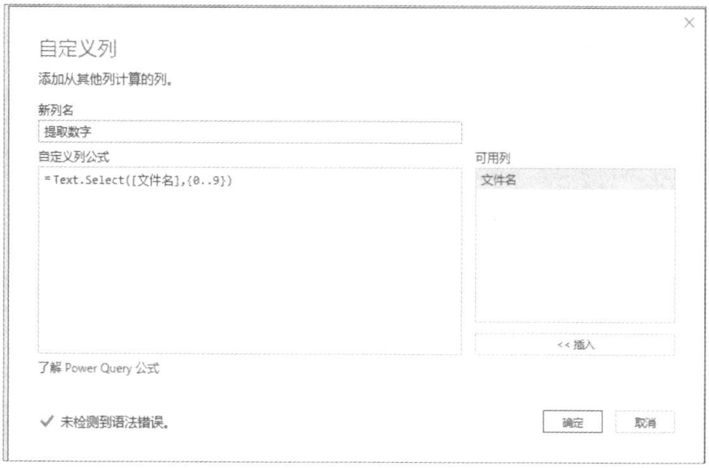
自定义列
添加从其他列计算的列。
新列名
提取数字
自定义列公式
= Text.Select([文件名],{0..9})
可用列
文件名
<< 插入
了解 Power Query 公式
未检测到语法错误。
确定
取消

图 6.18　输入使用“{0..9}”的公式

由图 6.18 可以看到，在输入上述公式后，系统给出的结果是“未检测到语法错误”，也就代表这样的函数书写是正确的，至少在格式语法上没有任何问题，单击“确定”按钮后结果会是什么呢？会提取成功吗？如图 6.19 所示，可以看到产生了错误，错误的提示是“无法将值 0 转换为类型 Text”。从这句错误提示中可知，应该是值的类型出错了。由于“0”是数字类型数据，而 Text.Select 函数接收的参数应该是文本类型数据。

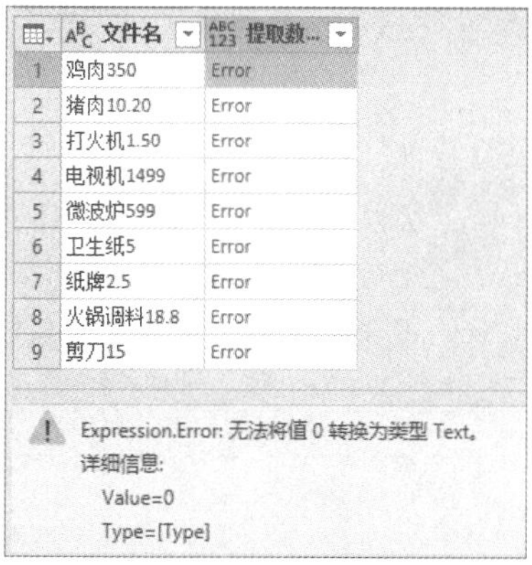
文件名
提取数...
1 鸡肉350 Error
2 猪肉10.20 Error
3 打火机1.50 Error
4 电视机1499 Error
5 微波炉599 Error
6 卫生纸5 Error
7 纸牌2.5 Error
8 火锅调料18.8 Error
9 剪刀15 Error
Expression.Error: 无法将值 0 转换为类型 Text。
详细信息:
Value=0
Type=[Type]

图 6.19　使用 Text.Select 函数提取数字时出错

有读者会问：Text.Select 函数的第 2 参数是可以接收多种类型数据的，怎么到这里遇到数字类型数据就会出错呢？这是因为，虽然 Text.Select 函数的第 2 参数可以接收多于 1 种类型的数据，但是却没有说可以接收数字类型数据，实际上，在之前的公式中，第 2 参数使用的是列表类型的数据，这是可以被语法接受的，现在出错的原因是列表中数据的类型是数字类型，而不是第 2 参数本身的格式问题。想要处理上述错误，需要把数字类型转换成文本类型，有以下两种方法可以实现。

（1）方法一：使用 Text.From 函数把数字类型强制转换成文本类型，如图 6.20 所示，把列表{0..9}中的 0 到 9 通过函数进行类型转换。

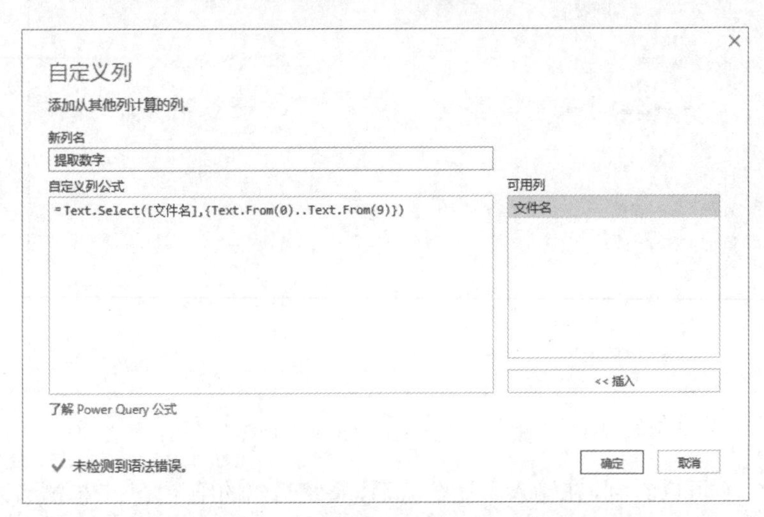

图 6.20　通过函数把数字类型转换成文本类型

（2）方法二：直接使用直双引号把数字类型变更为文本类型，如图 6.21 所示。

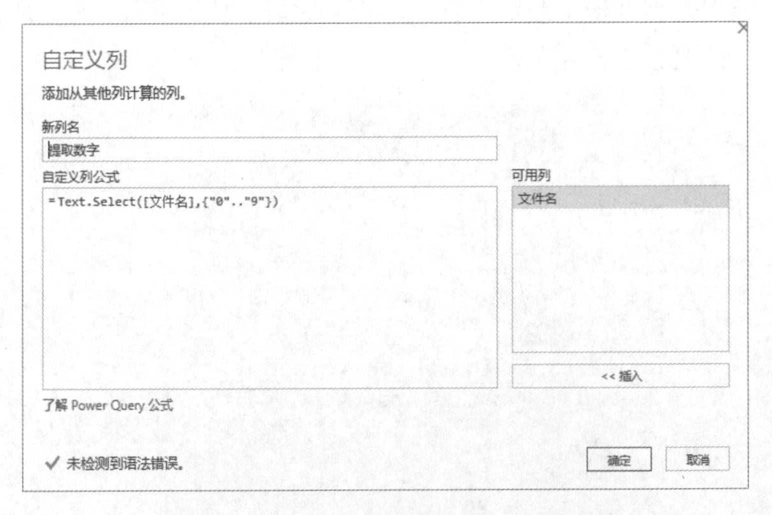

图 6.21　使用直双引号把数字类型变更为文本类型

这样的结果会不会正确了呢？如图 6.22 所示，没有出错，但是其结果还是会有些差异的，尤其是当数字中有小数点时，漏掉了小数点，显示得不完整。

	文件名	提取数字
1	鸡肉350	350
2	猪肉10.20	1020
3	打火机1.50	150
4	电视机1499	1499
5	微波炉599	599
6	卫生纸5	5
7	纸牌2.5	25
8	火锅调料18.8	188
9	剪刀15	15

图 6.22　提取的数字缺失小数点

接下来，只需补上小数点的提取即可，所以在“{"0".."9"}”这个数字提取列表中再加上一个小数点“.”即可，如图 6.23 所示。

图 6.23　补上小数点的数字提取

这样就可以得到正确的数字提取结果，如图 6.24 所示。

最后更改数据类型，以及只保留所提取数字的这一列，并将数据加载到原数据旁边的列中。这样每次如果前面的表格数据有变化，则只需通过刷新即可一键获取提取出来的数字，如图 6.25 所示。此时，左边的“文件名”列代表的是数据源表，右边的“提取数字”列代表的是经过 Power Query 清洗后加载的表。

	文件名	提取数字
1	鸡肉350	350
2	猪肉10.20	10.20
3	打火机1.50	1.50
4	电视机1499	1499
5	微波炉599	599
6	卫生纸5	5
7	纸牌2.5	2.5
8	火锅调料18.8	18.8
9	剪刀15	15

图 6.24　正确的数字提取

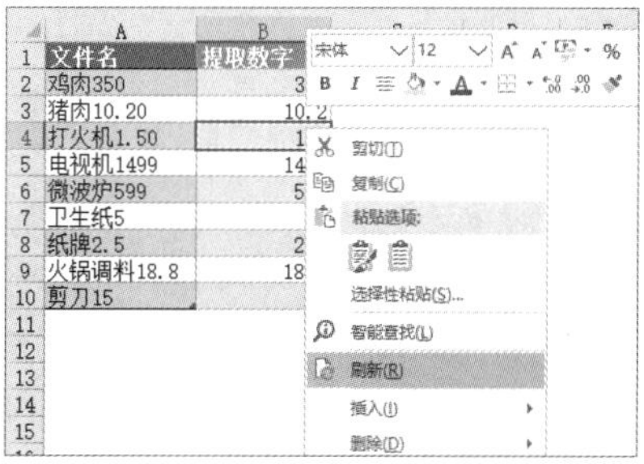

图 6.25　加载调整类型后的数据及刷新

6.3.2 提取文本中的英文字符和中文字符

既然有了提取数字的经验，那对于提取英文字符和中文字符实际上也是类似的操作方式。当然，还要知道在 Power Query 中怎样表示英文字符或中文字符，提取数字可以使用“{"0".."9"}”，那么英文字符和中文字符用什么表示呢？

1. 英文字符的提取

如果要进行英文字符的提取，则可以很快联想到英文字符可以使用“{"a".."z"}”表示，这样的写法的确可以表示英文字符，但需要注意的是，这只能表示英文字符的小写形式，结果如图 6.26 所示，只提取了小写英文字符。如果包含英文字符的大写形式，则还需要补上“{"A".."Z"}”，由这两个列表组成的英文字符可以表示所有英文字符，如图 6.27 所示。

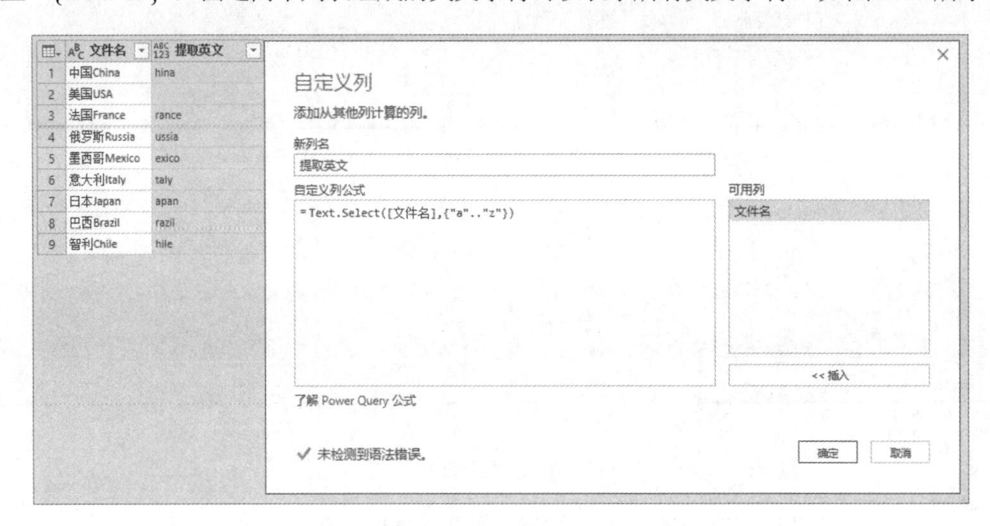

图 6.26 在 Power Query 中提取小写英文字符

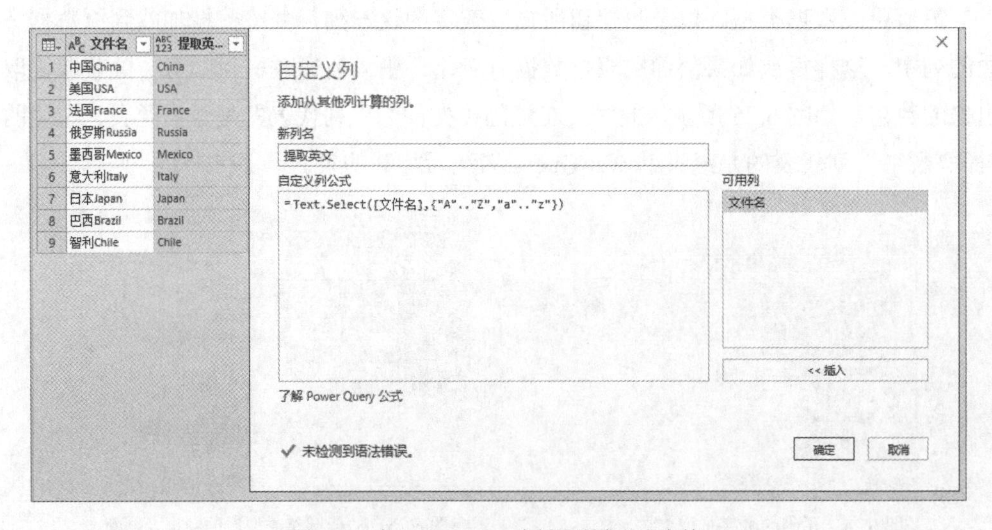

图 6.27 在 Power Query 中提取所有英文字符

注意：在提取英文字符的公式中，小写英文字符和大写英文字符代表的顺序也不一样，小写英文字符对应的 Unicode 编码的排序位置在大写英文字符对应的 Unicode 编码的排序位置的后面，也就是说，使用“{"A".."z"}”这种书写方式是可以找到英文字符的，只是其中不仅包含了大写英文字符和小写英文字符，还包含了一些特殊的符号。但是使用“{"a".."Z"}”这种书写方式则找不到任何的英文字符及其他符号。

现在读者对英文字符的提取应该没有什么大的疑惑了。英文字符和数字的排序相对比较容易理解，那么中文字符的顺序是怎么排列的呢？中文字符是否也可以使用这种方式进行提取呢？

2. 中文字符的提取

在基本中文字符中，处于最小位置的中文字符是“一”，处于最大位置的中文字符是“龥”，所以可以使用“{"一".."龥"}”来表示所有中文字符。使用公式把“文件名”列中国家的中文字符提取出来，如图 6.28 所示。

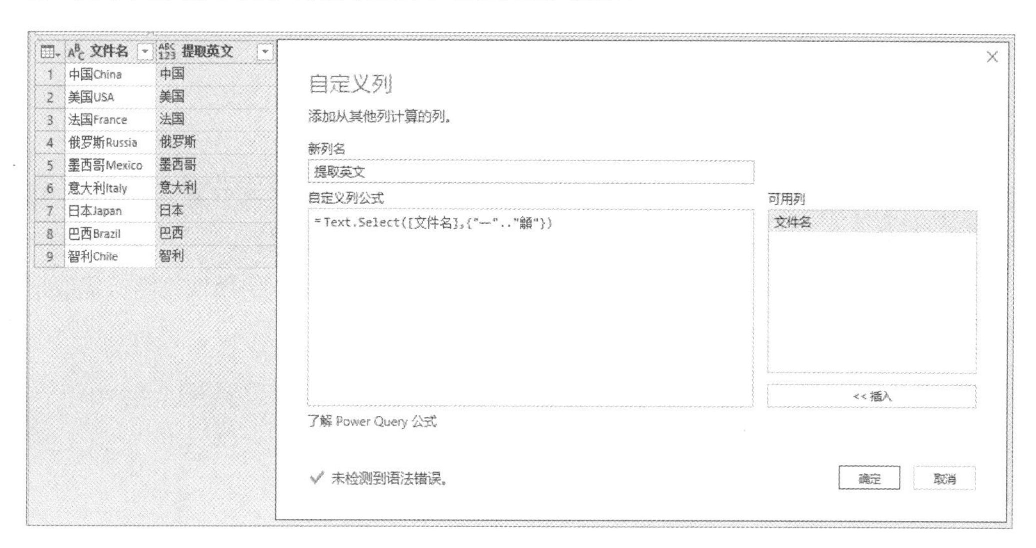

图 6.28　在 Power Query 中提取中文字符

对于“龥”这个生僻字，我们平时几乎不会用到，甚至不认识，这样记忆的方式也特别困难，有没有简单的方式呢？

来看看中文字符的位置，处于最后的几个中文字符到底是什么，有没有可以更容易表示的方式，如图 6.29 所示，可以看到大部分中文字符都是我们不认识的生僻字，最后一个中文字符是“龥”，但是其中有一个是我们比较熟悉的中文字符“龟”，这就意味着如果以“龟”为结束字符进行提取，那么除了在本字符后面的 6 个中文字符未包含，其余的中文字符都包含了，所以可以直接使用“龟”来替代“龥”进行中文字符的提取，如图 6.30 所示，其结果和使用“龥”为结束字符进行提取的结果一样。

齨齩齪齫齬齭齮齯齰齱齲齳齴齵齶齷齸齹齺齻齼齽齾齿龀龁龂龃龄龅
龆龇龈龉龊龋龌龍龎龏龐龑龒龓龔龕龖龗龘龙龚龛龜龝龞龟龠龡龢龣
龤龥

图 6.29　基本中文字符排序末端的字符

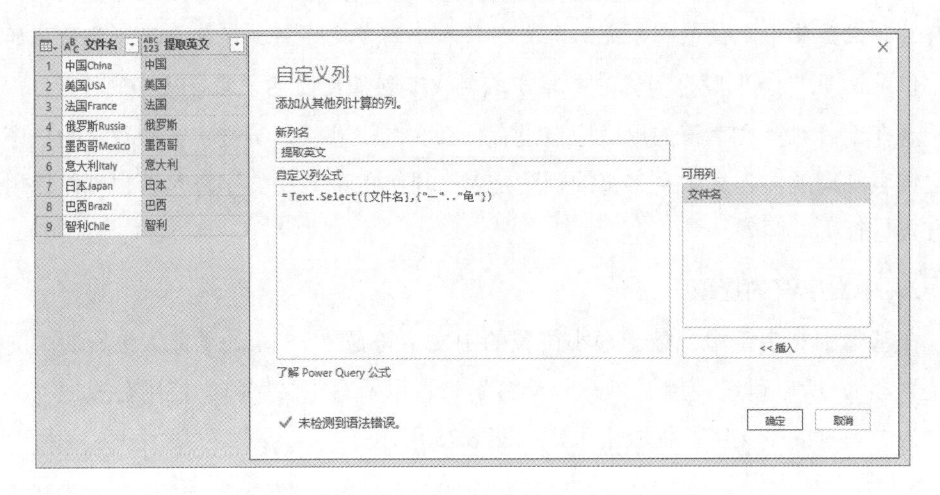

图 6.30　使用“龟”替代“龥”进行中文字符的提取

6.3.3　提取文本中的他国语言字符

在之前的案例中，用“{"首字符".."尾字符"}”的方式来省略表示整个字符串，这是什么含义呢？为什么会有这种表示方式呢？下面来揭开这个谜底。

以提取俄语字符为例，如图 6.31 所示，需要把“文件名”列中的俄语字符提取出来，可以通过用 Unicode 编码表示的方式进行俄语字符的提取。

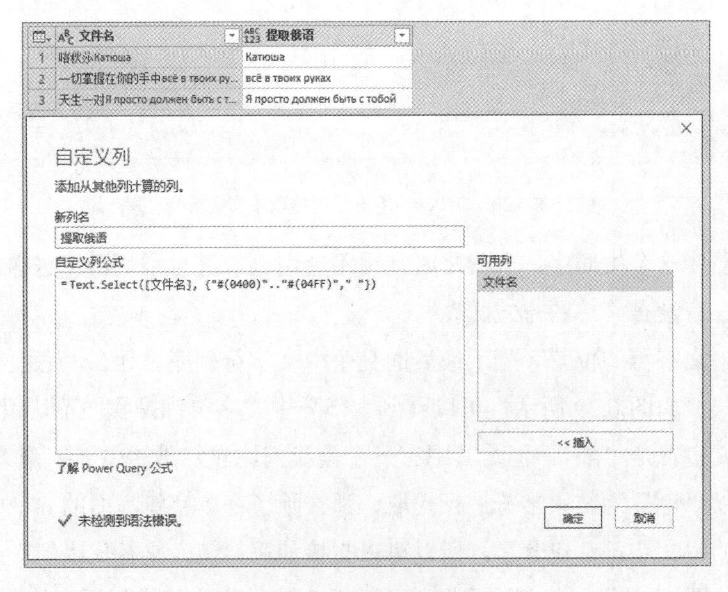

图 6.31　提取俄语字符

注意：这里使用了“#”字符作为转义字符，“#”字符后面的括号中是 16 位编码的 Unicode。如果不方便输入一些特殊字符，那么也可以使用这种方式来表达。不仅可以通过网络去查找 Unicode 编码，也可以通过 Excel 自带的插入符号来找到一些常用符号的 Unicode 编码，如图 6.32 所示。此外，还可以通过 Excel 中的公式进行转换，如图 6.33 所示。这里是通过十进制转十六进制函数 DEC2HEX 及字符转 Unicode（十进制）函数 UNICODE 进行转换的。

图 6.32　找到插入字符的 Unicode 编码

图 6.33　通过公式将 Unicode 字符转换为十六进制数

首字符和尾字符实际上代表的就是 Unicode 编码。可以想象一下，如果要提取的是其他非常用字符，那么又该如何处理呢？实际上，只需找到字符所对应的 Unicode 编码的位置即可。

先来了解 Unicode 字符。Unicode 字符是计算机科学领域的一项业界标准，包括字符集、编码方案等。我们平时所听说的 ASCII 就是其中的一部分，但只是前 128 个字符，包括英文字符、数字及一些常用符号（不包括中文字符）。

之前英文字符和中文字符从小到大的排序也是根据 Unicode 编码进行的。Unicode 主要字符编码如表 6.1 所示。

表 6.1　Unicode 主要字符编码

字 符 区 间	十六进制编码区间
0..9	0031～0039
A..Z	0041～005A
a..z	0061～007A
一..龥	4E00～9FA5

这样就代表可以提取计算机中的任何字符，包括可见的字符和非可见的字符，只需要把其对应的 Unicode 编码找到即可。这样的功能是不是比其他工具扩展性更强且更简单呢？

6.3.4 通过排除法提取字符

在 Power Query 中，用于文本提取的函数是 Text.Select，而如果只需要排除一些字符进行提取，则可以使用 Text.Remove 函数来处理，其用法和 Text.Select 函数的用法类似。以提取俄语字符为例，如图 6.34 所示，通过排除法提取俄语字符，实际上就是排除中文字符后进行提取。

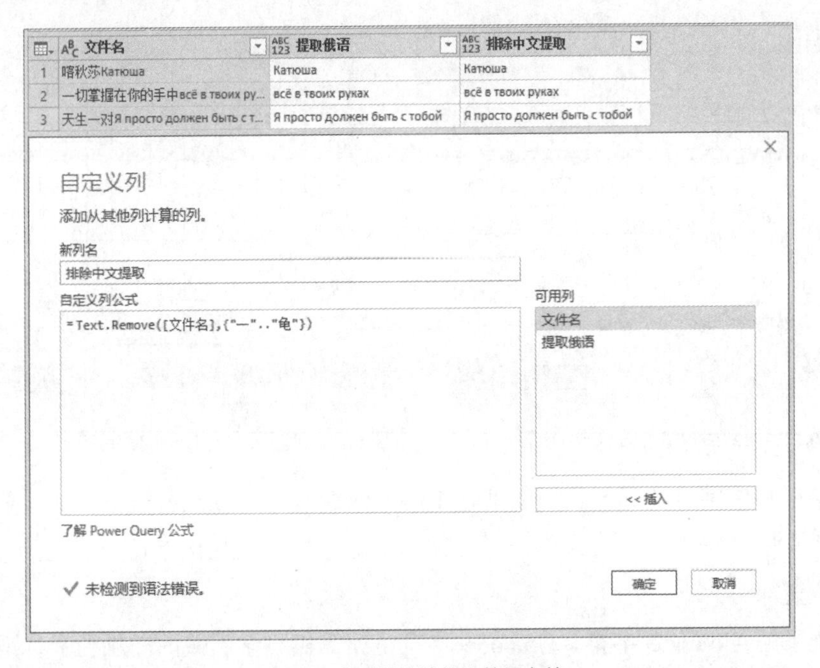

图 6.34　使用排除法提取俄语字符

注意：这里使用“龟”作为中文字符的末端字符。

在从文本数据中提取字符的过程中，可以根据实际情况选择是使用 Text.Select 函数还是 Text.Remove 函数。

第 7 章

模拟 Excel 中的绝对引用和相对引用

因为 Excel 表格中有拖曳的功能，所以单元格的绝对引用和相对引用对于后续产生的公式有非常大的影响。但是在 Power Query 中都是表格形式的，和 Excel 中的超级表的引用类似，使用的都是表名和列名，如果要实现 Excel 中的引用效果，则需要通过添加索引来实现。

本章主要涉及的知识点有：

- Power Query 中添加一般索引的方式
- Power Query 中绝对引用的方式
- Power Query 中相对引用的方式
- Power Query 中混合引用的方式

7.1 Excel 中的绝对引用和相对引用的介绍

在 Excel 中，一般通过“$”符号来判断是否绝对引用、相对引用及混合引用。公式中的“$”符号既能锁定列，也能锁定行，在 Excel 的拖曳操作及名称定义中使用得非常频繁，按 F4 键就能迅速改变引用的格式。

7.1.1 Excel 中的绝对引用拖曳

单元格中的绝对单元格引用（如$A$1）总是引用固定位置的单元格。如果改变公式所在单元格的位置，则使用绝对引用的单元格其公式依旧保持不变，如图 7.1 所示，如果拖曳时需要固定住某个单元格，则需要使用绝对引用。

因为仅需要返回 USD 转换人民币后的汇率，所以只需要固定住 USD 的汇率即可，即在 C3 单元格中输入“=[@USD]*$F$3”，“$”用于固定 F3 单元格，使得在拖曳或下拉公式时该单元格数字在公式中保持不变。

注意：上述公式中的“[@USD]”是相对引用。

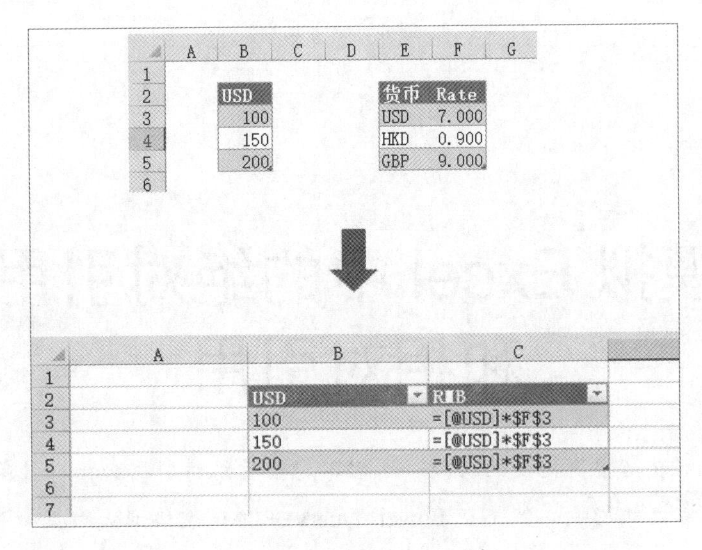

图 7.1　Excel 中绝对引用的使用

7.1.2　Excel 中的相对引用拖曳

单元格中的相对单元格引用（如 A1）总是基于包含当前公式单元格的相对位置。如果改变公式所在单元格的位置，则使用相对引用的单元格其公式会随着位置的变化而变化，如图 7.2 所示，如果使用相对引用，则拖曳时公式会根据位置的变化而自动变化。

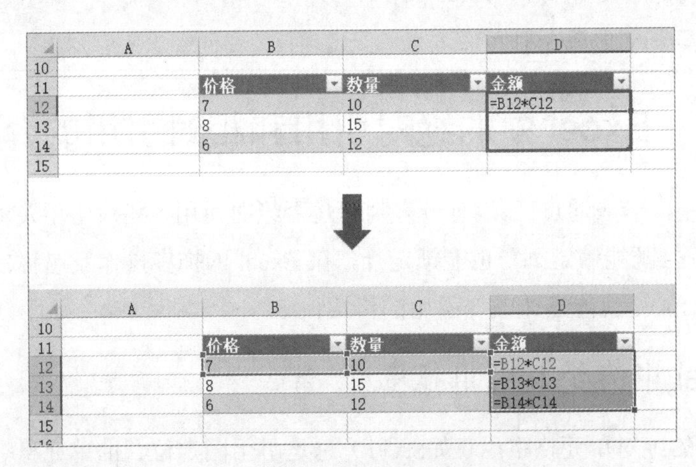

图 7.2　Excel 相对引用的使用

7.1.3　Excel 中的混合引用拖曳

除了绝对引用和相对引用，在 Excel 中还有一个混合引用，具有绝对列和相对行，或者是绝对行和相对列，也就是只限定列或行（如$A1 或 A$1）这种格式。如果公式所在单元格的位置改变，则相对引用改变，而绝对引用不变。图 7.3 所示为一个典型的九九乘法表的案例，拖曳时公式会根据相对引用和绝对引用的列或行而发生变化。

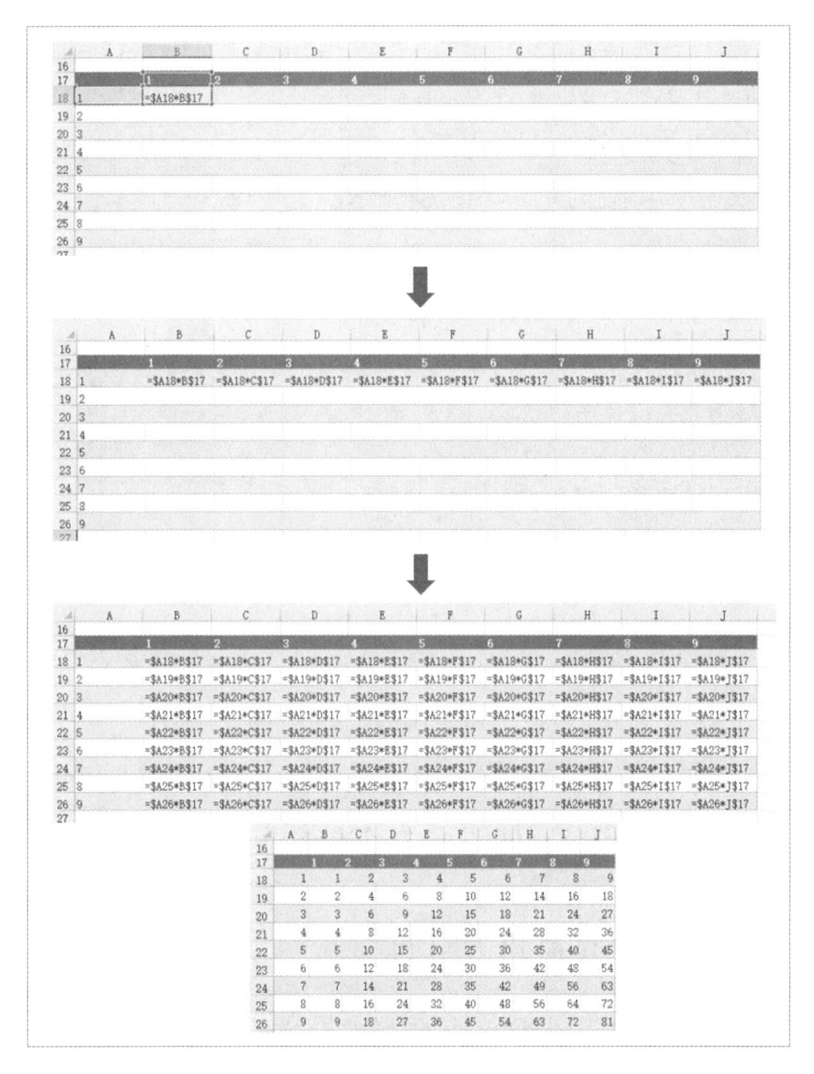

图 7.3　使用混合引用创建九九乘法表

在输入公式时使用了混合引用，当往右拖曳时因为引用$A18，其中列是绝对引用，在列不变的情况下，只变动了行的数据，B$17 引用的行是绝对引用，而列则是相对引用，在行不变的情况下，只变动了列的数据；当往下拖曳时因为引用$A18，列没有变化，只有行号变化了，因为 B$17 的行号是固定的，而列则和上一行一样，所以往下拖曳时没有任何变化。

7.2　Power Query 中的引用方法

7.2.1　Power Query 中的绝对引用

Power Query 中的数据都是以行和列为基础被引用的，因此，如果想要对数据进行绝对引用，则只需要知道行和列即可，而在大部分情况下，列可以通过列名进行引用，行可以通过行号进行引用。

绝对引用就是对值的引用，在 Power Query 中，对值的引用需要用到表名（步骤名）、列名、行号（初始值为 0），如图 7.4 所示。

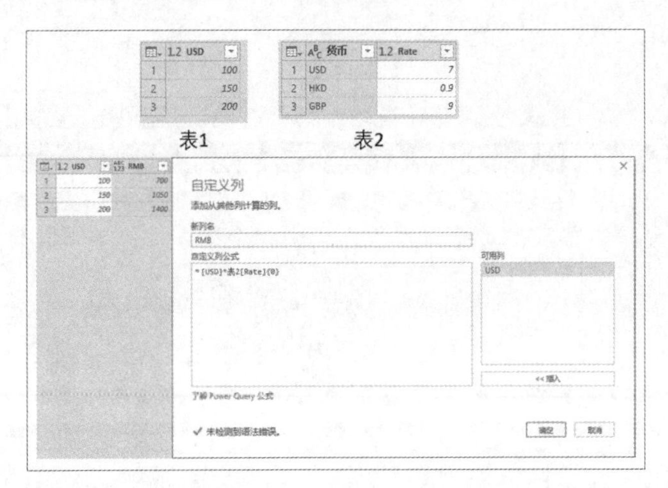

图 7.4　Power Query 中的绝对引用

注意："[USD]" 为当前表中 "USD" 列的当前行，"表 2[Rate]" 为表 2 中的 "Rate" 列，"{0}" 为表 2 中 "Rate" 列的索引，"表 2[Rate]{0}" 代表的就是表 2 中的 "Rate" 列且列的索引为 0 的数据。

7.2.2　Power Query 中的相对引用

行的相对引用在 Power Query 中比较常见，因为在添加列中引用其他列时，默认为相对引用，在添加列中每一行的值都不一样，其中 "[价格]" 和 "[数量]" 都是指定列的当前行值，如图 7.5 所示。

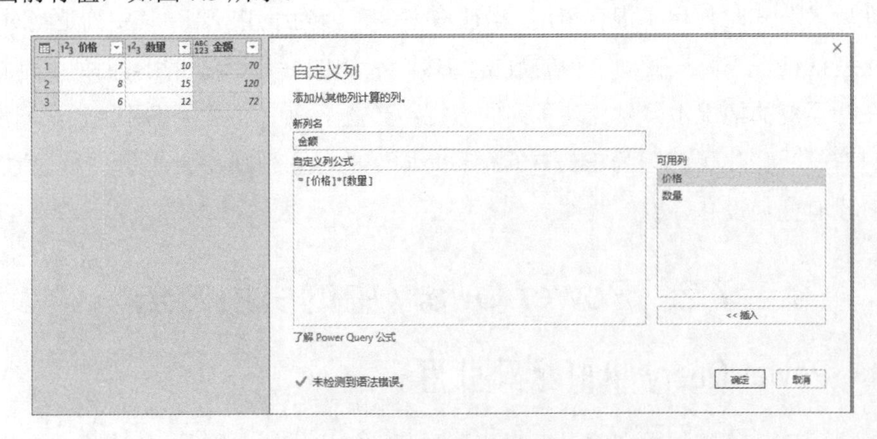

图 7.5　Power Query 中的相对引用

7.2.3　Power Query 中错行的相对引用

错行的相对引用实际上在 Excel 中比较容易，只需要引用的单元格是相对引用，然后直接拖曳即可。而在 Power Query 中如果是参照 Excel 的错行引用，则直接的操作方法需要知道行和列所在的位置，并且后续位置需要进行相应变动，如图 7.6 所示，需要计算出上期的发生额，这种引用就是错行的相对引用。

D	E	F	G	H
	时间	发生额	上期发生额	
	2019/1/1	200	0	
	2019/1/15	100	=F2	
	2019/1/20	150	100	
	2019/2/1	300	150	
	2019/2/20	150	300	
	2019/3/1	300	150	

图 7.6　Excel 中错行的相对引用

在 Excel 中可以很方便地指定列及行号，而在 Power Query 中列及行号也是默认存在的，因此只需要确定当前行所处的行号即可，这样就可以指定上一行的数据。

1．确定当前行所处的行号

因为直接判断当前行所处的行号有些麻烦，所以可以通过确定当前值所处列中的位置来确定当前行所处的行号。可以通过 List.PositionOf 函数来确定当前值所处列中的位置，如图 7.7 所示。

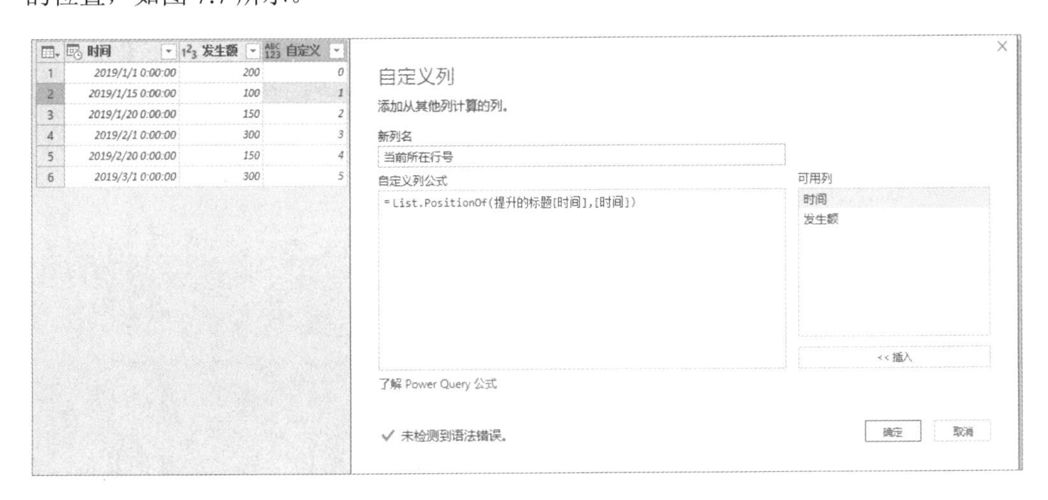

图 7.7　确定当前行所处的行号

注意： 如果想要引用本查询中的列，则需要添加当前查询的步骤名称。

这里涉及一个新函数，即 List.PositionOf，该函数主要用于定位值在列表中的位置，其参数说明如表 7.1 所示。

表 7.1 List.PositionOf 函数的参数说明

参　数	属　性	数 据 类 型	说　明
list	必选	列表类型（list）	需要操作的列
value	必选	多于 1 种类型（any）	查找的数据
occurrence	可选	枚举类型 Occurrence.Type（0，1，2）	0 代表出现查找值第一次的位置（默认）； 1 代表出现查找值的最后一个位置； 2 代表出现查找值的所有位置
equationCriteria	可选	多于 1 种类型（any）	每一项通过比较器进行测试

2．引用发生额上一行的数据

“上期发生额”列的第一行实际上为 0，因为第一行的上一行是不存在数据的，所以这里加了一个判断条件 if，用于区分是否为第一行。如果是第一行，则赋值为空值；如果不是第一行，则引用发生额上一行的数据。自定义列公式如图 7.8 所示。

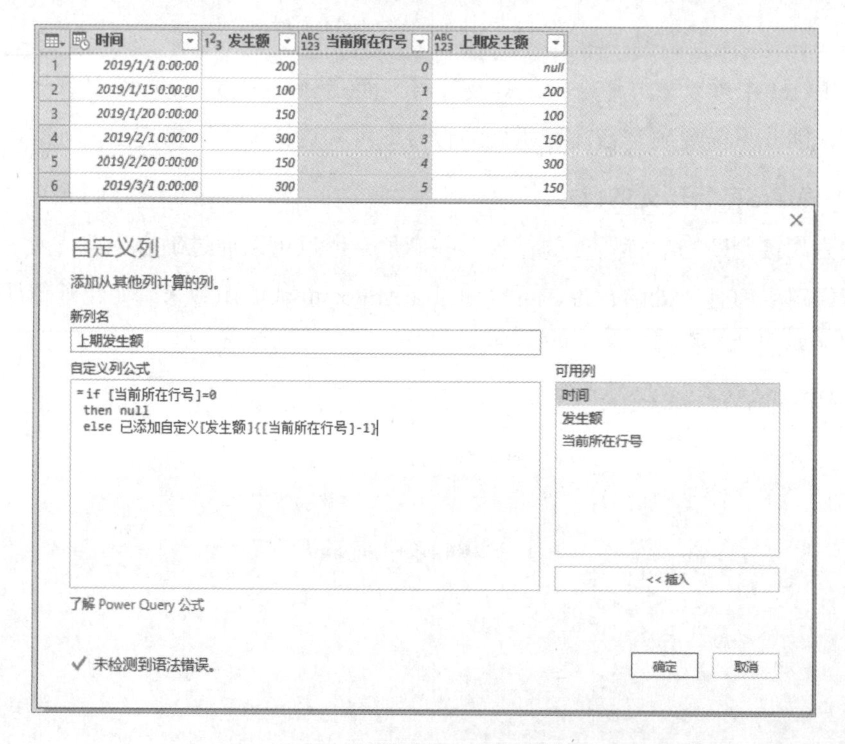

图 7.8　引用发生额上一行的数据

注意：这里虽然看上去没有问题，是因为判断行的“时间”列中没有重复值，但是在实际操作中往往会存在重复值，这样就会导致判断不准确，因此要使用索引来对行号进行确定。

3．使用索引返回行号

直接在添加列中使用索引列，这里可以使用从 0 开始的索引（为了更方便后面引用），如图 7.9 所示。

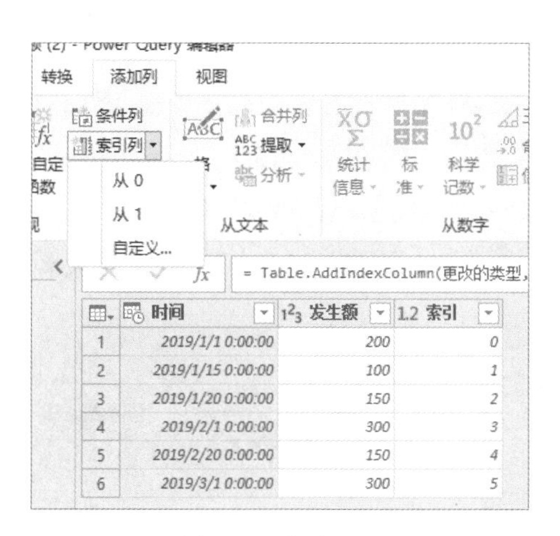

图 7.9　添加索引列

之后的引用公式与之前的引用公式一样，先判断是否是第一行，再根据发生额的当前行索引减 1 来引用该发生额上一行的数据，如图 7.10 所示。

图 7.10　通过索引引用发生额上一行的数据

7.2.4　Power Query 中错列的相对引用

添加索引列只能区分行号，无法添加列的索引号，因为列标题都是唯一值，所以可以通过找寻标题的所在列的索引号来引用。

不过在 Power Query 中无法像在 Excel 中那样直接往左右拖曳，因为列的操作中添加列只是添加单列，而无法直接批量进行添加，不像针对行的数据，通过添加列可以自动在所有行的基础上进行计算，所以如果要像在 Excel 中那样往右拖曳，从而得到批量添加的效果，则需要用到循环函数 List.Accumulate。

例如，数据如图 7.11 中的左图所示，需要以每年 10%的增长幅度来预测后面几年的金额。在 Excel 中比较简单，输入公式“=C3*1.1”后往右拖曳即可（见图 7.11 中的右图）。

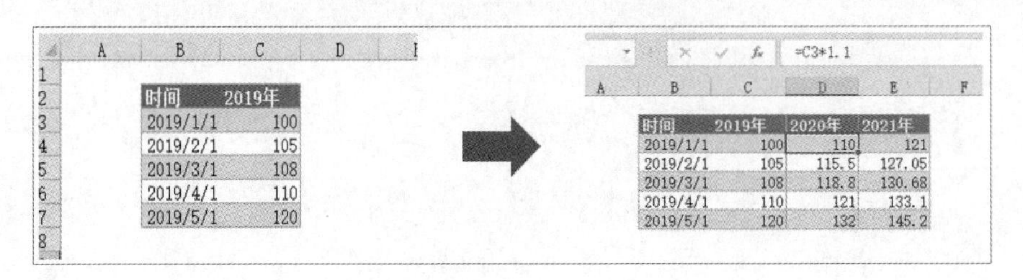

图 7.11 Excel 中列的相对引用

如果想要在 Power Query 中进行拖曳操作，则会相对麻烦，会涉及添加列，以生成的添加列为基础继续计算后续的添加列。当然，首先需要添加索引列，这是为了更方便地进行计算，如图 7.12 所示，把索引列调整到相应位置。

	时间	1.2 索引	1²3 2019年
1	2019/1/1 0:00:00	0	100
2	2019/2/1 0:00:00	1	105
3	2019/3/1 0:00:00	2	108
4	2019/4/1 0:00:00	3	110
5	2019/5/1 0:00:00	4	120

图 7.12 添加索引列并调整位置

输入以下 M 函数即可实现上述效果，如图 7.13 所示。

```
List.Accumulate({2020..2021},
                重排序的列,
                (x,y)=>Table.AddColumn(x,
                                       Text.From(y)&"年",
                                       each Table.ToColumns(x){y-2018}{[索引]}*1.1
                                       )
                )
```

	时间	1.2 索引	1²3 2019年	ABC 123 2020年	ABC 123 2021年
1	2019/1/1 0:00:00	0	100	110	121
2	2019/2/1 0:00:00	1	105	115.5	127.05
3	2019/3/1 0:00:00	2	108	118.8	130.68
4	2019/4/1 0:00:00	3	110	121	133.1
5	2019/5/1 0:00:00	4	120	132	145.2

图 7.13 批量添加金额列

解释：

- {2020..2021}：表示所需要添加的列名年份列表。
- (x,y)=>：x 表示重排序的列，也就是所需要操作的表（步骤名），也是初始操作的表格；y 表示添加的列名年份。
- Text.From(y)&"年"：表示把数字类型的列名年份转换成文本类型的列名。
- Table.ToColumns(x)：表示把每一次生成的新表格转换成列数据。
- {y-2018}：表示在每次循环时选择的列号，如第一次添加列使用重排序的列中的第 3 列（“2019 年”列），相当于“2020-2018”的结果 2 所代表的索引第 3 列。
- {[索引]}：表示引用列中的当前索引位置进行深化。
- *1.1：表示每一次的循环根据新生成的值来乘 1.1。

这里涉及两个新函数：List.Accumulate，代表在循环结束前，每次循环以之前循环产生的数据为基础进行再次计算，其参数说明如表 7.2 所示；Table.ToColumns，代表把表格中每一列的数据转换为单个 list 的形式，并同时把所有单个 list 组合成 1 个 list，其参数说明如表 7.3 所示。

表 7.2　List.Accumulate 函数的参数说明

参　　数	属　　性	数 据 类 型	说　　明
list	必选	列表类型（list）	循环的数据
seed	必选	多于 1 种类型（any）	初始值的数据
accumulator	必选	函数类型（function）	循环使用的公式

表 7.3　Table.ToColumns 函数的参数说明

参　　数	属　　性	数 据 类 型	说　　明
table	必选	表格类型（table）	需要操作的表格

7.3　Power Query 中的累计方法

累计求和也是混合引用的一种表现方式，在以单元格为基础的 Excel 中可以引用上一个合计值进行累计求和。而在 Power Query 中则无法直接引用还未产生的添加列的值，因此需要通过其他方式来判断并累计。

7.3.1　Excel 中的累计方法

通过引用之前计算的结果进行相对引用，如图 7.14 所示，上期累计发生额加上本期发生额就能得到本期的累计发生额。如果只利用原有数据进行累计，则需要对初始发生额进行绝对引用，同时对结束单元格使用相对引用以构成一个计算区域，如图 7.15

所示。

AVEDEV　=D3+C4

	B	C	D
2	时间	发生额	累计发生额
3	2019/1/1	200	200
4	2019/1/15	100	=D3+C4
5	2019/1/20	150	450
6	2019/2/1	300	750
7	2019/2/20	150	900
8	2019/3/1	300	1200

图 7.14　引用计算结果进行累计

=SUM($C$3:C4)

B	C	D	E
时间	发生额	累计发生额	累计发生额
2019/1/1	200	200	200
2019/1/15	100	300	=SUM($C$3:C4)
2019/1/20	150	450	450
2019/2/1	300	750	750
2019/2/20	150	900	900
2019/3/1	300	1200	1200

图 7.15　使用混合引用区域进行累计

7.3.2　使用类似 Excel 中的混合引用区域进行累计

使用类似 Excel 中的混合引用区域进行累计的方式，主要就是确定起始值所在位置及结束值所在位置，因为无法确定目前所处行的位置，所以要使用索引号进行标记，以便计算出目前所处行的位置。

首先第一步就是添加索引列，通过索引就可以比较索引号的大小来确定需要计算的范围，如图 7.16 所示，然后在此基础上把发生额的计算区域深化。

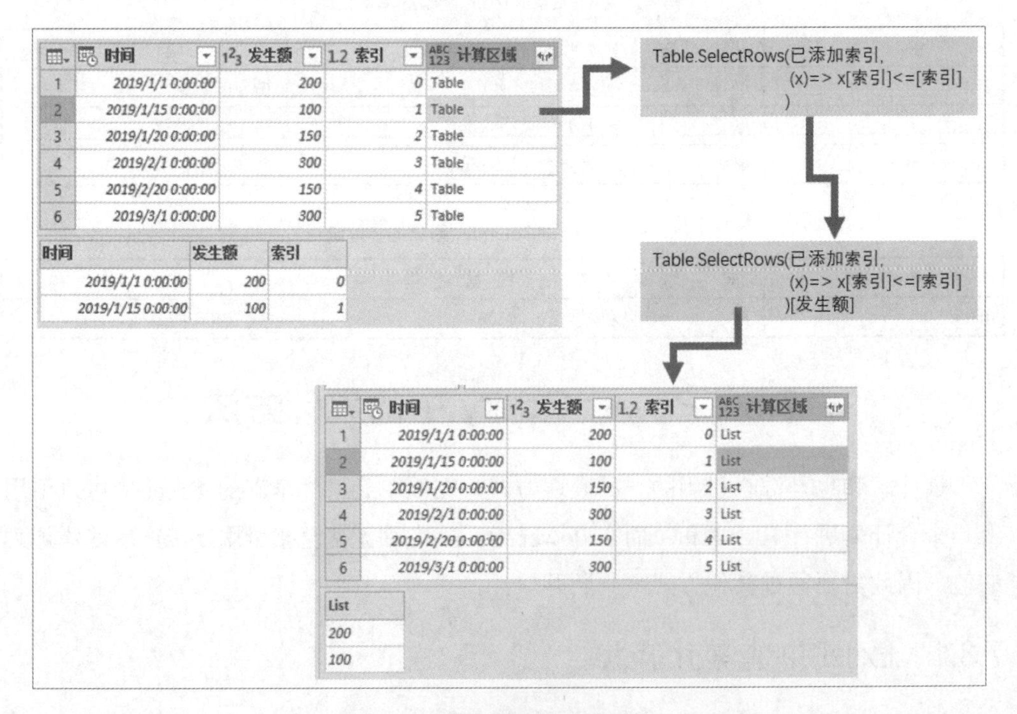

图 7.16　筛选发生额的计算区域

最后可以通过 List.Count（计数）或 List.Sum（求和）函数在最外层进行计算，求出“List”里面的数值。自定义列公式如图 7.17 所示。

自定义列

添加从其他列计算的列。

新列名

累计求值

自定义列公式

```
= List.Sum(Table.SelectRows(已添加索引,
                            (x)=>x[索引]<=[索引])[发生额]
           )
```

可用列

时间

发生额

索引

<< 插入

了解 Power Query 公式

✓ 未检测到语法错误。

确定　取消

图 7.17　计算累计求和

7.3.3　引用上期累计结果

如果要引用上期累计结果，则在 Power Query 中无法直接进行引用，但是可以通过 List.Accumulate 函数进行循环计算。公式如下：

```
=List.Accumulate(List.FirstN(已添加索引[发生额],      //第 1 参数，计算的值列表
                         [索引]+1
                         ),
          0,                                      //第 2 参数，初始值为 0
          (x,y)=>x+y  //第 3 参数，计算循环求和值。x 代表初始值，y 代表循环列表中的值
         )
```

把实际数据代入上面的公式中，可以发现其计算逻辑，如图 7.18 所示。

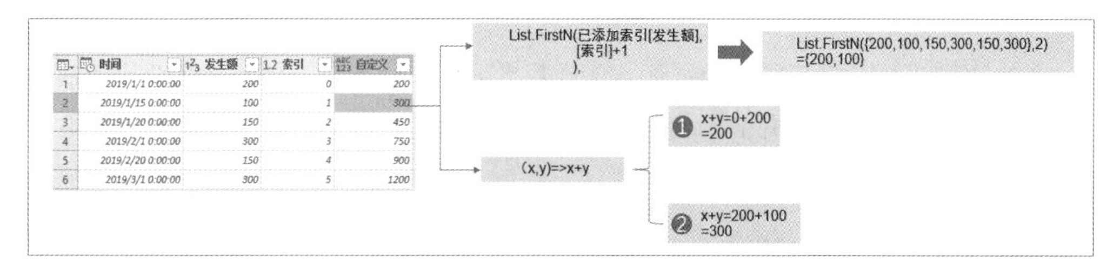

图 7.18　累计求和的计算逻辑

第 8 章

电商平台批量上传产品数据表

电商平台上架产品是一个经常性动作，通常通过 Excel 根据指定的模板填写对应的数据即可自动上传。但是上传的表格的格式和数据源的格式无法做到完全统一，需经过一定的处理才能达到网站的要求。而通过 Power Query 则可以对数据进行汇总并自动化处理，使日常工作更轻松。

本章主要涉及的知识点有：

- 多数据源的导入
- 导入现有的数据
- 合并查询的引用
- 字符包含和单词包含的差异
- 批量修改标题内容
- 批量添加自定义列
- 组合限定字符数的标题
- 自动按目标序列排序

8.1 分析现有数据格式及目标表格式

进行数据清洗时要有明确的目标，这样数据清洗才有方向，因此首先要比较的就是现有数据格式与最终数据格式之间的差异性，然后通过数据清洗来消除差异性并最终达成目标格式要求。

8.1.1 分析目标表和源数据之间的差异

在实际的网站工作中，大部分工作都是分工合作的。图片处理、库存管理、上架需求等都可能是不同人员来处理的，所以现有的数据资源根据这些分工主要可以分为 3 部分，如图 8.1 所示。

网站目标表的格式要求如图 8.2 所示，目标表要求的数据包括产品 SKU、类别、标题等信息，而且还要是英文的，需要统一成这样的格式才能上传到网站平台。

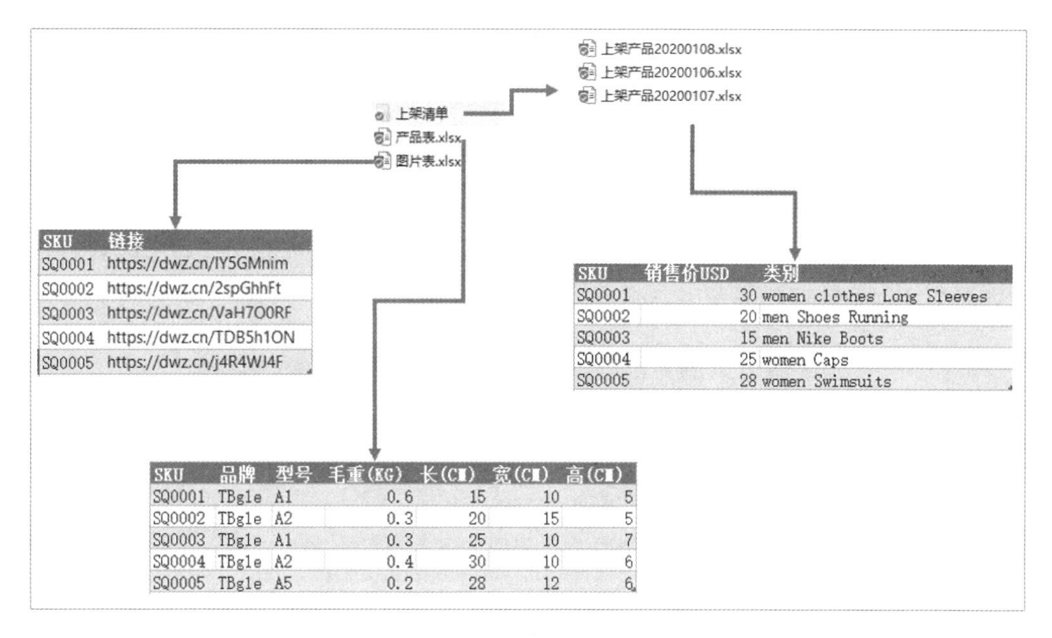

SKU	链接
SQ0001	https://dwz.cn/lY5GMnim
SQ0002	https://dwz.cn/2spGhhFt
SQ0003	https://dwz.cn/VaH7O0RF
SQ0004	https://dwz.cn/TDB5h1ON
SQ0005	https://dwz.cn/j4R4WJ4F

SKU	销售价USD	类别
SQ0001	30	women clothes Long Sleeves
SQ0002	20	men Shoes Running
SQ0003	15	men Nike Boots
SQ0004	25	women Caps
SQ0005	28	women Swimsuits

SKU	品牌	型号	毛重(KG)	长(CM)	宽(CM)	高(CM)
SQ0001	TBgle	A1	0.6	15	10	5
SQ0002	TBgle	A2	0.3	20	15	5
SQ0003	TBgle	A1	0.3	25	10	7
SQ0004	TBgle	A2	0.4	30	10	6
SQ0005	TBgle	A5	0.2	28	12	6

图 8.1　现有的数据资源

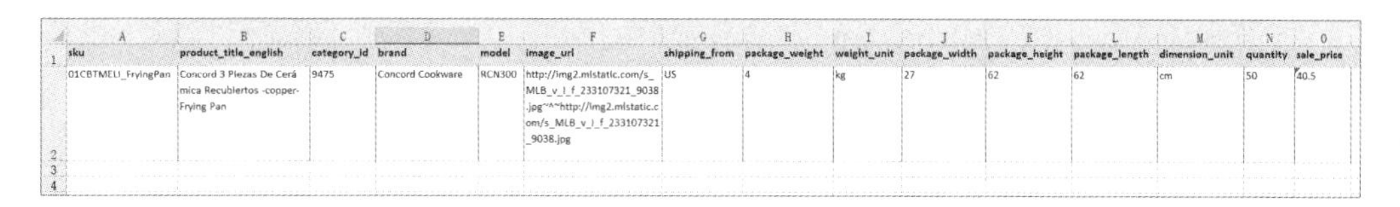

sku	product_title_english	category_id	brand	model	image_url	shipping_from	package_weight	weight_unit	package_width	package_height	package_length	dimension_unit	quantity	sale_price
01CBTMELI_FryingPan	Concord 3 Piezas De Cerámica Recubiertos -copper-Frying Pan	9475	Concord Cookware	RCN300	http://img2.mlstatic.com/s_MLB_v_I_f_233107321_9038.jpg~^~http://img2.mlstatic.com/s_MLB_v_I_f_233107321_9038.jpg	US	4	kg	27	62	62	cm	50	40.5

图 8.2　网站目标表的格式要求

8.1.2　分析数据来源

目标表的数据主要分为 3 种，即固定数据、直接引用其他表中的数据、进行清洗计算后的数据。

1. 固定数据

目标表的“shipping_from”、“weight_unit”和“dimension_unit”列中的数据都是固定数据。因为货物是从国内直发的，所以在“shipping_from”列的单元格中填写“CN”；“weight_unit”为重量单位，和样例数据一样是以“kg”为计费单位的；“dimension_unit”为长宽高的单位，基本上都是以“cm”为计量单位的。这 3 列中的数据基本是固定不变的。

2. 直接引用其他表中的数据

目标表中的大部分数据都是引用的其他表中的数据，如“sku”、“brand”和“image_url”等列中的数据都是引用的其他现有数据表中的数据。

3．进行清洗计算后的数据

在目标表中，因为数据是要相对统一的，所以需要填写目录 ID（category_id），而在“上架清单”文件夹内的表中只显示了目录名称，所以需要有个目录表，通过目录表来找到对应的目录 ID（Category ID），如图 8.3 所示。同时，产品名称也是由品类热词、关键词组合而成的，如图 8.4 所示。而上架的库存也是通过对库存表中的数据进行计算后才上架的，以避免出现超卖等情况，如图 8.5 所示。

	A	B
1	Category ID	Category Path
2	1003	Clothes, Shoes and Bags > Accessories > For Women > Berets
3	1004	Clothes, Shoes and Bags > Accessories > For Women > Caps
4	1005	Clothes, Shoes and Bags > Accessories > For Women > Scarves
5	1006	Clothes, Shoes and Bags > Accessories > For Women > Hats
6	1007	Clothes, Shoes and Bags > Accessories > For Women > Belts
7	1008	Clothes, Shoes and Bags > Accessories > For Women > Belly Dance
8	1009	Clothes, Shoes and Bags > Accessories > For Women > Shawls
9	1010	Clothes, Shoes and Bags > Accessories > For Women > Stoles
10	1011	Clothes, Shoes and Bags > Accessories > For Women > Beanies
11	1012	Clothes, Shoes and Bags > Accessories > For Women > Ties
12	1013	Clothes, Shoes and Bags > Accessories > For Women > Neckerchiefs

图 8.3　目录表

SKU	固定词	热门词	上升词	长尾词
SQ0001	Women, clothes	2019, Long sleeve	cashmere, new year	T-shirts, red, contton, O-Neck
SQ0002	men, shoes	2019, Rubber	Athletic Sneaker, new year	Adult, Beginner
SQ0003	men, boots	2019, Basic	Sewing, Winter	Short Plush, Lace-Up
SQ0004	Women, caps	2019, winter black	COTTON, new year	cotton, hijab
SQ0005	women Swimsuits	2020, with skirt	sleeves, two pieces	pink, plus size

图 8.4　品名关键词表

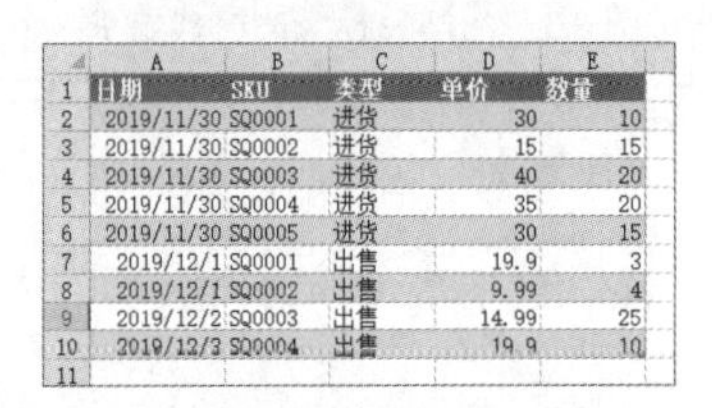

	A	B	C	D	E
1	日期	SKU	类型	单价	数量
2	2019/11/30	SQ0001	进货	30	10
3	2019/11/30	SQ0002	进货	15	15
4	2019/11/30	SQ0003	进货	40	20
5	2019/11/30	SQ0004	进货	35	20
6	2019/11/30	SQ0005	进货	30	15
7	2019/12/1	SQ0001	出售	19.9	3
8	2019/12/1	SQ0002	出售	9.99	4
9	2019/12/2	SQ0003	出售	14.99	25
10	2019/12/3	SQ0004	出售	19.9	10
11					

图 8.5　库存表

8.2　导入现有的数据

从之前已有的数据来看，在现有数据源中，既有从当前表中导入的数据，又有从 Excel 文件中导入的数据，还有从文件夹中导入的数据，所以在导入数据时需要区别对待。

8.2.1　导入当前表中的数据

首先把目标表所需要的字段都导入 Power Query，因为需要生成以目标表为基础的样式，所以表的字段及字段的排序都是将来操作的依据，导入目标表就是为了获取其字段名。使用 Excel.CurrentWorkbook 函数即可导入当前工作簿中的表数据，导入后的效果如图 8.6 所示。

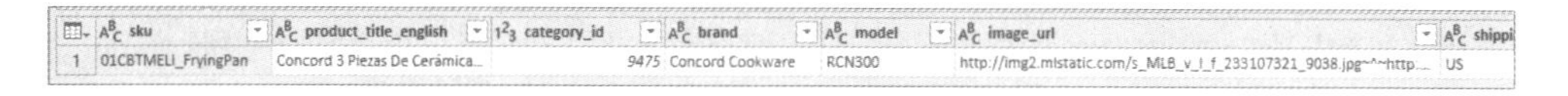

	sku	product_title_english	category_id	brand	model	image_url	shippi
1	01CBTMELI_FryingPan	Concord 3 Piezas De Cerámica...	9475	Concord Cookware	RCN300	http://img2.mlstatic.com/s_MLB_v_I_f_233107321_9038.jpg~^~http...	US

图 8.6　导入当前工作簿中的表数据

8.2.2　导入 Excel 文件中的数据

产品表和图片表都是基础数据文件，都可以通过 Excel.Workbook 函数导入 Power Query，可用于后续的数据整理。除此之外，还有一些补充资料也需要导入 Power Query，用于查找和匹配，如目录表、品名关键词表及库存表等。导入后的数据如图 8.7 所示。

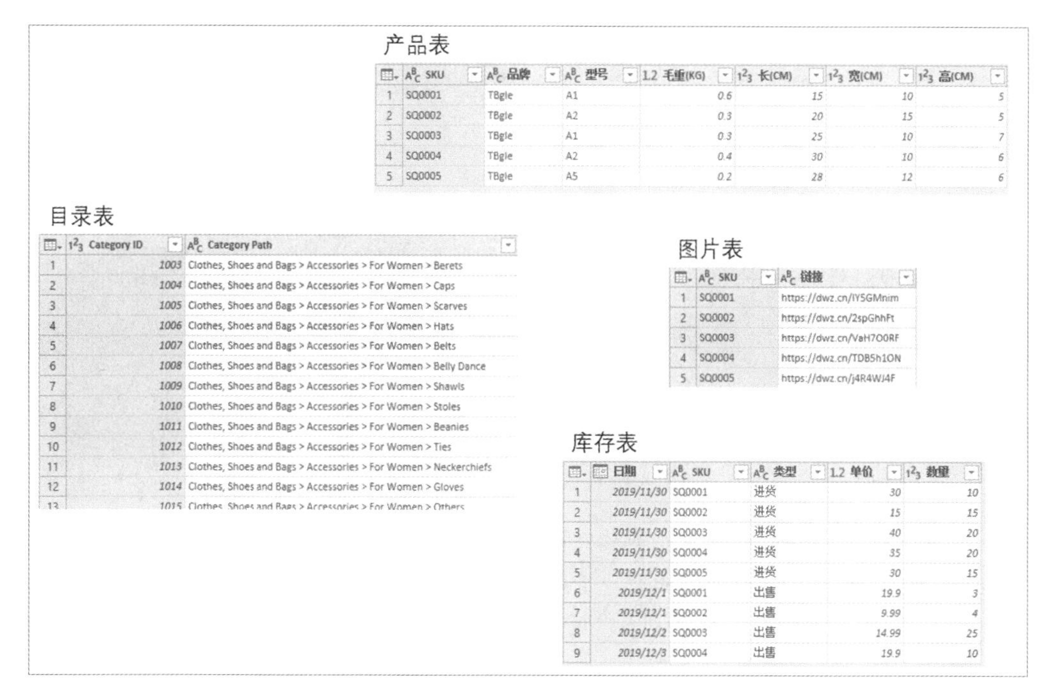

产品表

	SKU	品牌	型号	毛重(KG)	长(CM)	宽(CM)	高(CM)
1	SQ0001	TBgle	A1	0.6	15	10	5
2	SQ0002	TBgle	A2	0.3	20	15	5
3	SQ0003	TBgle	A1	0.3	25	10	7
4	SQ0004	TBgle	A2	0.4	30	10	6
5	SQ0005	TBgle	A5	0.2	28	12	6

目录表

	Category ID	Category Path
1	1003	Clothes, Shoes and Bags > Accessories > For Women > Berets
2	1004	Clothes, Shoes and Bags > Accessories > For Women > Caps
3	1005	Clothes, Shoes and Bags > Accessories > For Women > Scarves
4	1006	Clothes, Shoes and Bags > Accessories > For Women > Hats
5	1007	Clothes, Shoes and Bags > Accessories > For Women > Belts
6	1008	Clothes, Shoes and Bags > Accessories > For Women > Belly Dance
7	1009	Clothes, Shoes and Bags > Accessories > For Women > Shawls
8	1010	Clothes, Shoes and Bags > Accessories > For Women > Stoles
9	1011	Clothes, Shoes and Bags > Accessories > For Women > Beanies
10	1012	Clothes, Shoes and Bags > Accessories > For Women > Ties
11	1013	Clothes, Shoes and Bags > Accessories > For Women > Neckerchiefs
12	1014	Clothes, Shoes and Bags > Accessories > For Women > Gloves
13	1015	Clothes, Shoes and Bags > Accessories > For Women > Others

图片表

	SKU	链接
1	SQ0001	https://dwz.cn/IY5GMnim
2	SQ0002	https://dwz.cn/2spGhhFt
3	SQ0003	https://dwz.cn/VaH7O0RF
4	SQ0004	https://dwz.cn/TDB5h1ON
5	SQ0005	https://dwz.cn/j4R4WJ4F

库存表

	日期	SKU	类型	单价	数量
1	2019/11/30	SQ0001	进货	30	10
2	2019/11/30	SQ0002	进货	15	15
3	2019/11/30	SQ0003	进货	40	20
4	2019/11/30	SQ0004	进货	35	20
5	2019/11/30	SQ0005	进货	30	15
6	2019/12/1	SQ0001	出售	19.9	3
7	2019/12/1	SQ0002	出售	9.99	4
8	2019/12/2	SQ0003	出售	14.99	25
9	2019/12/3	SQ0004	出售	19.9	10

图 8.7　导入后的数据

8.2.3　导入文件夹中的数据

“上架清单”文件夹中存放的是每天根据上架产品的实际情况准备的清单表，这些清单表用日期作为关键词来命名，可以通过 Folder.Files 函数来获取文件夹中的文件内容，导入后的效果如图 8.8 所示。

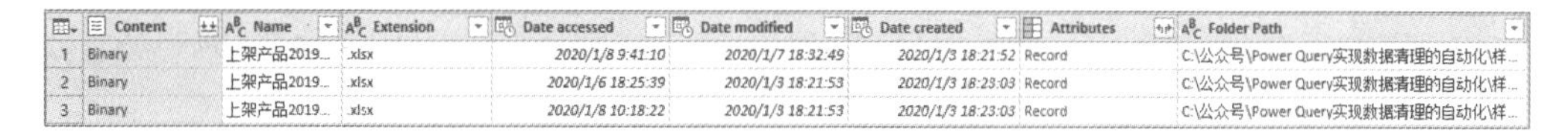

	Content	Name	Extension	Date accessed	Date modified	Date created	Attributes	Folder Path
1	Binary	上架产品2019...	.xlsx	2020/1/8 9:41:10	2020/1/7 18:32:49	2020/1/3 18:21:52	Record	C:\公众号\Power Query实现数据清理的自动化\样...
2	Binary	上架产品2019...	.xlsx	2020/1/6 18:25:39	2020/1/3 18:21:53	2020/1/3 18:23:03	Record	C:\公众号\Power Query实现数据清理的自动化\样...
3	Binary	上架产品2019...	.xlsx	2020/1/8 10:18:22	2020/1/3 18:21:53	2020/1/3 18:23:03	Record	C:\公众号\Power Query实现数据清理的自动化\样...

图 8.8　导入“上架清单”文件夹中的数据

因为要获取最新的上架信息，所以还要对文件进行筛选，提取文件名中的日期并将其类型转换成日期类型，将其与操作当天的时间（也需转换成日期类型）进行比较，操作过程如图 8.9 所示。筛选出文件名中的日期作为当天的数据（正常来说应该只有单个文件），这里直接使用 Excel.Workbook 函数提取了单个 Excel 文件中的数据。如果有多个文件，则可以通过添加列的方式来提取文件中的内容并合并。

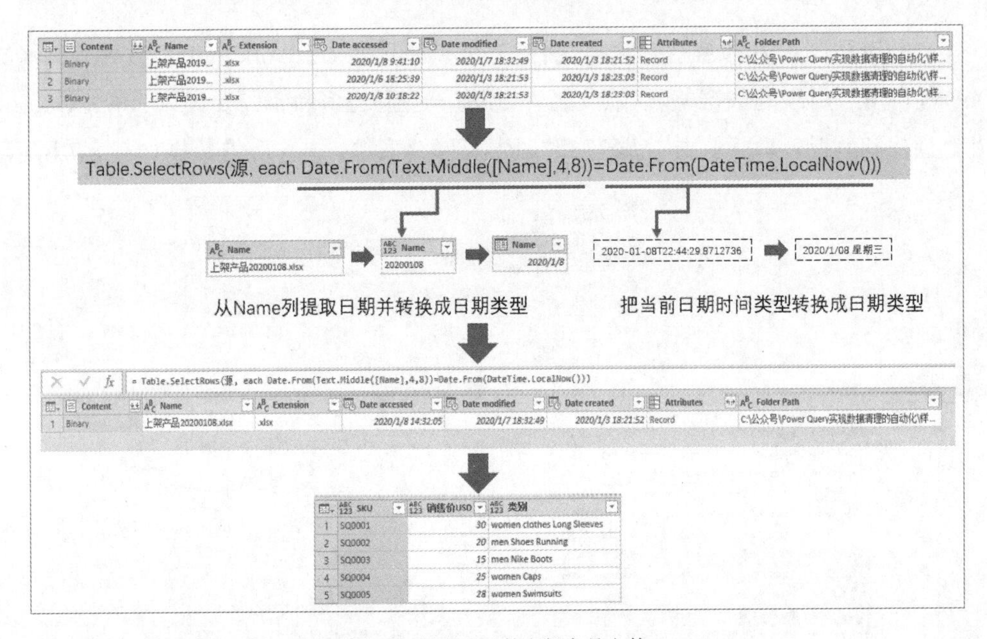

图 8.9　筛选当天的上架产品文件

注意：DateTime.LocalNow 函数返回的是日期时间类型数据（类似于 Excel 中的 Now 函数），因为日期之间的比较也需要对应的类型，所以这里需要进行日期类型的转换。

这里涉及一个新函数，即 Text.Middle，该函数的参数说明如表 8.1 所示。实际上，这个函数的操作就是从文本的指定位置提取指定个数的字符。

表 8.1　Text.Middle 函数的参数说明

参　数	属　性	数 据 类 型	说　明
text	必选	可为空文本类型（nullable text）	需要操作的文本
start	必选	数字类型（number）	文本的起始值索引位置，从 0 开始
count	可选	可为空数字类型（nullable number）	如果省略，则选择剩余字符数

8.3　合并需要计算的字段

这里的合并有两部分。一部分是针对目标表中的部分字段，因为要先对这些需要计算的字段进行处理，如先通过目录表找到目录 ID。另一部分则是把整理好的目标表所需要的字段合并起来，这也是上传符合要求的表格的基础要求。

8.3.1　匹配目录 ID 字段

在电商产品上架过程中，通常一个产品可以根据产品属性分别放在不同的类目下，也就是多目录展示产品，但是相关的目录必须与产品有所关联。在匹配目录 ID 前，可以仔细观察数据详情，如图 8.10 所示，通过上架产品表中的类别去匹配目录表中的目录路径（Category Path），从而获得目录 ID。

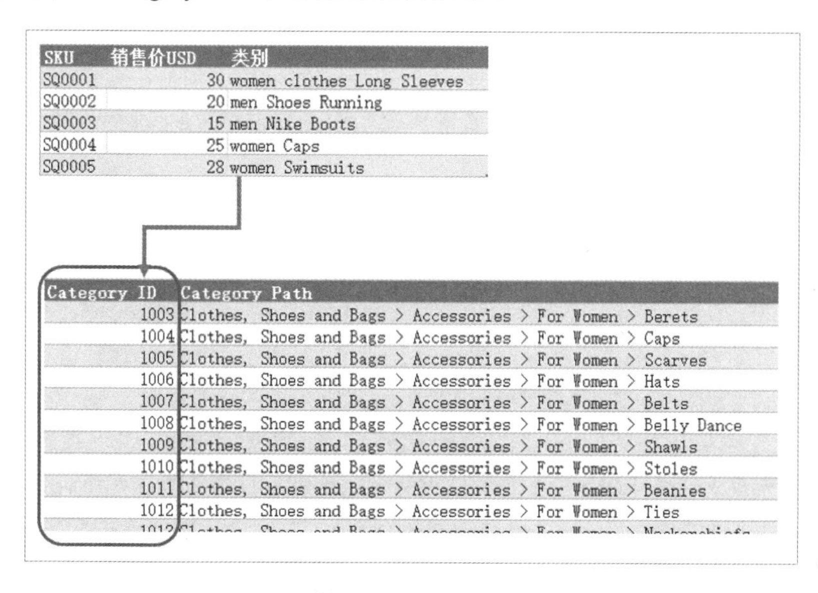

SKU	销售价USD	类别
SQ0001	30	women clothes Long Sleeves
SQ0002	20	men Shoes Running
SQ0003	15	men Nike Boots
SQ0004	25	women Caps
SQ0005	28	women Swimsuits

Category ID	Category Path
1003	Clothes, Shoes and Bags > Accessories > For Women > Berets
1004	Clothes, Shoes and Bags > Accessories > For Women > Caps
1005	Clothes, Shoes and Bags > Accessories > For Women > Scarves
1006	Clothes, Shoes and Bags > Accessories > For Women > Hats
1007	Clothes, Shoes and Bags > Accessories > For Women > Belts
1008	Clothes, Shoes and Bags > Accessories > For Women > Belly Dance
1009	Clothes, Shoes and Bags > Accessories > For Women > Shawls
1010	Clothes, Shoes and Bags > Accessories > For Women > Stoles
1011	Clothes, Shoes and Bags > Accessories > For Women > Beanies
1012	Clothes, Shoes and Bags > Accessories > For Women > Ties

图 8.10　匹配目录 ID

这种匹配不能直接通过“合并查询”及直接筛选实现，只能通过判断目录路径的文本中是否包含类别关键词（并且还要是全部包含）来筛选，否则覆盖面太广会导致放错目录。

首先列出所有类别关键词，这里是英文单词，所以比较容易提取，以空格为分隔符就能获取所有类别中对应 SKU 的关键词。这里通过 Text.Split 函数以空格为分隔符对文本提取关键词，过程如图 8.11 所示。

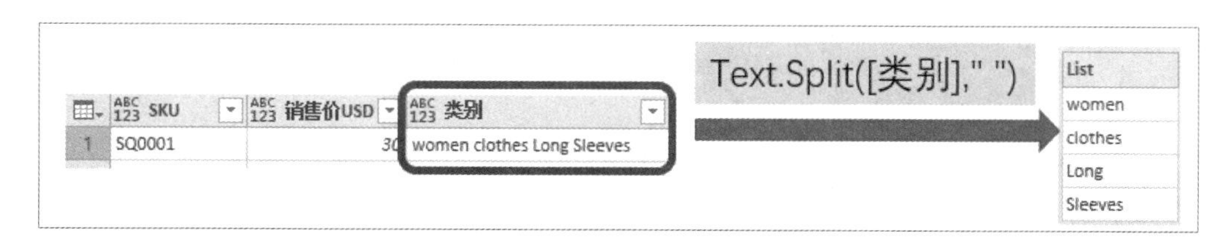

图 8.11　以空格为分隔符提取关键词

这里涉及一个新函数，即 Text.Split，该函数返回的是列表类型数据，其参数说明如表 8.2 所示。

表 8.2　Text.Split 函数的参数说明

参　数	属　性	数 据 类 型	说　明
text	必选	文本类型（text）	需要操作的文本
separate	必选	文本类型（text）	作为分隔符的文本

其次，包含函数为 Text.Contains，如果需要包含全部关键词，则要确认是否包含每一个关键词，最后通过 List.AllTrue 函数来判断，只有列表中的关键词都匹配才会返回 True，如图 8.12 所示。

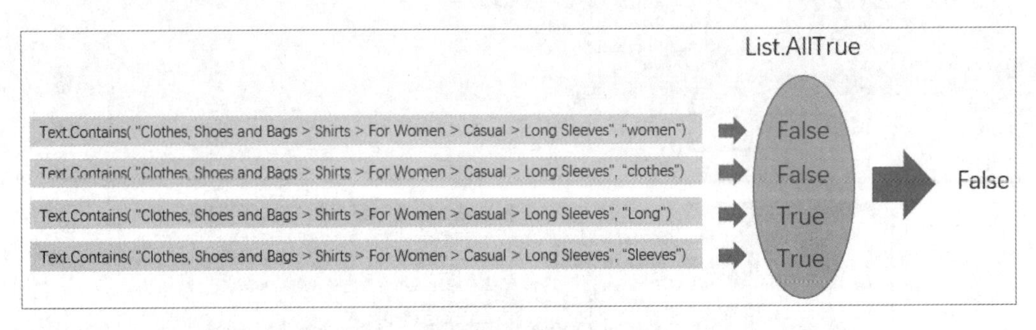

图 8.12　判断是否包含全部关键词

这里因为英文大小写的差异，所以对前两个关键词的判断都为 False，因此需要忽略对英文大小写的判断。使用 Text.Contains 函数的第 3 参数来忽略英文大小写，第 3 参数为 Comparer.OrdinalIgnoreCase。

通过判断目录路径的文本中是否包含关键词的结果来对目录进行筛选，最终在添加列中所写的公式如下：

```
=Table.SelectRows(目录表,
               (x)=> List.AllTrue(
                       List.Transform(Text.Split([类别]," "),
                       (y)=>Text.Contains(x[Category Path],
                                 y,
                                 Comparer.OrdinalIgnoreCase
                                 )
                             )
                     )[Category ID]
               )
```

其中，“x”代表目录表，“x[Category Path]”代表目录表的当前目录路径，“y”代表 Text.Split([类别]," ")生成的关键词列表。通过对表格的深化取得对应的目录 ID，过程如图 8.13 所示。

通过“扩展到新行”的操作匹配目录 ID，如图 8.14 所示。

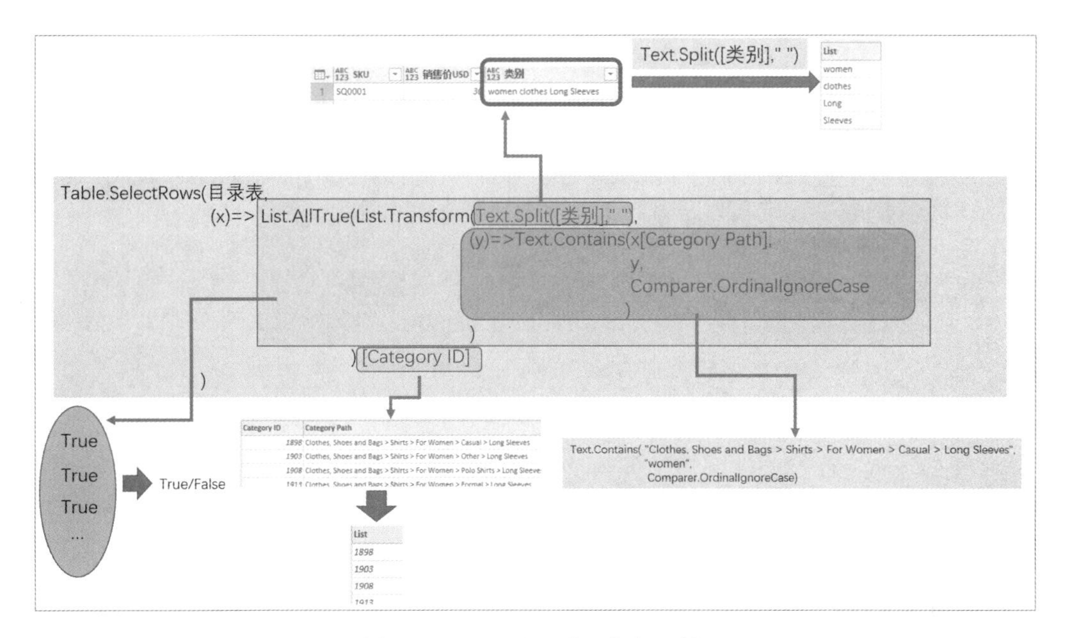

图 8.13　匹配目录 ID 的函数实现过程

	SKU	销售价USD	类别	目录ID
1	SQ0001	30	women clothes	扩展到新行
2	SQ0002	20	men Shoes Run	提取值...
3	SQ0003	15	men Nike Boots	
4	SQ0004	25	women Caps	List
5	SQ0005	28	women Swimsuits	List

	SKU	销售价USD	类别	目录ID
1	SQ0001	30	women clothes Long Sleeves	1898
2	SQ0001	30	women clothes Long Sleeves	1903
3	SQ0001	30	women clothes Long Sleeves	1908

图 8.14　扩展所需要的目录 ID

注意：包含判断不是用整个单词去匹配，而是用字母去匹配，这样就可能导致包含判断不准确，例如，想要判断目录路径的文本中是否包含 men，那么 women 可能也会被判断为包含。因此，必须把目录路径的文本转换成单词的组合才能够匹配类别关键词。

把目录路径的文本转换成批量的单词，然后用单词去匹配类别的关键词，才是正确操作。使用 Text.SplitAny 函数将目录路径的文本拆分成单词，该函数的参数说明如表 8.3 所示，其中把非单词的符号都作为分隔符处理，使用效果如图 8.15 所示。

表 8.3　Text.SplitAny 函数的参数说明

参　数	属　性	数 据 类 型	说　明
text	必选	文本类型（text）	需要操作的文本
separate	必选	文本类型（text）	拆分成单字符，并全部作为分隔符

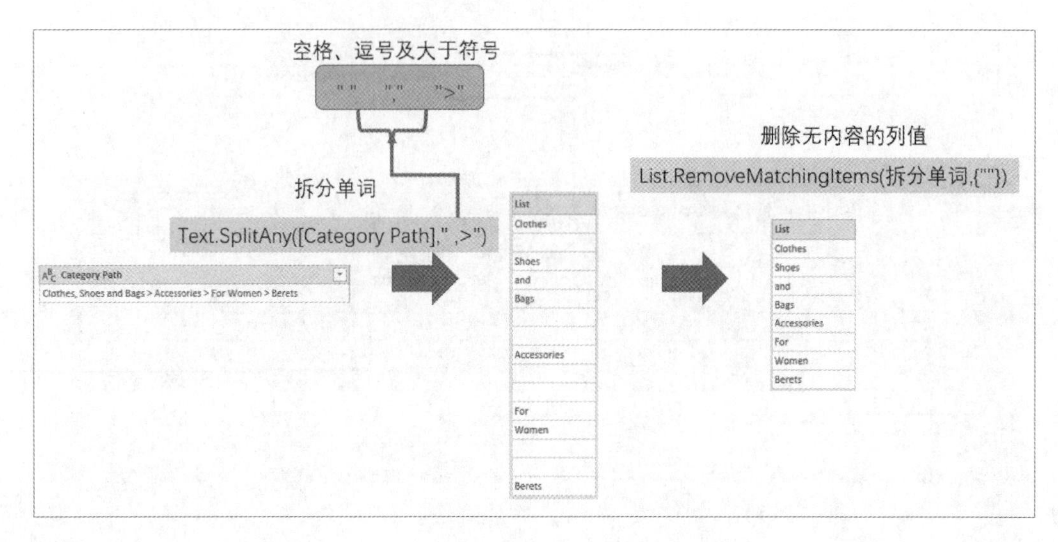

图 8.15 将目录路径的文本拆分成单词

然后用类别的关键词去匹配目录路径的单词，这样就能返回单词匹配的真正结果。对比单词匹配和之前的字母匹配之间的差异性，如图 8.16 所示，单词匹配是通过列表包含的方式来实现的，而字母匹配则是通过文本包含的方式来实现的。其中，List.Contains 函数的参数说明如表 8.4 所示，而列表的匹配删除函数 List.RemoveMatchingItems 的参数说明如表 8.5 所示。

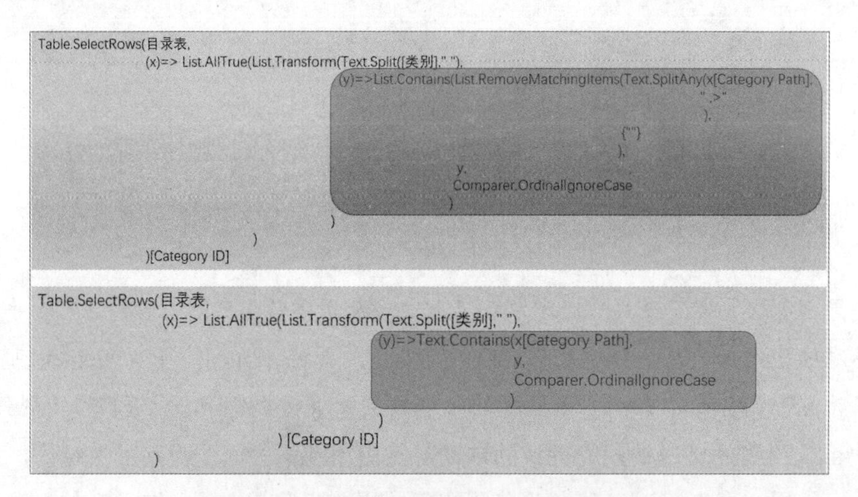

图 8.16 对比单词匹配和字母匹配之间的差异性

表 8.4 List.Contains 函数的参数说明

参　数	属　性	数 据 类 型	说　明
list	必选	列表类型（list）	需要操作的文本
value	必选	多于 1 种类型（any）	拆分成单字符，并全部作为分隔符
equationCriteria	可选	多于 1 种类型（any）	每一项通过比较器进行测试

表 8.5　List.RemoveMatchingItems 函数的参数说明

参　　数	属　　性	数 据 类 型	说　　明
list	必选	列表类型（list）	需要操作的列
list	必选	列表类型（list）	需要去除的列值
equationCriteria	可选	多于 1 种类型（any）	每一项通过比较器进行测试

8.3.2　计算并匹配库存数量

库存数量需要对库存表中的进货和售出数量进行统计才能得到，当然这个库存表中的进货价是以 RMB 计价的，而出售价则是以 USD 计价的，后续如果有需要，则可以进行清洗，这里只看库存数量。

以现有数据来看，要计算期末库存数量相对比较简单，只需要计算每个 SKU 的进货数量合计与出售数量合计之间的差额即可，在添加列中所写的公式如下，具体的计算过程如图 8.17 所示。

```
=List.Sum(Table.SelectRows(库存表,
              (x)=> x[SKU]=[SKU] and
                 x[类型]="进货")[数量]
      )
=List.Sum(Table.SelectRows(库存表,
              (x)=> x[SKU]=[SKU] and
                 x[类型]="出售")[数量]
      )
```

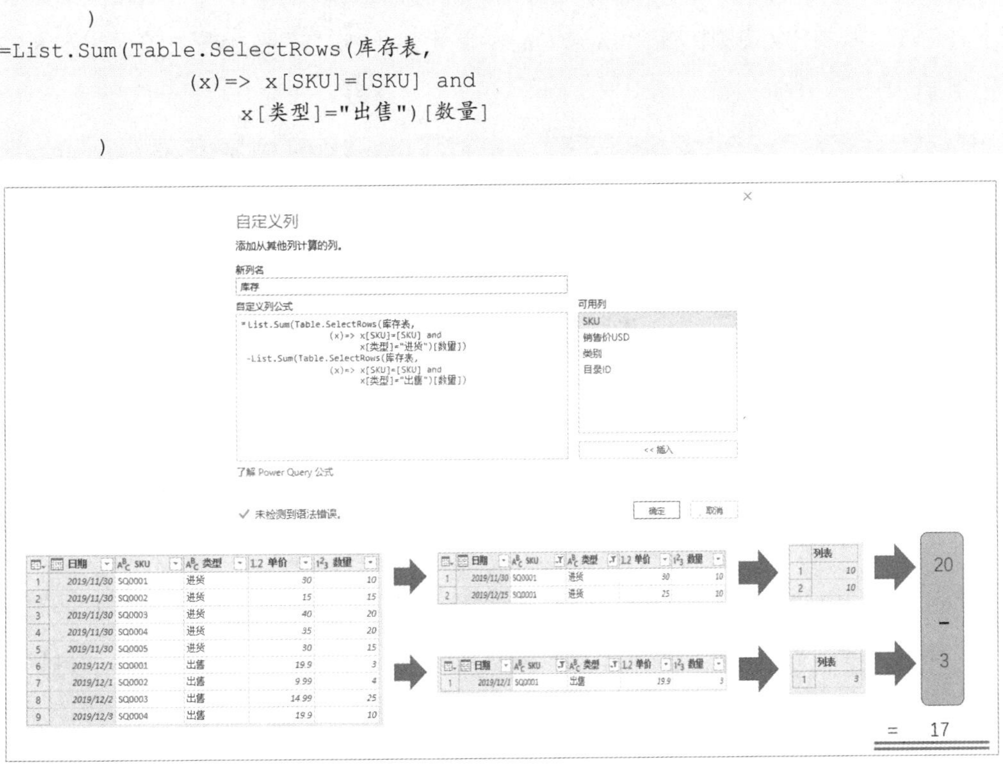

图 8.17　计算库存数量

注意：求和函数 List.Sum 类似于 Excel 中的 Sum 函数，因为参数只有一组数据，所以数据类型是 list。

最终通过计算匹配，在添加列中返回的数值如图 8.18 所示，每一个 SKU 都有一个最新的库存数量，如果库存为负数或 0，就不适合新上架产品，需要通过筛选去掉库存数量小于或等于 0 的行。

	SKU	销售价USD	类别	目录ID	库存
1	SQ0001	30	women clothes Long Sleeves	1898	17
2	SQ0001	30	women clothes Long Sleeves	1903	17
3	SQ0001	30	women clothes Long Sleeves	1908	17
4	SQ0001	30	women clothes Long Sleeves	1913	17
5	SQ0001	30	women clothes Long Sleeves	[illegible]	17

图 8.18　添加“库存”列

8.3.3　生成产品标题列

产品的标题怎么写呢？肯定要有数据作为依据，热门词、上升词、产品属性词、关键词、长尾词等都是书写产品标题的依据。Power Query 是一款自动化数据整理工具，只需要制定好规则交给 Power Query 就可以。SKU 产品标题关键词如图 8.19 所示。

SKU	固定词	热门词	上升词	长尾词
SQ0001	Women, clothes	2019, Long sleeve	cashmere, new year	T-shirts, red, contton, O-Neck
SQ0002	men, shoes	2019, Rubber	Athletic Sneaker, new year	Adult, Beginner
SQ0003	men, boots	2019, Basic	Sewing, Winter	Short Plush, Lace-Up
SQ0004	Women, caps	2019, winter black	COTTON, new year	cotton, hijab
SQ0005	women, Swimsuits	2020, with skirt	sleeves, two pieces	pink, plus size

图 8.19　SKU 产品标题关键词

一般的电商平台对产品标题的字数是有限制的，假定目前产品标题的字数限制为 50 个字符，需要对现有关键词按不同属性从左到右进行组合，达到符合要求的最大字符数，并将其作为产品标题。

1. 拆分分类中的各个单词

在添加列内把图 8.19 中各个分类的单词进行拆分后再汇总，如图 8.20 所示，通过 Text.Split 分隔函数以逗号作为分隔符对单词进行拆分，形成一个单词列表，并按合并时的先后顺序进行排列。

这里使用了新函数，即 List.Combine，该函数主要用于多个列表的合并，其参数说明如表 8.6 所示。

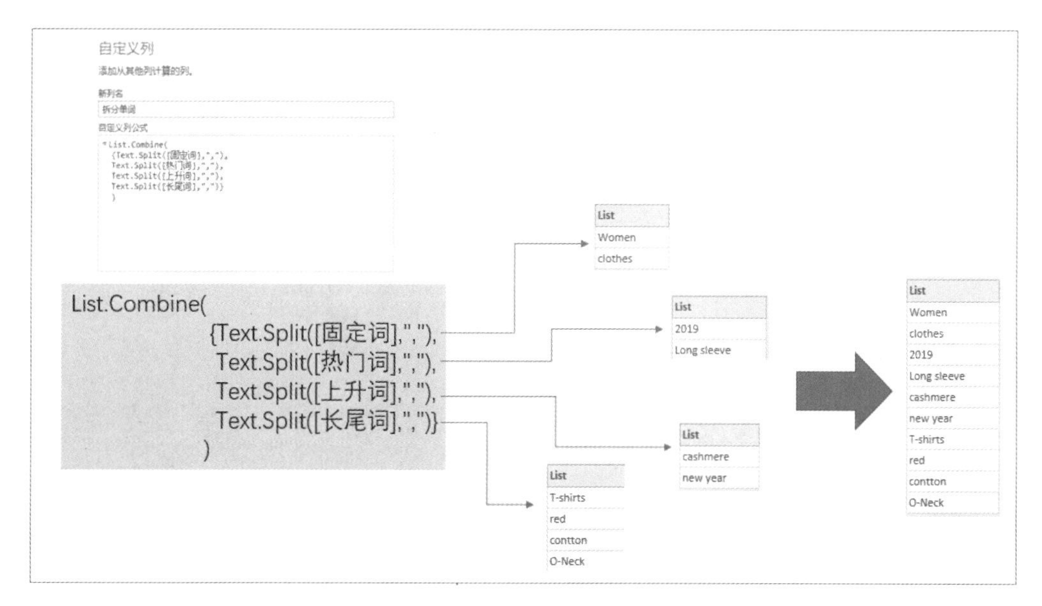

图 8.20　拆分单词并汇总

表 8.6　List.Combine 函数的参数说明

参　　数	属　　性	数 据 类 型	说　　明
lists	必选	列表类型（list）	由列表组成的列表（需要嵌套）

2. 单词组合并限制字符数

如果要对全部单词进行组合，也比较简单，直接使用 Text.Combine 函数即可，该函数的参数说明如表 8.7 所示，拆分单词后进行组合的过程如图 8.21 所示。但是由于这里对字符数有要求，因此要换种思路，也就是每次对两个单词进行组合后判断字符数是否超了，如果字符数超了就不再对单词进行组合，如果字符数未超就继续对单词进行组合，具体操作如图 8.22 所示。

表 8.7　Text.Combine 函数的参数说明

参　　数	属　　性	数 据 类 型	说　　明
texts	必选	列表类型（list）	由多个文本组成的列表
separate	可选	可为空文本类型（nullable text）	合并时使用的分隔符

其中，判断的条件为上一个循环过程中产生的 x 的字符数加上当前准备组合的 y 的字符数，同时加上一个空格，总字符数不超过 50 个，其中 1 代表的就是空格字符。

由图 8.22 可以看到，因为在第 1 次循环时会出现一个空格，导致最终的结果也会有空格，那么如何处理这个问题呢？实际上有多种方式可以处理这个问题。比较容易理解的方式就是，在生成结果后，选择“格式”下拉列表中的“修整”选项进行处理；有的方式是在判断条件中再加一次判断，判断初始值为空文本时，直接使用 y 值，这样就可以避免第 1 次循环产生空格；另外，还可以在循环公式中嵌套使用 Text.Trim 函数进行修整，该函数的用法和 Excel 中 Trim 函数的用法类似，但是比后者的功能更强大，可以自定义设定前置和尾随的字符样式。上述修整格式的 3 种方式如图 8.23 所示。

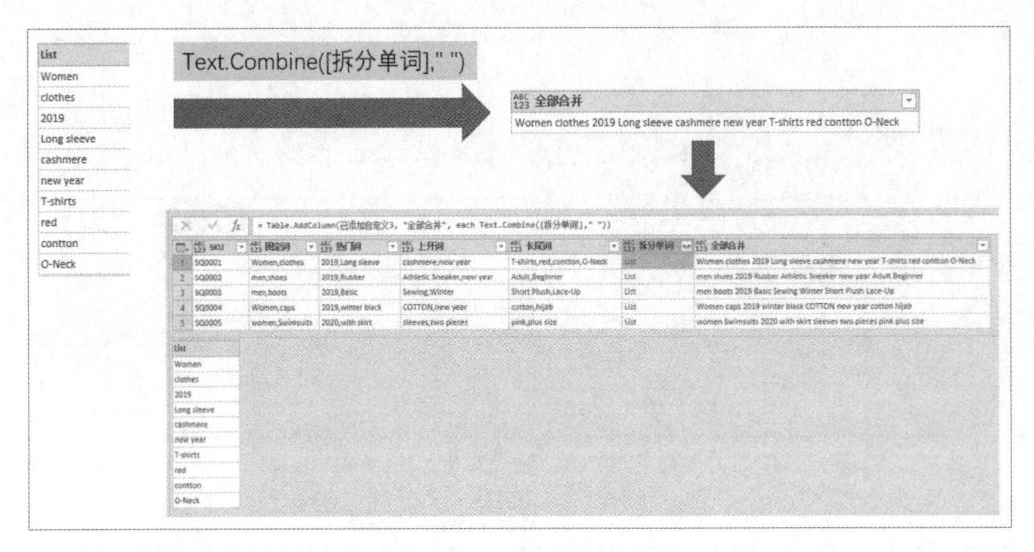

图 8.21　拆分单词后组合全部单词

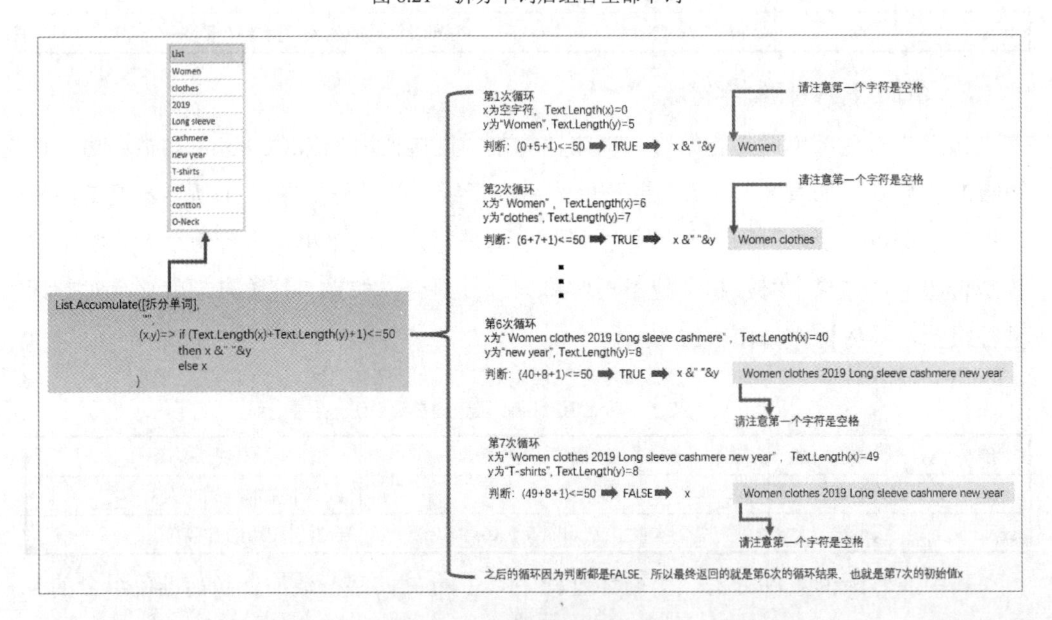

图 8.22　组合标题的循环过程

最后通过 Text.Length 函数再次验证标题的字符数是否符合要求，结果都在 50 个字符以内，并且满足最大字符数的要求，如图 8.24 所示。最后一行 SKU 为“SQ0005”的产品，其生成的标题字符为 45 个，目前最后一个单词 pink 之后的词是 plus size，有 9 个字符，如果加上它则会超过 50 个字符，但是如果在 plus size 单词后面还有一个小于或等于 5 个字符的单词，则会加上这个单词，以满足 50 个字符内的最大字符数。

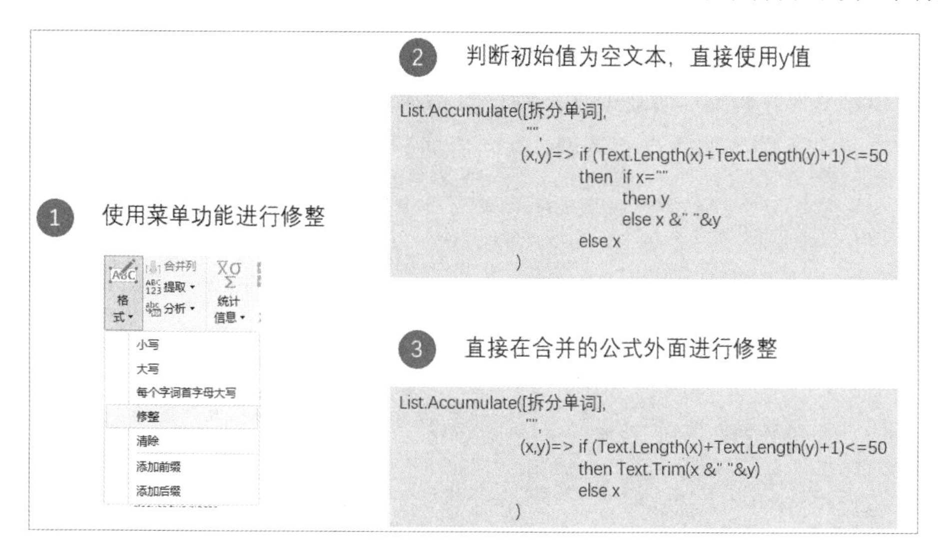

图 8.23　修整格式的 3 种方式

	SKU	固定词	热门词	上升词	长尾词	拆分单词	标题名称	标题长度
1	SQ0001	Women,clothes	2019,Long sleeve	cashmere,new year	T-shirts,red,contton,O-Neck	List	Women clothes 2019 Long sleeve cashmere new year	49
2	SQ0002	men,shoes	2019,Rubber	Athletic Sneaker,new year	Adult,Beginner	List	men shoes 2019 Rubber Athletic Sneaker new year	48
3	SQ0003	men,boots	2019,Basic	Sewing,Winter	Short Plush,Lace-Up	List	men boots 2019 Basic Sewing Winter Short Plush	47
4	SQ0004	Women,caps	2019,winter black	COTTON,new year	cotton,hijab	List	Women caps 2019 winter black COTTON new year	45
5	SQ0005	women,Swimsuits	2020,with skirt	sleeves,two pieces	pink,plus size	List	women Swimsuits 2020 with skirt sleeves pink	45

图 8.24　标题的字符数符合要求

3. 匹配标题名称

使用“合并查询”并展开的方式，并通过 SKU 匹配到标题名称，匹配后展开即可获得所需要的“标题名称”列，如图 8.25 所示。

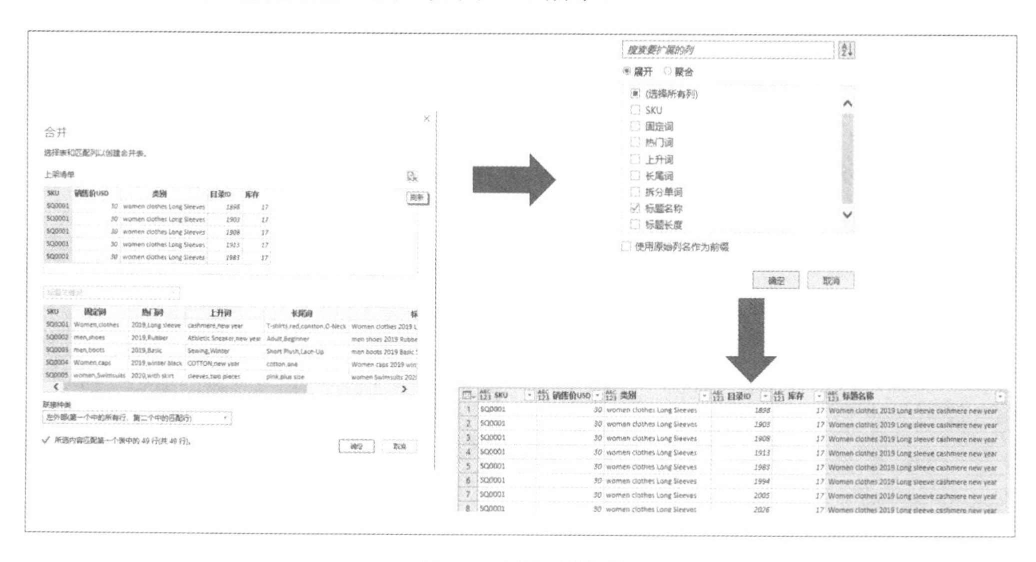

图 8.25　匹配标题名称

8.3.4 合并不需要计算的字段

虽然很多字段都和 SKU 具有一一对应的唯一值，但是这些字段并不需要计算，此时可以用“合并查询”功能或直接筛选表格的方式进行操作，对图片表中与 SKU 对应的字段进行左外部的合并查询，返回后展开所需要匹配的字段即可，如图 8.26 所示。

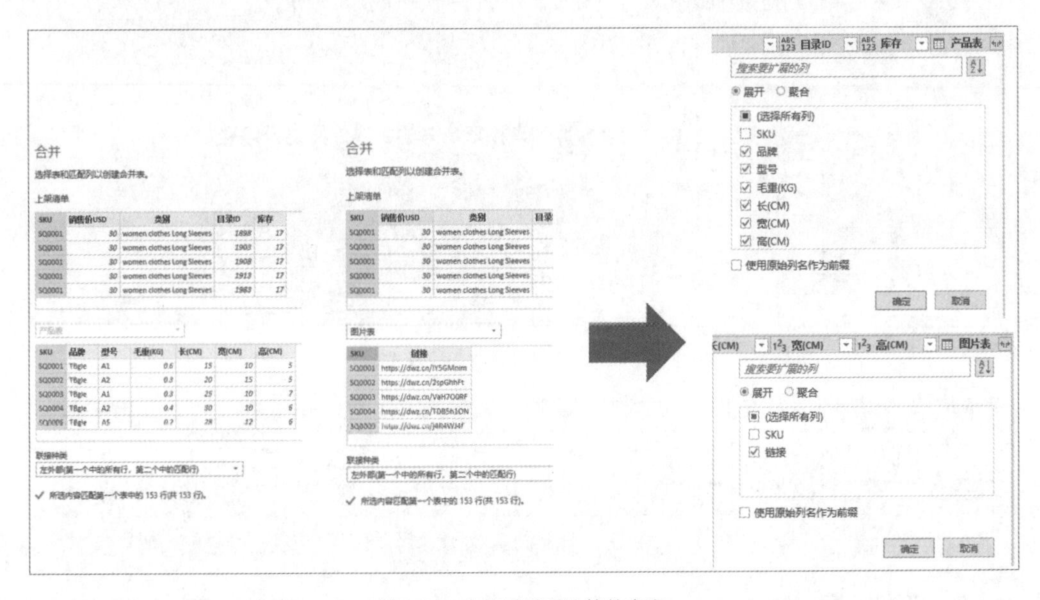

图 8.26 合并不需要计算的字段

8.3.5 批量添加自定义列

截至目前，基本上把所需要的字段都合并了，还有一些字段需要调整，合并后的字段是 13 个（包含“类别”字段），需要删除“类别”字段。因为目标表是 15 个字段，所以还差 3 个相对固定的字段，即“shipping_from”、“weight_unit”和“dimension_unit”，它们需要单独添加，通过 Table.AddColumn 函数或直接使用添加列的方式进行添加即可，如图 8.27 所示。

由于需要添加的列只有 3 个，数量较少，因此可以直接使用添加列的操作。如果需要添加的列比较多，一个一个添加会导致步骤比较多，也会比较烦琐，那么此时可以使用批量添加列的方式。批量添加列需要使用 List.Accumulate 函数，具体的操作如图 8.28 所示。

图 8.27　添加 3 个自定义列

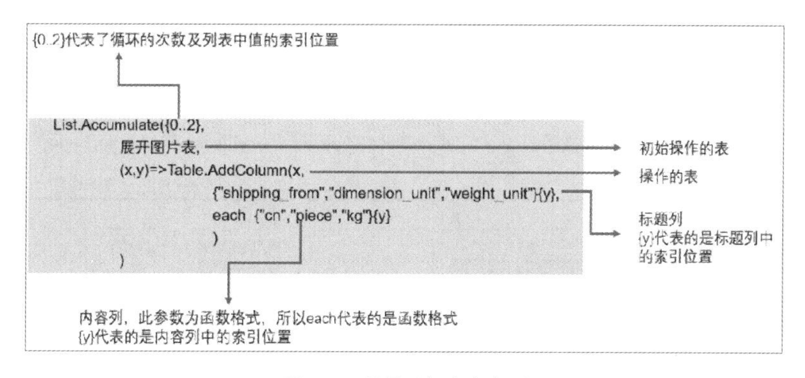

图 8.28　批量添加自定义列

8.4　按照上传要求修改表格格式

之前所有操作把上传表所需要的内容列全部整合完毕，但是上传的表格不仅内容要完整，其他方面也是需要符合要求的。所以还有两个问题需要处理：一个是标题内容必须符合要求，另一个是列的顺序也要符合要求。

8.4.1　批量修改标题内容

修改标题内容比较容易，简单的方法就是双击标题直接修改内容即可，如图 8.29 所示。

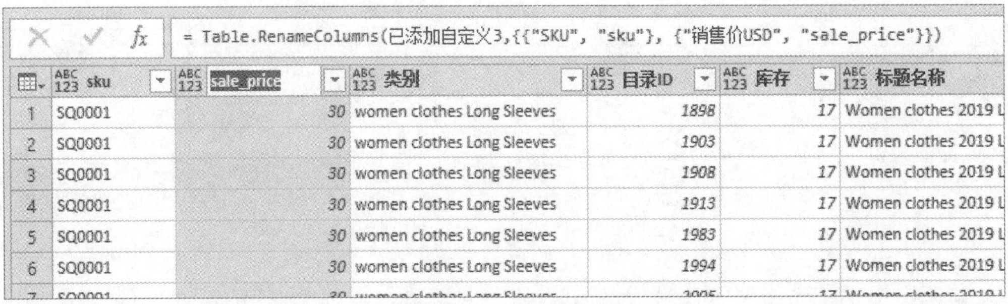
= Table.RenameColumns(已添加自定义3,{{"SKU", "sku"}, {"销售价USD", "sale_price"}})
sku
sale_price
类别
目录ID
库存
标题名称
SQ0001
30
women clothes Long Sleeves
1898
1903
1908
1913
1983
1994
17
Women clothes 2019

图 8.29 修改标题内容

这样修改没什么大问题，只需要仔细核对所修改的内容即可。通过双击标题并修改标题名称后，可以看到修改标题所使用的函数为 Table.RenameColumns，该函数的参数说明如表 8.8 所示，第 2 参数使用的是列表嵌套的格式，由旧标题和新标题组合而成。如果要使用参数列表进行修改，则需要建立新旧标题的对照表并将其导入 Power Query，如图 8.30 所示。

表 8.8 Table.RenameColumns 函数的参数说明

参数	属性	数据类型	说明
table	必选	表格类型（table）	需要更改列标题的表
renames	必选	列表类型（list）	由旧标题和新标题组合而成的列
missingField	可选	枚举类型（MissingField.Type）	MissingField.Error，可用 0 代表； MissingField.Ignore，可用 1 代表； MissingField.UseNull，可用 2 代表

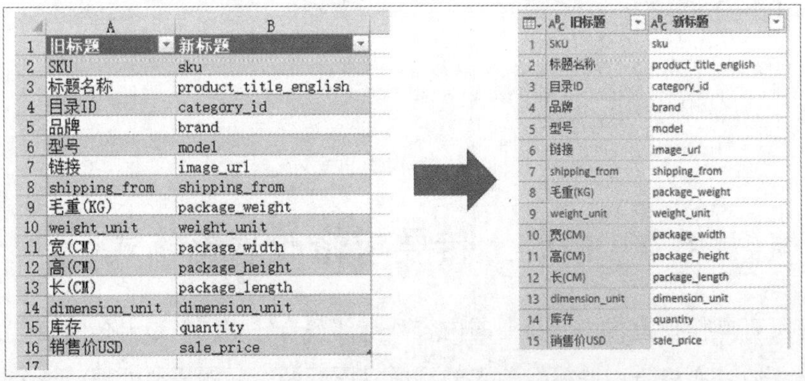
旧标题
新标题
SKU
sku
标题名称
product_title_english
目录ID
category_id
品牌
brand
型号
model
链接
image_url
shipping_from
shipping_from
毛重(KG)
package_weight
weight_unit
weight_unit
宽(CM)
package_width
高(CM)
package_height
长(CM)
package_length
dimension_unit
dimension_unit
库存
quantity
销售价USD
sale_price

图 8.30 新旧标题的对照表

通过对比对照表中的新旧标题，可以使用 Table.RenameColumns 函数批量修改标题，这样只需要在 Excel 表中进行对应调整即可，而不用每一次有变化时都去修改 Power Query 中的代码，毕竟在 Excel 中修改内容比在 Power Query 中修改内容要简单很多。批量修改标题的函数用法如图 8.31 所示。

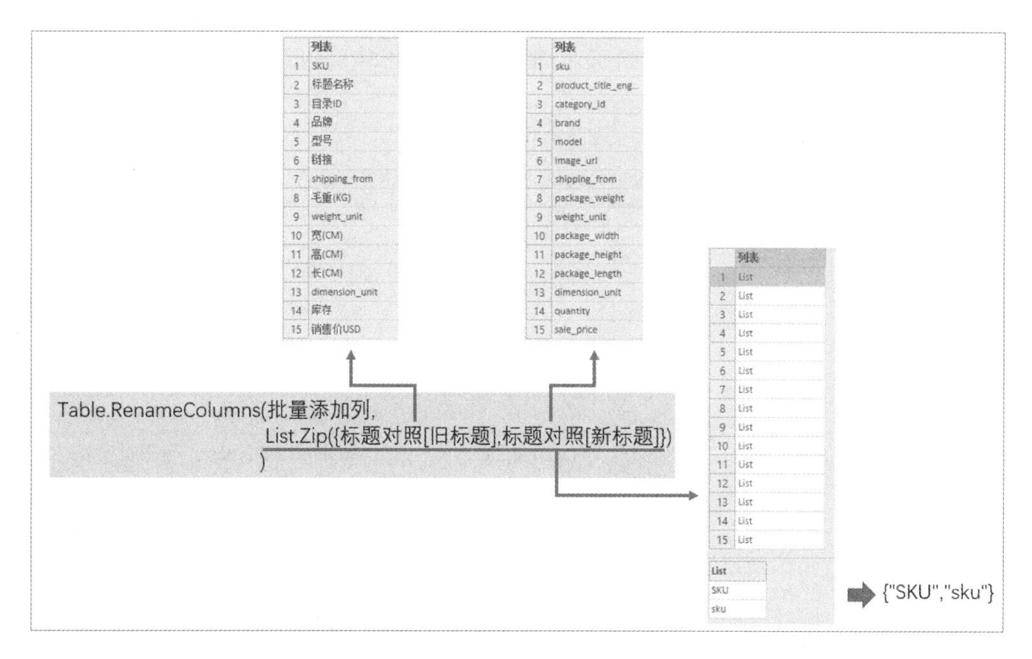

图 8.31　批量修改标题的函数用法

8.4.2　批量选择目标标题列

修改标题后，基本上已经维持了和目标表一致的样式，但是在之前合并时有不符合要求的列，也就是“类别”列，可以选择删除该列，如图 8.32 所示。

图 8.32　删除“类别”列

由图 8.32 可以看到，这里是使用 Table.RemoveColumns 函数进行的删除操作，但这些都是手动式的删除，如果需要删除的列比较多，就会比较麻烦，必须一个一个去选择，并且还需要对照目标表中的列标题，因此要充分利用 Power Query 的自动化处理。

在使用 Table.RemoveColumns 函数时，关键在于第 2 参数，也就是要删除的列组合而成的列表类型参数（单独删除 1 列时可以只使用文本类型参数），这是由现有的标题和目标表的标题内容之间的差异来决定的，该函数的参数说明如表 8.9 所示，批量删除差异列如图 8.33 所示。

表 8.9　Table.RemoveColumns 函数的参数说明

参　数	属　性	数 据 类 型	说明
table	必选	表格类型（table）	需要删除列的表
columns	必选	多于 1 种类型（any）	需要删除的列 单列时参数的数据类型为文本类型，多列时参数的数据类型为列表类型
missingField	可选	枚举类型（MissingField.Type）	MissingField.Error，可用 0 代表； MissingField.Ignore，可用 1 代表； MissingField.UseNull，可用 2 代表

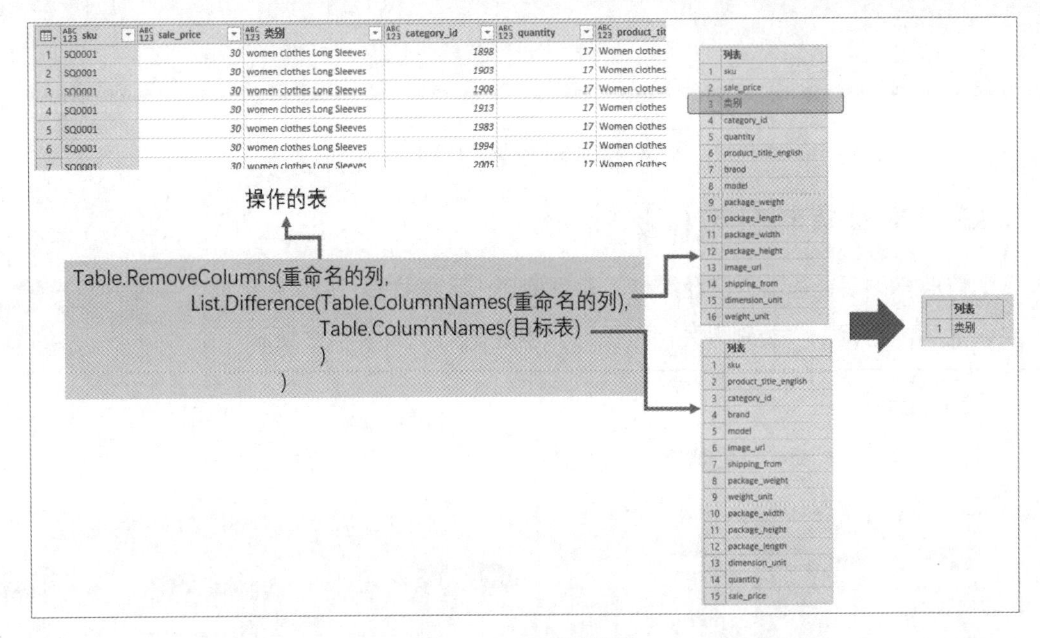

图 8.33　批量删除差异列

注意： List.Difference 函数的两个参数所表示的列的顺序需要注意，也就是把第 2 参数表示的列从第 1 参数表示的列中去除，返回剩余的差异列，该函数的参数说明如表 8.10 所示。如果两个列的顺序反过来，则结果为空列。

表 8.10　List.Difference 函数的参数说明

参　数	属　性	数 据 类 型	说　明
list	必选	列表类型（list）	主数据列
list	必选	列表类型（list）	需要从主数据中去除值的列
equationCriteria	可选	多于 1 种类型（any）	每一项通过比较器进行测试

在 Power Query 中，和使用 Table.RemoveColumns 函数相反的操作是选择列，选择列使用的函数为 Table.SelectColumns。如果使用 Table.SelectColumns 函数，则不需要对两个列的标题进行对比，可以直接以目标表的标题内容作为列表的选择内容，如图 8.34 所示。

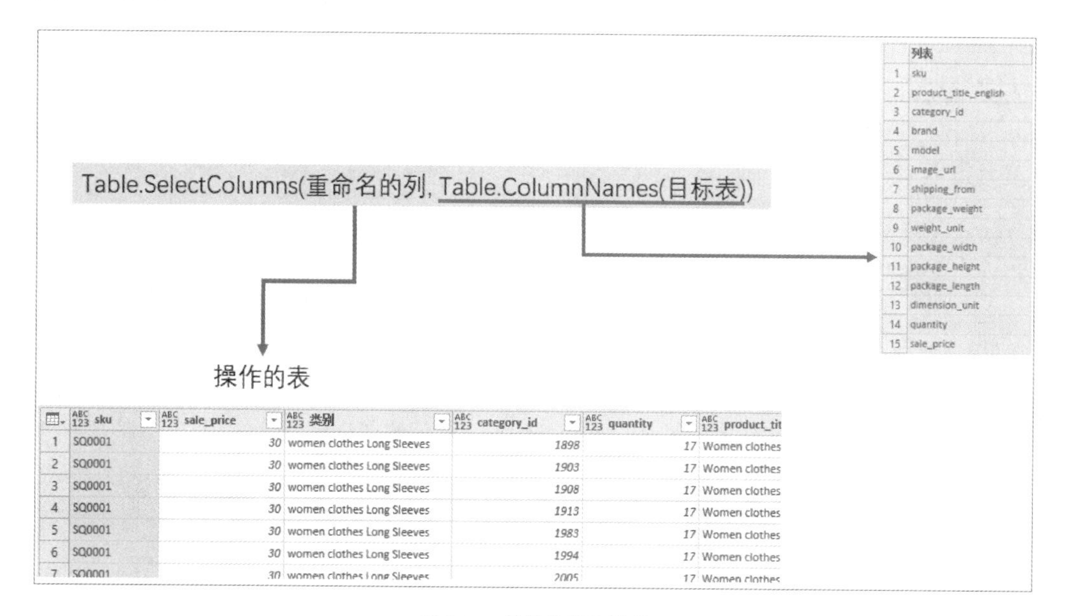

图 8.34　批量选择目标列

8.4.3　根据目标表的列排序

除了标题内容需要一致，在上传表格时列的顺序也需要一致，当然手动也是可以操作的，一个一个拖曳即可，如图 8.35 所示。Table.ReorderColumns 函数用于列的重新排序，其第 2 参数是排序列的顺序，列是根据指定顺序进行排序的，该函数的参数说明如表 8.11 所示。如果想要使列根据目标表的列顺序自动排序，则需要写一些简单的公式，如图 8.36 所示。

```
= Table.ReorderColumns(选择目标表的列,
{"product_title_english", "sku", "category_id", "brand", "mo
antity", "sale_price"})
```

	product_title_english	sku	category_id
1	Women clothes 2019 Long sleeve cashmere new year	SQ0001	189
2	Women clothes 2019 Long sleeve cashmere new year	SQ0001	190
3	Women clothes 2019 Long sleeve cashmere new year	SQ0001	190
4	Women clothes 2019 Long sleeve cashmere new year	SQ0001	191

图 8.35　重排序的列

表 8.11 Table.ReorderColumns 函数的参数说明

参 数	属 性	数 据 类 型	说 明
table	必选	表格类型（table）	需要对列排序的表
columnOrder	必选	列表类型（list）	列的顺序
missingField	可选	枚举类型（MissingField.Type）	MissingField.Error，可用 0 代表； MissingField.Ignore，可用 1 代表； MissingField.UseNull，可用 2 代表

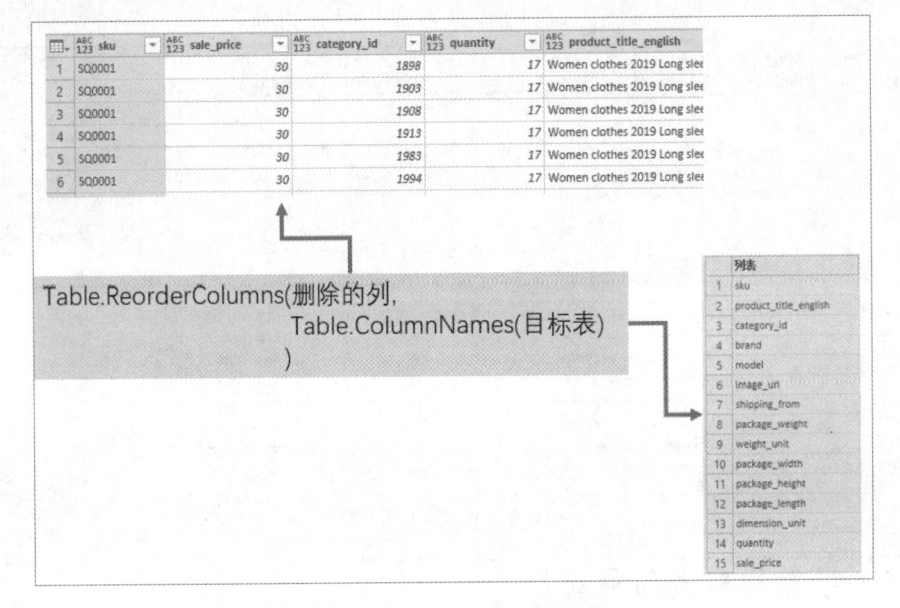

图 8.36 根据目标表的列顺序自动排序

到这一步，基本上已经把电商平台所需要上传表格的内容都整理好了，最后只需要把数据加载到工作表中，保存并上传到平台即可，如图 8.37 所示。

	A	B	C	D	E	F	G	
1	sku	product_title_english	category_id	brand	model	image_url	shipping_from	package
2	SQ0001	Women clothes 2019 Long sleeve cashmere new year	1898	TBgle	A1	https://dwz.cn/IY5GMnim	cn	
3	SQ0001	Women clothes 2019 Long sleeve cashmere new year	1903	TBgle	A1	https://dwz.cn/IY5GMnim	cn	
4	SQ0001	Women clothes 2019 Long sleeve cashmere new year	1908	TBgle	A1	https://dwz.cn/IY5GMnim	cn	
5	SQ0001	Women clothes 2019 Long sleeve cashmere new year	1913	TBgle	A1	https://dwz.cn/IY5GMnim	cn	
6	SQ0001	Women clothes 2019 Long sleeve cashmere new year	1983	TBgle	A1	https://dwz.cn/IY5GMnim	cn	
7	SQ0001	Women clothes 2019 Long sleeve cashmere new year	1994	TBgle	A1	https://dwz.cn/IY5GMnim	cn	
8	SQ0001	Women clothes 2019 Long sleeve cashmere new year	2005	TBgle	A1	https://dwz.cn/IY5GMnim	cn	
9	SQ0001	Women clothes 2019 Long sleeve cashmere new year	2026	TBgle	A1	https://dwz.cn/IY5GMnim	cn	
10	SQ0001	Women clothes 2019 Long sleeve cashmere new year	2096	TBgle	A1	https://dwz.cn/IY5GMnim	cn	
11	SQ0001	Women clothes 2019 Long sleeve cashmere new year	1898	TBgle	A1	https://dwz.cn/IY5GMnim	cn	
12	SQ0001	Women clothes 2019 Long sleeve cashmere new year	1903	TBgle	A1	https://dwz.cn/IY5GMnim	cn	
13	SQ0001	Women clothes 2019 Long sleeve cashmere new year	1908	TBgle	A1	https://dwz.cn/IY5GMnim	cn	
14	SQ0001	Women clothes 2019 Long sleeve cashmere new year	1913	TBgle	A1	https://dwz.cn/IY5GMnim	cn	
15	SQ0001	Women clothes 2019 Long sleeve cashmere new year	1983	TBgle	A1	https://dwz.cn/IY5GMnim	cn	
16	SQ0001	Women clothes 2019 Long sleeve cashmere new year	1994	TBgle	A1	https://dwz.cn/IY5GMnim	cn	
17	SQ0001	Women clothes 2019 Long sleeve cashmere new year	2005	TBgle	A1	https://dwz.cn/IY5GMnim	cn	
18	SQ0001	Women clothes 2019 Long sleeve cashmere new year	2026	TBgle	A1	https://dwz.cn/IY5GMnim	cn	
19	SQ0001	Women clothes 2019 Long sleeve cashmere new year	2096	TBgle	A1	https://dwz.cn/IY5GMnim	cn	
20	SQ0002	men shoes 2019 Rubber Athletic Sneaker new year	2619	TBgle	A2	https://dwz.cn/2spGhhFt	cn	
21	SQ0002	men shoes 2019 Rubber Athletic Sneaker new year	2630	TBgle	A2	https://dwz.cn/2spGhhFt	cn	
22	SQ0002	men shoes 2019 Rubber Athletic Sneaker new year	2638	TBgle	A2	https://dwz.cn/2spGhhFt	cn	
23	SQ0002	men shoes 2019 Rubber Athletic Sneaker new year	2648	TBgle	A2	https://dwz.cn/2spGhhFt	cn	
24	SQ0002	men shoes 2019 Rubber Athletic Sneaker new year	2657	TBgle	A2	https://dwz.cn/2spGhhFt	cn	

图 8.37 加载、保存并上传整理完的数据

第 9 章

判断是否断码缺货

库存的多少直接影响产品的上架，在产品展示页面中，如果是断码的产品和全码的产品对比，则肯定会影响销售价格，因为大部分人的认知是断码产品的价格应该会比全码产品的价格低，所以保持产品的全码就显得尤为重要。

本章主要涉及的知识点有：

- Power Query 中进行逆透视的操作
- Power Query 中对表格内特定值的提取
- Power Query 中合并查询的运用
- Power Query 中分组依据中的自定义函数书写
- Power Query 中处理空值 null 的计算陷阱

9.1　定义断码缺货的情况

要判断产品是否断码缺货，首先要明确断码的定义：在什么情况下是断码？一共有多少个码？缺多少才算断码？有没有最小库存的要求？少于最小库存数算不算断码？不同产品对断码的定义是不一样的，有没有可能定义好断码后一次性判断出所有产品是否断码？此外，针对不同的仓库或门店，需要对断码的产品进行汇总显示并分析。这些都是在操作前所需要确认的，否则得到的结果也是不正确的。

9.1.1　库存数据源的分析

首先是一些基本的维度数据表，如图 9.1 所示，显示了店铺数据、款式数据、款式对应的尺码数据，还有一份库存表数据。

这是一个多维度的库存表，展示了各个店铺、各个款式及各个型号所对应的库存，其中无库存的显示为空白。

店铺
1号店
2号店
3号店

款号	款式
UA001	男款
UA002	女款
UA003	女款
UA004	女款
UA005	男款
UA006	儿童
UA007	儿童
UA008	婴儿
UA009	婴儿
UA010	儿童

男款	女款	儿童	婴儿
M	S	90cm	3个月
L	M	100cm	6个月
XL	L	110cm	12个月
XXL	XL	120cm	24个月
		130cm	

店铺	款式	款号	S	M	L	XL	XXL	90cm	100cm	110cm	120cm	3个月	6个月	12个月	24个月
1号店铺	儿童	UA006							3						
1号店铺	女款	UA002	10	3	2	5									
1号店铺	女款	UA003	2	5	9										
1号店铺	婴儿	UA008										2	1	5	2
1号店铺	男款	UA001		6	10		5								
1号店铺	男款	UA005		6	4	2	5								
2号店铺	儿童	UA006						14	4	10	1				
2号店铺	儿童	UA007						6	5	4	3				
2号店铺	儿童	UA010							7	10	12				
2号店铺	女款	UA002	8	6	12	3									
2号店铺	女款	UA003	8	11	2	5									
2号店铺	女款	UA004	4	7		7									
2号店铺	婴儿	UA008										8	10	12	6
2号店铺	婴儿	UA009										6	3	1	3
2号店铺	男款	UA005		4		13									
3号店铺	儿童	UA006						10	9	2	12				
3号店铺	儿童	UA007						5	3	2	1				
3号店铺	女款	UA002		5	4	7									
3号店铺	女款	UA003	6	1	9	3									
3号店铺	女款	UA004	3	4	5	8									
3号店铺	婴儿	UA008										8	4	3	5
3号店铺	婴儿	UA009										12	2	8	6
3号店铺	男款	UA001		1	6	10	8								
3号店铺	男款	UA005		4	3	10	1								

图 9.1　基本的维度数据表与库存表数据

9.1.2 断码的判断依据

对款式而言，不同款式的产品不仅对库存有要求，还对尺码有要求，如图 9.2 所示。此处的尺码要求指的是尺码的数量，如男款的尺码为 M、L、XL、XXL，则至少要保持 3 个尺码都有货才不算断码，也就是说，无论是库存有 M、L、XL 还是有 M、XL、XXL 都不算断码。但是如果库存产品的尺码少于 3 个，比如只有 M、L 或 L、XL，就代表断码。这个参数可以自行设置。

款式	尺码最低数量	最小库存数
男款	3	1
女款	4	2
儿童	4	2
婴儿	4	3

图 9.2　断码条件的判断依据

9.2 判断断码缺货的步骤

9.2.1 二维库存表转换成一维表

在 Power Query 中进行数据清洗的第一步是导入现有数据，先把 Excel 中的库存表用从表格导入的方式导入 Power Query，如图 9.3 所示。

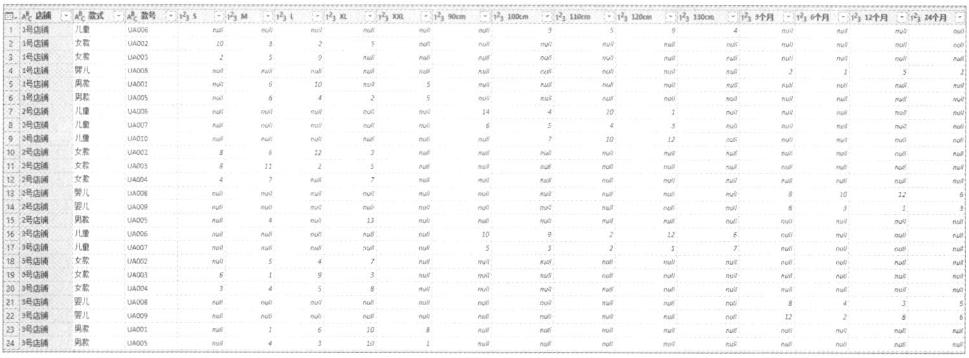

	店铺	款式	款号	S	M	L	XL	XXL	90cm	100cm	110cm	120cm	130cm	3个月	6个月	12个月	24个月
1	1号店铺	儿童	UA006	null	null	null	null	null	null	3	5	9	4	null	null	null	null
2	1号店铺	女款	UA002	10	3	2	5	null	null	null	null	null	null	null	null	null	null
3	1号店铺	女款	UA003	2	5	9	null	null	null	null	null	null	null	null	null	null	null
4	1号店铺	婴儿	UA008	null	null	null	null	null	null	null	null	null	null	2	1	5	2
5	1号店铺	男款	UA001	null	6	10	null	5	null	null	null	null	null	null	null	null	null
6	1号店铺	男款	UA005	null	6	4	2	5	null	null	null	null	null	null	null	null	null
7	2号店铺	儿童	UA006	null	null	null	null	null	14	4	10	1	null	null	null	null	null
8	2号店铺	儿童	UA007	null	null	null	null	null	6	5	4	3	null	null	null	null	null
9	2号店铺	儿童	UA010	null	null	null	null	null	null	7	10	12	null	null	null	null	null
10	2号店铺	女款	UA002	8	6	12	3	null	null	null	null	null	null	null	null	null	null
11	2号店铺	女款	UA003	8	11	2	5	null	null	null	null	null	null	null	null	null	null
12	2号店铺	女款	UA004	4	7	null	7	null	null	null	null	null	null	null	null	null	null
13	2号店铺	婴儿	UA008	null	null	null	null	null	null	null	null	null	null	8	10	12	6
14	2号店铺	婴儿	UA009	null	null	null	null	null	null	null	null	null	null	6	3	1	3
15	2号店铺	男款	UA005	null	4	null	13	null	null	null	null	null	null	null	null	null	null
16	3号店铺	儿童	UA006	null	null	null	null	null	10	9	2	12	6	null	null	null	null
17	3号店铺	儿童	UA007	null	null	null	null	null	5	3	2	1	7	null	null	null	null
18	3号店铺	女款	UA002	null	5	4	7	null	null	null	null	null	null	null	null	null	null
19	3号店铺	女款	UA003	6	1	9	3	null	null	null	null	null	null	null	null	null	null
20	3号店铺	女款	UA004	3	4	5	8	null	null	null	null	null	null	null	null	null	null
21	3号店铺	婴儿	UA008	null	null	null	null	null	null	null	null	null	null	8	4	3	5
22	3号店铺	婴儿	UA009	null	null	null	null	null	null	null	null	null	null	12	2	8	6
23	3号店铺	男款	UA001	null	1	6	10	8	null	null	null	null	null	null	null	null	null
24	3号店铺	男款	UA005	null	4	3	10	1	null	null	null	null	null	null	null	null	null

图 9.3　被导入 Power Query 的库存表

这个表格目前的格式不适合直接用于判断各个款式的库存数是否分别满足各个款式对最小库存数的要求，需要进行格式的转换，从多维的尺码表格转换成单一维度的尺码表格，如图 9.4 所示，选中前面 3 列数据，使用“逆透视其他列”将多维表转换成一维表，最终产生如图 9.5 所示的表格。

文件　主页　转换　添加列　视图
分组依据　将第一行用作标题　转置　反转行　对行进行计数　表格
数据类型：任意　检测数据类型　重命名　替换值　填充　透视列　逆透视列　任意列
逆透视列　逆透视其他列　仅逆透视选定列
格式　文本列

	店铺	款式	款号	S	M	L	XL
1	1号店铺	儿童	UA006	null	null	null	
2	1号店铺	女款	UA002	10	3	2	
3	1号店铺	女款	UA003	2	5	9	
4	1号店铺	婴儿	UA008	null	null	null	
5	1号店铺	男款	UA001	null	6	10	
6	1号店铺	男款	UA005	null	6	4	
7	2号店铺	儿童	UA006	null	null	null	
8	2号店铺	儿童	UA007	null	null	null	
9	2号店铺	儿童	UA010	null	null	null	
10	2号店铺	女款	UA002	8	6	12	
11	2号店铺	女款	UA003	8	11	2	
12	2号店铺	女款	UA004	4	7	null	
13	2号店铺	婴儿	UA008	null	null	null	
14	2号店铺	婴儿	UA009	null	null	null	
15	2号店铺	男款	UA005	null	4	null	
16	3号店铺	儿童	UA006	null	null	null	
17	3号店铺	儿童	UA007	null	null	null	
18	3号店铺	女款	UA002	null	5	4	
19	3号店铺	女款	UA003	6	1	9	
20	3号店铺	女款	UA004	3	4	5	
21	3号店铺	婴儿	UA008	null	null	null	
22	3号店铺	婴儿	UA009	null	null	null	
23	3号店铺	男款	UA001	null	1	6	
24	3号店铺	男款	UA005	null	4	3	

图 9.4　使用“逆透视其他列”对表格格式进行转换

	店铺	款式	款号	属性	值
1	1号店铺	儿童	UA006	100cm	3
2	1号店铺	儿童	UA006	110cm	5
3	1号店铺	儿童	UA006	120cm	9
4	1号店铺	儿童	UA006	130cm	4
5	1号店铺	女款	UA002	S	10
6	1号店铺	女款	UA002	M	3
7	1号店铺	女款	UA002	L	2
8	1号店铺	女款	UA002	XL	5
9	1号店铺	女款	UA003	S	2
10	1号店铺	女款	UA003	M	5
11	1号店铺	女款	UA003	L	9
12	1号店铺	婴儿	UA008	3个月	2
13	1号店铺	婴儿	UA008	6个月	1
14	1号店铺	婴儿	UA008	12个月	5

图 9.5　逆透视后的表格

注意：因为之前导入时库存表中的无库存数据是空值，而不是 0，所以在逆透视后无库存的款式在表格格式转换后全部不显示。

9.2.2　判断是否符合最小库存数要求

既然每一个款式都有各自的最小库存数要求，要满足这些要求，就需要对每一个款式的每一个尺码进行判断，可以在添加列中通过 if 语句来对条件进行判断。这里首先要找到款式所对应的最小库存的数量要求，然后进行判断，如图 9.6 所示，用当前款式的库存数与筛选出的该款式的最小库存数进行对比，从而得出是否缺货。

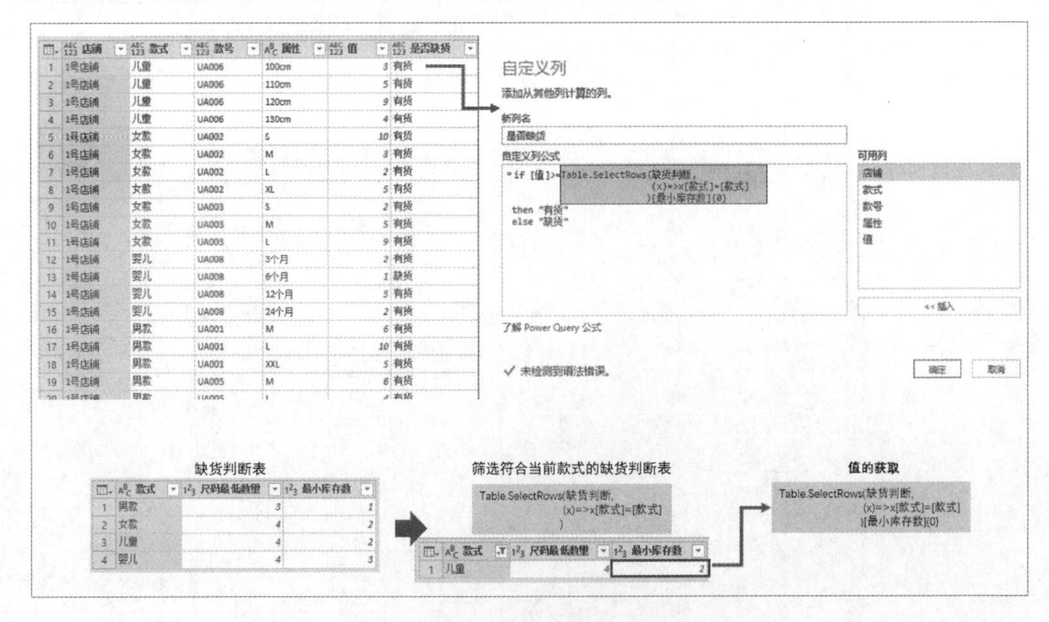

图 9.6　库存数与最小库存数的对比

注意：这里涉及表格的筛选及值的获取的方式（深化），在筛选出对应的表格后再进行表格的深化，获取其对应的值。

9.2.3　根据要求进行分组计算

之前已经对是否缺货有了初步的判断，接下来就是对尺码连续的情况进行初步的整理。通过“分组依据”操作可以统计每一个款式下的每一个款号具体有多少尺码有货，有多少尺码缺货，并且依照库存表的尺码大小顺序进行排列，如图 9.7 所示，使用“分组依据”操作合并“是否缺货”字段后，形成了一个“有货”和“缺货”的合并文本。

```
Table.Group(添加判断缺货列,
            {"店铺", "款式", "款号"},
            {{"缺货情况", each Text.Combine( _[是否缺货] ) }}
            )
```

	店铺	款式	款号	缺货情况
1	1号店铺	儿童	UA006	有货有货有货有货
2	1号店铺	女款	UA002	有货有货有货
3	1号店铺	女款	UA003	有货有货有货
4	1号店铺	婴儿	UA008	缺货缺货有货缺货
5	1号店铺	男款	UA001	有货有货有货
6	1号店铺	男款	UA005	有货有货有货有货
7	2号店铺	儿童	UA006	有货有货有货缺货
8	2号店铺	儿童	UA007	有货有货有货有货
9	2号店铺	儿童	UA010	有货有货有货
10	2号店铺	女款	UA002	有货有货有货有货
11	2号店铺	女款	UA003	有货有货有货有货
12	2号店铺	女款	UA004	有货有货有货
13	2号店铺	婴儿	UA008	有货有货有货有货
14	2号店铺	婴儿	UA009	有货有货缺货有货
15	2号店铺	男款	UA005	有货有货
16	3号店铺	儿童	UA006	有货有货有货有货有货
17	3号店铺	儿童	UA007	有货有货有货缺货有货
18	3号店铺	女款	UA002	有货有货有货
19	3号店铺	女款	UA003	有货缺货有货有货
20	3号店铺	女款	UA004	有货有货有货有货
21	3号店铺	婴儿	UA008	有货有货有货有货
22	3号店铺	婴儿	UA009	有货缺货有货有货
23	3号店铺	男款	UA001	有货有货有货有货
24	3号店铺	男款	UA005	有货有货有货有货

图 9.7　使用“分组依据”操作合并“是否缺货”字段

如果不熟悉 Table.Group 函数的使用方法，则可以直接使用“主页”选项卡中的“分组依据”，因为“分组依据”对话框中的第 3 参数只有有限的几种计算方式，如果要使用其他函数计算，则需要更改第 3 参数的内容，如图 9.8 所示。在默认情况下，第 3 参数会使用对行进行计数的计算方式，我们只需要更改第 3 参数的公式即可达到上述的效果，其中“_”代表需要操作的表。

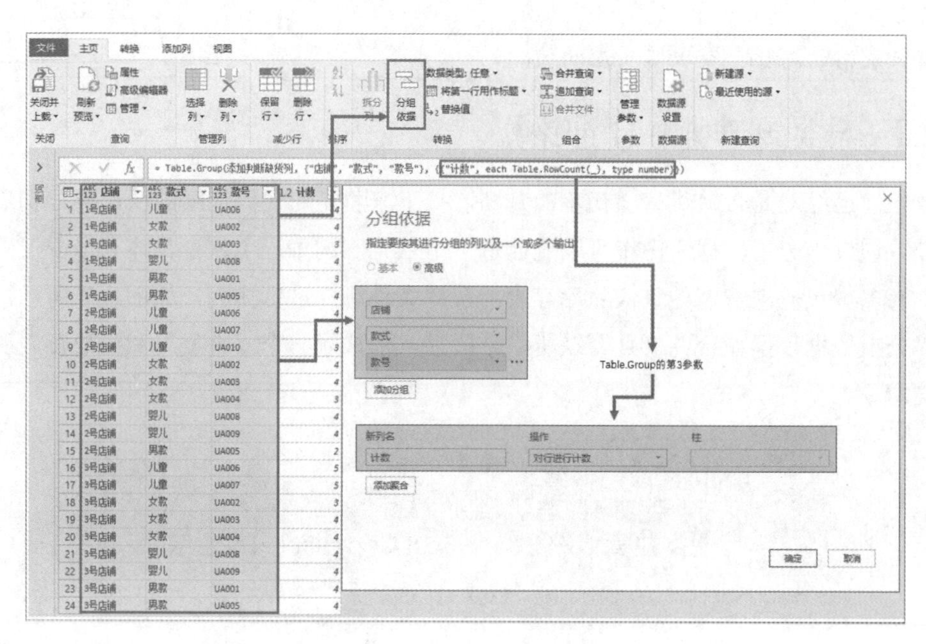

图 9.8 “分组依据”操作界面

9.2.4 判断是否断码的依据

断码的判断需要对每一个尺码进行比对，也就是对每一个尺码都判断后再对整体进行判断。如果缺货，则要看连续尺码的判断依据；如果连续尺码的最低数量要求是 3，而实际尺码如果有 4 个，其中缺货的尺码不在中间位置，则不影响缺货判断；如果缺货的尺码对连续尺码有影响，导致断码的条件成立，则证明是断码。全码和断码的判断依据如图 9.9 所示。

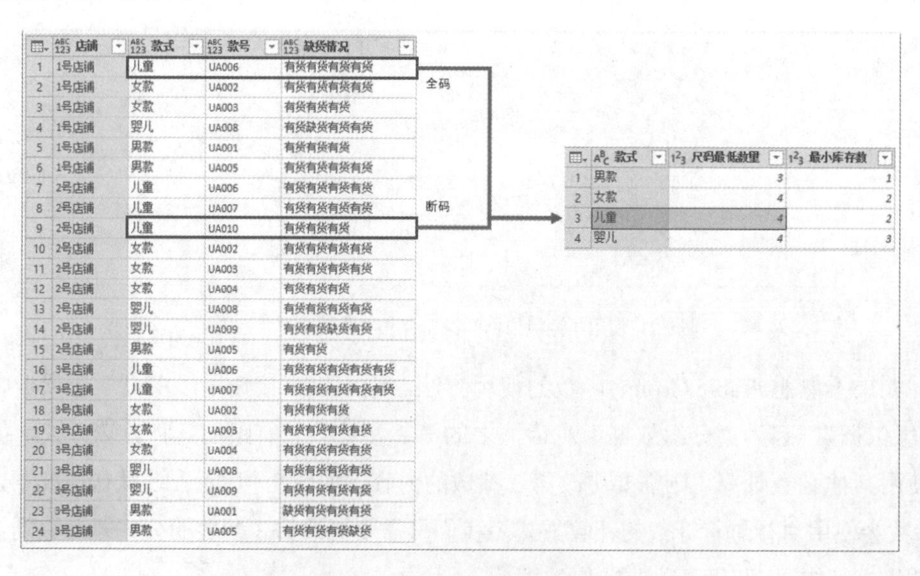

	店铺	款式	款号	缺货情况
1	1号店铺	儿童	UA006	有货有货有货有货
2	1号店铺	女款	UA002	有货有货有货有货
3	1号店铺	女款	UA003	有货有货有货
4	1号店铺	婴儿	UA008	有货缺货有货有货
5	1号店铺	男款	UA001	有货有货有货
6	1号店铺	男款	UA005	有货有货有货有货
7	2号店铺	儿童	UA006	有货有货有货有货
8	2号店铺	儿童	UA007	有货有货有货有货
9	2号店铺	儿童	UA010	有货有货有货
10	2号店铺	女款	UA002	有货有货有货有货
11	2号店铺	女款	UA003	有货有货有货有货
12	2号店铺	女款	UA004	有货有货有货
13	2号店铺	婴儿	UA008	有货有货有货有货
14	2号店铺	婴儿	UA009	有货有货缺货有货
15	2号店铺	男款	UA005	有货有货
16	3号店铺	儿童	UA006	有货有货有货有货有货
17	3号店铺	儿童	UA007	有货有货有货有货有货
18	3号店铺	女款	UA002	有货有货有货
19	3号店铺	女款	UA003	有货有货有货有货
20	3号店铺	女款	UA004	有货有货有货有货
21	3号店铺	婴儿	UA008	有货有货有货有货
22	3号店铺	婴儿	UA009	有货有货有货有货
23	3号店铺	男款	UA001	缺货有货有货有货
24	3号店铺	男款	UA005	有货有货有货缺货

	款式	尺码最低数量	最小库存数
1	男款	3	1
2	女款	4	2
3	儿童	4	2
4	婴儿	4	3

图 9.9 全码和断码的判断依据

儿童款式必须有 4 个尺码，这也代表必须有 4 个“有货”的字样。第 1 行的儿童款 UA006 有 4 个“有货”，代表了全码；而第 9 行儿童款 UA010 只有 3 个“有货”，则代表了断码。

9.2.5 根据条件判断是否缺货

以缺货判断表中的判断条件为依据，在添加列中使用 if 语句进行判断，其中 Text.Repeat 函数主要用于重复“有货”字样的排列，获取符合当前款式的缺货判断表中连续尺码的最低数量的值，该数值就是“有货”字样的重复次数。如图 9.10 所示，这次连续尺码最低数量的取值和之前最小库存数的取值之间的差异就在缺货判断表的列中，通过获取连续尺码的数量生成多个“有货”字符，从而对缺货情况列的值进行判断，如果符合则为全码，如果不符合则为断码，具体计算过程如图 9.11 所示。

```
if Text.Contains([缺货情况],
             Text.Repeat("有货",
                        Table.SelectRows(缺货判断,
                                       (x)=>x[款式]=[款式]
                                      )[尺码最低数量]{0}
                        )
            )
then "全码"
else "断码"
```

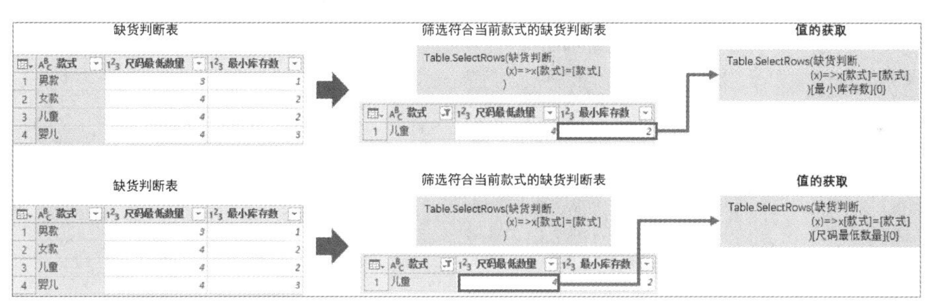

图 9.10　缺货判断表中的取值差异

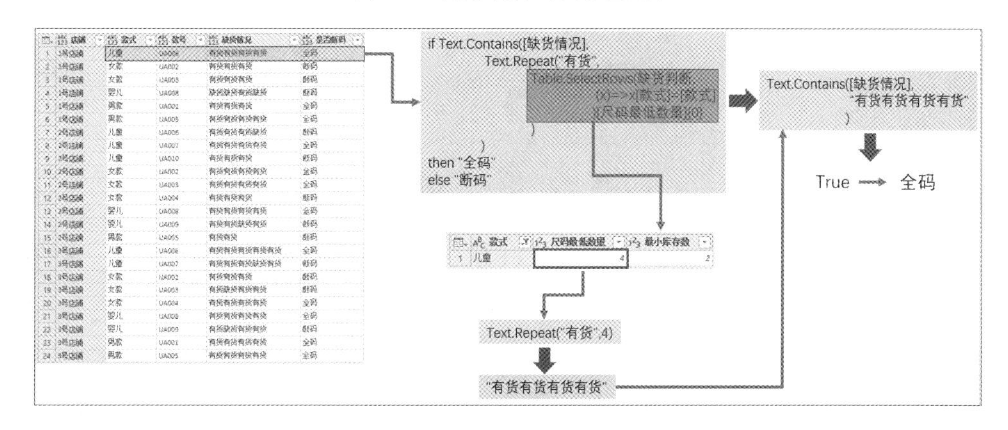

图 9.11　判断是否断码的计算过程

通过以上的整理和计算，基本就可以得知每个店铺不同的款式、款号是否有断码，并显示出断码的款号。

9.2.6 调整数据并加载

最后可以对列的排序进行调整，便于数据的统一。如图 9.12 所示，分别对店铺、款式及款号进行排序，可以直接使用 Table.Sort 函数进行排序，也可以在依次选择列后单击“主页”选项卡下的“排序”选项组中的“升序排序”或“降序排序”按钮，依次进行排序（请注意列标题的右侧有一个数字，该数字代表的就是排序次序）。通过“是否断码”字段来筛选出断码款式的明细，以便及时补货，同时删除“缺货情况”列，并将最终的数据加载到 Excel 工作表中，如图 9.13 所示。

```
= Table.Sort(已添加自定义1,{{"店铺", Order.Ascending}, {"款式", Order.Ascending}, {"款号", Order.Ascending}})
```

	店铺	款式	款号	缺货情况	是否断码
1	1号店铺	儿童	UA006	有货有货有货有货	全码
2	1号店铺	女款	UA002	有货有货有货	断码
3	1号店铺	女款	UA003	有货有货有货	断码
4	1号店铺	婴儿	UA008	缺货缺货有货缺货	断码
5	1号店铺	男款	UA001	有货有货有货	全码
6	1号店铺	男款	UA005	有货有货有货有货	全码
7	2号店铺	儿童	UA006	有货有货有货缺货	断码
8	2号店铺	儿童	UA007	有货有货有货有货	全码
9	2号店铺	儿童	UA010	有货有货有货	断码
10	2号店铺	女款	UA002	有货有货有货有货	全码
11	2号店铺	女款	UA003	有货有货有货有货	全码
12	2号店铺	女款	UA004	有货有货有货	断码
13	2号店铺	婴儿	UA008	有货有货有货有货	全码
14	2号店铺	婴儿	UA009	有货有货缺货有货	断码
15	2号店铺	男款	UA005	有货有货	断码
16	3号店铺	儿童	UA006	有货有货有货有货...	全码
17	3号店铺	儿童	UA007	有货有货有货缺货...	断码
18	3号店铺	女款	UA002	有货有货有货	断码
19	3号店铺	女款	UA003	有货缺货有货有货	断码
20	3号店铺	女款	UA004	有货有货有货有货	全码
21	3号店铺	婴儿	UA008	有货有货有货有货	全码
22	3号店铺	婴儿	UA009	有货缺货有货有货	断码
23	3号店铺	男款	UA001	有货有货有货有货	全码
24	3号店铺	男款	UA005	有货有货有货有货	全码

图 9.12　对列进行排序

通过之前的操作，得到一个缺货表，在缺货或断码的情况下，接下来的一步必然是补货，所以还需要一张根据尺码进行补货的清单。

店铺	款式	款号
1号店铺	女款	UA002
1号店铺	女款	UA003
1号店铺	婴儿	UA008
2号店铺	儿童	UA006
2号店铺	儿童	UA010
2号店铺	女款	UA004
2号店铺	婴儿	UA009
2号店铺	男款	UA005
3号店铺	儿童	UA007
3号店铺	女款	UA002
3号店铺	女款	UA003
3号店铺	婴儿	UA009

图 9.13　加载缺货表

9.3　补货需求表的创建

9.3.1　生成补货产品尺码表

之前操作生成的缺货表中只有具体的款式、款号等信息，而补货则需要尺码信息，所以还要通过缺货表中的款式匹配对应的尺码。可以在添加列中使用如下公式，具体的计算过程如图 9.14 所示。首先通过 Table.SelectColumns 函数来筛选出对应款式的尺码列表，然后将其转换成列表并进行深化，最后去除列表中的空值数据。添加完尺码列表后全部展开，就可以得到缺货款式对应的所有尺码清单，如图 9.15 所示。

```
=List.RemoveNulls(Table.ToColumns(Table.SelectColumns(尺码表,[款式])
                                  ){0}
                  )
```

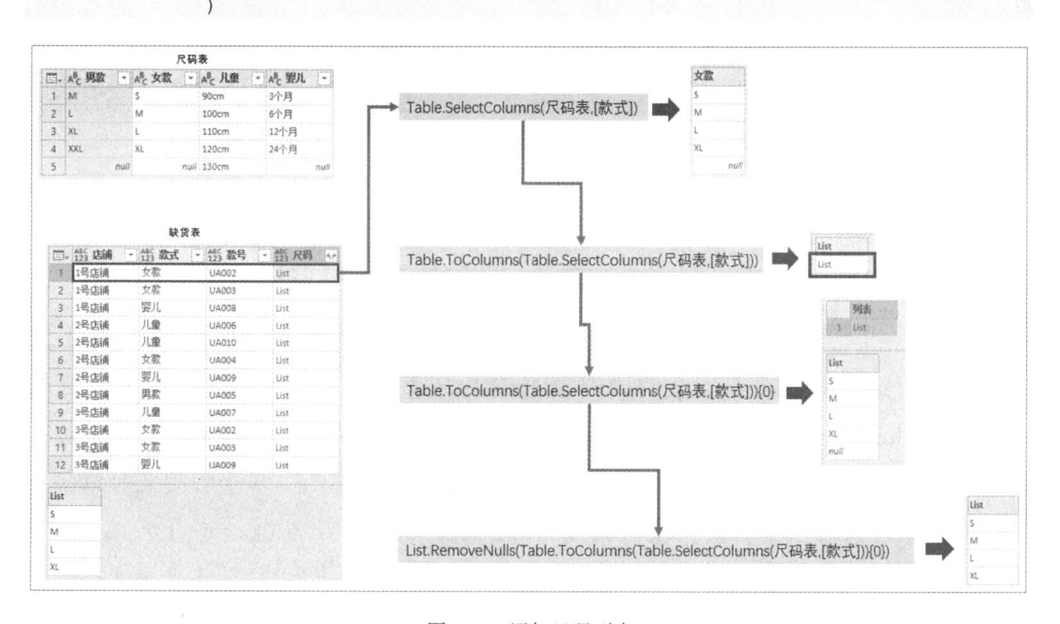

图 9.14　添加尺码列表

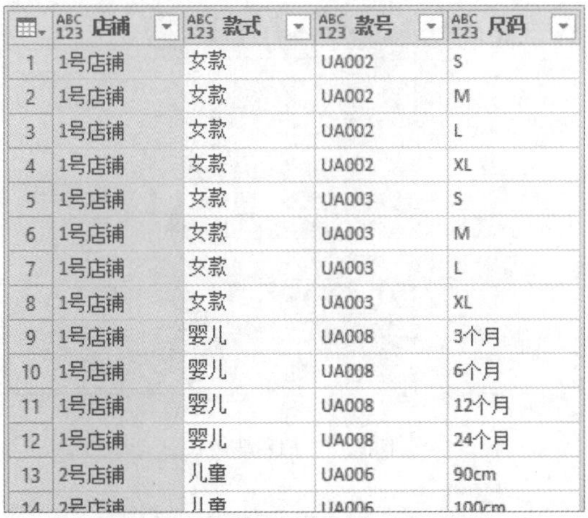

	店铺	款式	款号	尺码
1	1号店铺	女款	UA002	S
2	1号店铺	女款	UA002	M
3	1号店铺	女款	UA002	L
4	1号店铺	女款	UA002	XL
5	1号店铺	女款	UA003	S
6	1号店铺	女款	UA003	M
7	1号店铺	女款	UA003	L
8	1号店铺	女款	UA003	XL
9	1号店铺	婴儿	UA008	3个月
10	1号店铺	婴儿	UA008	6个月
11	1号店铺	婴儿	UA008	12个月
12	1号店铺	婴儿	UA008	24个月
13	2号店铺	儿童	UA006	90cm
14	2号店铺	儿童	UA006	100cm

图 9.15　展开缺货款式对应的全部尺码

注意：因为选择对应款式的“尺码”列是单列的表，所以通过 Table.ToColumns 函数转换后也是列表嵌套的格式，通过“{0}”进行深化获取列表值。

这里涉及两个新函数：一个是用于选择表中列的函数 Table.SelectColumns，该函数的参数说明如表 9.1 所示；另一个是用于将表格转换成列表的函数 Table.ToColumns，该函数的参数说明如表 9.2 所示。

表 9.1　Table.SelectColumns 函数的参数说明

参　数	属　性	数 据 类 型	说　明
table	必选	表格类型（table）	需要进行筛选的表
columns	必选	多于 1 种类型（any）	需要返回的列标题 单列时参数的数据类型为文本类型，多列时参数的数据类型为列表类型
missingField	可选	枚举类型（MissingField.Type）	如果省略，则选择剩余字符数 0 代表返回错误；1 代表空列表；默认 0

表 9.2　Table.ToColumns 函数的参数说明

参　数	属　性	数 据 类 型	说　明
table	必选	表格类型（table）	需要进行转换的表

注意：表转列有多种方式，在转换时需要注意所使用函数之间的差异。这里 Table.ToColumns 函数中的第 2 参数 columns 是列数据；Table.ToRows 函数用于将每行数据转换为单独的列后以单个列表的形式进行展现；Table.ToList 用于将指定的组合函数应用于表中的每一行，并将表转换成列，默认的指定函数为 Combiner.CombineTextByDelimiter("分隔符",引号字符)。以尺码表为例，使用上述 3 个函数对其进行转换，转换结果如图 9.16 所示，请注意不同函数的返回结果之间的差异。

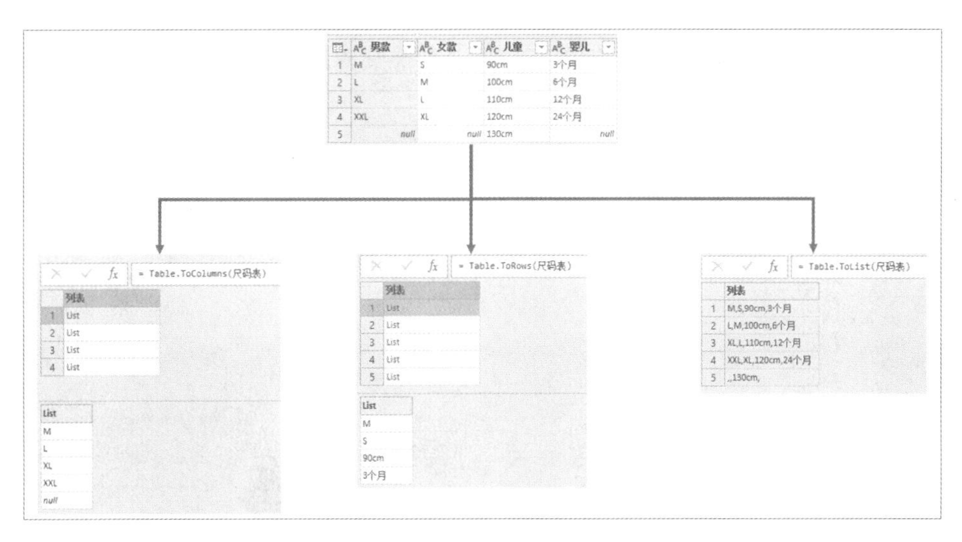

图 9.16　不同表转列函数的返回结果之间的差异

9.3.2　获取目前库存数

要获取目前尺码的库存数，比较快捷的方式就是和进行逆透视后得到的一维库存表进行对比，通过“合并查询”获取断码缺货的详情，如图 9.17 所示（补货表是在缺货表的基础上进行扩展操作后得到的表），在“合并”对话框中按住 Ctrl 键后按照对应顺序选中 4 列（列标题的右侧有选中的顺序号）。对库存表进行逆透视的具体操作可以参考之前的步骤（见图 9.4 和图 9.5）。

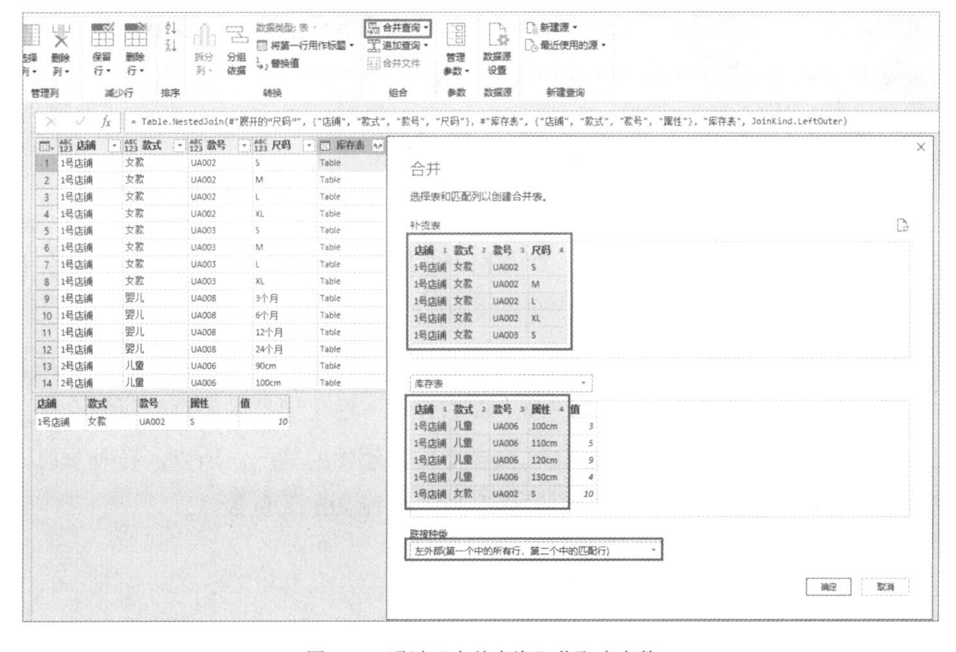

图 9.17　通过“合并查询”获取库存数

将补货表中显示的尺码匹配到所对应的目前库存数后，展开并只展开“值”字段（库存数），如图 9.18 所示。

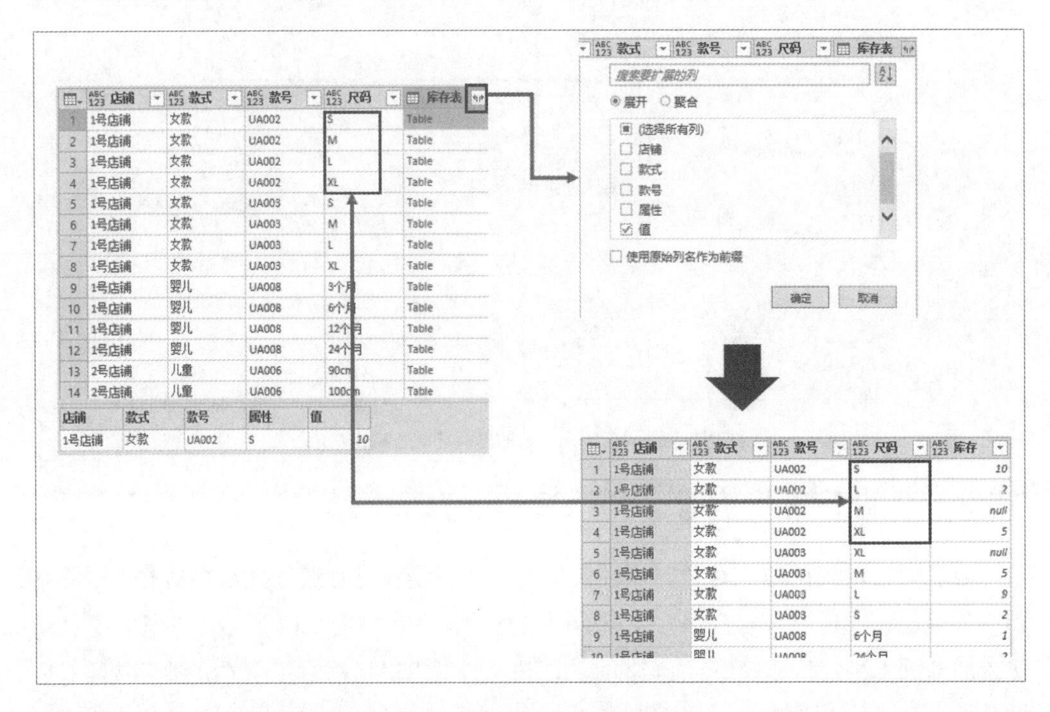

图 9.18　展开匹配到的目前库存数

注意：展开表格后会导致尺码的排序不一致，虽然不影响最终的操作，但还是希望能够排序一致。可以使用 Table.Buffer 函数对展开后的表格进行表格缓存，在展开后的表格外面嵌套 Table.Buffer 函数即可。

9.3.3　匹配对应款式要求的最小库存数

既然要补货，那么补完货要满足最小库存数的要求，就必须先匹配上各自款式要求的最小库存数。这里可以通过“合并查询”获取最小库存数，如图 9.19 所示，也可以使用之前获取最小库存数的代码（见图 9.10）。

在电商领域，很多商家会考虑到退款率的问题，也就是商品在被顾客拍下后会以各种原因申请退款，此时商家为了获得更多的订单，在上架产品库存数量时会让上架产品的库存数大于实际库存数，这样就很容易发生超卖的情况。所以，在补货时不仅要考虑到实际库存数，还要考虑到可发库存数（可能会出现负数）。

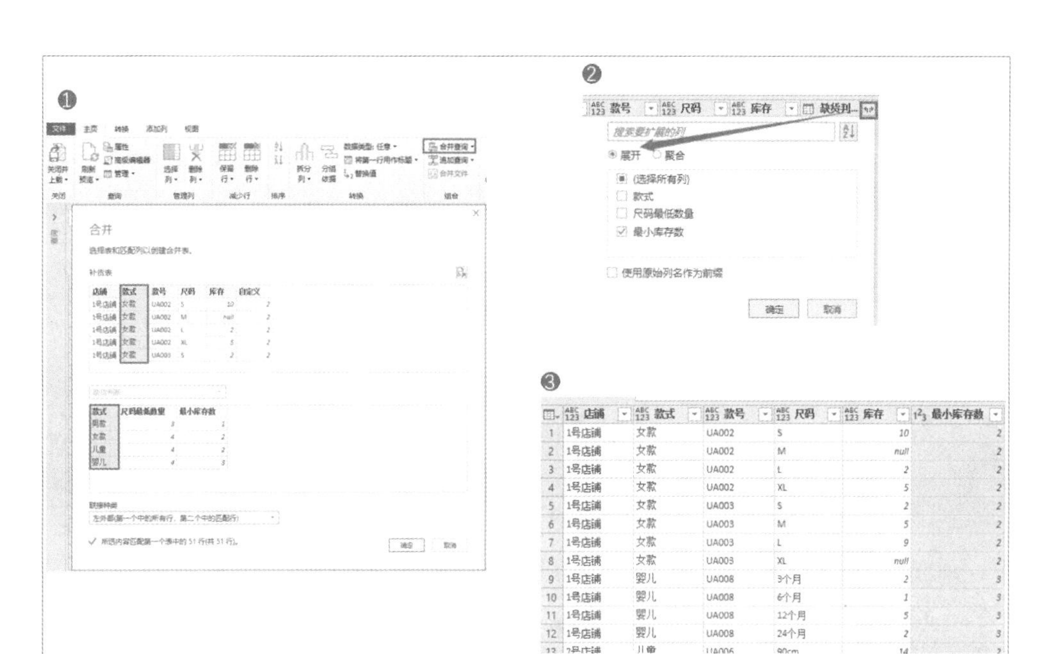

图 9.19　通过“合并查询”获取最小库存数

9.3.4　计算补货数量

补货数量就是一个款式目前的库存数要达到该款式所要求的最小库存数所需要补货的数量。这里可以直接使用数字相减的方法，使用最小库存数减去目前库存数就是需要补货的数量，并且补货后的库存数能达到最小库存数，如图 9.20 所示。当然，如果想要补货数量大于最小库存数一定数值，那么也可以直接加上所需要的量，如要求补货后的库存数至少为 3 倍的最小库存数，如图 9.21 所示。

图 9.20　满足最小库存数要求的补货数量

自定义列

添加从其他列计算的列。

新列名

3倍最小库存补货数量

自定义列公式

```
=[最小库存数]*3 - (if [库存]= null then 0 else [库存])
```

可用列

店铺
款式
款号
尺码
库存
最小库存数
最小库存补货数量

<< 插入

了解 Power Query 公式

✔ 未检测到语法错误。

确定　取消

图 9.21　满足 3 倍最小库存数要求的补货数量

注意：因为目前库存数中存在空值，如果直接相减，则任何和 null 进行计算的结果都是 null，会影响计算结果，所以在计算前，要先把空值 null 替换成 0，这样就能够进行正确的计算了。

满足最小库存数及 3 倍最小库存数要求的补货数量如图 9.22 所示，通过对比可以发现，在不同的要求下，对补货数量的要求是有一定差异的，并且以最小库存数的值为基础进行计算，可以发现各个补货数量的值都是正确的。

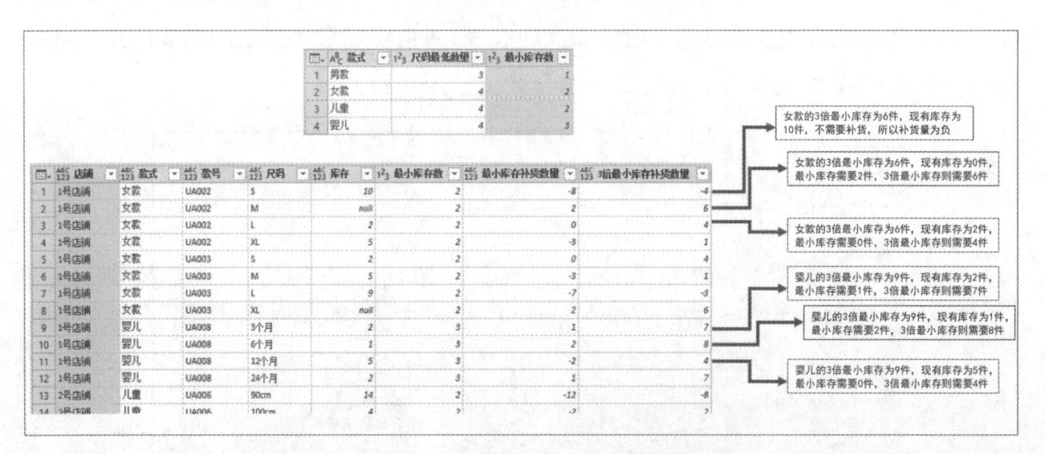

	款式	尺码最低数量	最小库存数
1	男款	3	1
2	女款	4	2
3	儿童	4	2
4	婴儿	4	3

	店铺	款式	款号	尺码	库存	最小库存数	最小库存补货数量	3倍最小库存补货数量
1	1号店铺	女款	UA002	S	10	2	-8	-4
2	1号店铺	女款	UA002	M	null	2	2	6
3	1号店铺	女款	UA002	L	2	2	0	4
4	1号店铺	女款	UA002	XL	5	2	-3	1
5	1号店铺	女款	UA003	S	2	2	0	4
6	1号店铺	女款	UA003	M	5	2	-3	1
7	1号店铺	女款	UA003	L	9	2	-7	-3
8	1号店铺	女款	UA003	XL	null	2	2	6
9	1号店铺	婴儿	UA008	3个月	2	3	1	7
10	1号店铺	婴儿	UA008	6个月	1	3	2	8
11	1号店铺	婴儿	UA008	12个月	5	3	-2	4
12	1号店铺	婴儿	UA008	24个月	2	3	1	7
13	2号店铺	儿童	UA006	90cm	14	2	-12	-8
14	2号店铺	儿童	UA006	100cm	4	2	-2	2

图 9.22　满足最小库存数及 3 倍最小库存数要求的补货数量差异对比

9.3.5　筛选需要补货的尺码明细

通过之前的对比可以得知，如果补货数为 0 或负数，则代表不需要补货，反之则代表需要补货的数量，通过筛选补货数大于 0 的尺码就可以获得最终的尺码明细，删除一些不必要的列后得到最终结果，如图 9.23 所示。

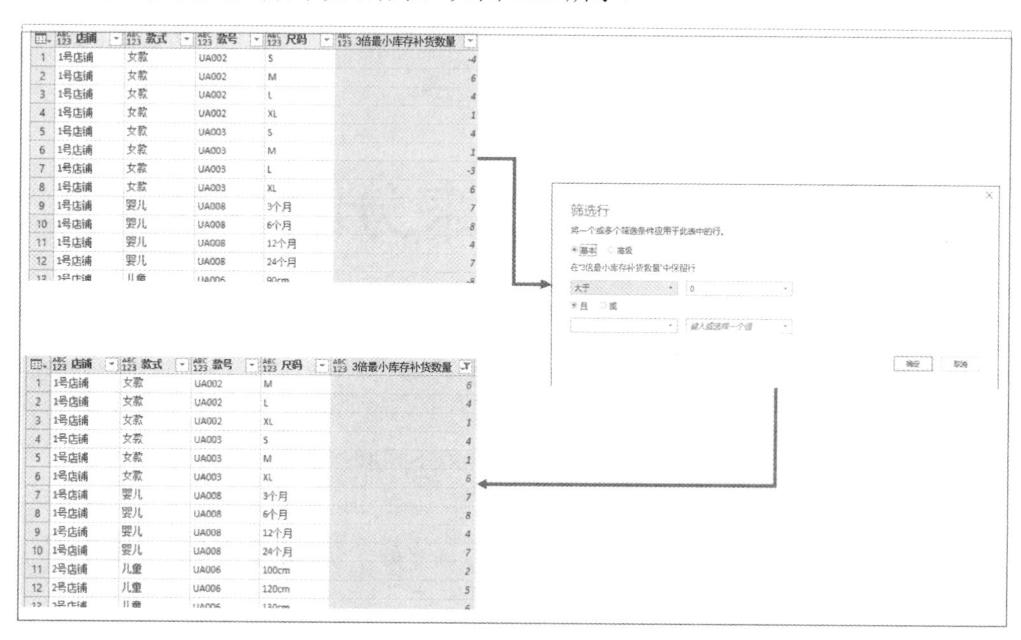

图 9.23　筛选需要补货的尺码明细

通过以上的操作步骤可以得出断码缺货表及补货表，最后将表格加载至 Excel 工作表中，这样在库存表有变动时，可以第一时间刷新加载的表格来获得最新的补货清单，以及产品的库存调整情况，如图 9.24 所示。

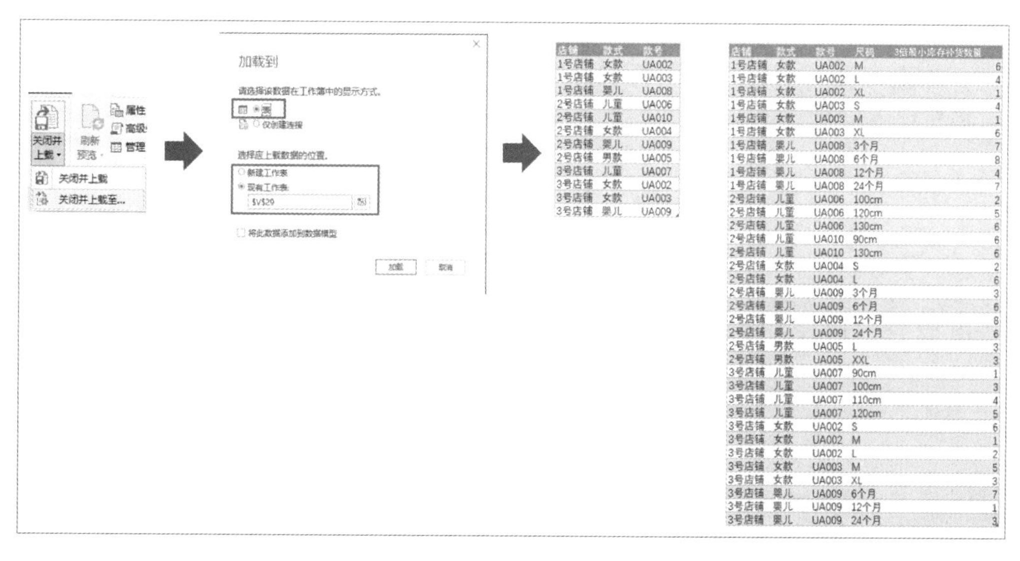

图 9.24　加载表格

第 10 章

根据指定规则来分隔数据

分隔数据是进行数据清洗时十分常见的操作，找到其规则是重要的前提，但是除了找到规则，还需要有相应的操作方法。Excel 的“数据”选项卡下的“数据工具”选项组中的“分列”按钮具有“分列”功能，而 Power Query 中则具有比 Excel 中的“分列”功能更强大的“拆分列”功能及分隔函数 Splitter。

本章主要涉及的知识点有：

- Power Query 中的“拆分列”功能和 Excel 中的“分列”功能之间的差异
- Power Query 中特殊分隔符的处理
- Power Query 中既定规则的分列处理
- Power Query 自定义规则的分列处理

10.1 Excel 中的“分列”功能的使用

在 Excel 中有一个功能叫作分列，其主要体现为对数据的有效拆分。Excel 中的“分列”功能除了可以实现简单的分列操作，还可以实现如格式转换等操作。Excel 中的“分列”功能如图 10.1 所示。

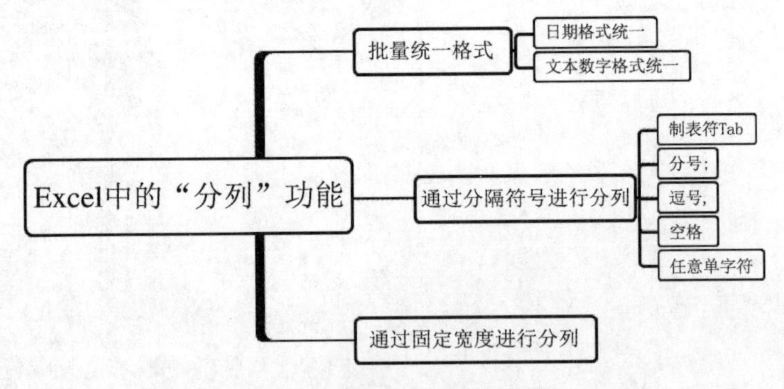

图 10.1　Excel 中的“分列”功能

10.1.1　批量统一格式

在处理 Excel 中的数据时，会经常遇到日期格式不统一的问题，这样会使得后续的计算产生错误，所以需要对日期格式进行统一的调整。图 10.2 所示为不同日期格式的数据。

时间	采购数量	采购单价	采购金额
2019/1/1	75	49	3675
2019/1/2	36	36	1296
2019-01-03	81	13	1053
2019-01-04	71	23	1633
2019/1/5	88	24	2112
2019年1月6日	25	13	325
2019年1月7日	82	40	3280
2019年1月8日	14	35	490
2019/1/9	44	42	1848
2019/1/10	27	16	432
2019/1/11	40	28	1120
19/1/12	59	19	1121
19/1/13	40	33	1320
14-Jan-19	16	20	320
15-Jan-19	73	14	1022
16-Jan-19	99	49	4851
20190117	60	25	1500
20190201	45	35	1575
20190205	26	18	468

图 10.2　不同日期格式的数据

图 10.2 中的数据初看都是日期类型的数据，那是不是直接把单元格格式改为日期就可以了呢？选中单元格，设置单元格格式，出现的效果如图 10.3 所示。

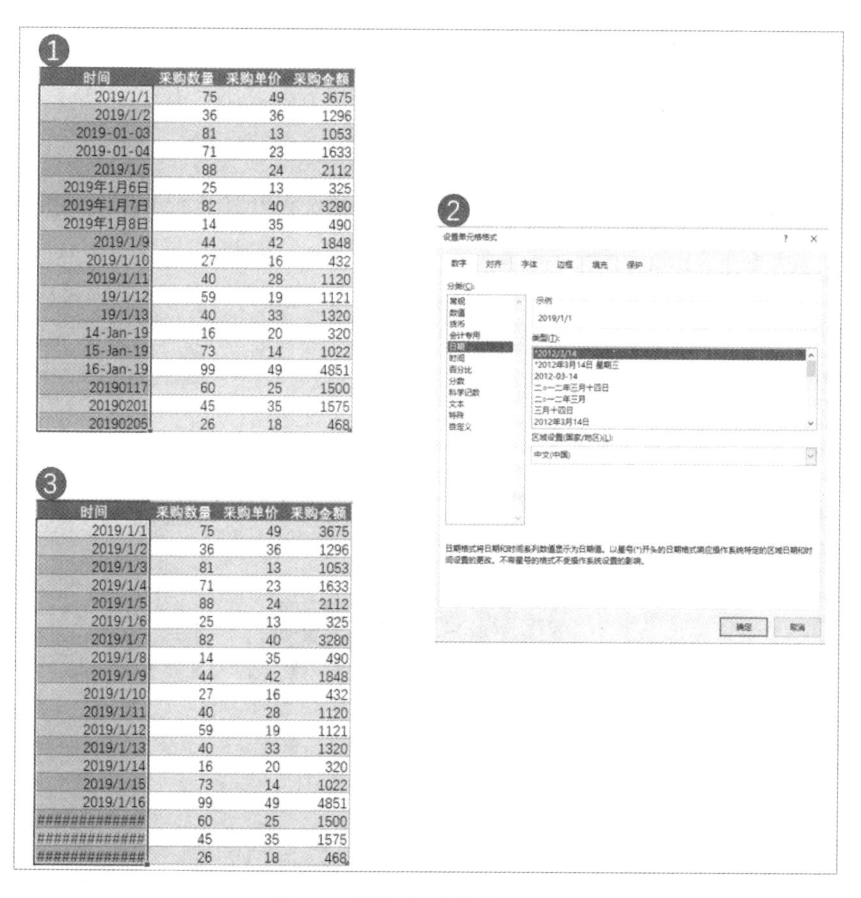

①

时间	采购数量	采购单价	采购金额
2019/1/1	75	49	3675
2019/1/2	36	36	1296
2019-01-03	81	13	1053
2019-01-04	71	23	1633
2019/1/5	88	24	2112
2019年1月6日	25	13	325
2019年1月7日	82	40	3280
2019年1月8日	14	35	490
2019/1/9	44	42	1848
2019/1/10	27	16	432
2019/1/11	40	28	1120
19/1/12	59	19	1121
19/1/13	40	33	1320
14-Jan-19	16	20	320
15-Jan-19	73	14	1022
16-Jan-19	99	49	4851
20190117	60	25	1500
20190201	45	35	1575
20190205	26	18	468

③

时间	采购数量	采购单价	采购金额
2019/1/1	75	49	3675
2019/1/2	36	36	1296
2019/1/3	81	13	1053
2019/1/4	71	23	1633
2019/1/5	88	24	2112
2019/1/6	25	13	325
2019/1/7	82	40	3280
2019/1/8	14	35	490
2019/1/9	44	42	1848
2019/1/10	27	16	432
2019/1/11	40	28	1120
2019/1/12	59	19	1121
2019/1/13	40	33	1320
2019/1/14	16	20	320
2019/1/15	73	14	1022
2019/1/16	99	49	4851
############	60	25	1500
############	45	35	1575
############	26	18	468

图 10.3　设置单元格格式后的效果

前面的日期数据看着都没问题，而最后几行的数据出错了，不能转换成日期格式，出现了全部是“#”字符的内容。通常来说，如果单元格中都是“#”字符，则说明单元格的列宽不够，但实际上这里不是列宽的问题，是日期太大超过了规定。如图 10.4 所示，当把鼠标指针移到显示错误的单元格上时，会显示“日期和时间为负值或太大时会显示为######。”的提示信息。Excel 默认的时间格式范围为 1990/1/1～9999/12/31，对应的数值为 32874～2958465，而最后几行的 20190117 这样的数字超过了其规定范围所对应的最大值，所以会显示这条提示信息。

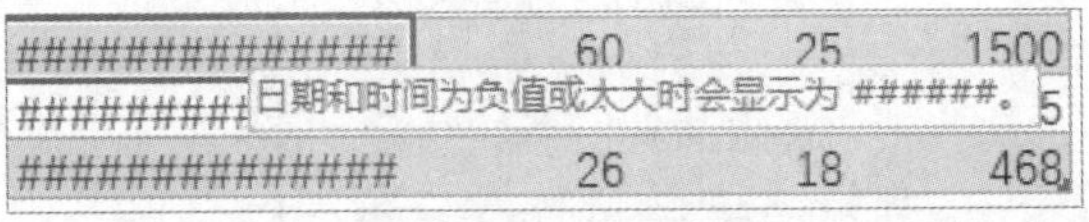

图 10.4　日期格式转换错误后的提示信息

这时就可以使用 Excel 中的“分列”功能，“分列”功能实际上并不进行分列，而只是进行格式的转换，如图 10.5 所示。选中所需要的列内容，然后单击“数据”选项卡下的“数据工具”选项组中的“分列”按钮，在弹出的“文本分列向导”对话框中直接单击“下一步”按钮，跳过前面的两步，直接来到第 3 步，选中“列数据格式”选区中的“日期”单选按钮，这样就可以修正错误了。

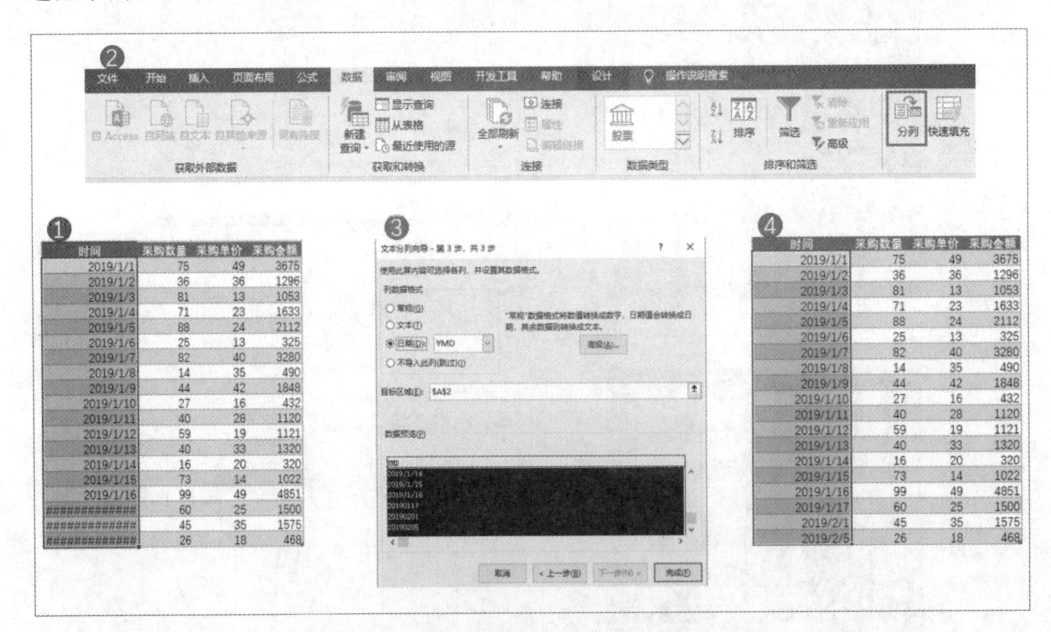

图 10.5　使用“分列”功能转换日期格式

同理，当数字不能计算时，就需要考虑其是否是文本类型的数据，可以通过同样的方式进行类型转换，在“列数据格式”选区中选中“常规”单选按钮即可。

10.1.2　通过分隔符号进行分列

Excel“数据”选项卡下的“数据工具”选项组中“分列”按钮的主要功能就是通过预先设定的规则进行分列，单击“分列”按钮后会进入“文本分列向导”的第 1 步界面，如图 10.6 所示，可以看到，其主要有两种分列方式，一种方式是通过分隔符号进行分列，另一种方式是通过固定宽度进行分列。

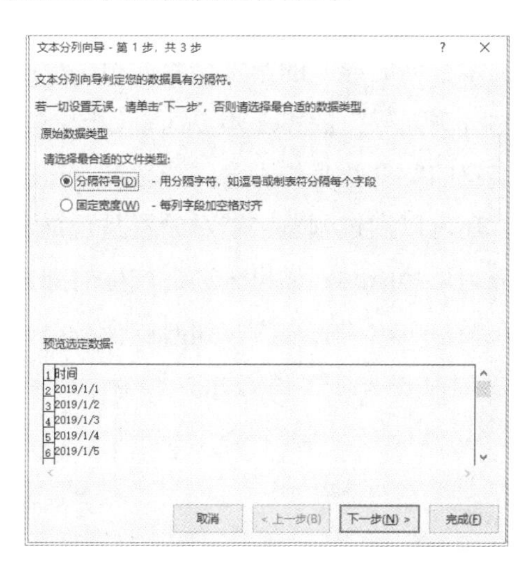

图 10.6　“文本分列向导”的第 1 步界面

选中“分隔符号”单选按钮并单击“下一步”按钮后，可以来到“文本分列向导”的第 2 步界面，如图 10.7 所示，在“分隔符号”选区中有多个分隔符号可供选择，其中除了常规的分隔符号，还有一个“其他”复选框可以勾选，也就是可以自定义符号来作为分隔符号。

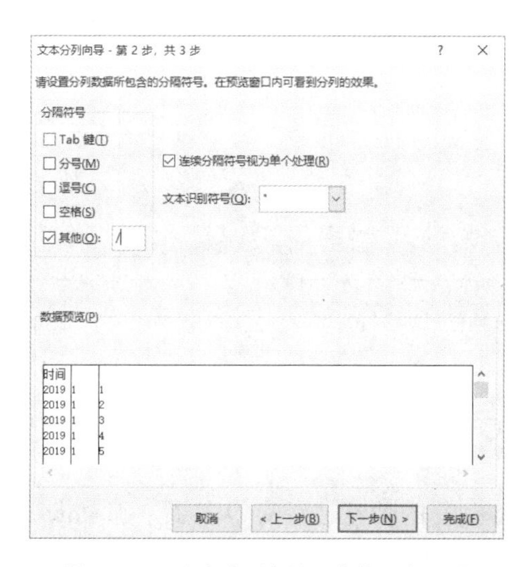

图 10.7　“文本分列向导”的第 2 步界面

注意： 分隔符号可以是英文、符号、数字等，但是分隔符号只能是单个字符（除了连续单个字符，当分隔符号为连续单个字符时，可以勾选“连续分隔符号视为单个处理”复选框）。

10.1.3 通过固定宽度进行分列

除了可以通过分隔符号进行分列，Excel 中的“分列”功能还可以通过固定的字符宽度进行分列。在“文本分列向导”的第 1 步界面中，可以选中“固定宽度”单选按钮，此时会进入“文本分列向导”的第 2 步界面，如图 10.8 所示。

此时可以手动调节字符的宽度数来作为分隔的宽度，这里的字符宽度可以根据实际情况设置成多个宽度，还可以通过预览来查看设置是否符合要求。

在 Excel 中使用“分列”功能时，如果分列后产生的列数多于原来的列数，则会覆盖原先存在的数据。在最后单击“完成”按钮时，会跳出如图 10.9 所示的对话框。

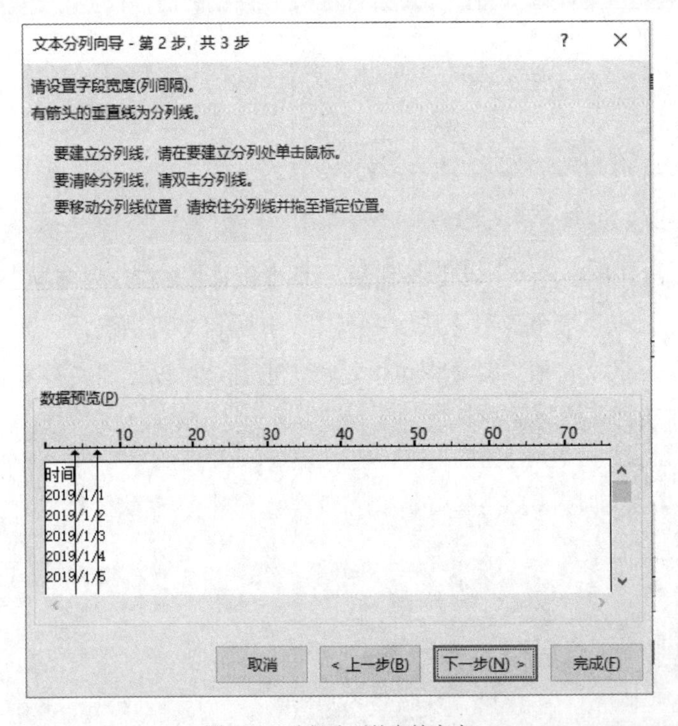

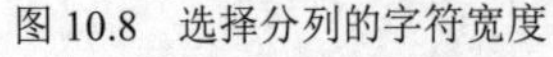
图 10.8　选择分列的字符宽度

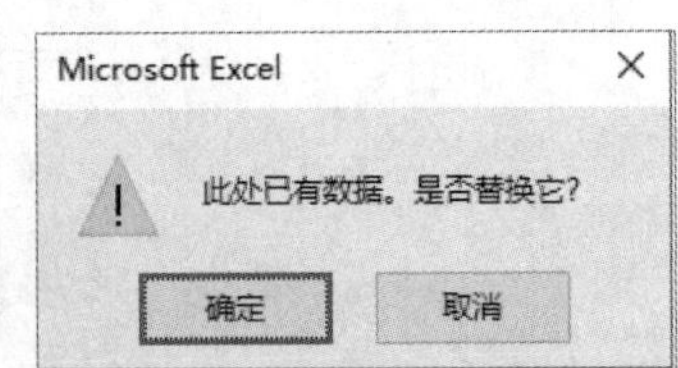

图 10.9　确定是否覆盖原来的数据

10.2 Power Query 中的“拆分列”功能

既然 Excel 中的“分列”的功能已经有很多了，那 Power Query 中的“拆分列”功能与之相比又有哪些不同呢？其是否可以实现 Excel 中的“分列”功能及 Excel 中的“分列”无法实现的功能呢？Power Query 作为进行数据清洗的工具，Power Query 中的“拆分列”功能当然会比 Excel 中的“分列”功能更强大，并且通过多种函数功能的结合，其还可以实现很多 Excel 中的“分列”无法实现的功能。图 10.10 所示为 Power Query 中的“拆分列”功能，其不仅可以实现 Excel 中所能实现的分列功能，还可以实现 Excel 中无法实现的分列。

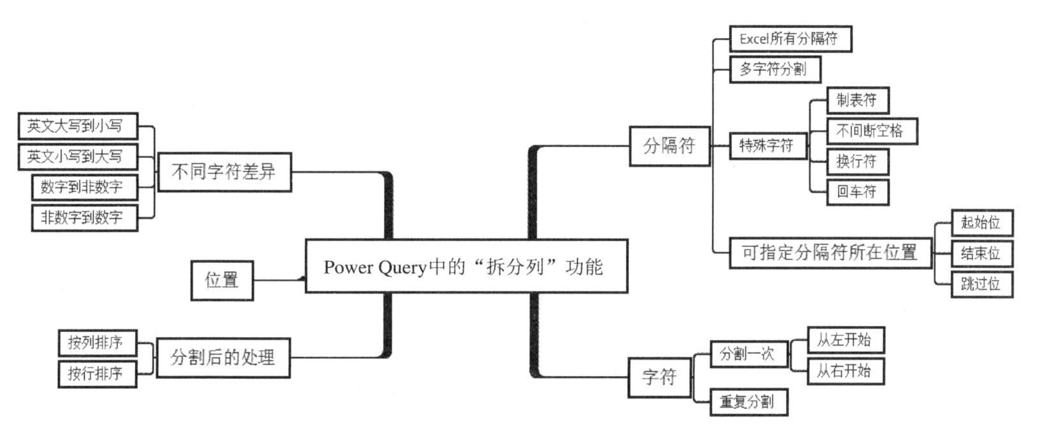

图 10.10　Power Query 中的“拆分列”功能

Power Query 中的“主页”选项卡和“转换”选项卡下均有“拆分列”，如图 10.11 所示，它们的功能是一样的，通过任意一个选项卡中的“拆分列”都能直接使用。

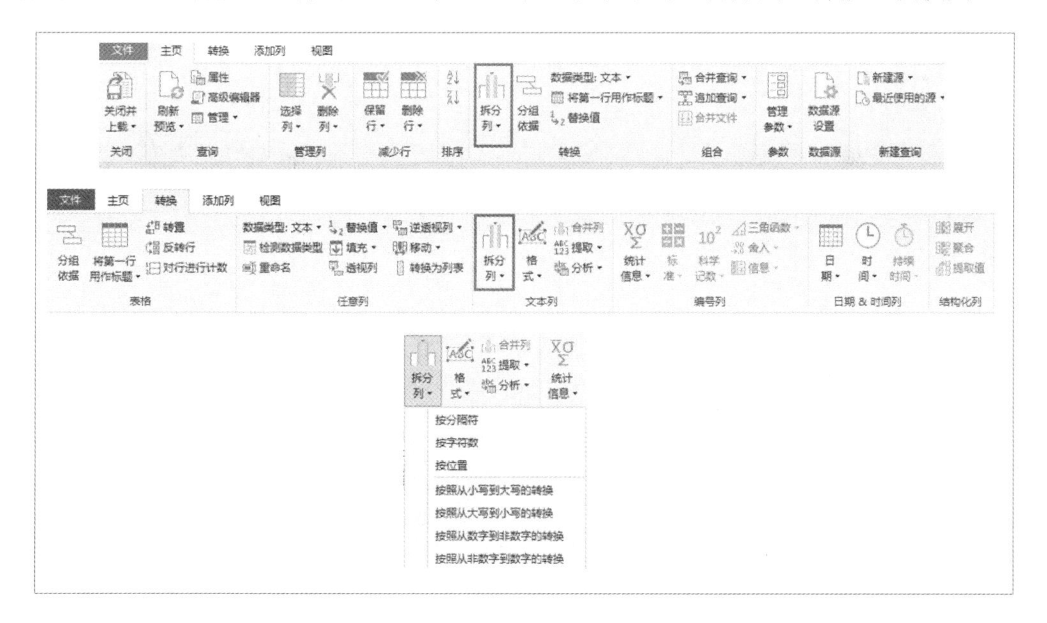

图 10.11　Power Query 中“拆分列”所在的位置

从“拆分列”的功能列表来看，其大致分为两类，一类是类似 Excel 中“文本分列向导”对话框中的规则，另一类则是已经生成好的规则。

10.2.1 按分隔符拆分列

Power Query 中的按分隔符拆分列功能和 Excel 中的按分隔符拆分列功能类似，但是比在 Excel 中更强大，很多在 Excel 中无法完成的拆分，在 Power Query 中却能轻易完成，如使用换行符进行拆分，如图 10.12 所示，如果要通过数据清洗来完成目标表的结果，那么使用换行符拆分列这一步骤就必不可少了。

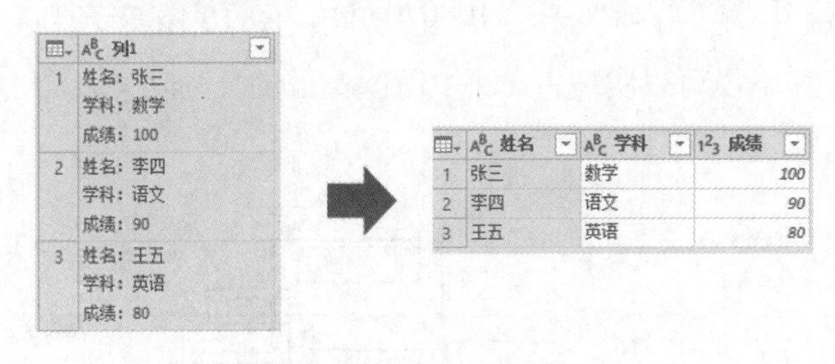

图 10.12 成绩表格式转换

虽然看着相对比较简单，但是在 Power Query 处理过程中的步骤也很多，具体的操作过程如下，至少有两个分隔符需要操作，一个是换行符，另一个是冒号。

1. 使用换行符作为分隔符拆分列

先通过换行符来拆分列，此时需要注意的是，通常所说的拆分列操作都是将单列拆分成多列，如果按一般的操作，在选择分隔符时使用特殊符号换行符进行拆分，则产生的效果如图 10.13 所示。

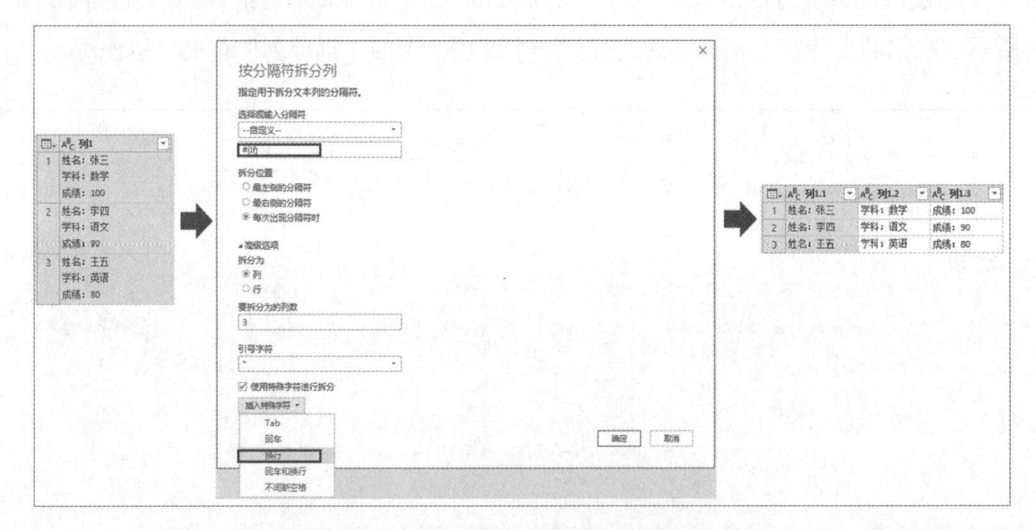

图 10.13 使用换行符作为分隔符拆分列

注意：请先选择自定义分隔符并清空内容，再勾选“使用特殊字符进行拆分”复选框，在“插入特殊字符”下拉列表中选择“换行”选项，此时会在自定义分隔符文本框中显示“#(lf)”作为分隔符，这个符号的实际意义是对特定字符 lf 进行转义。

拆分列的操作只能针对单列进行，此时可以看到还需要对每一列中的冒号进行拆分，这样就会产生 3 次操作，或者直接选中全部列并进行逆透视后删除不需要的列，如图 10.14 所示，也需要进行多次操作。

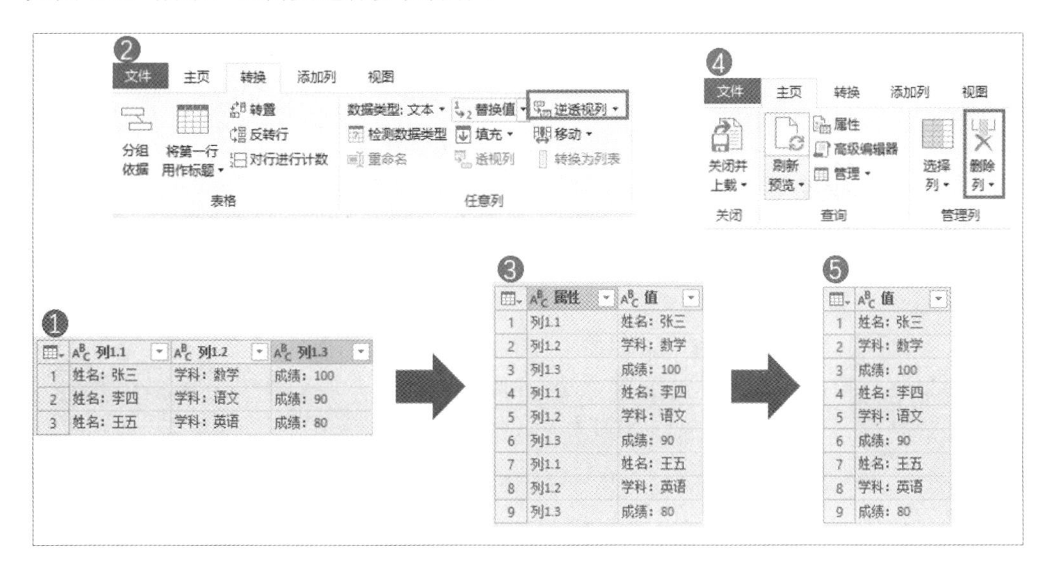

图 10.14　逆透视全部列后删除不需要的列

实际上，在 Power Query 的拆分列中，有一个相对比较实用的功能，就是拆分为行的功能。在“高级选项”选区中，可以选择拆分为列或拆分为行，直接使用拆分为行即可达到所需要的图 10.14 中的第 5 步结果。

2．使用冒号作为分隔符拆分列

通过换行符进行拆分后，接下来是使用冒号进行拆分，此时就不需要再使用拆分为行的功能了，如图 10.15 所示。

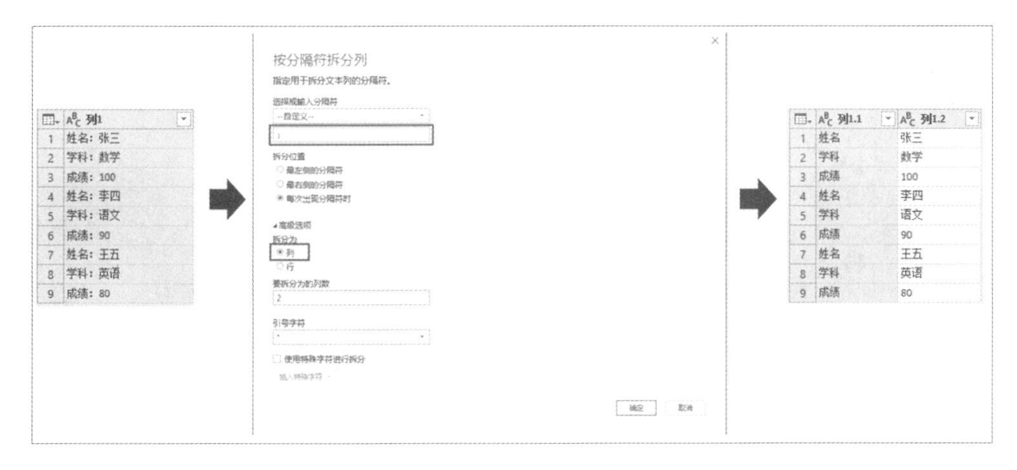

图 10.15　使用冒号作为分隔符拆分列

3．添加索引并整除

接下来就是比较常规的数据清洗规则了，也就是有规则的多行数据的处理，通过添加索引并整除相应的数值即可，操作过程如图 10.16 所示。

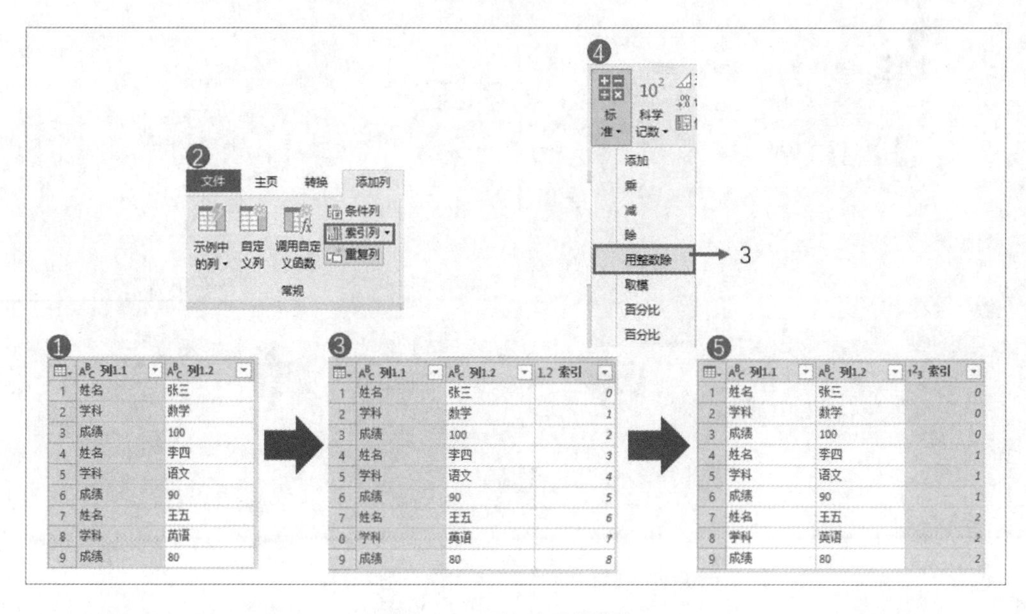

图 10.16　添加索引并整除

4．透视数据表

添加索引的目的就是对表进行透视，使标题的显示数量保持唯一值的状态，这样方便后续的转换，如 10.17 所示。

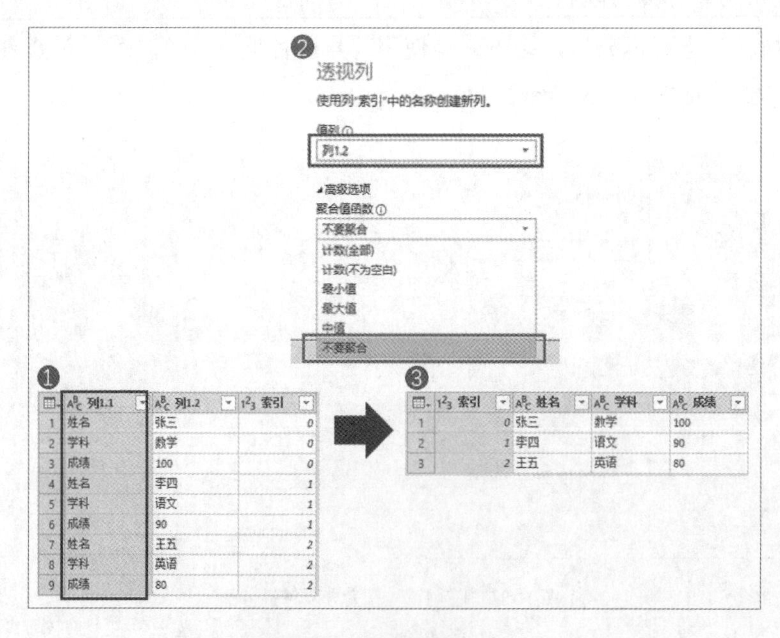

图 10.17　对标题列进行透视

注意：在透视数据表时，在进行透视操作前选择的列非常关键，也就是选择的列在经过透视后会作为标题，同时在选择透视值时，因为只需要进行格式的转换，所以在“高级选项”选区的“聚合值函数”下拉列表中选择“不要聚合”选项，如果在透视前选择的是索引列，则会产生如图 10.18 所示的结果。

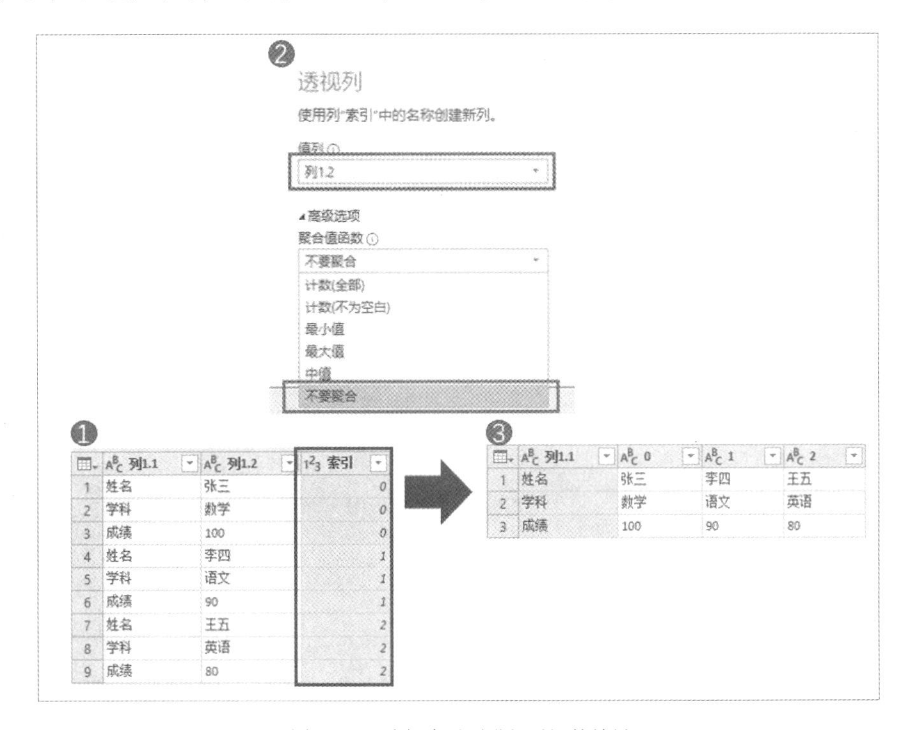

图 10.18　选择索引列进行透视的结果

5．删除不需要的列

最后就是删除不需要的索引列，使目标表达到最终所需要的格式。

10.2.2　按字符数拆分列

除了可以按分隔符来拆分列，还可以按字符数和按位置来拆分列，需要了解这两种拆分列方法之间的差异。Excel 中的通过固定宽度进行分列实际上是和 Power Query 中的按位置拆分列的操作相似，可以自行设定多个不同的分隔位置；而按字符数拆分列则是统一进行分隔，但是提供了多个选项，如图 10.19 所示，其不仅有拆分一次和重复拆分的选择，还可以按指定方向靠左或靠右开始拆分，同时具有拆分为行或列的方法，甚至可以设定拆分后需要保留的列数。

我们平时在银行转账或使用银行卡时会看到，部分银行卡正面的银行卡号都是以 4 位数字为一组进行排列的，如果有一组银行卡号需要按这种要求进行展示，就可以考虑使用字符数进行分列了。例如，需要把原始的银行卡号按 4 位数字为一组进行展示，最后一组数字不满 4 个的也凑为一组，这时就可以使用按字符数进行拆分的操作，如图 10.20 所示，在拆分列完成后再通过空格连接符进行文本合并，这样就能达到我们所需要的效果了。

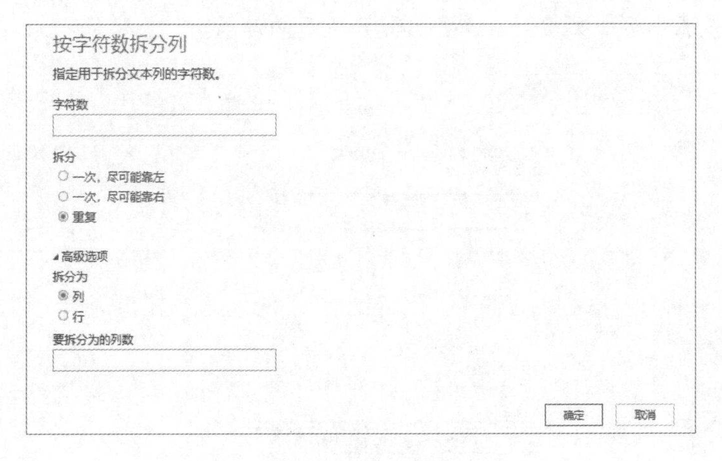

图 10.19　按字符数拆分列的选项

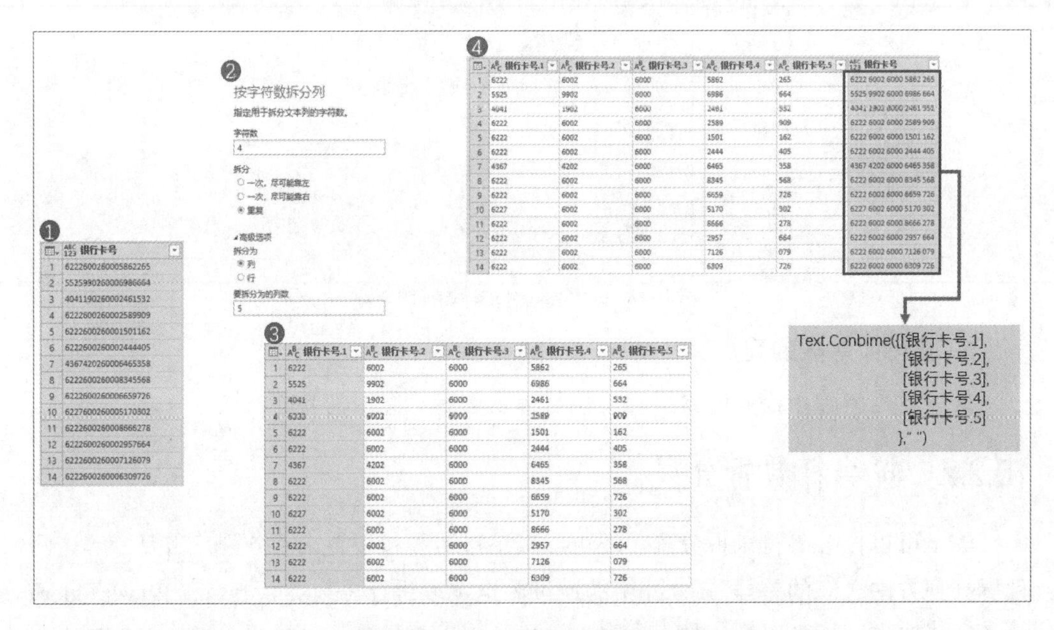

图 10.20　按字符数拆分银行卡号

10.2.3　按位置拆分列

之前也提到过按位置拆分列实际上和 Excel 中的通过固定宽度进行分列类似，只不过在 Excel 中需要手动调节字符的宽度，而在 Power Query 中的按位置拆分列则只需要输入指定位置即可，如图 10.21 所示，想要在身份证号上分隔出地区、出生年月、性别等，都可以使用按位置进行分隔。在分列前需要先了解哪些位置的数字表示地区，哪些位置的数字分别表示出生年月和性别。

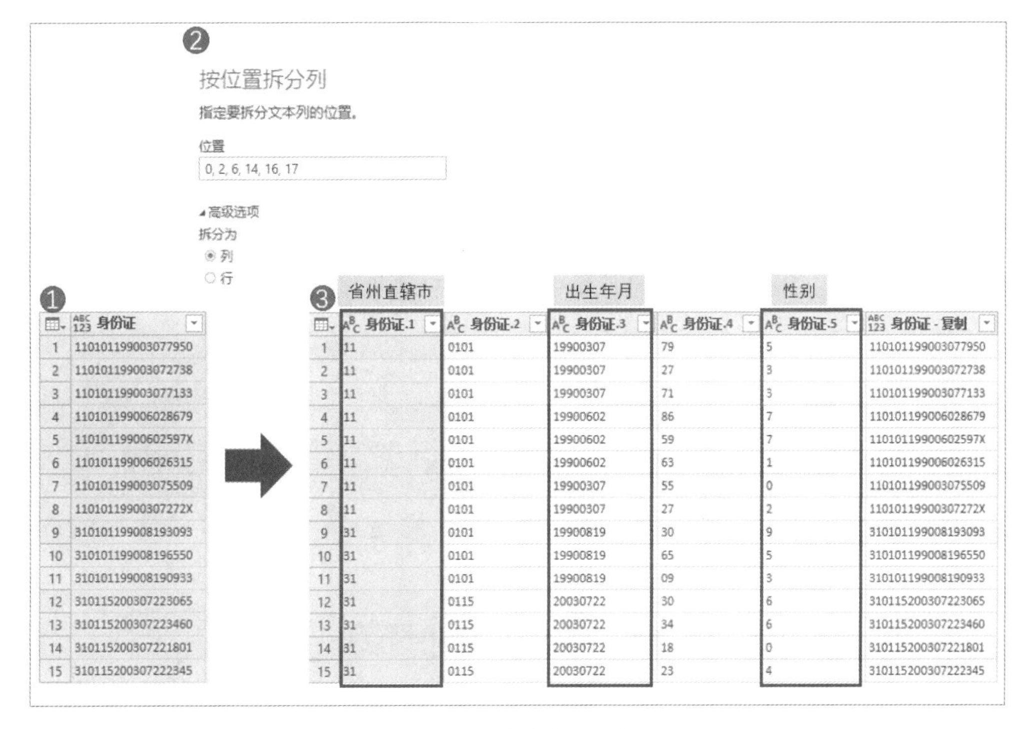

图 10.21　拆分身份证号

注意：在进行拆分时，位置是从 0 开始的，这点要特别注意。如果缺少最前面的 0 或最后的 17，则会有数据的截断，如图 10.22 所示。

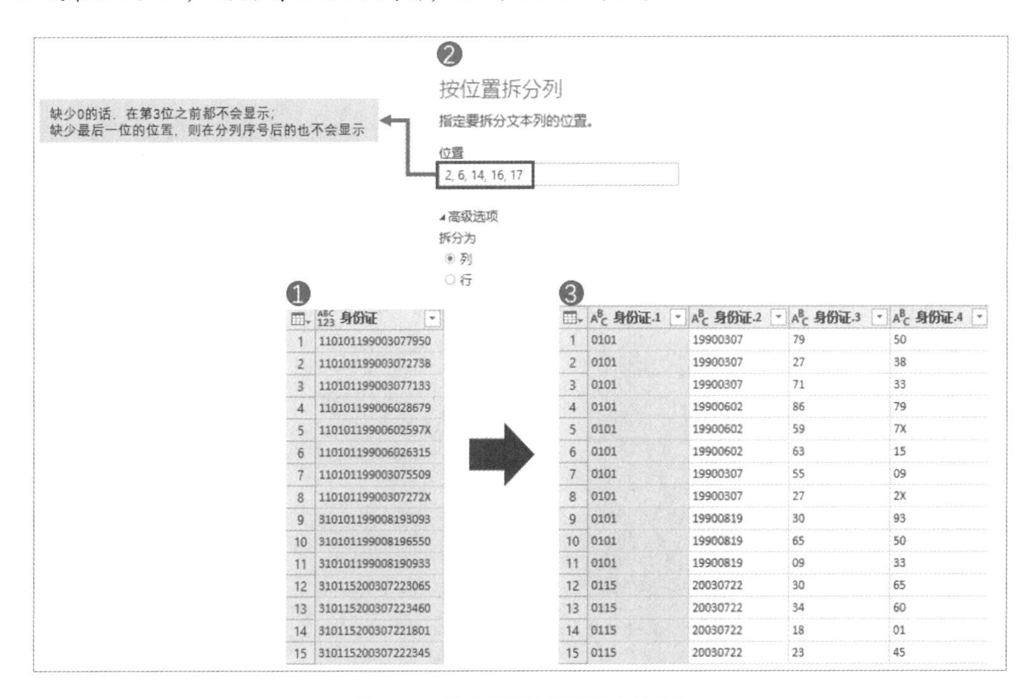

图 10.22　缺少前后位置时拆分的结果

其中，第 1、第 2 位数字表示所在省份的代码；第 3、第 4 位数字表示所在城市的代码；第 5、第 6 位数字表示所在区县的代码；第 7～第 14 位数字表示出生日期；第 15、第 16 位数字表示所在地的派出所的代码；第 17 位数字表示性别：奇数表示男性，偶数表示女性；第 18 位数字是校检码。这样就可以通过判断语句进行查找，省州直辖市如果有对应的数据库，则也可以直接使用“合并查询”进行查找，如果只需要单独找到特定对应的身份证号信息，则可以直接使用 if 语句进行判断，具体操作如图 10.23 所示。

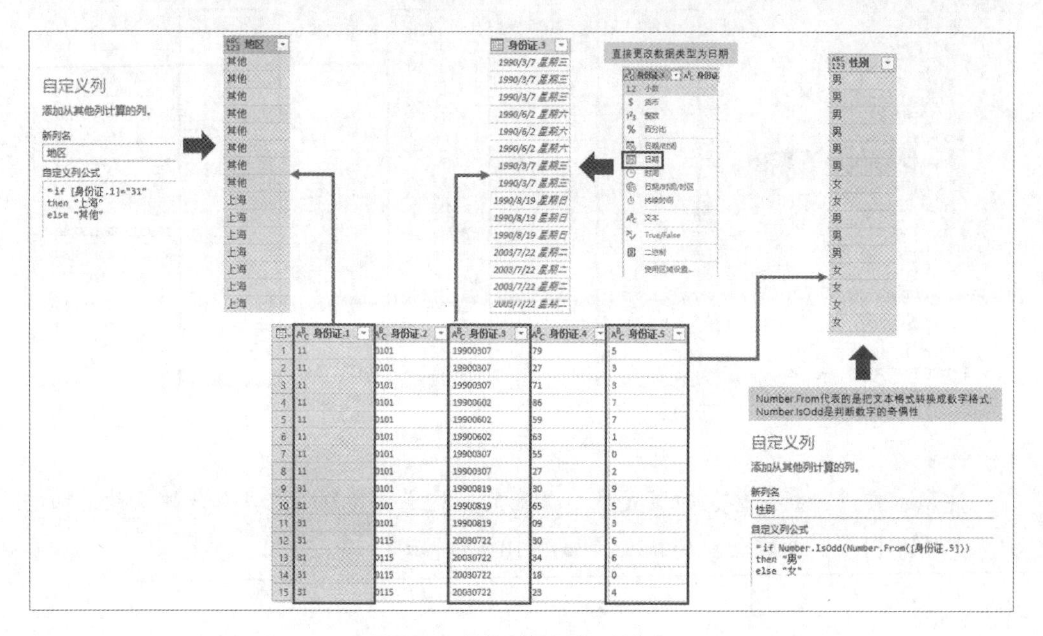

图 10.23　转换判断身份证号信息

这里涉及一个新函数，即 Number.IsOdd，该函数用于判断是否为奇数，与其对应的用于判断是否是偶数的函数为 Number.IsEven，判断返回值为逻辑值 True/False。最终通过数据的整理及标题的重命名，即可得到如图 10.24 所示的结果。

	身份证号码	出生年月日	地区	性别
1	110101199003077950	1990/3/7 星期三	其他	男
2	110101199003072738	1990/3/7 星期三	其他	男
3	110101199003077133	1990/3/7 星期三	其他	男
4	110101199006028679	1990/6/2 星期六	其他	男
5	11010119900602597X	1990/6/2 星期六	其他	男
6	110101199006026315	1990/6/2 星期六	其他	男
7	110101199003075509	1990/3/7 星期三	其他	女
8	11010119900307272X	1990/3/7 星期三	其他	女
9	310101199008193093	1990/8/19 星期日	上海	男
10	310101199008196550	1990/8/19 星期日	上海	男
11	310101199008190933	1990/8/19 星期日	上海	男
12	310115200307223065	2003/7/22 星期二	上海	女
13	310115200307223460	2003/7/22 星期二	上海	女
14	310115200307221801	2003/7/22 星期二	上海	女
15	310115200307222345	2003/7/22 星期二	上海	女

图 10.24　身份证号整理完成样式

10.2.4　按照既有规则转换拆分列

Power Query 中的“拆分列”的功能列表中提供两种规则，也就是数字与非数字、英文大写与英文小写之间的差异这两种规则。从功能字面意义上比较好理解，拆分的依据也是已经预先设定的，如图 10.25 所示，这种类型的数据看似有规则（中文产品描述，尺码，大写英文为型号，小写英文为品级，最后显示的是仓库位置），如果要分别提取这些数据，那么按照之前所了解的按分隔符及按位置都无法进行准确的拆分列，此时就可以考虑使用不同字符之间的差异进行分列了。

	名称	数量
1	休闲的鞋38YXXa一号仓	15
2	休闲的鞋40YXXa二号仓	17
3	休闲的鞋42BZb二号仓	17
4	旅游的鞋42Yb一号仓	13
5	旅游的鞋40Yb二号仓	16
6	滑雪用的鞋42XDc一号仓	14
7	滑雪用的鞋40XDc一号仓	8
8	滑雪用的鞋44XDc二号仓	19
9	下雨天穿的鞋38PBa一号仓	19
10	下雨天穿的鞋36PBa一号仓	6
11	下雨天穿的鞋40PBb二号仓	6
12	足球场上的鞋42ZQa二号仓	16
13	足球场上的鞋44ZQb一号仓	7
14	足球场上的鞋46ZQa二号仓	13
15	打篮球的鞋44LQXa二号仓	18
16	打篮球的鞋46LQXb二号仓	17

图 10.25　拆分带有各种信息的产品名称

1. 按照数字与非数字进行拆分

按照数字与非数字进行拆分，此时系统会自动找到数字与非数字进行转换时的位置，并在此位置插入分隔符，也就是说，是针对每一个值来判断位置，而不是针对整列的数据来确定位置，请对比按照从数字到非数字的转换进行拆分与按照从非数字到数字的转换进行拆分之间的差异性，如图 10.26 所示。

数字到非数字

	名称.1	名称.2	数量
1	休闲的鞋38	YXXa一号仓	15
2	休闲的鞋40	YXXa二号仓	17
3	休闲的鞋42	BZb二号仓	17
4	旅游的鞋42	Yb一号仓	13
5	旅游的鞋40	Yb二号仓	16
6	滑雪用的鞋42	XDc一号仓	14
7	滑雪用的鞋40	XDc一号仓	8
8	滑雪用的鞋44	XDc二号仓	19
9	下雨天穿的鞋38	PBa一号仓	19
10	下雨天穿的鞋36	PBa一号仓	6
11	下雨天穿的鞋40	PBb二号仓	6
12	足球场上的鞋42	ZQa二号仓	16
13	足球场上的鞋44	ZQb一号仓	7
14	足球场上的鞋46	ZQa二号仓	13
15	打篮球的鞋44	LQXa二号仓	18
16	打篮球的鞋46	LQXb二号仓	17

非数字到数字

	名称.1	名称.2	数量
1	休闲的鞋	38YXXa一号仓	15
2	休闲的鞋	40YXXa二号仓	17
3	休闲的鞋	42BZb二号仓	17
4	旅游的鞋	42Yb一号仓	13
5	旅游的鞋	40Yb二号仓	16
6	滑雪用的鞋	42XDc一号仓	14
7	滑雪用的鞋	40XDc一号仓	8
8	滑雪用的鞋	44XDc二号仓	19
9	下雨天穿的鞋	38PBa一号仓	19
10	下雨天穿的鞋	36PBa一号仓	6
11	下雨天穿的鞋	40PBb二号仓	6
12	足球场上的鞋	42ZQa二号仓	16
13	足球场上的鞋	44ZQb一号仓	7
14	足球场上的鞋	46ZQa二号仓	13
15	打篮球的鞋	44LQXa二号仓	18
16	打篮球的鞋	46LQXb二号仓	17

图 10.26　按照数字与非数字进行拆分时的顺序差异

注意：如果被拆分的列中有不同数量的拆分位置，则拆分后列数少的最后会以空值 null 显示，如图 10.27 所示。

原始数据

	名称
1	休闲的鞋38YXXa1号仓
2	休闲的鞋40YXXa二号仓
3	休闲的鞋42BZb二号仓
4	旅游的鞋42Yb1号仓
5	旅游的鞋40Yb二号仓
6	滑雪用的鞋42XDc1号仓
7	滑雪用的鞋40XDc1号仓
8	滑雪用的鞋44XDc二号仓
9	下雨天穿的鞋38PBa1号仓
10	下雨天穿的鞋36PBa1号仓
11	下雨天穿的鞋40PBb二号仓
12	足球场上的鞋42ZQa二号仓
13	足球场上的鞋44ZQb1号仓
14	足球场上的鞋46ZQa二号仓
15	打篮球的鞋44LQXa二号仓
16	打篮球的鞋46LQXb二号仓

数字到非数字

	名称.1	名称.2	名称.3
1	休闲的鞋38	YXXa1	号仓
2	休闲的鞋40	YXXa二号仓	null
3	休闲的鞋42	BZb二号仓	null
4	旅游的鞋42	Yb1	号仓
5	旅游的鞋40	Yb二号仓	null
6	滑雪用的鞋42	XDc1	号仓
7	滑雪用的鞋40	XDc1	号仓
8	滑雪用的鞋44	XDc二号仓	null
9	下雨天穿的鞋38	PBa1	号仓
10	下雨天穿的鞋36	PBa1	号仓
11	下雨天穿的鞋40	PBb二号仓	null
12	足球场上的鞋42	ZQa二号仓	null
13	足球场上的鞋44	ZQb1	号仓
14	足球场上的鞋46	ZQa二号仓	null
15	打篮球的鞋44	LQXa二号仓	null
16	打篮球的鞋46	LQXb二号仓	null

非数字到数字

	名称.1	名称.2	名称.3
1	休闲的鞋	38YXXa	1号仓
2	休闲的鞋	40YXXa二号仓	null
3	休闲的鞋	42BZb二号仓	null
4	旅游的鞋	42Yb	1号仓
5	旅游的鞋	40Yb二号仓	null
6	滑雪用的鞋	42XDc	1号仓
7	滑雪用的鞋	40XDc	1号仓
8	滑雪用的鞋	44XDc二号仓	null
9	下雨天穿的鞋	38PBa	1号仓
10	下雨天穿的鞋	36PBa	1号仓
11	下雨天穿的鞋	40PBb二号仓	null
12	足球场上的鞋	42ZQa二号仓	null
13	足球场上的鞋	44ZQb	1号仓
14	足球场上的鞋	46ZQa二号仓	null
15	打篮球的鞋	44LQXa二号仓	null
16	打篮球的鞋	46LQXb二号仓	null

图 10.27　拆分列数不同时的显示结果

2. 按照英文大写与英文小写进行拆分

按照英文大写与英文小写进行拆分原则上和按照数字与非数字进行拆分是一样的，只不过在拆分判断条件时是以英文大写与小写之间的转换为判断条件的，如果需要把大写英文和小写英文拆分开，就可以使用按照英文从大写到小写的转换作为条件进行拆分，如图 10.28 所示。

	名称.1	名称.2.1	名称.2.2	数量
1	休闲的鞋	38YXX	a一号仓	15
2	休闲的鞋	40YXX	a二号仓	17
3	休闲的鞋	42BZ	b二号仓	17
4	旅游的鞋	42Y	b一号仓	13
5	旅游的鞋	40Y	b二号仓	16
6	滑雪用的鞋	42XD	c一号仓	14
7	滑雪用的鞋	40XD	c一号仓	8
8	滑雪用的鞋	44XD	c二号仓	19
9	下雨天穿的鞋	38PB	a一号仓	19
10	下雨天穿的鞋	36PB	a一号仓	6
11	下雨天穿的鞋	40PB	b二号仓	6
12	足球场上的鞋	42ZQ	a二号仓	16
13	足球场上的鞋	44ZQ	b一号仓	7
14	足球场上的鞋	46ZQ	a二号仓	13
15	打篮球的鞋	44LQX	a二号仓	18
16	打篮球的鞋	46LQX	b二号仓	17

图 10.28　按照英文从大写到小写的转换进行拆分

接下来，再按位置或字符数进行拆分列，这两种方法都可以，但是需要注意的是，如果按字符数进行拆分列，则需要选择“一次，尽可能靠左”的方式进行拆分，这样就可以获得所需要的小写英文字母列，如图 10.29 所示。

如果这里的小写英文字母不是统一的单个字符，那么该如何处理呢？其规则很清楚，只需要在小写英文字母与中文之间插入分隔符即可，在 Excel 的 Power Query 中，这种方式并没有直接给出，因此需要我们自定义规则。

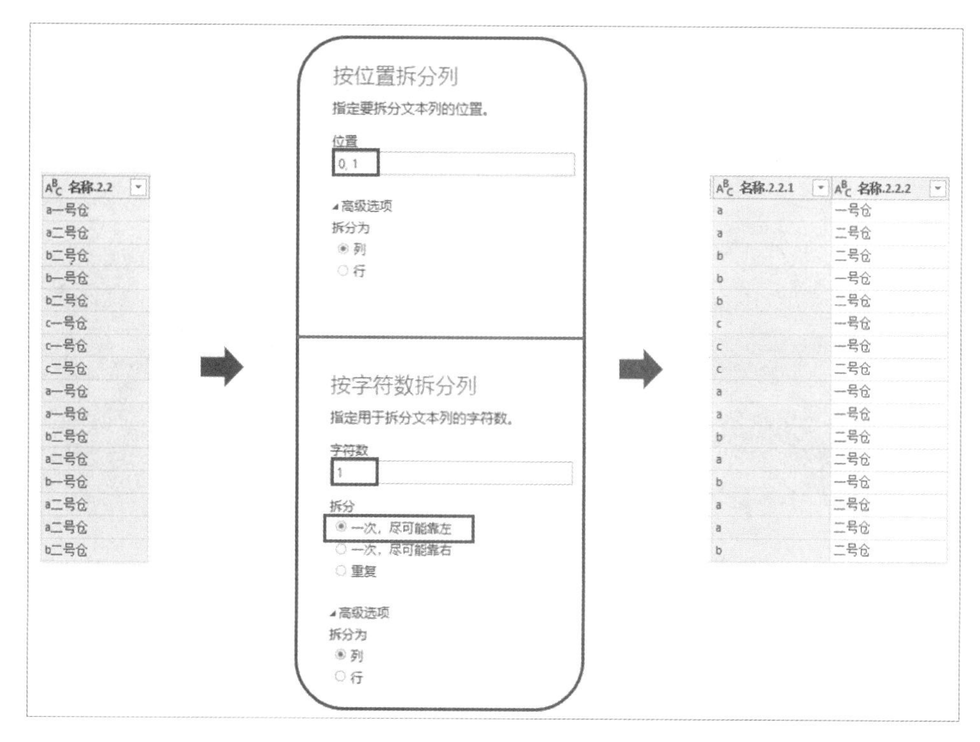

图 10.29　拆分列获取小写英文字母

10.3　自定义规则转换拆分列

除了可以在 Power Query 的选项卡中直接选择一些功能进行分列，在实际工作中还有很多的分列方法，这些分列方法在选项卡中找寻不到，这时就需要书写一定的公式来处理。

10.3.1　分列函数介绍

在自定义分列规则前，先来了解拆分函数 Table.SplitColumn，该函数的参数说明如表 10.1 所示，该函数的参数比较多，但是必选参数只有 3 个。

表 10.1　Table.SplitColumn 函数的参数说明

参　　数	属　　性	数 据 类 型	说　　明
table	必选	表格类型（table）	需要操作的表
sourceColumn	必选	文本类型（text）	需要进行分隔的文本字段名
splitter	必选	函数类型（function）	分列操作的函数
columnNamesOrNumber	可选	多于 1 种类型（any）	拆分后生成的列数或字段名称的列表
default	可选	多于 1 种类型（any）	用于替换拆分后为空值的值
extraColumns	可选	多于 1 种类型（any）	拆分后的列数量或列标题

其中，第 3 参数的类型是函数类型，具体是什么函数呢？针对分列操作的函数，在 Power Query 中有多种方式，每一种基本都有对应的函数进行操作，如图 10.30 所示。

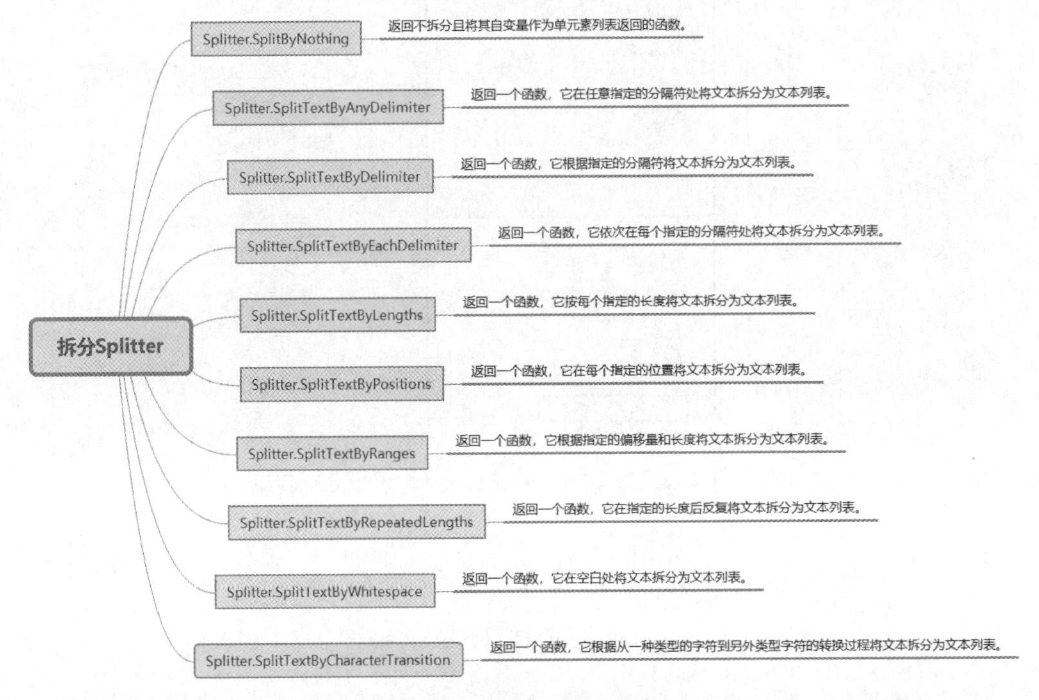

图 10.30　分列函数 Splitter 的方法

之前的一些分列操作都是使用界面操作的方式来完成的，如果仔细查看函数代码，就可以发现使用的都是同一个拆分函数 Table.SplitColumn，只不过该函数的第 3 参数（也就是拆分的方法）不一样，无论是按分隔符、按字符数、按位置进行分列，还是按数字与非数字、按英文大写与小写等进行分列，都可以通过自行书写公式完成。如图 10.31 所示，如果是简单地使用分隔符进行分列，则在只保留必需参数的公式的情况下，看上去既能理解又能掌握。

注意： 表格拆分函数的第 3 参数使用了 Splitter.SplitTextByDelimiter 函数，该函数只有 1 个必需参数，也就是分隔字符。

同理，再来看之前涉及的拆分函数，按字符数拆分列的公式分析如图 10.32 所示，拆分函数的第 3 参数使用的是 Splitter.SplitTextByRepeatedLengths 函数，从单词的字面意思上就能看到，以相同长度重复拆分。

注意： 由图 10.32 可以看到，按字符数拆分列方法使用的函数的第 2 参数为 startAtEnd，它是一个逻辑值，可以自行设定是从左边开始 4 个字符还是从右边开始 4 个字符进行分列，默认是从左边开始的。

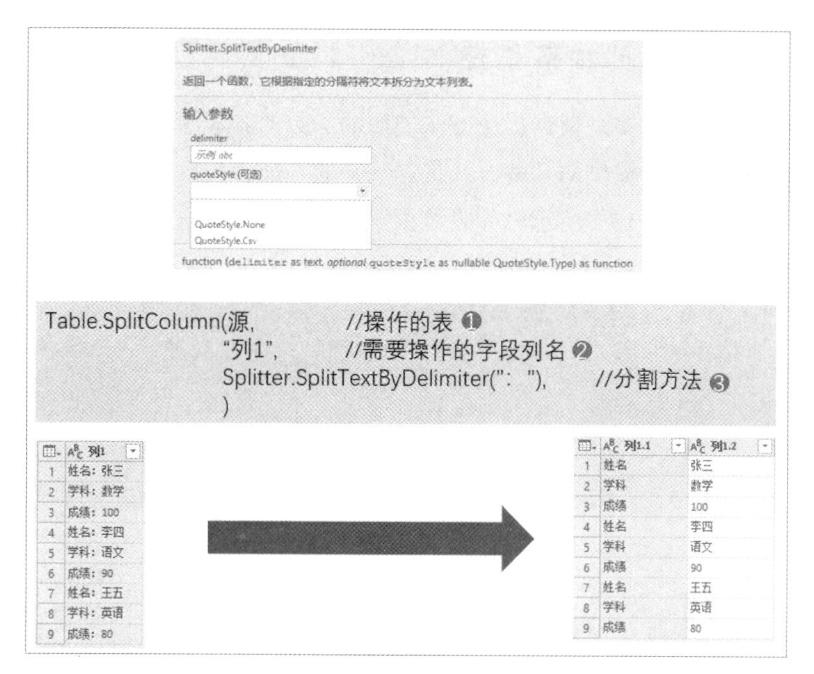

图 10.31　按分隔符拆分列的公式分析

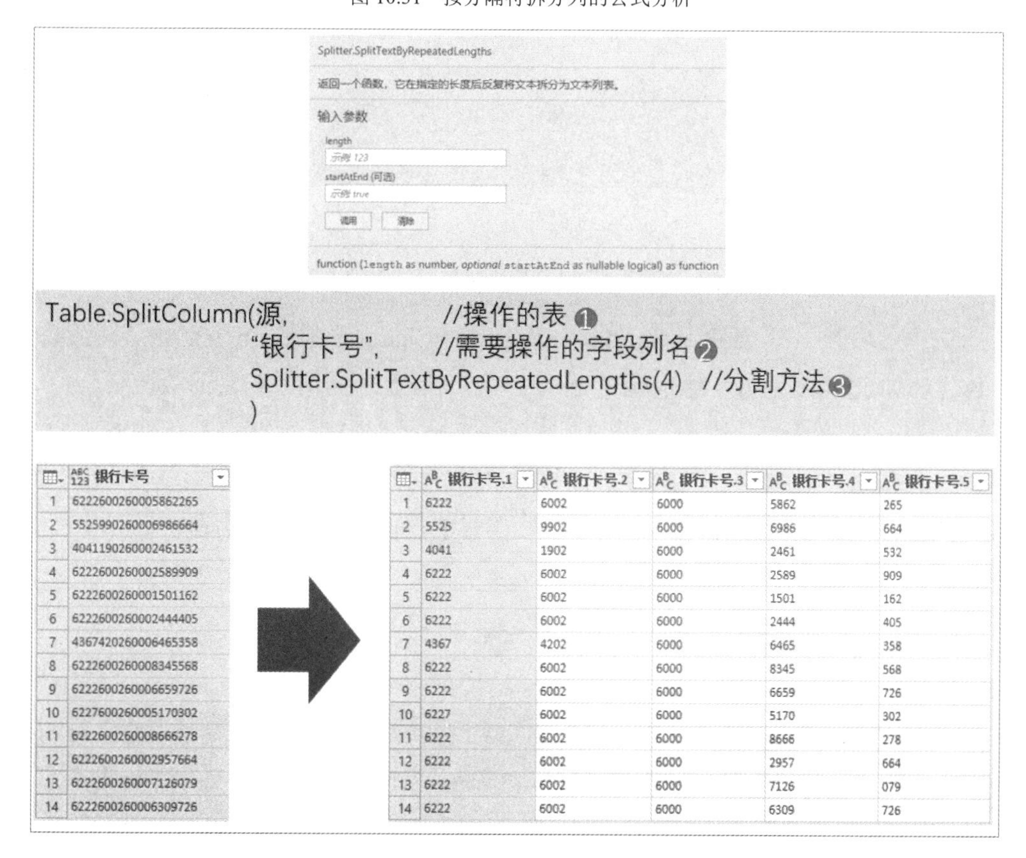

图 10.32　按字符数拆分列的公式分析

10.3.2 自定义字符转换条件

之前的分隔规则主要是根据拆分方法使用的函数的第 3 参数来操作的，那么反过来看 Power Query 之前提供的几种方式是怎么样的？能否改动一下公式来实现所需要的分列要求呢？如图 10.33 所示，如果要根据小写英文字母与中文之间的转换进行拆分，那么该怎么操作呢？

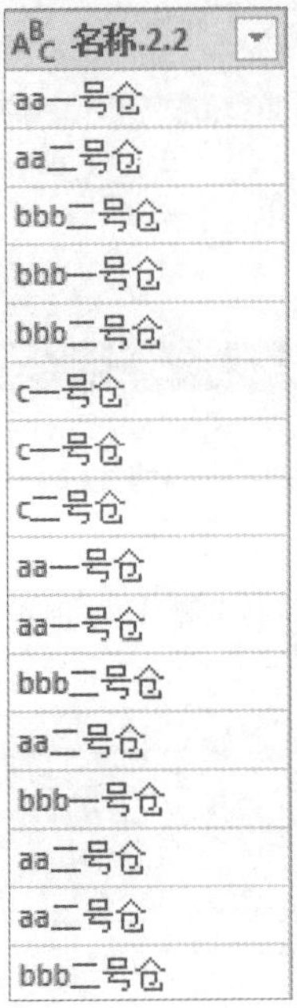

ABC 名称.2.2
aa一号仓
aa二号仓
bbb二号仓
bbb一号仓
bbb二号仓
c一号仓
c一号仓
c二号仓
aa一号仓
aa一号仓
bbb二号仓
aa二号仓
bbb一号仓
aa二号仓
aa二号仓
bbb二号仓

图 10.33 根据小写英文字母与中文之间的转换进行拆分

这里的转换方式会使用 Splitter.SplitTextByCharacterTransition 函数，该函数的参数说明如表 10.2 所示，这也就是说，可以自行设定不同的字符之间的转换。

表 10.2 Splitter.SplitTextByCharacterTransition 函数的参数说明

参 数	属 性	数 据 类 型	说 明
before	必选	多于 1 种类型（any）	前面的字符，可以为单个字符或列表
after	必选	多于 1 种类型（any）	后面的字符，可以为单个字符或列表

此时作为分列判断规则的依据是英文字符“a”“b”“c”与中文字符“一”“二”之间的转换，具体的操作如图 10.34 所示。

当然，如果要实现英文字符与中文字符之间的转换，则只需要参考中文字符的列表写法和英文字符的列表写法即可，可以参考 6.3.3 节中的表 6.1。另外，如果是非字符集，也就是不包含英文字符和中文字符，则字符集和非字符集的写法对比如图 10.35 所示。

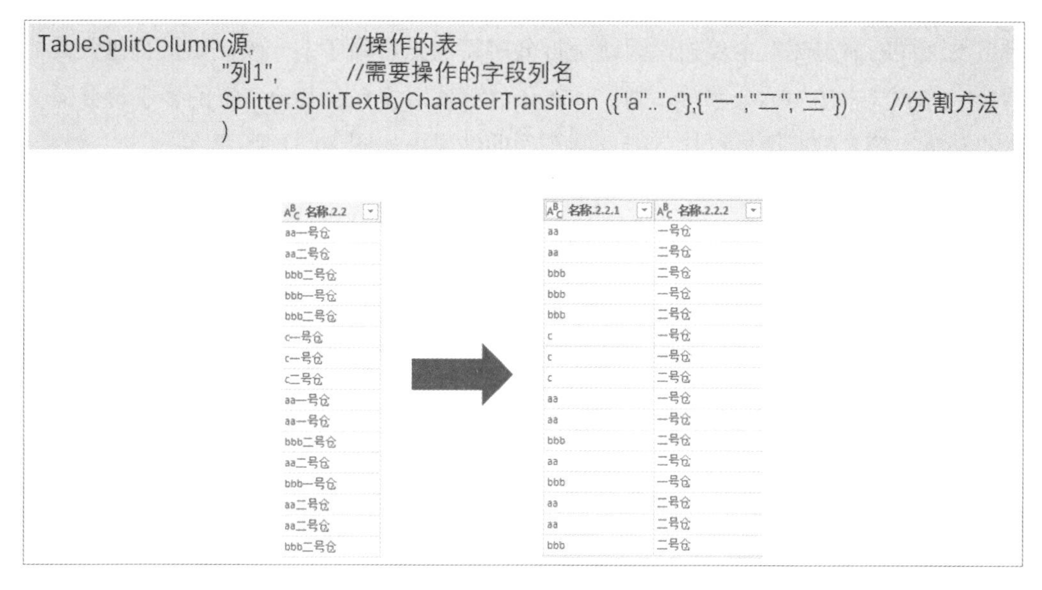

名称.2.2
aa一号仓
aa二号仓
bbb二号仓
bbb一号仓
bbb二号仓
c一号仓
c一号仓
c二号仓
aa一号仓
aa一号仓
bbb二号仓
aa二号仓
bbb一号仓
aa二号仓
aa二号仓
bbb二号仓

名称.2.2.1	名称.2.2.2
aa	一号仓
aa	二号仓
bbb	二号仓
bbb	一号仓
bbb	二号仓
c	一号仓
c	一号仓
c	二号仓
aa	一号仓
aa	一号仓
bbb	二号仓
aa	二号仓
bbb	一号仓
aa	二号仓
aa	二号仓
bbb	二号仓

图 10.34　根据自定义字符转换条件进行分列

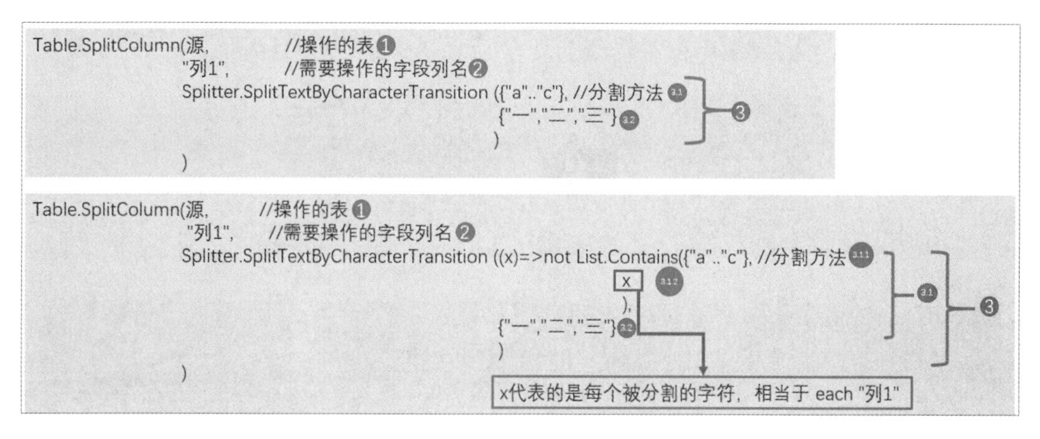

图 10.35　字符集和非字符集的写法对比

10.3.3　多字符作为分隔符

在 Power Query 的选项卡下的功能中，只能使用单个文本作为分隔符（可多个字符作为一个文本），如果遇到需要同时使用多个分隔符进行分列的情况，则可以使用分列方法中的 Splitter.SplitTextByAnyDelimiter 函数，可以一次性以多个字符作为分隔符处理，如图 10.36 所示，如果要对此类数据进行分列，则可以考虑使用多个分隔符来处理。

首先判断哪些是分隔符，当然有些比较容易辨认，这里以 5 个字符作为分隔符，分别是“@”、“ ”（空格）、“|”、“/” 和 “@_”。如果以这样的顺序直接作为列表代入公式中，则最后一个字符的分列方式是错误的，不是我们所希望的分列效果。为什么

会出现这样的情况呢？主要的原因就是拆分字符的先后顺序不一致，如果有包含其他拆分字符的文本作为拆分字符，则需要把条件前置，将包含其他字符的多字符分隔文本放在单字符之前即可，这样就能返回正确的结果，如图 10.37 所示。

	数据
1	jack@qq.com
2	rose qq.com
3	jane|qq.com
4	ace/qq.com
5	Marcel@_qq.com

图 10.36　以多个字符作为分隔符

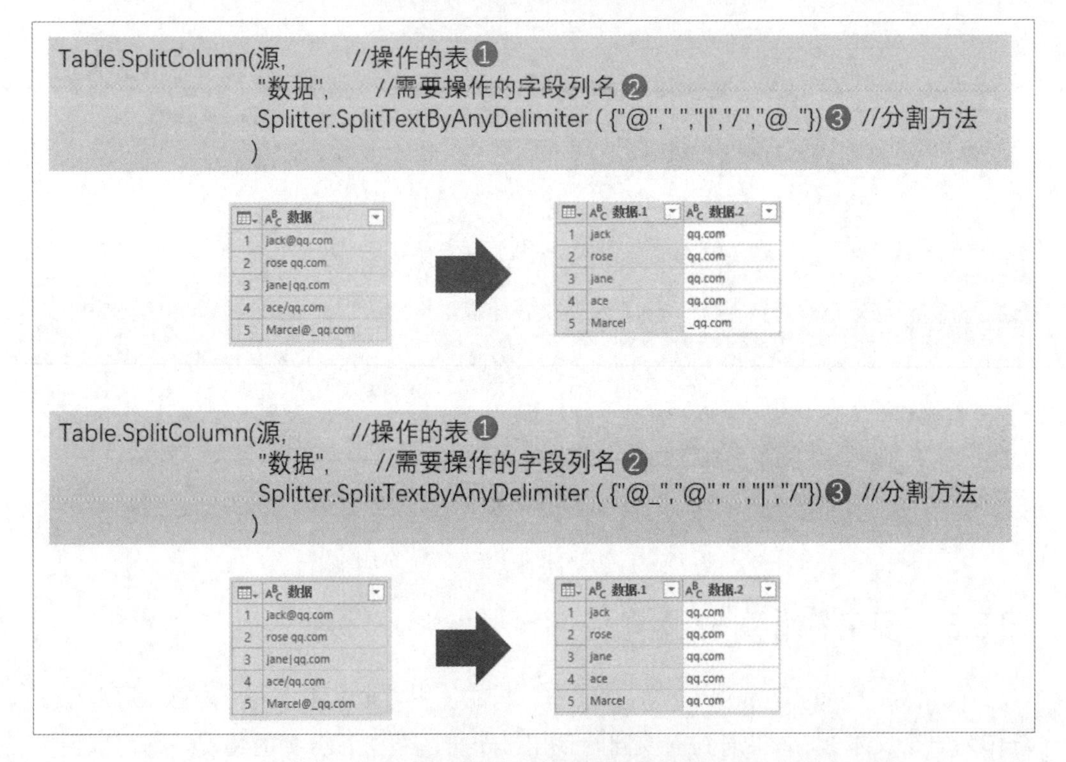

	数据
1	jack@qq.com
2	rose qq.com
3	jane|qq.com
4	ace/qq.com
5	Marcel@_qq.com

	数据.1	数据.2
1	jack	qq.com
2	rose	qq.com
3	jane	qq.com
4	ace	qq.com
5	Marcel	_qq.com

	数据
1	jack@qq.com
2	rose qq.com
3	jane|qq.com
4	ace/qq.com
5	Marcel@_qq.com

	数据.1	数据.2
1	jack	qq.com
2	rose	qq.com
3	jane	qq.com
4	ace	qq.com
5	Marcel	qq.com

图 10.37　含有多个分隔符时的正确拆分

10.3.4　其他自定义分隔条件

还有一些分列方法，如按字符长度进行分列和按位置进行分列。只不过前一个是用分列后的字符串长度来表示的，后一个则是用字符在文本中的位置来表示的。以前面介绍的拆分身份证号为例，来比较一下按字符长度进行分列与按位置进行分列之间的差异，如图 10.38 所示。

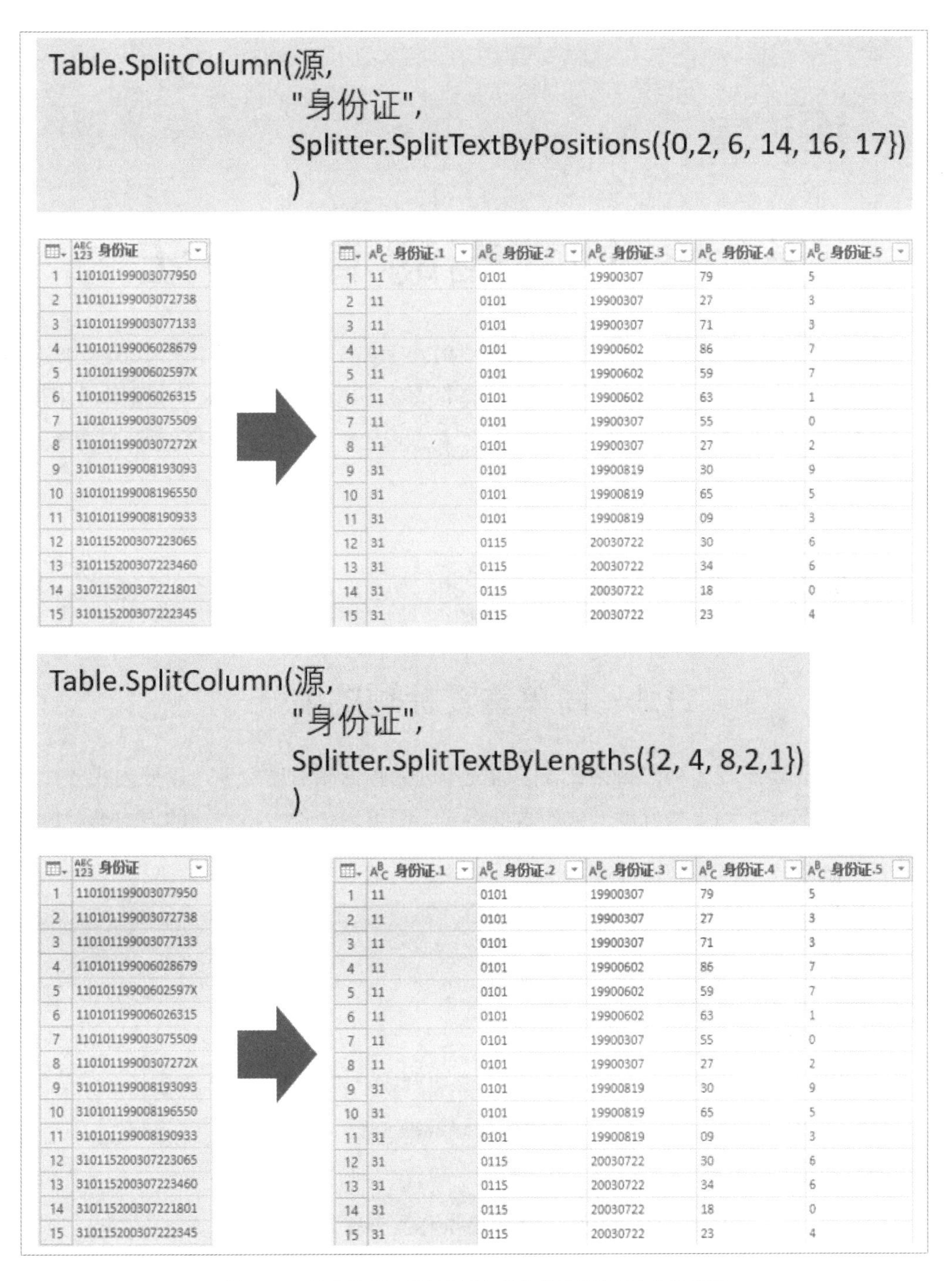

```
Table.SplitColumn(源,
                  "身份证",
                  Splitter.SplitTextByPositions({0,2, 6, 14, 16, 17})
                  )
```

	身份证
1	110101199003077950
2	110101199003072738
3	110101199003077133
4	110101199006028679
5	11010119900602597X
6	110101199006026315
7	110101199003075509
8	11010119900307272X
9	310101199008193093
10	310101199008196550
11	310101199008190933
12	310115200307223065
13	310115200307223460
14	310115200307221801
15	310115200307222345

	身份证.1	身份证.2	身份证.3	身份证.4	身份证.5
1	11	0101	19900307	79	5
2	11	0101	19900307	27	3
3	11	0101	19900307	71	3
4	11	0101	19900602	86	7
5	11	0101	19900602	59	7
6	11	0101	19900602	63	1
7	11	0101	19900307	55	0
8	11	0101	19900307	27	2
9	31	0101	19900819	30	9
10	31	0101	19900819	65	5
11	31	0101	19900819	09	3
12	31	0115	20030722	30	6
13	31	0115	20030722	34	6
14	31	0115	20030722	18	0
15	31	0115	20030722	23	4

```
Table.SplitColumn(源,
                  "身份证",
                  Splitter.SplitTextByLengths({2, 4, 8,2,1})
                  )
```

	身份证
1	110101199003077950
2	110101199003072738
3	110101199003077133
4	110101199006028679
5	11010119900602597X
6	110101199006026315
7	110101199003075509
8	11010119900307272X
9	310101199008193093
10	310101199008196550
11	310101199008190933
12	310115200307223065
13	310115200307223460
14	310115200307221801
15	310115200307222345

	身份证.1	身份证.2	身份证.3	身份证.4	身份证.5
1	11	0101	19900307	79	5
2	11	0101	19900307	27	3
3	11	0101	19900307	71	3
4	11	0101	19900602	86	7
5	11	0101	19900602	59	7
6	11	0101	19900602	63	1
7	11	0101	19900307	55	0
8	11	0101	19900307	27	2
9	31	0101	19900819	30	9
10	31	0101	19900819	65	5
11	31	0101	19900819	09	3
12	31	0115	20030722	30	6
13	31	0115	20030722	34	6
14	31	0115	20030722	18	0
15	31	0115	20030722	23	4

图 10.38 按字符长度进行分列与按位置进行分列之间的差异

分列是在进行数据清洗时使用频率较高的操作，学好分列函数对进行数据清洗会有非常大的帮助。

第 11 章

多行多列数据的清洗方法

在日常的数据清洗过程中，经常会碰到中国式的表格，此类表格的特点就是多标题、多数据列，同时数据对齐的不规范。这类数据在未被清洗前如果要使用，则会非常不便，之后的计算公式也很难做到统一，所以在计算前需要把数据转换成统一的单标题的格式。

本章主要涉及的知识点有：

- 横向重复标题的处理技巧
- 获取及更改标题名的方法
- 对带有合并单元格的表格的处理原则

11.1 简单重复标题的清洗

通常来说，多行多列的数据在很多情况下因为数据相对比较多，以分列或分行进行展示的比较多，如果是标题一致的数据格式，则可以使用表格合并的方式来对数据进行清洗。

11.1.1 多个重复行标题

如果多行标题是重复的，则把数据切割成多个表，那需要的操作就是通过标题的一致性合并各个表的数据，如图 11.1 所示，这类表格的标题相同，只不过数据是被分隔成多块的。

国家	邮政	铁路	空运	海运
美国	60	39	71	26
德国	54	47	59	26
日本	57	37	61	16
英国	51	41	51	34
澳大利亚	47	43	52	31
俄罗斯	58	44	68	31
国家	邮政	铁路	空运	海运
美国	59	43	76	20
印度	48	47	51	33
阿联酋	47	49	68	20
沙特	45	42	50	27
科威特	46	38	50	21
以色列	49	44	53	33
国家	邮政	铁路	空运	海运
美国	46	37	52	24
德国	46	42	71	22
法国	52	40	51	35
西班牙	46	35	75	17
葡萄牙	53	40	80	17
乌克兰	58	39	53	27

图 11.1 标题重复的数据表

此时的操作相对比较简单，只需要把重复的标题去掉即可，直接的方法就是通过筛选去掉与标题相同的数据即可，如图 11.2 所示。

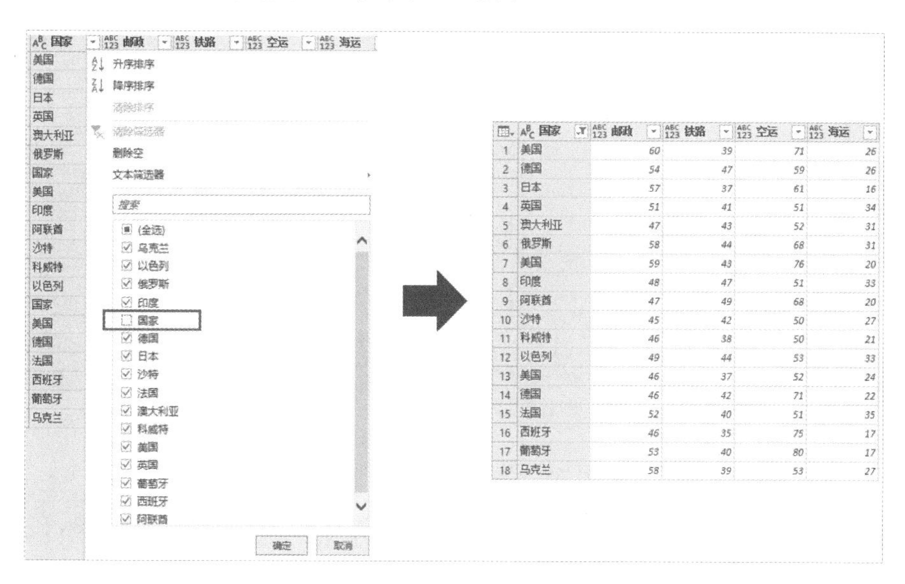

	国家	邮政	铁路	空运	海运
1	美国	60	39	71	26
2	德国	54	47	59	26
3	日本	57	37	61	16
4	英国	51	41	51	34
5	澳大利亚	47	43	52	31
6	俄罗斯	58	44	68	31
7	美国	59	43	76	20
8	印度	48	47	51	33
9	阿联酋	47	49	68	20
10	沙特	45	42	50	27
11	科威特	46	38	50	21
12	以色列	49	44	53	33
13	美国	46	37	52	24
14	德国	46	42	71	22
15	法国	52	40	51	35
16	西班牙	46	35	75	17
17	葡萄牙	53	40	80	17
18	乌克兰	58	39	53	27

图 11.2　简单筛选合并数据

11.1.2　多个重复列标题

如果遇到的是多列重复标题组合，如图 11.3 所示，那么通过分别导入的方式是很容易处理的，分别选中两个表的数据进行导入。

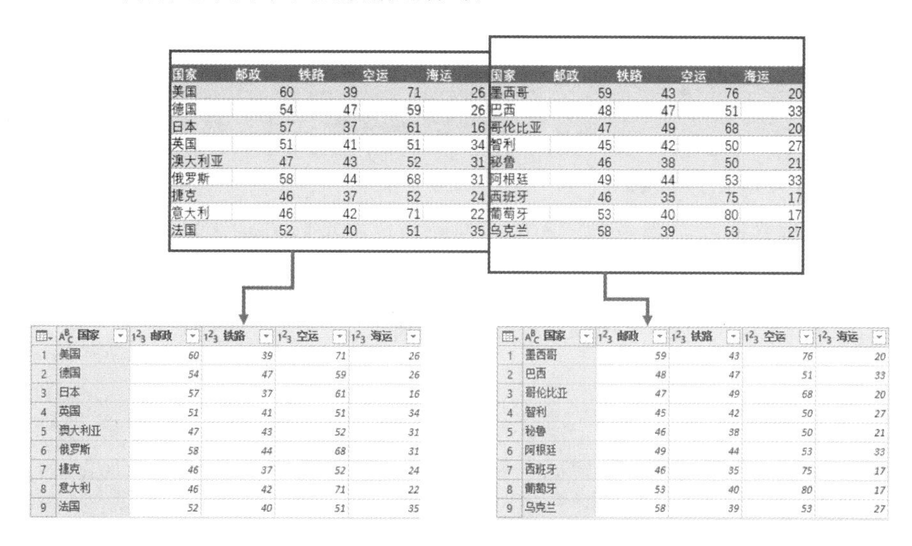

国家	邮政	铁路	空运	海运	国家	邮政	铁路	空运	海运
美国	60	39	71	26	墨西哥	59	43	76	20
德国	54	47	59	26	巴西	48	47	51	33
日本	57	37	61	16	哥伦比亚	47	49	68	20
英国	51	41	51	34	智利	45	42	50	27
澳大利亚	47	43	52	31	秘鲁	46	38	50	21
俄罗斯	58	44	68	31	阿根廷	49	44	53	33
捷克	46	37	52	24	西班牙	46	35	75	17
意大利	46	42	71	22	葡萄牙	53	40	80	17
法国	52	40	51	35	乌克兰	58	39	53	27

	国家	邮政	铁路	空运	海运
1	美国	60	39	71	26
2	德国	54	47	59	26
3	日本	57	37	61	16
4	英国	51	41	51	34
5	澳大利亚	47	43	52	31
6	俄罗斯	58	44	68	31
7	捷克	46	37	52	24
8	意大利	46	42	71	22
9	法国	52	40	51	35

	国家	邮政	铁路	空运	海运
1	墨西哥	59	43	76	20
2	巴西	48	47	51	33
3	哥伦比亚	47	49	68	20
4	智利	45	42	50	27
5	秘鲁	46	38	50	21
6	阿根廷	49	44	53	33
7	西班牙	46	35	75	17
8	葡萄牙	53	40	80	17
9	乌克兰	58	39	53	27

图 11.3　导入多个单独的表数据

这样只需要通过“追加查询”合并表格即可，如图 11.4 所示。选中需要进行合并的表格就能完成数据的整理。

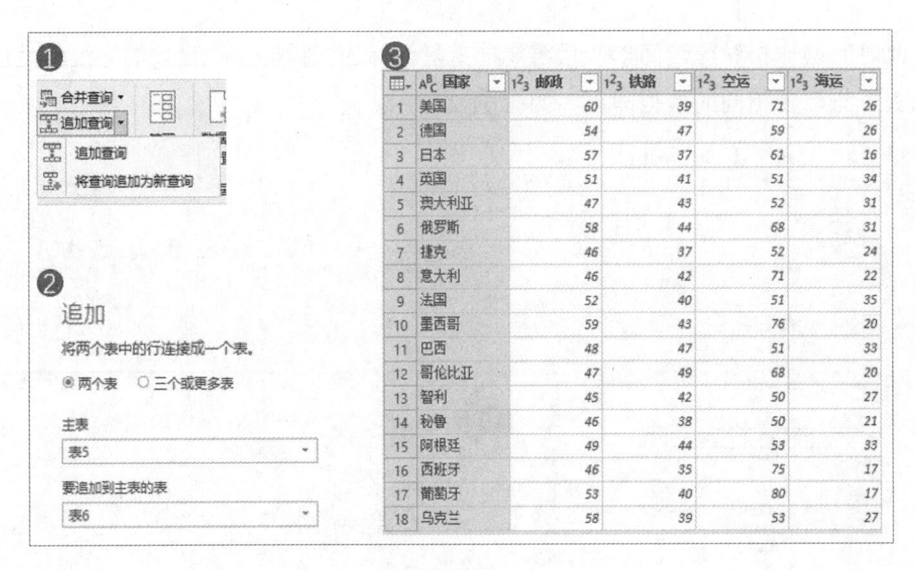

	国家	邮政	铁路	空运	海运
1	美国	60	39	71	26
2	德国	54	47	59	26
3	日本	57	37	61	16
4	英国	51	41	51	34
5	澳大利亚	47	43	52	31
6	俄罗斯	58	44	68	31
7	捷克	46	37	52	24
8	意大利	46	42	71	22
9	法国	52	40	51	35
10	墨西哥	59	43	76	20
11	巴西	48	47	51	33
12	哥伦比亚	47	49	68	20
13	智利	45	42	50	27
14	秘鲁	46	38	50	21
15	阿根廷	49	44	53	33
16	西班牙	46	35	75	17
17	葡萄牙	53	40	80	17
18	乌克兰	58	39	53	27

图 11.4　通过“追加查询”合并表格

如果遇到在 Power Query 中已经存在这种格式的情况，那么需要注意的是，在 Power Query 中列是没有重复标题的，所以通常会默认使用 Column 和数字组合作为列标题，如图 11.5 所示。

	Column1	Column2	Column3	Column4	Column5	Column6	Column7	Column8	Column9	Column10
1	国家	邮政	铁路	空运	海运	国家	邮政	铁路	空运	海运
2	美国	60	39	71	26	墨西哥	59	43	76	20
3	德国	54	47	59	26	巴西	48	47	51	33
4	日本	57	37	61	16	哥伦比亚	47	49	68	20
5	英国	51	41	51	34	智利	45	42	50	27
6	澳大利亚	47	43	52	31	秘鲁	46	38	50	21
7	俄罗斯	58	44	68	31	阿根廷	49	44	53	33
8	捷克	46	37	52	24	西班牙	46	35	75	17
9	意大利	46	42	71	22	葡萄牙	53	40	80	17
10	法国	52	40	51	35	乌克兰	58	39	53	27

图 11.5　横向重复标题的数据

1．合并同一数据块的列

因为本数据是由两组表组合而成的，此时可以通过合并列的操作分别把两组表所属数据列的内容进行合并，使其成为两列数据。在合并时需要使用特殊的字符（原先数据中不存在的字符）作为连接符，如图 11.6 所示。

	Column1	Column2	Column3	Column4	Column5	Column6	Column7	Column8	Column9	Column10
1	国家	邮政	铁路	空运	海运	国家	邮政	铁路	空运	海运
2	美国	60	39	71	26	墨西哥	59	43	76	20
3	德国	54	47	59	26	巴西	48	47	51	33
4	日本	57	37	61	16	哥伦比亚	47	49	68	20
5	英国	51	41	51	34	智利	45	42	50	27
6	澳大利亚	47	43	52	31	秘鲁	46	38	50	21
7	俄罗斯	58	44	68	31	阿根廷	49	44	53	33
8	捷克	46	37	52	24	西班牙	46	35	75	17
9	意大利	46	42	71	22	葡萄牙	53	40	80	17
10	法国	52	40	51	35	乌克兰	58	39	53	27

图 11.6　合并数据列

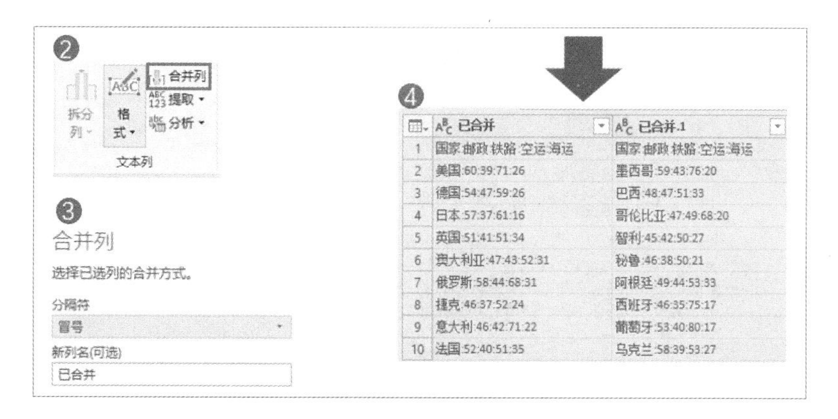

	已合并	已合并.1
1	国家:邮政:铁路:空运:海运	国家:邮政:铁路:空运:海运
2	美国:60:39:71:26	墨西哥:59:43:76:20
3	德国:54:47:59:26	巴西:48:47:51:33
4	日本:57:37:61:16	哥伦比亚:47:49:68:20
5	英国:51:41:51:34	智利:45:42:50:27
6	奥大利亚:47:43:52:31	秘鲁:46:38:50:21
7	俄罗斯:58:44:68:31	阿根廷:49:44:53:33
8	捷克:46:37:52:24	西班牙:46:35:75:17
9	意大利:46:42:71:22	葡萄牙:53:40:80:17
10	法国:52:40:51:35	乌克兰:58:39:53:27

图 11.6　合并数据列（续）

2．逆透视全部数据列

使用逆透视列的方式。选中全部数据列后进行逆透视，可以使多列数据转换成单列数据，如图 11.7 所示。

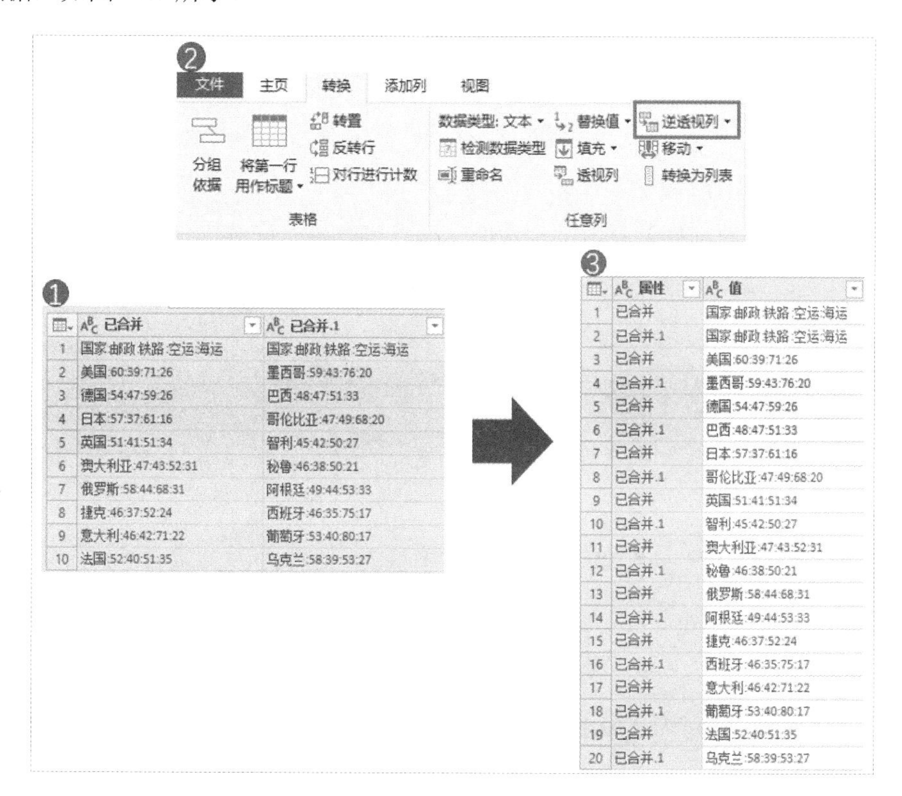

	已合并	已合并.1
1	国家:邮政:铁路:空运:海运	国家:邮政:铁路:空运:海运
2	美国:60:39:71:26	墨西哥:59:43:76:20
3	德国:54:47:59:26	巴西:48:47:51:33
4	日本:57:37:61:16	哥伦比亚:47:49:68:20
5	英国:51:41:51:34	智利:45:42:50:27
6	奥大利亚:47:43:52:31	秘鲁:46:38:50:21
7	俄罗斯:58:44:68:31	阿根廷:49:44:53:33
8	捷克:46:37:52:24	西班牙:46:35:75:17
9	意大利:46:42:71:22	葡萄牙:53:40:80:17
10	法国:52:40:51:35	乌克兰:58:39:53:27

	属性	值
1	已合并	国家:邮政:铁路:空运:海运
2	已合并.1	国家:邮政:铁路:空运:海运
3	已合并	美国:60:39:71:26
4	已合并.1	墨西哥:59:43:76:20
5	已合并	德国:54:47:59:26
6	已合并.1	巴西:48:47:51:33
7	已合并	日本:57:37:61:16
8	已合并.1	哥伦比亚:47:49:68:20
9	已合并	英国:51:41:51:34
10	已合并.1	智利:45:42:50:27
11	已合并	奥大利亚:47:43:52:31
12	已合并.1	秘鲁:46:38:50:21
13	已合并	俄罗斯:58:44:68:31
14	已合并.1	阿根廷:49:44:53:33
15	已合并	捷克:46:37:52:24
16	已合并.1	西班牙:46:35:75:17
17	已合并	意大利:46:42:71:22
18	已合并.1	葡萄牙:53:40:80:17
19	已合并	法国:52:40:51:35
20	已合并.1	乌克兰:58:39:53:27

图 11.7　逆透视全部数据列

3．拆分数据列

之前在合并数据列时所使用的特殊连接符，在这里就可以作为拆分列的分隔符，如图 11.8 所示。

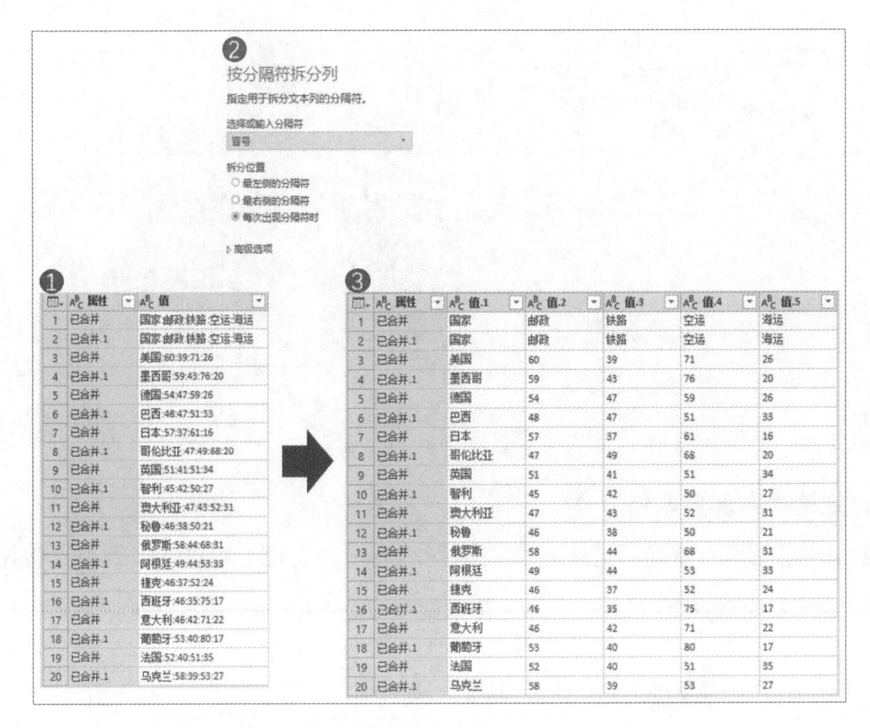

图 11.8　拆分合并后的数据列

4．将第一行用作标题

因为拆分列导致标题都是自动生成的，所以可以先对标题进行提升，将第一行的数据用作标题，如图 11.9 所示。

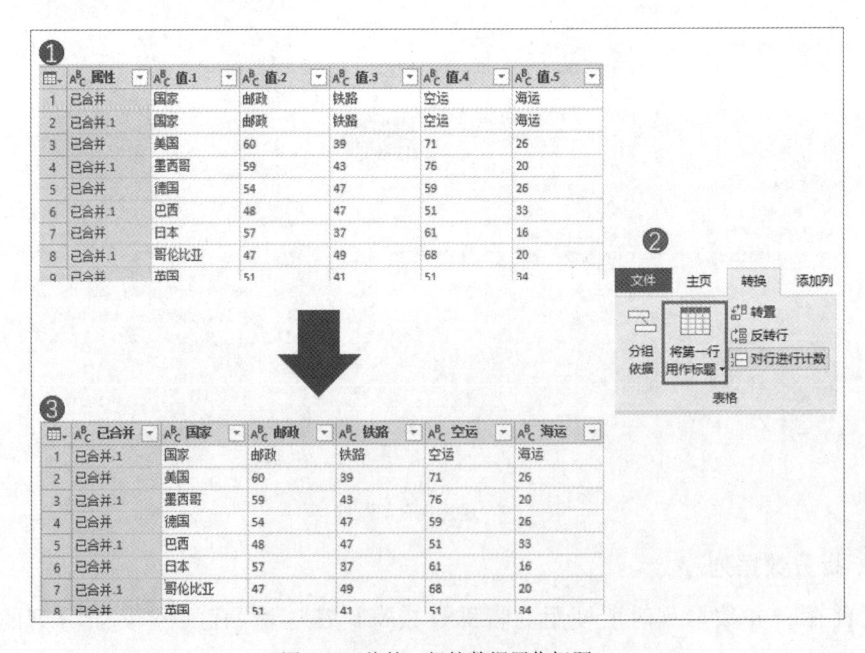

图 11.9　将第一行的数据用作标题

5．删除不需要的列标题及行标题

把不需要的已合并列删除，以及把重复的标题通过行筛选的方式也筛选掉，最后处理一下标题，就可以完成所需要的表格了，如图 11.10 所示。

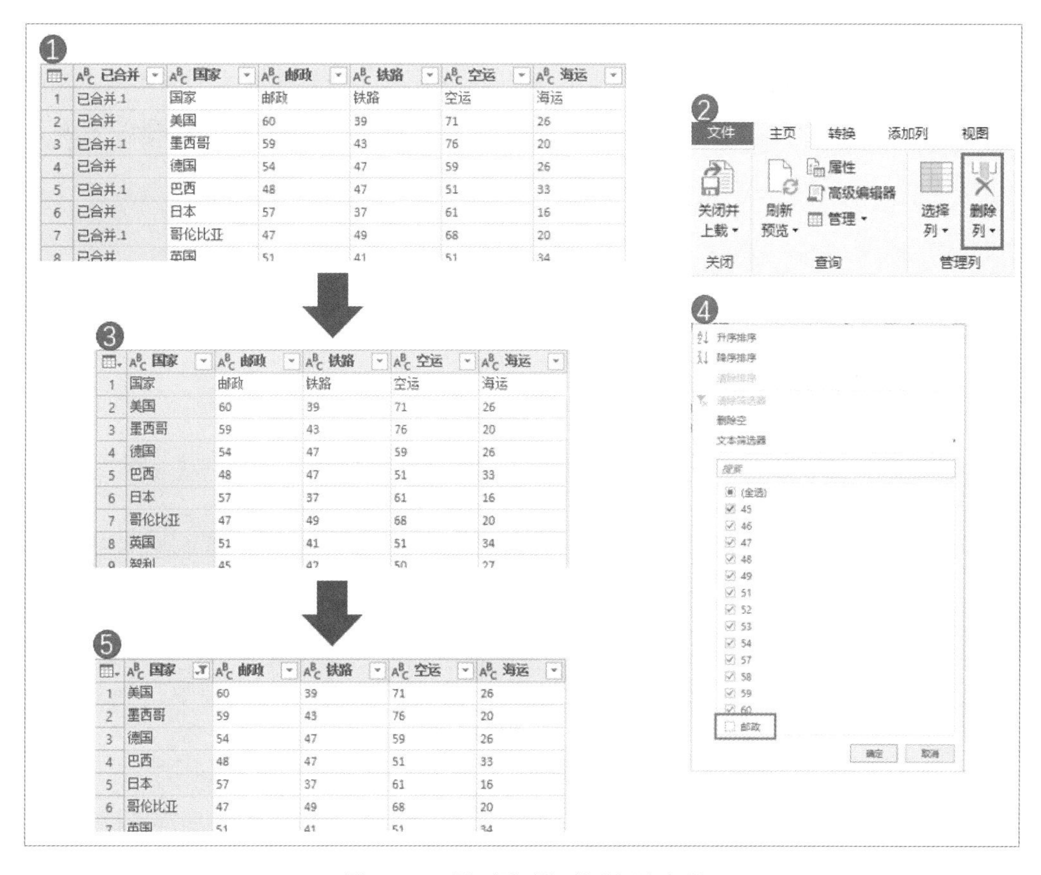

图 11.10　删除不需要的列标题及行标题

11.2　不一致标题的清洗

对标题一致的表格进行处理相对比较容易，甚至有些直接通过筛选就能获得最终的结果，而如果标题不一致，那么在处理时就会多一些步骤。

11.2.1　左上角标题的处理

如果其他列标题都一致，只有左上角的标题是有差异的，如图 11.11 所示，此时直接通过标题的一致性来合并数据并不能返回所需要的结果，因为这里的数据多了一个维度，也就是供应商维度，而之前只有国家和运输方式两个维度。

供应商1	邮政	铁路	空运	海运
美国	60	39	71	26
德国	54	47	59	26
日本	57	37	61	16
英国	51	41	51	34
澳大利亚	47	43	52	31
俄罗斯	58	44	68	31
供应商2	邮政	铁路	空运	海运
墨西哥	59	43	76	20
巴西	48	47	51	33
哥伦比亚	47	49	68	20
智利	45	42	50	27
秘鲁	46	38	50	21
阿根廷	49	44	53	33
供应商3	邮政	铁路	空运	海运
捷克	46	37	52	24
意大利	46	42	71	22
法国	52	40	51	35
西班牙	46	35	75	17
葡萄牙	53	40	80	17
乌克兰	58	39	53	27

图 11.11　分行多标题数据结构

1．将数据导入 Power Query

先将数据导入 Power Query，如果直接通过从表格导入的方式导入数据，则通常会以第一行为标题进行导入，但是实际上第一行因为有一个供应商数据的不同，所以不能完全作为统一的标题，还需要在导入数据后把标题降下来，如图 11.12 所示。

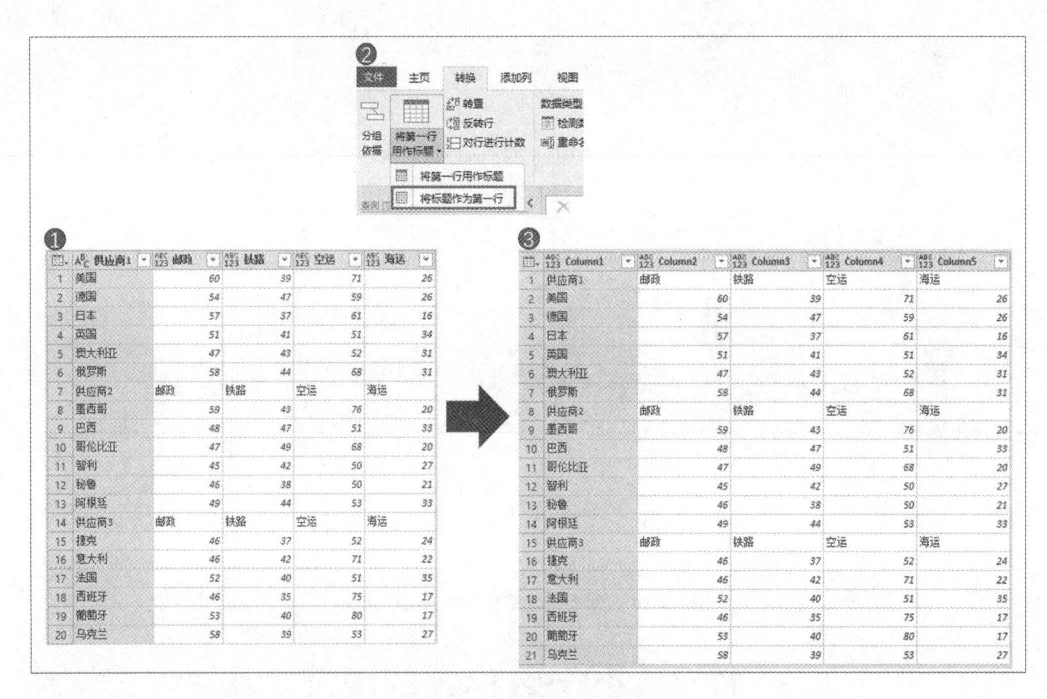

图 11.12　下降标题作为数据

2．判断供应商归属

表格是由多个供应商的报价组合而成的，因此需要知道每一个报价是属于哪个供应商的，这样即使有相同的报价也可以得知其中的差异。这里可以使用 if 语句进行判断，因为在每个供应商名称下面的报价都有一个归属，如图 11.13 所示，通过是否包含供应商标题中的关键词来判断供应商归属。

3．填充供应商数据列

在判断完供应商归属以后可以发现，在两个供应商名称之间的所有数据都应该是归属于上一个供应商的标题的，此时就可以把空值 null 以上一个供应商的标题填充，如图 11.14 所示。

```
if Text.Contains([Column1],"供应")
then [Column1]
else null
```

	Column1	Column2	Column3	Column4	Column5	供应商
1	供应商1	邮政	铁路	空运	海运	供应商1
2	美国	60	39	71	26	null
3	德国	54	47	59	26	null
4	日本	57	37	61	16	null
5	英国	51	41	51	34	null
6	澳大利亚	47	43	52	31	null
7	俄罗斯	58	44	68	31	null
8	供应商2	邮政	铁路	空运	海运	供应商2
9	墨西哥	59	43	76	20	null
10	巴西	48	47	51	33	null
11	哥伦比亚	47	49	68	20	null
12	智利	45	42	50	27	null
13	秘鲁	46	38	50	21	null
14	阿根廷	49	44	53	33	null
15	供应商3	邮政	铁路	空运	海运	供应商3
16	捷克	46	37	52	24	null
17	意大利	46	42	71	22	null
18	法国	52	40	51	35	null
19	西班牙	46	35	75	17	null
20	葡萄牙	53	40	80	17	null
21	乌克兰	58	39	53	27	null

图 11.13　判断供应商归属

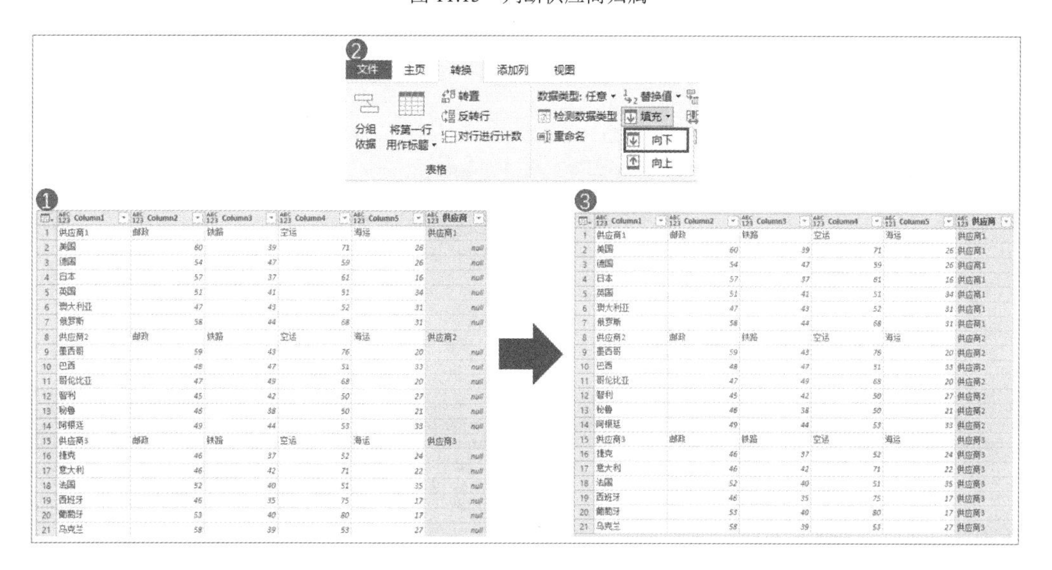

图 11.14　向下填充供应商归属

注意：向下填充代表从上往下填充，空值 null 是以最上面不为空的值作为填充数据的。

4．将第一行用作标题

之前的判断已经为每一行的数据进行了供应商的归类，就不必在乎首列和添加列的标题是什么结果了，只需要中间数据列的标题相同即可，通过将第一行用作标题可以实现，如图 11.15 所示。

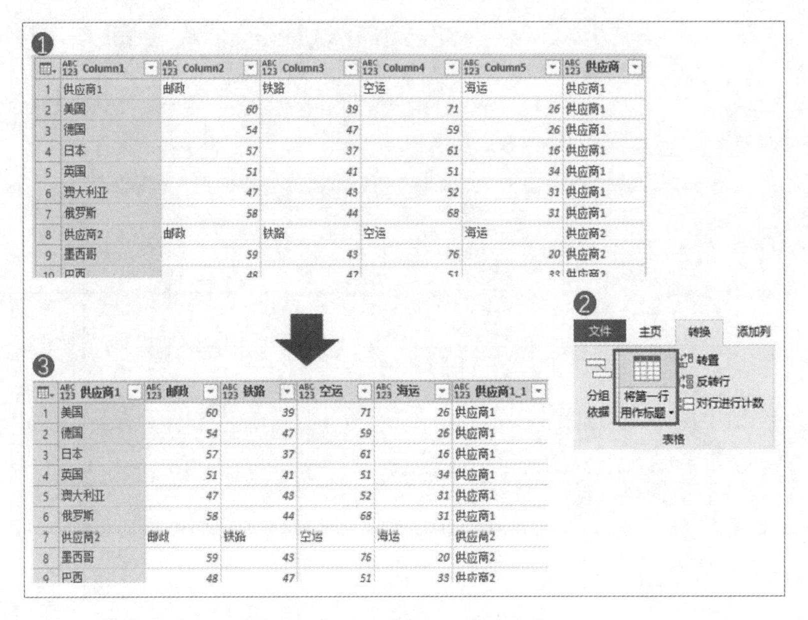

图 11.15　将第一行用作标题

5．过滤重复的行标题并更改列标题

最后调整一些基本的格式，通过筛选行将重复的标题删除，再更改列标题就可以了，如图 11.16 所示。

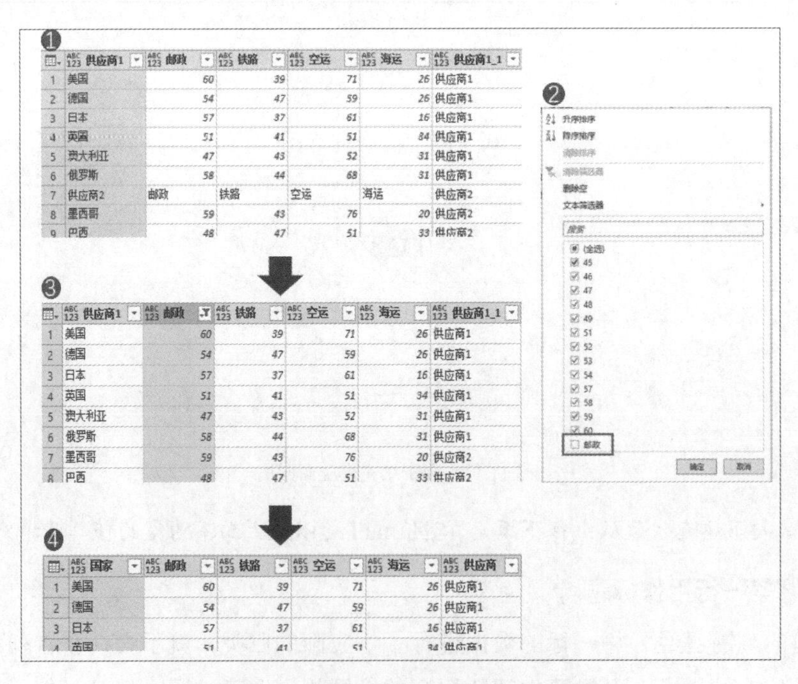

图 11.16　过滤重复的行标题并更改列标题

11.2.2 不同标题相似格式数据的处理

之前例子的表格中标题都是一一对应的，而且还可以通过供应商是否包含供应商标题中的关键词来辨认。那如果标题列数不一致，又无法对供应商进行供应商标题中的关键词包含判断，如图 11.17 所示，此类数据表又该如何进行清洗处理呢？

1. 将数据导入 Power Query

这一步的操作和 11.2.1 节的例子中的操作是类似的，在将数据导入后，需要先把标题降下来，使得被提升的标题作为数据的一部分来处理，如图 11.18 所示。

顺丰	邮政	铁路	空运	海运
美国	60	39	71	26
德国	54	47	59	26
日本	57	37	61	16
英国	51	41	51	34
德邦	铁路	空运	海运	
澳大利亚	43	52	31	
俄罗斯	44	68	31	
捷克	37	52	24	
UPS	邮政	铁路		
墨西哥	59	43		
巴西	48	47		
哥伦比亚	47	49		
智利	45	42		
秘鲁	46	38		
意大利	46	42		
法国	52	40		

图 11.17　不同标题相似格式的数据

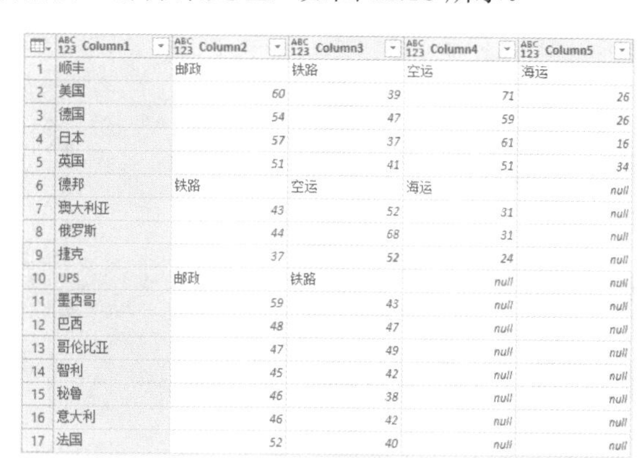

	Column1	Column2	Column3	Column4	Column5
1	顺丰	邮政	铁路	空运	海运
2	美国	60	39	71	26
3	德国	54	47	59	26
4	日本	57	37	61	16
5	英国	51	41	51	34
6	德邦	铁路	空运	海运	null
7	澳大利亚	43	52	31	null
8	俄罗斯	44	68	31	null
9	捷克	37	52	24	null
10	UPS	邮政	铁路	null	null
11	墨西哥	59	43	null	null
12	巴西	48	47	null	null
13	哥伦比亚	47	49	null	null
14	智利	45	42	null	null
15	秘鲁	46	38	null	null
16	意大利	46	42	null	null
17	法国	52	40	null	null

图 11.18　将标题作为第一行

2. 判断供应商归属

在 11.2.1 节的例子中是通过是否包含供应商标题中的关键词来判断供应商归属的，但是这里无法通过单字符的包含来判断供应商归属，所以需要使用批量物流商的关键词来查找，如果找到则显示物流商本身，如果未找到则设置为空值 null，如图 11.19 所示。

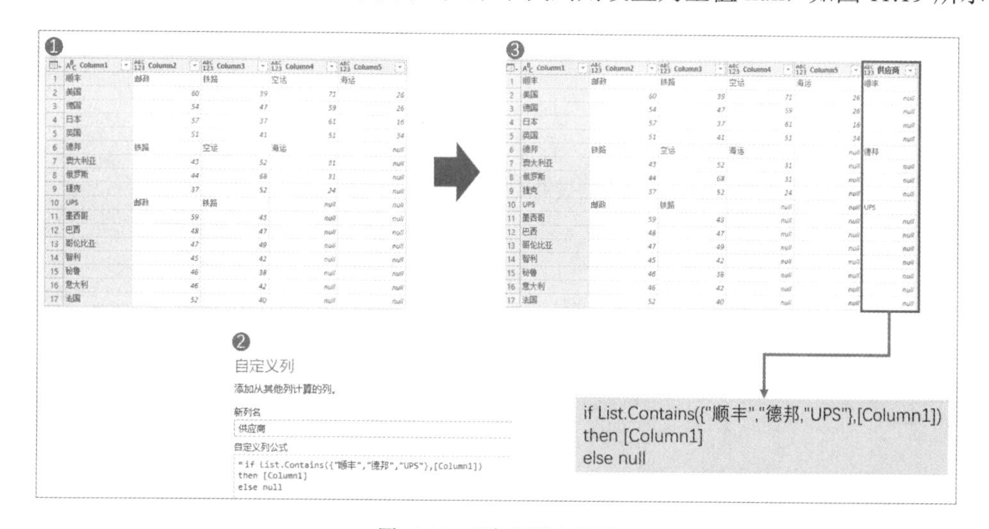

图 11.19　添加判断归属列

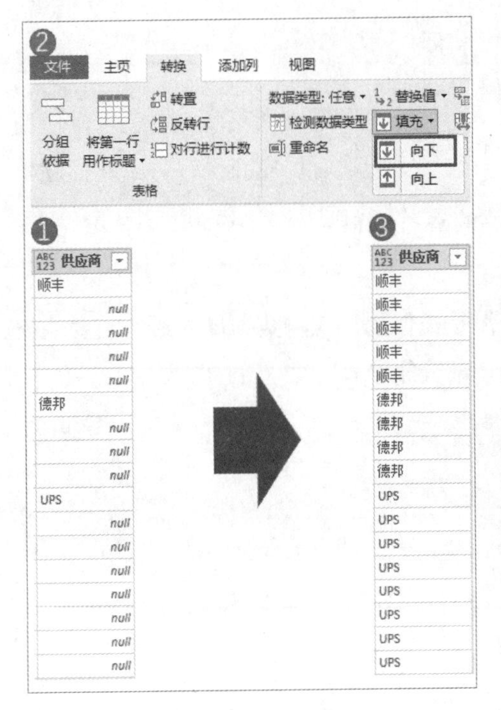

图 11.20　向下填充数据

注意：在添加新列时，可以直接把列名填写为正确的标题。

3．填充供应商数据列

这一步的操作和 11.2.1 节的例子中的操作一样，通过向下填充，把空值 null 替换成对应的供应商，如图 11.20 所示。

4．通过“分组依据”划分数据

在前面的例子中，因为表格中的标题是一一对应的，所以可以先直接将第一行用作标题，再筛选掉多余的标题即可，但是这次的数据无法进行简单的筛选过滤，只能通过标题一致性进行合并，因此在这里先分组，通过供应商的名称来对数据分组统计，如图 11.21 所示，因为需要分组后的所有数据，所以直接在“分组依据”操作中选择“所有行”，如果了解分组依据的公式，那么也可以直接使用公式。

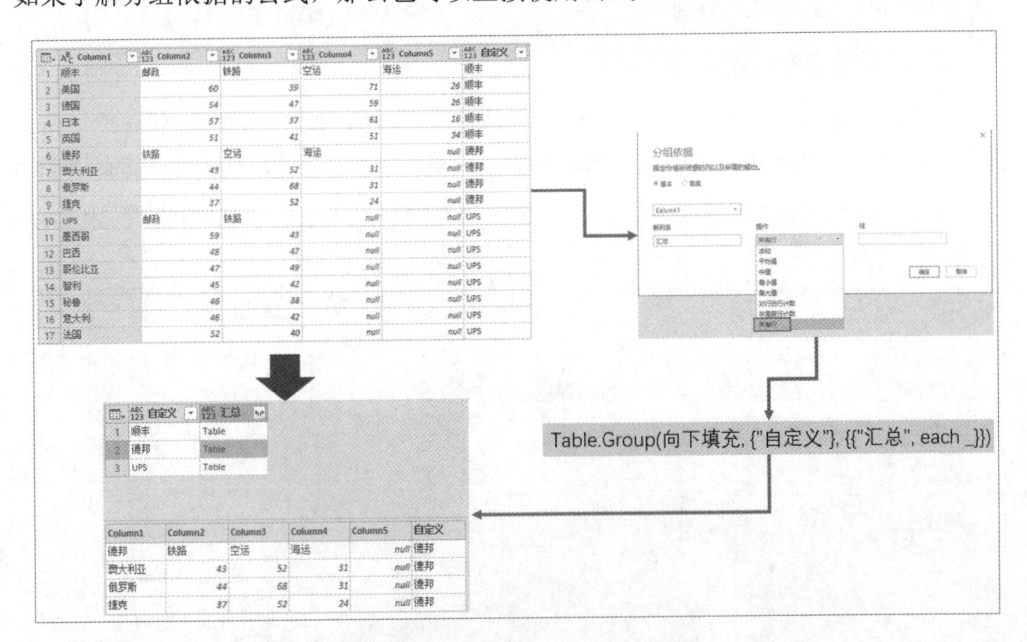

图 11.21　根据供应商的名称进行分组

5．提升分组数据表中的标题

如果需要对运输方式进行合并，因为只有每个分组中的标题一致，才能进行有效的合并，所以要将第一行数据用作标题，如图 11.22 所示，直接使用 Power Query 的选项卡中的选项来操作的话，其操作的目标为当前查询，当当前查询中还有嵌套表格时，如果想要对嵌套的表格进行处理，则可以通过添加列的方式来对需要操作的嵌套表格提升标题，用于提升标题的函数为 Table.PromoteHeaders，该函数的参数说明如表 11.1 所示。

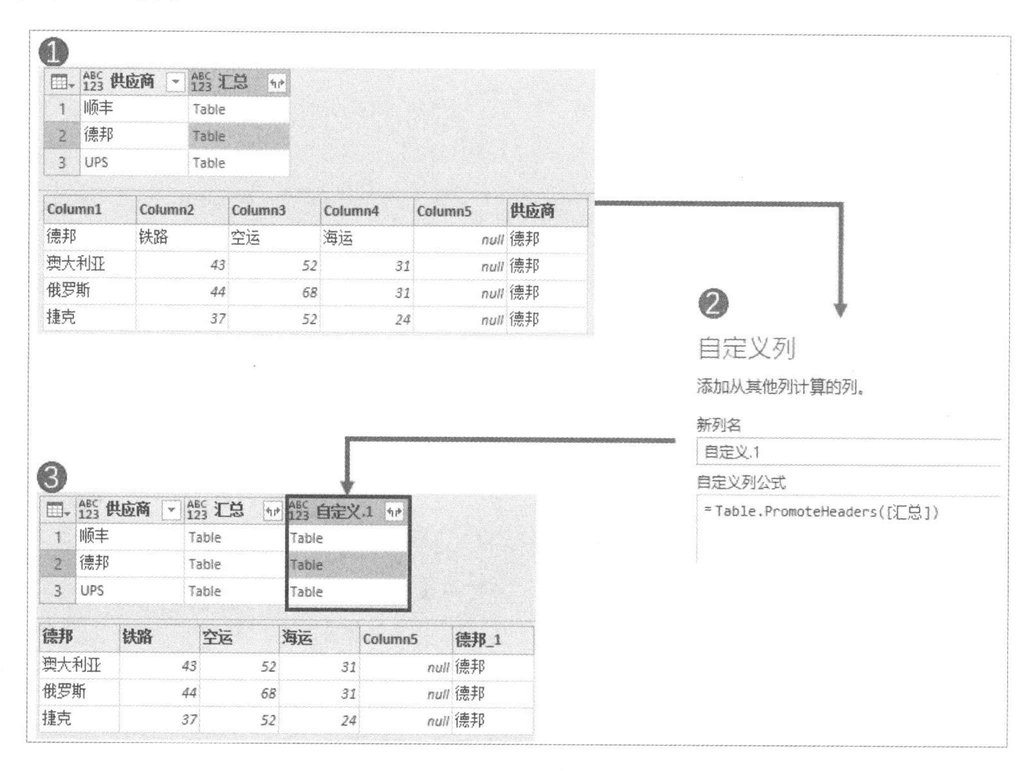

图 11.22　将分组后的表格的第一行数据用作标题

表 11.1　Table.PromoteHeaders 函数的参数说明

参　数	属　性	数 据 类 型	说　明
table	必选	表格类型（table）	需要提升标题的表
options	可选	记录类型（record）	提升标题的参数选项，包含： PromoteAllScalars，逻辑值，判断是否将全部数据作为标题 Culture，区域性设置

当然，提升标题这一步操作可以在分组时直接用于表格，在“_”的前面直接加上 Table.PromoteHeaders 函数即可，如图 11.23 所示。

6. 更改第一列的标题

截至目前，在分组的表格中所需要的数据及运输方式的标题都没有问题了，第一列的标题只要一致，就可以进行合并，那么所需要的操作就是更改标题了，统一把第一列的标题修改为“国家”即可，如图 11.24 所示（本书在 8.4.1 节中已经介绍过 Table.RenameColumns 函数，该函数的参数说明见表 8.8，这里不再赘述）。

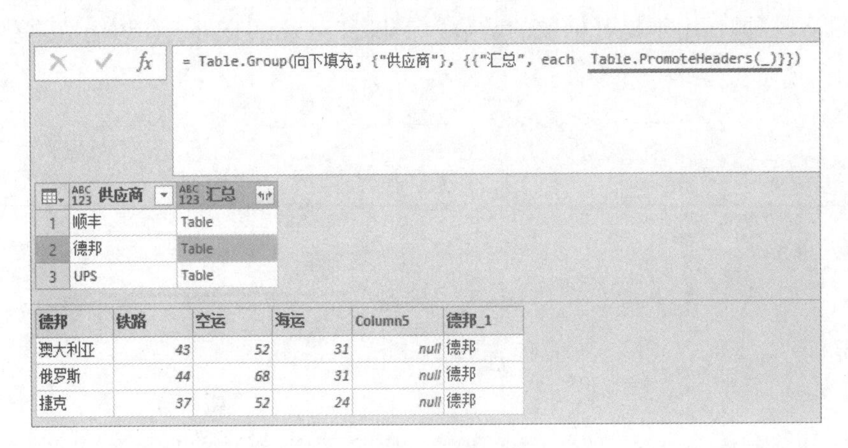

图 11.23　直接在分组操作时提升标题

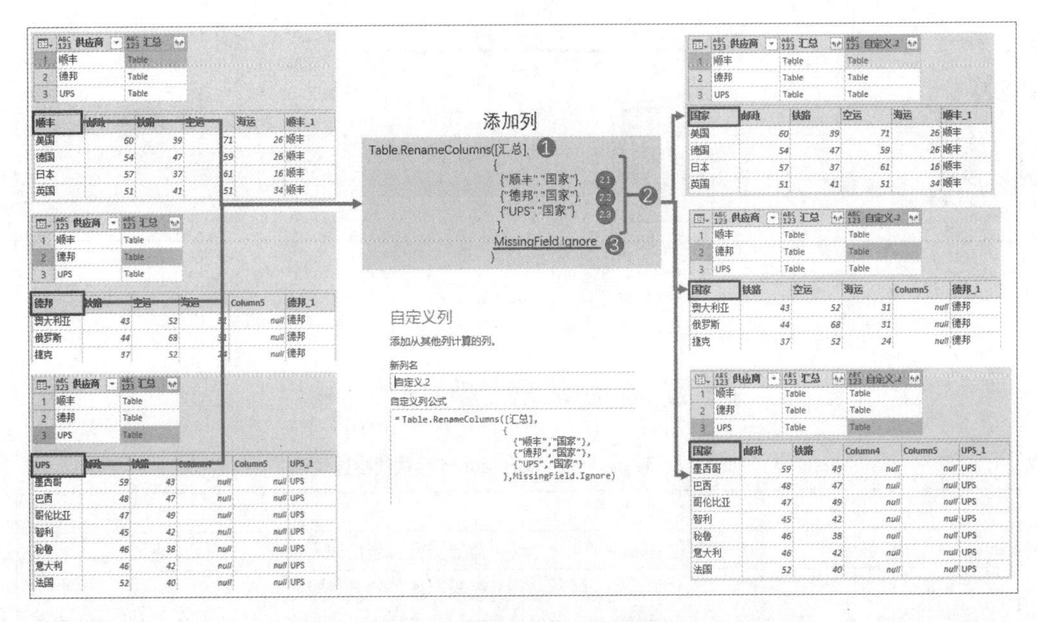

图 11.24　批量更改第一列的标题

注意：在使用 Table.RenameColumns 函数时，需要添加第 3 参数，第 3 参数需要使用 MissingField.Ignore 来忽略错误，可以使用 1 替代。

如果分组的项目数比较多，在导致供应商数量很多的情况下，为了避免手动输入更改标题的参数，可以使用如图 11.25 所示的公式，得到的效果是自动化更改标题（见图 11.25）。这里涉及 3 个新函数，即 List.Zip、List.Repeat、Table.RowCount，List.Zip 函数的参数说明如表 11.2 所示，List.Repeat 函数的参数说明如表 11.3 所示，

Table.RowCount 函数的参数说明如表 11.4 所示。

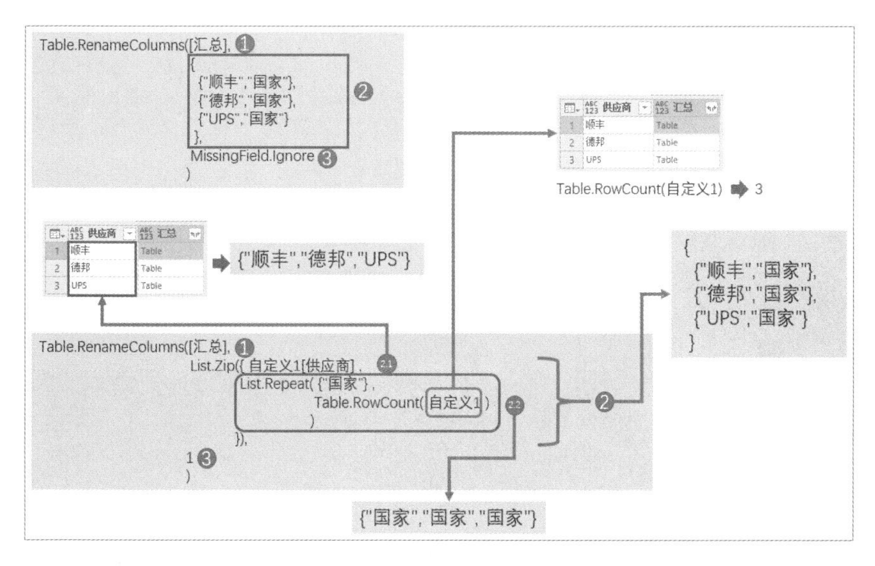

图 11.25　自动判断替换手动输入参数

表 11.2　List.Zip 函数的参数说明

参　　数	属　　性	数 据 类 型	说　　明
lists	必选	列表类型（list）	参数由多个列表组合而成，由列表中相同位置的数据组合成新的列表

表 11.3　List.Repeat 函数的参数说明

参　　数	属　　性	数 据 类 型	说　　明
list	必选	列表类型（list）	需要重复的列表
count	必选	数字类型（number）	需要重复的次数

表 11.4　Table.RowCount 函数的参数说明

参　　数	属　　性	数 据 类 型	说　　明
table	必选	表格类型（table）	需要计算数据行的表格

如果仔细查看，可以发现 Table.RenameColumns 函数的第 3 参数使用 1 替代了 MissingField.Ignore，主要的变化还是在第 2 参数上，通过 List.Zip 函数的特性组合两个列表数据，实现了自动化输入需要替换的标题。

7. 调整并展开数据

删除数据列汇总，然后展开已经替换第一列标题的表，这样就可以通过标题一致性来汇总数据，如图 11.26 所示。

注意：*在展开数据时，只展开需要的数据即可，如果要全部展开，则还需要在最*

后删除不必要的列。

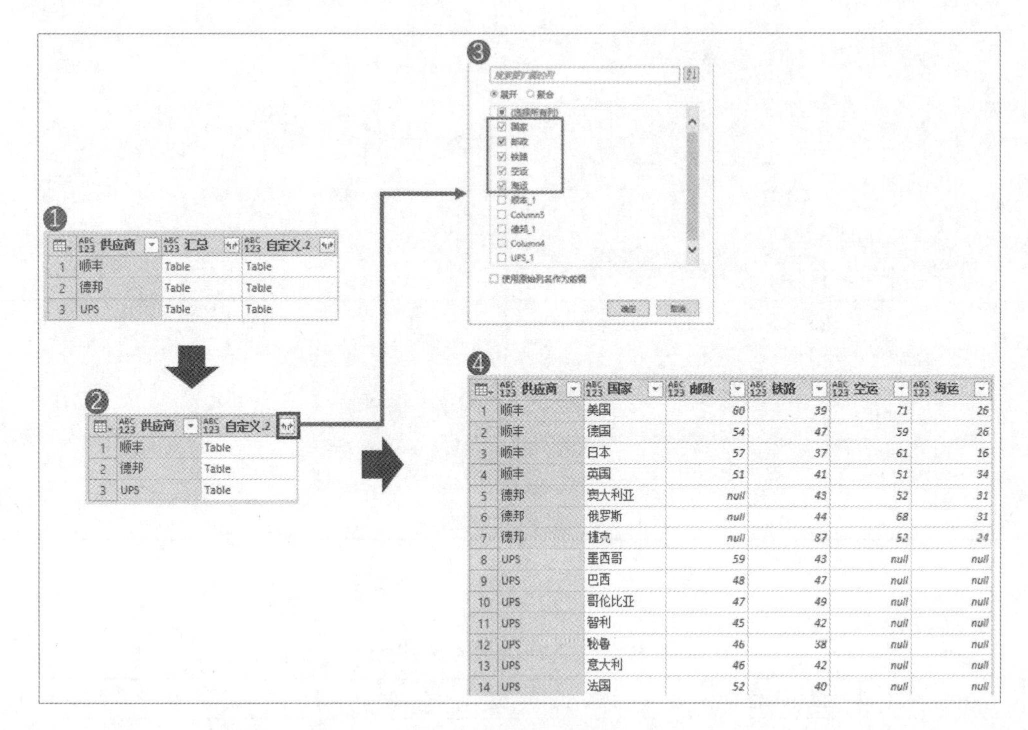

图 11.26　调整并展开数据

11.3　带有合并单元格数据的整理

在带有多行多列的数据表中，一个尤为普遍的现象就是在表格中使用了合并单元格，如果使用了合并单元格，那么在 Power Query 中针对合并单元格是如何处理的呢？合并单元格所处的位置不同，其处理的方法也会不同，如图 11.27 所示，表格中既有行标题的合并，又有列标题的合并，还有数据的合并。

大洲	国家	0.0-0.15 KG		0.151-0.3 KG		0.301-2.0 KG	
		价格（元/KG）	处理费（元/件）	价格（元/KG）	处理费（元/件）	价格（元/KG）	处理费（元/件）
欧洲	英国	52	15.5	51	15.5	50	15.5
	法国	68	12	58	13	58	13
	德国	60	15	53	16	48	17
	西班牙	50	18	50	18	50	18
北美洲	美国	53		53		53	
	加拿大	70	15.8	60	16.3	54	18
亚洲	日本	40	23	40	22	34	23
	韩国	28	16	28	16	28	16
南美洲	巴西	85	15	85	15	74	17
	智利	100	14	100	12	85	14.5
	秘鲁	76	16.5	109	13	109	13
非洲	南非	55	18	56.5	18	56.5	18
	尼日利亚	95	16.5	95	16.5	95	16.5
	阿尔及利亚	100		100	16.5	100	

图 11.27　带有合并单元格的数据表

11.3.1　处理上下合并的单元格

在Power Query中，表格不存在合并单元格的概念，所以在把数据导入Power Query后，系统就会自动把单元格的合并取消，如图 11.28 所示，所有的合并单元格都只以左上角作为唯一的数据。

	Column1	Column2	Column3	Column4	Column5	Column6	Column7	Column8
1	大洲	国家	0.0-0.15 KG	null	0.151-0.3 KG	null	0.301-2.0 KG	null
2	null	null	价格（元/KG）	处理费（元/件）	价格（元/KG）	处理费（元/件）	价格（元/KG）	处理费（元/件）
3	欧洲	英国	52	15.5	51	15.5	50	15.5
4	null	法国	68	12	58	13	58	13
5	null	德国	60	15	53	16	48	17
6	null	西班牙	50	18	50	18	50	18
7	北美洲	美国	53	null	53	null	53	null
8	null	加拿大	70	15.8	60	16.3	54	18
9	亚洲	日本	40	23	40	22	34	23
10	null	韩国	28	16	28	16	28	16
11	南美洲	巴西	85	15	85	15	74	17
12	null	智利	100	14	100	12	85	14.5
13	null	秘鲁	76	16.5	109	13	109	13
14	非洲	南非	55	18	56.5	18	56.5	18
15	null	尼日利亚	95	16.5	95	16.5	95	16.5
16	null	阿尔及利亚	100	null	100	16.5	100	null

图 11.28　带有合并单元格的表格导入 Power Query 后

注意：在 Excel 中使用从表格导入功能时，在通常情况下，为了不破坏原有表格的格式，可以选中原有的数据区域，给区域定义一个名称，如图 11.29 所示。

图 11.29　给数据区域定义名称

如果导入数据时系统直接提升标题和更改数据类型，则需要进行删除步骤的操作，或者需要进行将标题作为第一行的操作。如果想要减少这种不必要的自动化处理，则可以在 Power Query 中选择“文件”→“选项和设置”→“查询选项”选项，在弹出的“查询选项”对话框中，选择“当前工作簿”→“数据加载”选项，取消勾选“类型检测”选区中的复选框，如图 11.30 所示。

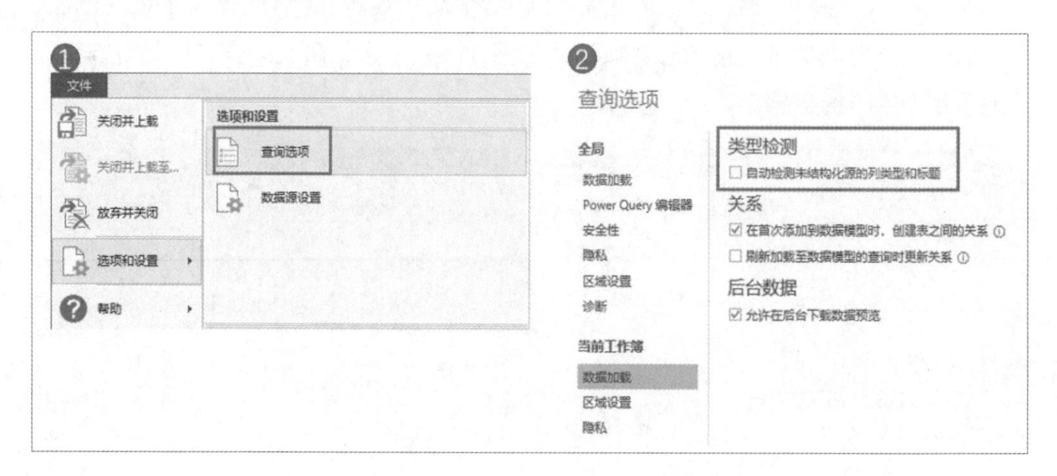

图 11.30　在“查询选项”对话框中修改类型检测参数

针对数据表中有合并单元格，可以直接使用向下填充的功能来对因合并单元格产生的空值 null 进行填充，如图 11.31 所示，选中所有的列，在使用向下填充功能时可以看到 Table.FillDown 函数的第 2 参数是需要操作的列，这里使用了所有列的常量，实际上可以使用通过变量来替代所有列的表达方式。

Table.ColumnNames(源)

```
= Table.FillDown(源,{"Column1", "Column2", "Column3", "Column4", "Column5", "Column6", "Column7", "Column8"})
```

	Column1	Column2	Column3	Column4	Column5	Column6	Column7	Column8
1	大洲	国家	0.0-0.15 KG	null	0.151-0.3 KG	null	0.301-2.0 KG	null
2	大洲	国家	价格（元/KG）	处理费（元/件）	价格（元/KG）	处理费（元/件）	价格（元/KG）	处理费（元/件）
3	欧洲	英国	52	15.5	51	15.5	50	15.5
4	欧洲	法国	68	12	58	13	58	13
5	欧洲	德国	60	15	53	16	48	17
6	欧洲	西班牙	50	18	50	18	50	18
7	北美洲	美国	53	18	53	18	53	18
8	北美洲	加拿大	70	15.8	60	16.3	54	18
9	亚洲	日本	40	23	40	22	34	23
10	亚洲	韩国	28	16	28	16	28	16
11	南美洲	巴西	85	15	85	15	74	17
12	南美洲	智利	100	14	100	12	85	14.5
13	南美洲	秘鲁	76	16.5	109	13	109	13
14	非洲	南非	55	18	56.5	18	56.5	18
15	非洲	尼日利亚	95	16.5	95	16.5	95	16.5
16	非洲	阿尔及利亚	100	16.5	100	16.5	100	16.5

图 11.31　列标题和数据内容向下填充

11.3.2　处理左右合并的单元格

上下合并的单元格比较容易处理，只需要使用向下填充的功能即可完成，而对于左右合并的单元格，Power Query 中并没提供向右填充的功能，此时可以通过转置来完成，如图 11.32 所示，通过转置把横向的填充改为了之前的向下填充。

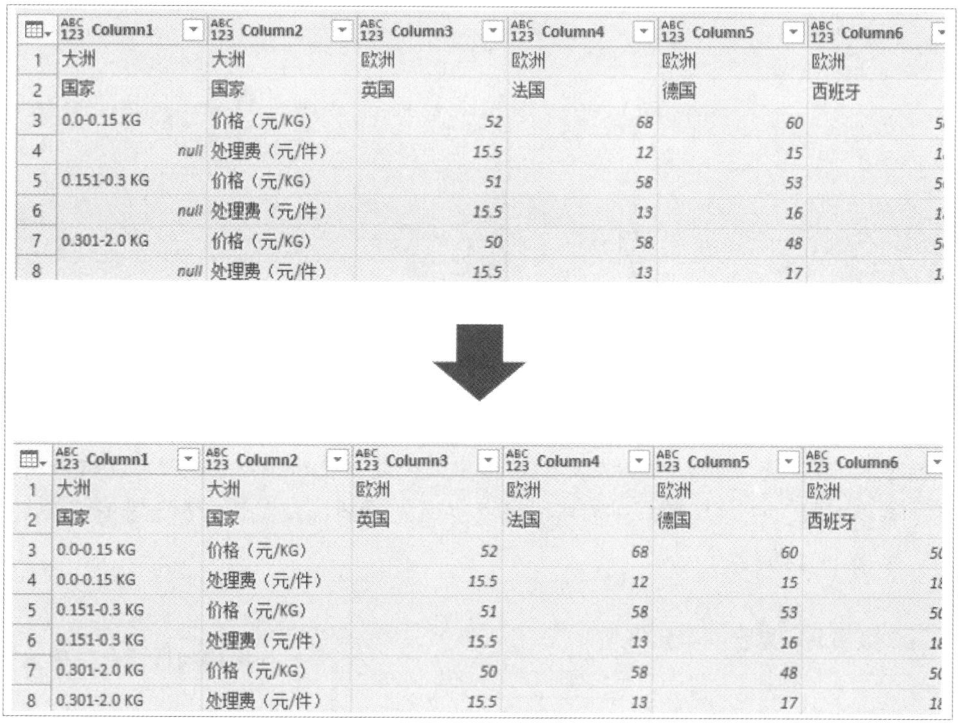

	Column1	Column2	Column3	Column4	Column5	Column6
1	大洲	大洲	欧洲	欧洲	欧洲	欧洲
2	国家	国家	英国	法国	德国	西班牙
3	0.0-0.15 KG	价格（元/KG）	52	68	60	5
4	null	处理费（元/件）	15.5	12	15	1
5	0.151-0.3 KG	价格（元/KG）	51	58	53	5
6	null	处理费（元/件）	15.5	13	16	1
7	0.301-2.0 KG	价格（元/KG）	50	58	48	5
8	null	处理费（元/件）	15.5	13	17	1

	Column1	Column2	Column3	Column4	Column5	Column6
1	大洲	大洲	欧洲	欧洲	欧洲	欧洲
2	国家	国家	英国	法国	德国	西班牙
3	0.0-0.15 KG	价格（元/KG）	52	68	60	5
4	0.0-0.15 KG	处理费（元/件）	15.5	12	15	1
5	0.151-0.3 KG	价格（元/KG）	51	58	53	5
6	0.151-0.3 KG	处理费（元/件）	15.5	13	16	1
7	0.301-2.0 KG	价格（元/KG）	50	58	48	5
8	0.301-2.0 KG	处理费（元/件）	15.5	13	17	1

图 11.32　转置后的向下填充

到这一步，已经把因为拆分单元格生成的所有空值 null 都处理完了，数据都填满了，接下来就是处理多重标题。

11.3.3　处理多重标题

在进行转置后，需要对多个原始表格中横向合并单元格的标题进行合并处理，如图 11.33 所示。如果原始表格中有多级的横向合并单元格的标题，则合并在一起作为单一的标题数据列。

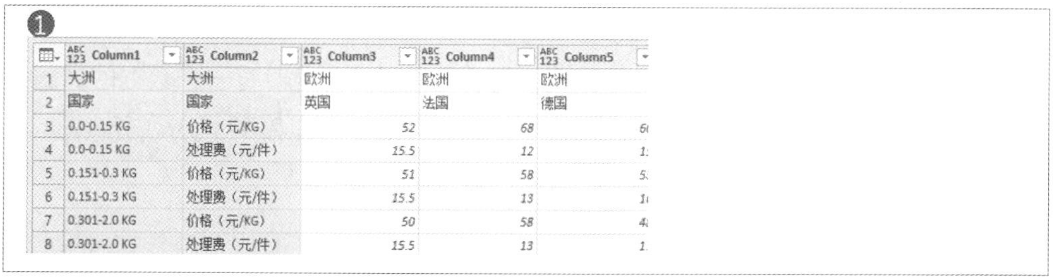

1

	Column1	Column2	Column3	Column4	Column5	
1	大洲	大洲	欧洲	欧洲	欧洲	
2	国家	国家	英国	法国	德国	
3	0.0-0.15 KG	价格（元/KG）	52	68	6	
4	0.0-0.15 KG	处理费（元/件）	15.5	12	1	
5	0.151-0.3 KG	价格（元/KG）	51	58	5	
6	0.151-0.3 KG	处理费（元/件）	15.5	13	1	
7	0.301-2.0 KG	价格（元/KG）	50	58	4	
8	0.301-2.0 KG	处理费（元/件）	15.5	13	1	

图 11.33　合并转置后的横向标题列

2 文件 主页 转换 添加列 视图

分组依据 将第一行用作标题 转置 反转行 对行进行计数 表格

数据类型: 任意 检测数据类型 重命名 替换值 填充 透视列 逆透视列 移动 转换为列表 任意列

拆分列 格式 合并列 提取 分析 文本列

3 合并列

选择已选列的合并方式。

分隔符

冒号

新列名(可选)

已合并

4

	已合并	Column3	Column4	Column5	Column6
1	大洲:大洲	欧洲	欧洲	欧洲	欧洲
2	国家:国家	英国	法国	德国	西班牙
3	0.0-0.15 KG:价格（元/KG）	52	68	60	5
4	0.0-0.15 KG:处理费（元/件）	15.5	12	15	1
5	0.151-0.3 KG:价格（元/KG）	51	58	53	5
6	0.151-0.3 KG:处理费（元/件）	15.5	13	16	1
7	0.301-2.0 KG:价格（元/KG）	50	58	48	5
8	0.301-2.0 KG:处理费（元/件）	15.5	13	17	1

图 11.33　合并转置后的横向标题列（续）

注意：这里的横向标题指的是原始表格中的合并单元格标题，本例中是两个层级，如果是多个层级，就在转置后合并所有的合并单元格的标题，然后加上最后一级的单标题，如图 11.34 所示。

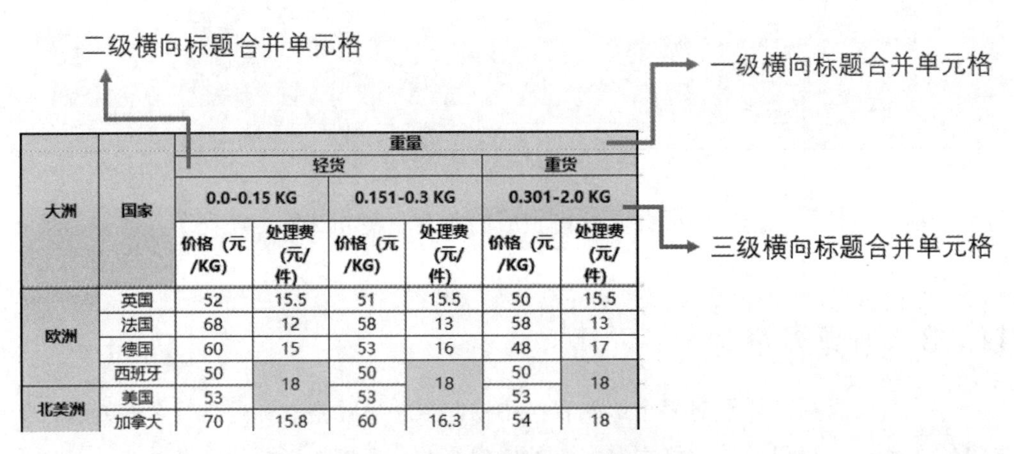

大洲	国家	重量					
		轻货				重货	
		0.0-0.15 KG		0.151-0.3 KG		0.301-2.0 KG	
		价格（元/KG）	处理费（元/件）	价格（元/KG）	处理费（元/件）	价格（元/KG）	处理费（元/件）
欧洲	英国	52	15.5	51	15.5	50	15.5
	法国	68	12	58	13	58	13
	德国	60	15	53	16	48	17
	西班牙	50	18	50	18	50	18
北美洲	美国	53		53		53	
	加拿大	70	15.8	60	16.3	54	18

11.34　多层级横向合并单元格标题

如果遇到上述这类表格，其余操作都一样，只需要在合并列时把这些标题都合并在一起就可以了，如图 11.35 所示。

合并完标题列后，再进行转置，回到原先的数据样式，此时每一个数据的标题都是唯一的，这样在后续提升标题时也不会产生列标题的变化，如图 11.36 所示。

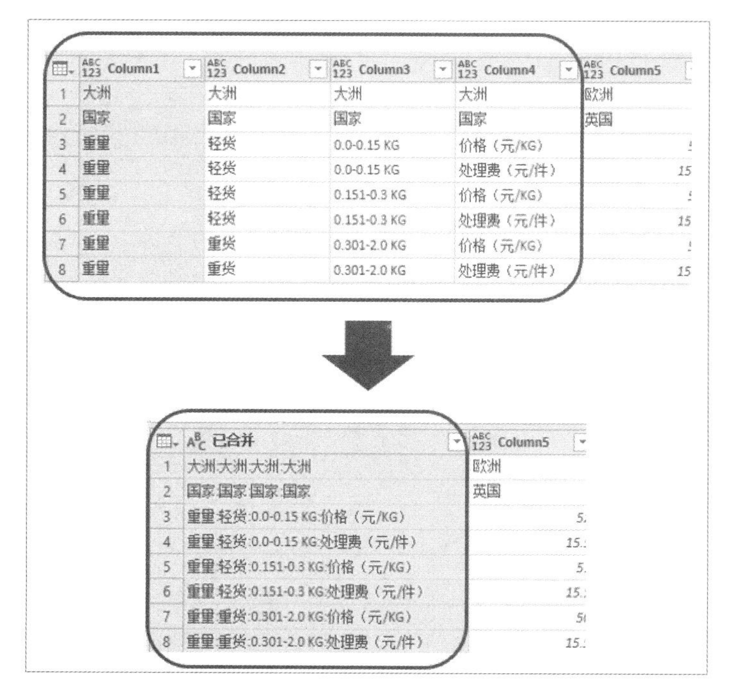

11.35　合并多层级合并单元格标题列

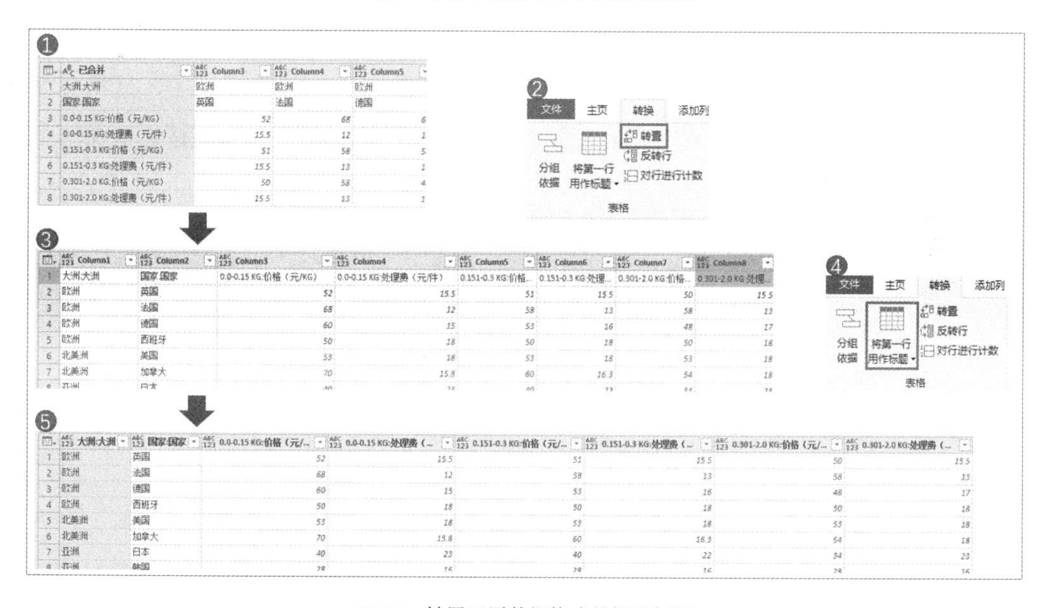

11.36　转置回原数据格式并提升标题

11.3.4　多维数据转一维数据

截至上一步，基本上已经生成了相对标准的格式了，对于多维数据转一维数据，常用的方式就是逆透视了，选中所有数据值的列进行逆透视（或者选中非数据值的标题列进行逆透视其他列），如图 11.37 所示。

①

	大洲:大洲	国家:国家	0.0-0.15...	0.0-0.15 KG...	0.151-0.3 K...	0.151-0.3...	0.301-2.0...	0.301-2.0...
1	欧洲	英国	52	15.5	51	15.5	50	15.5
2	欧洲	法国	68	12	58	13	58	13
3	欧洲	德国	60	15	53	16	48	17
4	欧洲	西班牙	50	18	50	18	50	18
5	北美洲	美国	53	18	53	18	53	18
6	北美洲	加拿大	70	15.8	60	16.3	54	18
7	亚洲	日本	40	23	40	22	34	23
8	亚洲	韩国	28	16	28	16	28	16
9	南美洲	巴西	85	15	85	15	74	17
10	南美洲	智利	100	14	100	12	85	14.5
11	南美洲	秘鲁	76	16.5	109	13	109	13
12	非洲	南非	55	18	56.5	18	56.5	18
13	非洲	尼日利亚	95	16.5	95	16.5	95	16.5
14	非洲	阿尔及利亚	100	16.5	100	16.5	100	16.5

②

逆透视列
逆透视列
逆透视其他列
仅逆透视选定列

③

	大洲:大洲	国家:国家	属性	值
1	欧洲	英国	0.0-0.15 KG:价格（元/KG）	52
2	欧洲	英国	0.0-0.15 KG:处理费（元/件）	15.5
3	欧洲	英国	0.151-0.3 KG:价格（元/KG）	51
4	欧洲	英国	0.151-0.3 KG:处理费（元/件）	15.5
5	欧洲	英国	0.301-2.0 KG:价格（元/KG）	50
6	欧洲	英国	0.301-2.0 KG:处理费（元/件）	15.5
7	欧洲	法国	0.0-0.15 KG:价格（元/KG）	68
8	欧洲	法国	0.0-0.15 KG:处理费（元/件）	12
9	欧洲	法国	0.151-0.3 KG:价格（元/KG）	58

图 11.37　对非数据值的列进行逆透视其他列

11.3.5　拆分属性标题列

"属性"列为之前操作合并列时的数据，到这一步就可以进行还原了，使用之前合并列时的连接符作为拆分列的分隔符，之前合并列时使用冒号作为连接符，在这里就可以以冒号作为分隔符处理，如图 11.38 所示。

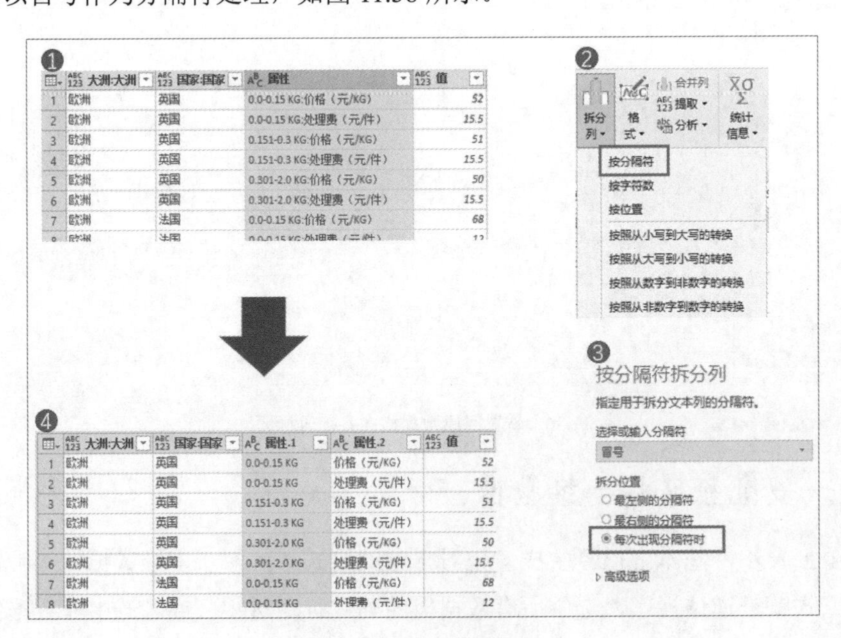

①

	大洲:大洲	国家:国家	属性	值
1	欧洲	英国	0.0-0.15 KG:价格（元/KG）	52
2	欧洲	英国	0.0-0.15 KG:处理费（元/件）	15.5
3	欧洲	英国	0.151-0.3 KG:价格（元/KG）	51
4	欧洲	英国	0.151-0.3 KG:处理费（元/件）	15.5
5	欧洲	英国	0.301-2.0 KG:价格（元/KG）	50
6	欧洲	英国	0.301-2.0 KG:处理费（元/件）	15.5
7	欧洲	法国	0.0-0.15 KG:价格（元/KG）	68

④

	大洲:大洲	国家:国家	属性.1	属性.2	值
1	欧洲	英国	0.0-0.15 KG	价格（元/KG）	52
2	欧洲	英国	0.0-0.15 KG	处理费（元/件）	15.5
3	欧洲	英国	0.151-0.3 KG	价格（元/KG）	51
4	欧洲	英国	0.151-0.3 KG	处理费（元/件）	15.5
5	欧洲	英国	0.301-2.0 KG	价格（元/KG）	50
6	欧洲	英国	0.301-2.0 KG	处理费（元/件）	15.5
7	欧洲	法国	0.0-0.15 KG	价格（元/KG）	68
8	欧洲	法国	0.0-0.15 KG	处理费（元/件）	12

图 11.38　拆分属性标题列

11.3.6 调整最终的格式

最后可以通过修改列标题及更改数据类型等常规调整操作，达到报表最终输出的效果，如图 11.39 所示。

	大洲:大洲	国家:国家	属性.1	属性.2	值
1	欧洲	英国	0.0-0.15 KG	价格（元/KG）	52
2	欧洲	英国	0.0-0.15 KG	处理费（元/件）	15.5
3	欧洲	英国	0.151-0.3 KG	价格（元/KG）	51
4	欧洲	英国	0.151-0.3 KG	处理费（元/件）	15.5
5	欧洲	英国	0.301-2.0 KG	价格（元/KG）	50
6	欧洲	英国	0.301-2.0 KG	处理费（元/件）	15.5
7	欧洲	法国	0.0-0.15 KG	价格（元/KG）	68
8	欧洲	法国	0.0-0.15 KG	处理费（元/件）	12

	大洲:大洲	国家:国家	属性.1	属性.2	值
1	欧洲	英国	0.0-0.15 KG	价格（元/KG）	52
2	欧洲	英国	0.0-0.15 KG	处理费（元/件）	15.5
3	欧洲	英国	0.151-0.3 KG	价格（元/KG）	51
4	欧洲	英国	0.151-0.3 KG	处理费（元/件）	15.5
5	欧洲	英国	0.301-2.0 KG	价格（元/KG）	50
6	欧洲	英国	0.301-2.0 KG	处理费（元/件）	15.5
7	欧洲	法国	0.0-0.15 KG	价格（元/KG）	68
8	欧洲	法国	0.0-0.15 KG	处理费（元/件）	12

	大洲	国家	重量区间	费用类型	金额
1	欧洲	英国	0.0-0.15 KG	价格（元/KG）	52
2	欧洲	英国	0.0-0.15 KG	处理费（元/件）	15.5
3	欧洲	英国	0.151-0.3 KG	价格（元/KG）	51
4	欧洲	英国	0.151-0.3 KG	处理费（元/件）	15.5
5	欧洲	英国	0.301-2.0 KG	价格（元/KG）	50
6	欧洲	英国	0.301-2.0 KG	处理费（元/件）	15.5
7	欧洲	法国	0.0-0.15 KG	价格（元/KG）	68
8	欧洲	法国	0.0-0.15 KG	处理费（元/件）	12

图 11.39　调整报表最终的格式

第 12 章

在 Power Query 中进行时间的计算

在 Excel 中，日期及时间没有特别大的区别，时间转数字也就是用小数点表示。但是在 Power Query 中对时间数据的要求就比较严格，不同时间格式数据之间的相互计算也不只是加、减、乘、除这样简单，所以，在使用 Power Query 时，对日期和时间类函数的了解可以在计算过程中起到非常重要的作用。

本章主要涉及的知识点有：

- 日期和时间类函数的基本介绍
- 函数的主要功能分布介绍
- 日期转换产生问题的处理方法
- 时间互相计算时的注意事项

12.1 日期和时间类函数的基本介绍

日期和时间数据的处理在整个数据处理中有着非常重要的作用，很多计算都是围绕着日期和时间进行的。而在 Power Query 中对时间数据进行清洗及计算是一项必要的技能。虽然大部分时间函数的使用相对比较简单，但是对日期和时间类函数有一个大致了解会更方便使用，如图 12.1 所示。

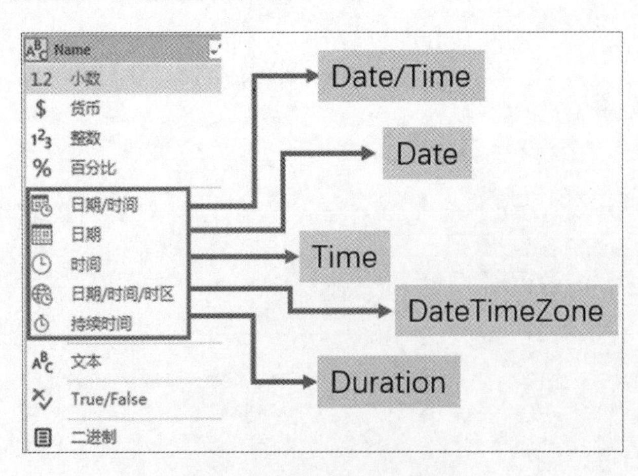

图 12.1 日期和时间类函数

12.1.1　日期和时间类函数之间的计算

日期和时间类函数主要有日期类型函数、时间类型函数、日期时间类型函数、持续时间类型函数、时间区域类型函数。不同类型之间的转换有一定的规则，了解对象之间的计算规则就能避免一些经常容易出现的问题。日期和时间类函数的计算说明如表 12.1 所示。

表 12.1　日期和时间类函数的计算说明

日期和时间类函数	Date	Time	DateTime	DateTimeZone	Duration
Date		&			+，−
Time	&	−			+，−
DateTime					+，−
DateTimeZone					+，−
Duration	+，−	+，−	+，−	+，−	+，−

注意： 在 Power Query 中不同于 Excel 中，不可以直接用数字对日期进行计算，如果要进行计算，则通常把数字类型通过 Duration.From 函数转换为 duration 类型。在 Power Query 中，除了对不同数据类型的日期及时间之间的相互计算有严格要求，对日期和时间类函数的运算规则也有一定的要求。日期和时间类函数的运算规则如表 12.2 所示。

表 12.2　日期和时间类函数的运算规则

运　算　符	X	Y
X+Y	Time	Duration
X+Y	Duration	Time
X−Y	Time	Duration
X−Y	Time	Time
X&Y	Date	Time

此外，在很多时候还会直接使用转义符进行时间类格式的定义，时间类格式的转义方式如表 12.3 所示，这样对于不同格式之间的转换省略了格式转换步骤，可以快速运用于计算。

表 12.3　时间类格式的转义方式

转 义 方 式	结　　果
#duration(1,0,0,0)	1.00:00:00
#date(2019,1,1)	2019/1/1 星期二
#time(12,30,0)	下午 12:30:00
#datetime(2019,1,1,12,0,0)	2019/1/1 星期二 下午 12:00:00
#datetimezone(2018,11,11,0,0,0,8,0)	2018/11/11 星期日 上午 12:00:00 +08:00

12.1.2 日期和时间类函数的主要分类

了解了有关日期和时间类函数的基本情况，那接下来就是要了解日期和时间类函数能带来的主要功能有哪些？只要涉及时间概念，总是绕不开计量单位，如年、月、日、星期、小时、分钟、秒等，可以把 Power Query 中的日期和时间类函数按这些具体的时间维度进行划分，如图 12.2 所示。

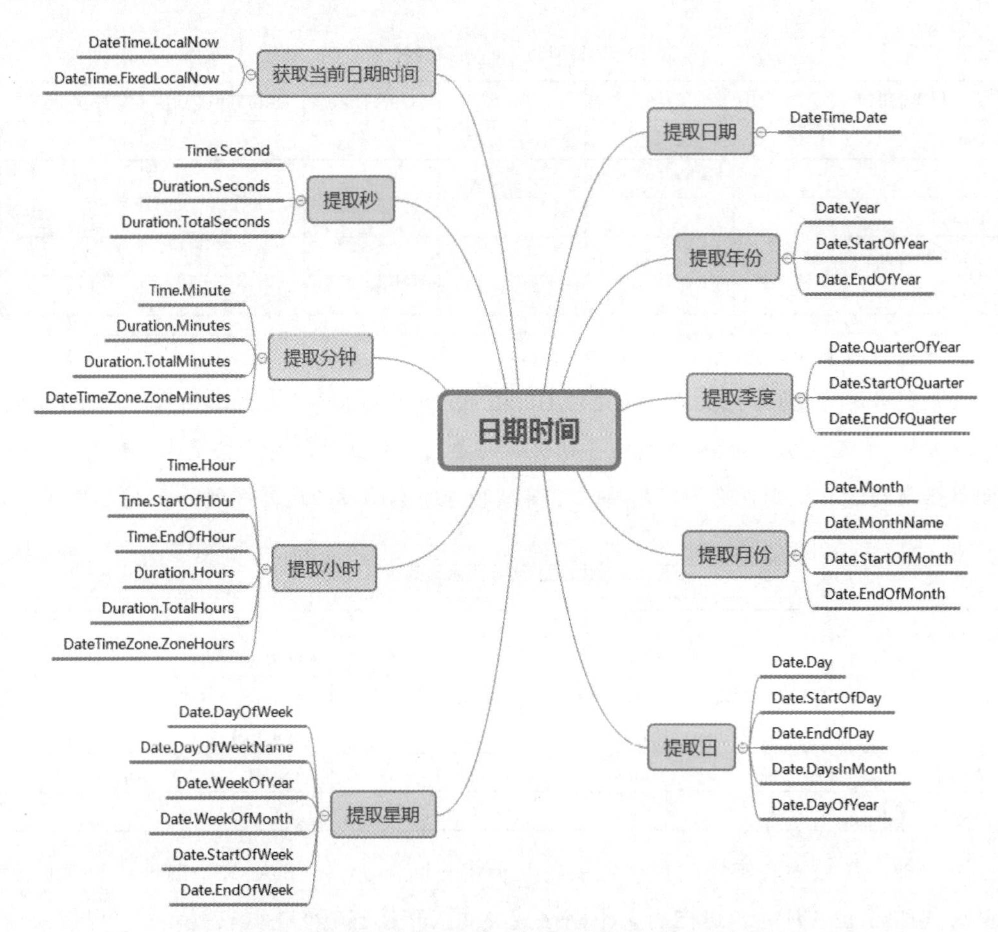

图 12.2　把日期和时间类函数按提取的时间维度归类

在 Power Query 中，日期和时间类函数有 100 多个，大部分关于日期和时间的计算都能通过以上这些函数来实现。

12.1.3 日期格式的互相转换

不同日期格式的数据之间计算的方式也有差异，所以通过转换数据的格式以适应计算要求就很有必要。大部分带有关键词 From 的函数都可以进行格式之间的转换，主要的日期和时间类函数的转换格式如表 12.4 所示。

表 12.4　主要的日期和时间类函数的转换格式

函　　数	Number	Text	Date	DateTime	DateTimeZone.From	Time
Date.From	√	√	√	√	√	×
DateTime.From	√	√	√	√	√	√
DateTimeZone.From	√	√	√	√	√	√
Duration.From	√	√	×	×	×	×
Time.From	√	√	×	√	√	√

12.2　日期和时间类函数的应用

了解了 Power Query 中日期和时间类函数的基本情况，接着就可以将其运用到实际工作中了。在日期和时间类函数中，首先是格式，其次是获取值的判断，最后是值的直接转换。本节将通过介绍不同的时间函数的案例来使读者熟悉并掌握日期和时间类函数。

12.2.1　日期格式的转换

首先就是日期格式的转换，这个也是第一步要做的，在数据导入的第一步就可能会涉及日期格式，如图 12.3 所示。

时间	采购数量	采购单价	采购金额
13-05-2019	75	49	3675
11-02-2019	36	36	1296
09-04-2019	81	13	1053
11-07-2019	71	23	1633
22-03-2019	88	24	2112
08-04-2019	25	13	325
26-06-2019	82	40	3280
18-06-2019	14	35	490
25-02-2019	44	42	1848
09-07-2019	27	16	432
23-03-2019	40	28	1120
19-08-2019	59	19	1121
18-08-2019	40	33	1320
10-04-2019	16	20	320
22-02-2019	73	14	1022
13-03-2019	99	49	4851
06-03-2019	60	25	1500
01-05-2019	45	35	1575
16-08-2019	26	18	468

图 12.3　日期格式为日月年的数据表

日期从常理来说没有问题，是日月年的排列格式，但是将其导入 Power Query 后却无法直接转换，因为在 Power Query 中系统默认的是月日年的排列格式，所以无法直接识别上述的日月年排列格式，此时如果直接转换就会产生错误，如图 12.4 所示。

那么对于这种日期格式，Power Query 是否可以实现我们需要的认定标准呢？可以的，如果仔细查看日期转换函数 Table.TransformColumnTypes，就会发现该函数第 3 参数的设置是针对 culture 的设置，该函数的参数说明如表 12.5 所示。

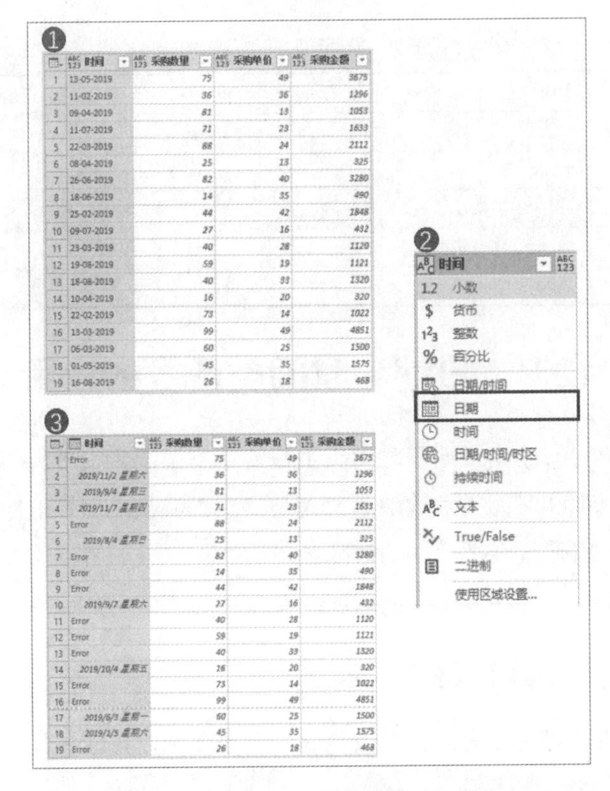

图 12.4 转换日月年格式的日期产生错误

表 12.5 Table.TransformColumnTypes 函数的参数说明

参　数	属　性	数 据 类 型	说　明
table	必选	表格类型（table）	需要进行转换的表格
typeTransformations	必选	列表类型（list）	需要进行转换的列标题
culture	可选	文本类型（text）	区域性设置，如“en-US”

此时可以在图 12.4 显示的下拉列表中选择“使用区域设置...”选项，在弹出的“使用区域设置更改类型”对话框中可以直接选择能辨别日月年的区域选项，可以对比两个选项对时间的格式认定，如图 12.5 所示。

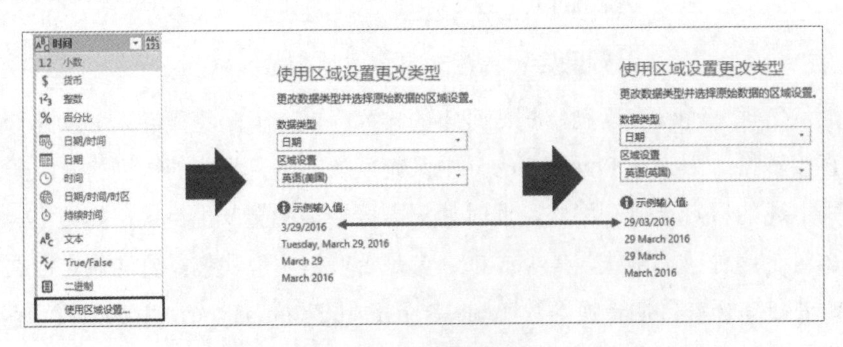

图 12.5 更改区域设置

此时可以观察公式栏中的改变，如图 12.6 所示，原先如果直接改变类型，未使用第 3 参数而使用了区域设置，则会显示第 3 参数的使用区域，这样就可以使得系统能够识别并转换日月年的格式。

```
= Table.TransformColumnTypes(源, {{"时间", type date}}, "en-GB")
```

	时间	采购数...	采购单...	采购金...
1	2019/5/13 星期一	75	49	3675
2	2019/2/11 星期一	36	36	1296
3	2019/4/9 星期二	81	13	1053
4	2019/7/11 星期四	71	23	1633
5	2019/3/22 星期五	88	24	2112
6	2019/4/8 星期一	25	13	325
7	2019/6/26 星期三	82	40	3280
8	2019/6/18 星期二	14	35	490
9	2019/2/25 星期一	44	42	1848
10	2019/7/9 星期二	27	16	432
11	2019/3/23 星期六	40	28	1120
12	2019/8/19 星期一	59	19	1121
13	2019/8/18 星期日	40	33	1320
14	2019/4/10 星期三	16	20	320
15	2019/2/22 星期五	73	14	1022
16	2019/3/13 星期三	99	49	4851
17	2019/3/6 星期三	60	25	1500
18	2019/5/1 星期三	45	35	1575
19	2019/8/16 星期五	26	18	468

图 12.6　Table.TransformColumnTypes 函数使用第 3 参数

除此之外，还会有一种情况，就是日期数据以不同格式在同一列中，如图 12.7 所示，把表格数据导入 Power Query，系统无法将数据直接识别为日期类型的数据，如果系统识别，则会将其直接识别为文本类型的数据。

时间	采购数量	采购单价	采购金额
2019/1/1	75	49	3675
2019/1/2	36	36	1296
2019-01-03	81	13	1053
2019-01-04	71	23	1633
2019/1/5	88	24	2112
2019年1月6日	25	13	325
2019年1月7日	82	40	3280
2019年1月8日	14	35	490
2019/1/9	44	42	1848
2019/1/10	27	16	432
2019/1/11	40	28	1120
19/1/12	59	19	1121
19/1/13	40	33	1320
14-Jan-19	16	20	320
15-Jan-19	73	14	1022
16-Jan-19	99	49	4851
20190117	60	25	1500
20190201	45	35	1575
20190205	26	18	468

	时间	采购数量	采购单价	采购金额
1	2019/1/1 0:00:00	75	49	3675
2	2019/1/2 0:00:00	36	36	1296
3	2019/1/3 0:00:00	81	13	1053
4	2019/1/4 0:00:00	71	23	1633
5	2019/1/5 0:00:00	88	24	2112
6	2019/1/6 0:00:00	25	13	325
7	2019/1/7 0:00:00	82	40	3280
8	2019/1/8 0:00:00	14	35	490
9	2019/1/9 0:00:00	44	42	1848
10	2019/1/10 0:00:00	27	16	432
11	2019/1/11 0:00:00	40	28	1120
12	2019/1/12 0:00:00	59	19	1121
13	2019/1/13 0:00:00	40	33	1320
14	2019/1/14 0:00:00	16	20	320
15	2019/1/15 0:00:00	73	14	1022
16	2019/1/16 0:00:00	99	49	4851
17	20190117	60	25	1500
18	20190201	45	35	1575
19	20190205	26	18	468

图 12.7　现有数据表

此时，“时间”列中的数据有两种类型，一种是日期类型，另一种是日期时间类型。所以，无论是转换成日期类型，还是转换成日期时间类型，都会部分发生错误，无法进行直接转换，如图 12.8 所示。

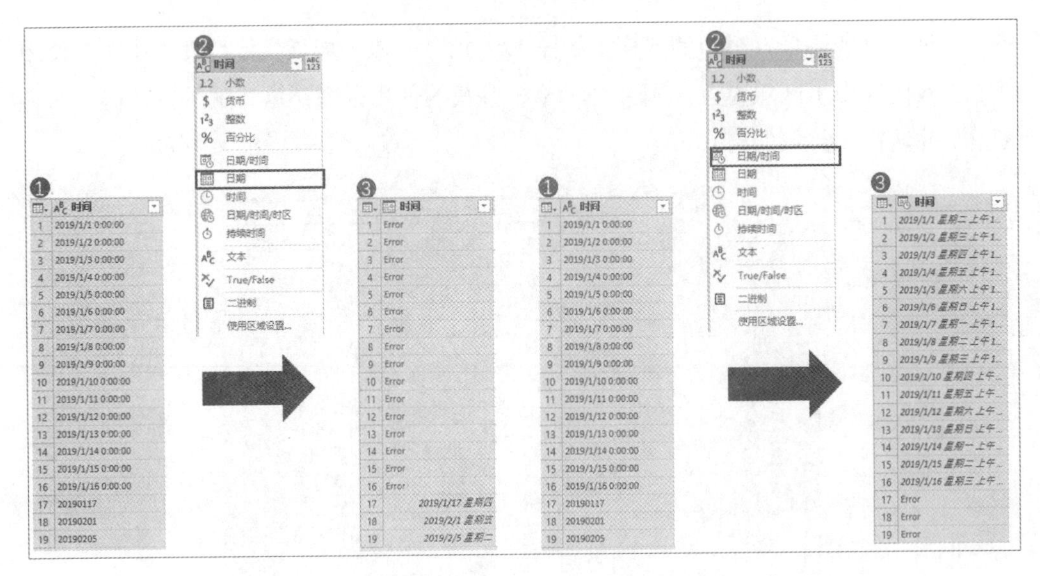

图 12.8　数据类型转换错误

对于这类有两种数据类型、无法进行一次转换的数据，可以通过错误判断语句 try…otherwise…对转换一次后的状态进行判断，如果产生错误，则可以进行第二次转换，如图 12.9 所示。

```
try Date.From([时间])
otherwise Date.From(DateTime.From([时间]))
```

	时间	采购数量	采购单价	采购金额	日期
1	2019/1/1 0:00:00	75	49	3675	2019/1/1 星期二
2	2019/1/2 0:00:00	36	36	1296	2019/1/2 星期三
3	2019/1/3 0:00:00	81	13	1053	2019/1/3 星期四
4	2019/1/4 0:00:00	71	23	1633	2019/1/4 星期五
5	2019/1/5 0:00:00	88	24	2112	2019/1/5 星期六
6	2019/1/6 0:00:00	25	13	325	2019/1/6 星期日
7	2019/1/7 0:00:00	82	40	3280	2019/1/7 星期一
8	2019/1/8 0:00:00	14	35	490	2019/1/8 星期二
9	2019/1/9 0:00:00	44	42	1848	2019/1/9 星期三
10	2019/1/10 0:00:00	27	16	432	2019/1/10 星期四
11	2019/1/11 0:00:00	40	28	1120	2019/1/11 星期五
12	2019/1/12 0:00:00	59	19	1121	2019/1/12 星期六
13	2019/1/13 0:00:00	40	33	1320	2019/1/13 星期日
14	2019/1/14 0:00:00	16	20	320	2019/1/14 星期一
15	2019/1/15 0:00:00	73	14	1022	2019/1/15 星期二
16	2019/1/16 0:00:00	99	49	4851	2019/1/16 星期三
17	20190117	60	25	1500	2019/1/17 星期四
18	20190201	45	35	1575	2019/2/1 星期五
19	20190205	26	18	468	2019/2/5 星期二

图 12.9　产生错误后进行第二次转换

12.2.2　按连续日期汇总

在日常工作中有一个比较常见的需求，那就是展现一个持续、有规则的日期列表并对数据进行统计。常见的就是按日产生一个连续的日期列表，然后通过日期列表统计数据。

图 12.10 所示为一个简化的连锁店铺的日常销售报表，如果希望按日统计每天的销售额，那么需要怎样处理呢？

	时间	销售额	店铺
1	2019/1/1 星期二	48	A
2	2019/1/1 星期二	62	C
3	2019/1/1 星期二	87	B
4	2019/1/4 星期五	71	B
5	2019/1/4 星期五	7	A
6	2019/1/6 星期日	33	B
7	2019/1/7 星期一	48	C
8	2019/1/7 星期一	85	C
9	2019/1/9 星期三	64	A
10	2019/1/10 星期四	22	B
11	2019/1/11 星期五	57	C
12	2019/1/11 星期五	21	A
13	2019/1/11 星期五	9	C
14	2019/1/11 星期五	17	A
15	2019/1/15 星期二	44	A

图 12.10　连锁店铺的日常销售报表

通常来说，使用“分组依据”即可统计销售额，分组依据是根据现有的数据进行统计的，如图 12.11 所示，而现有的日期并不是一个完整的月份日期，其中有些日期是没有的，但是要求是把这些没有日期的销售数据也一并反应。

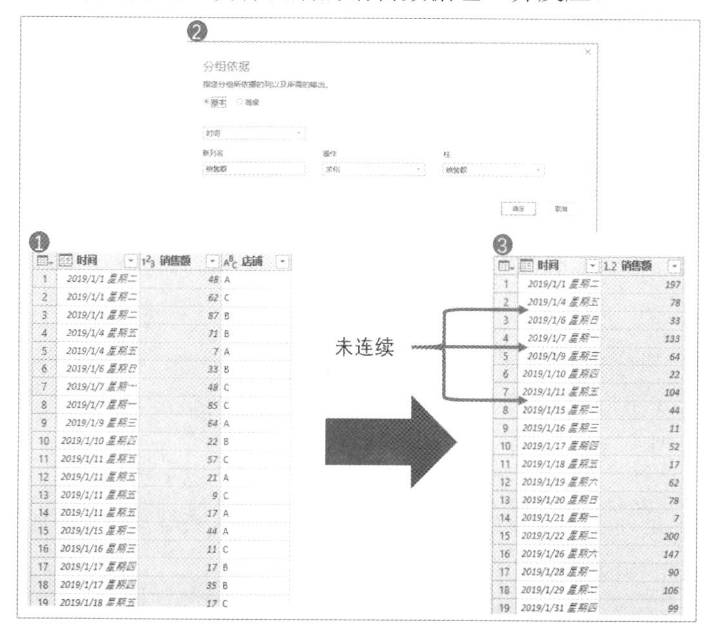

图 12.11　使用“分组依据”统计销售额

既然要按连续自然日汇总销售额，那就需要有一个连续的自然日日期列表才能计算，在 Power Query 中如果需要生成一个连续的日期列表，首先想到的就是使用 List.Dates 函数，该函数的参数说明如表 12.6 所示。

表 12.6　List.Dates 函数的参数说明

参　数	属　性	数 据 类 型	说　明
Start	必选	日期类型（date）	初始日期
count	必选	数字类型（number）	生成的日期数量
step	必选	持续日期类型（duration）	间隔的时间单位

注意：List.Dates 函数的第 3 参数的类型是 duration 类型，而不是数字类型。

通过 List.Dates 函数生成一个 2019 年 1 月份的连续日期表，如图 12.12 所示，初始日期为 2019/1/1，因为这里要求的是数字类型数据，所以可以使用函数公式 Date.From("2019,01,01")进行转换，也可以直接使用转义字符“#date”来定义。第 2 参数是生成的日期数量，因为 1 月份有 31 天，所以第 2 参数是 31。第 3 参数是间隔的时间单位，以 1 天为间隔的时间单位，所以第 3 参数是 1，但是类型需要转换为 duration 类型，公式如下：

```
=List.Dates(#date(2019,1,1),         //第 1 参数，初始日期
      31,                            //第 2 参数，生成的日期数量
      Duration.From(1)               //第 3 参数，间隔的时间单位
      )
```

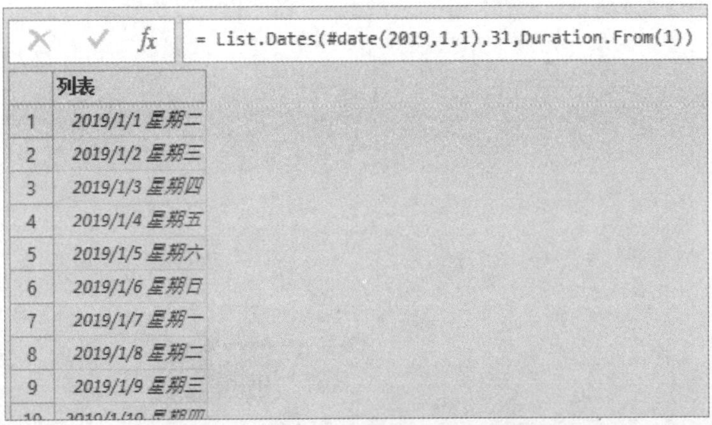

图 12.12　生成连续的日期列表

此时生成的是列表类型数据，可以将其转换成表格类型数据，并通过“合并查询”来返回对应日期的销售额，如图 12.13 所示。

在有了对应的销售额数据后，对于匹配上的表格，可以在展开的同时直接对销售额进行聚合计算，如图 12.14 所示，这样就能得到一个连续日期的销售情况表了。

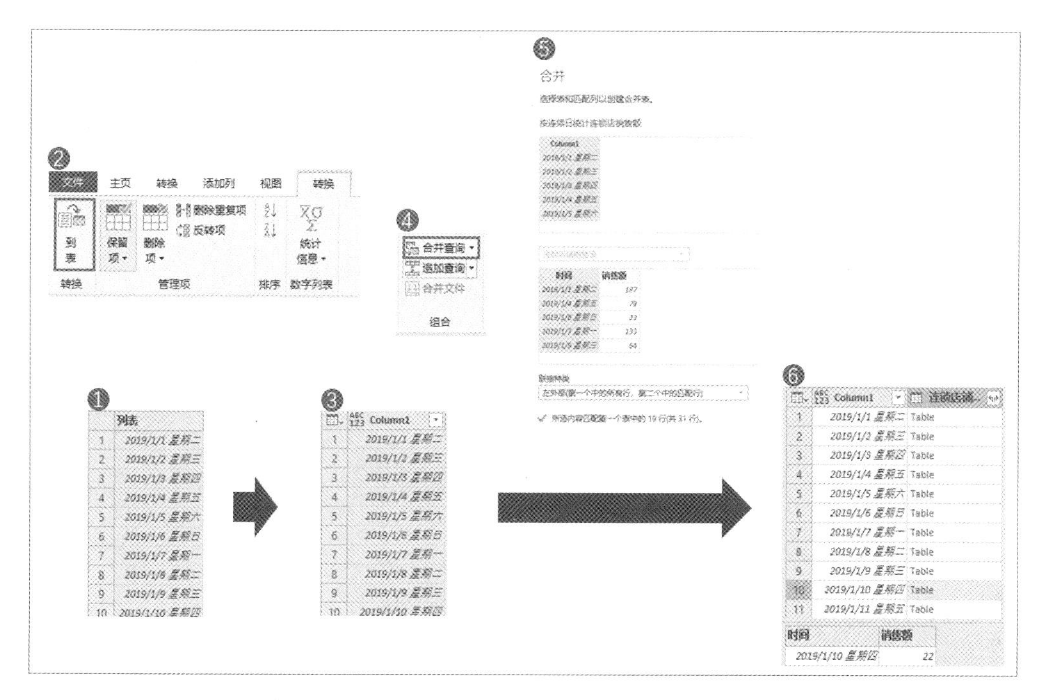

图 12.13　匹配连续日期所对应的销售表

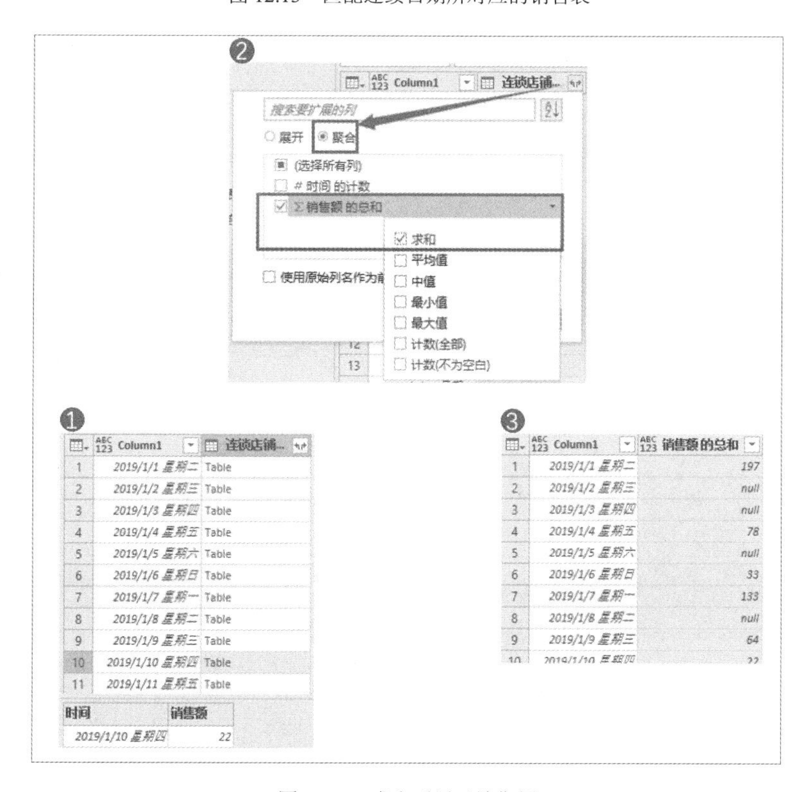

图 12.14　求和后展示销售额

如果只需要计算工作日的销售额，则可以添加一列数据用于判断是否为工作日

（双休日为非工作日），如图 12.15 所示，甚至可以通过区域性设置返回不同语言星期的表示方法，通过筛选即可获得所需要的工作日数据。可以使用 Date.DayOfWeekName 函数，该函数的参数说明如表 12.7 所示，或者使用 Date.DayOfWeek 函数，该函数的参数说明如表 12.8 所示，这两个函数用于判断是否为双休日。

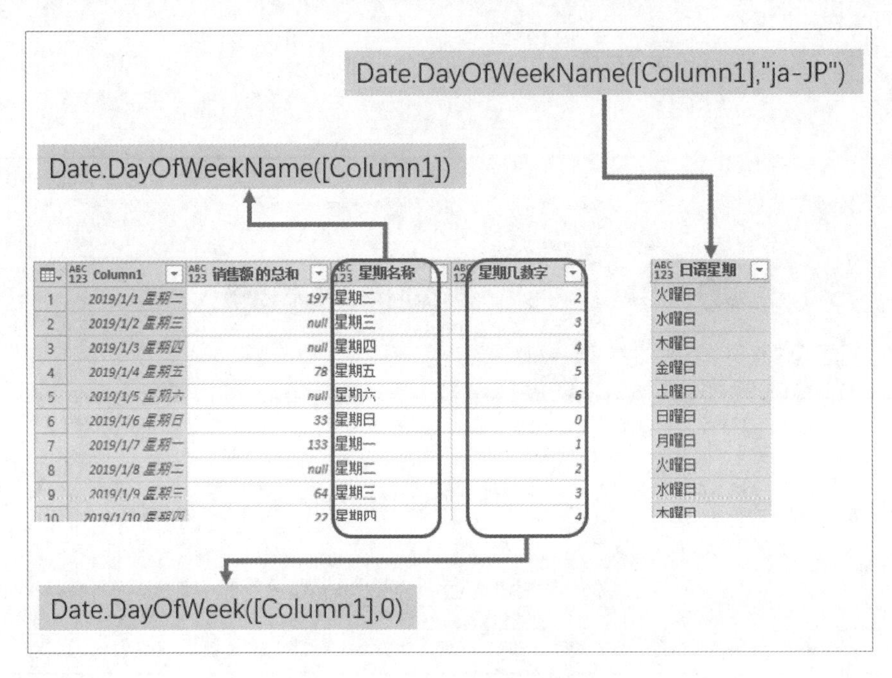

图 12.15　添加星期列

表 12.7　Date.DayOfWeekName 函数的参数说明

参　数	属　性	数 据 类 型	说　明
date	必选	日期类型（date）	需要提取星期名称的日期
culture	可选	文本类型（text）	区域性设置

表 12.8　Date.DayOfWeek 函数的参数说明

参　数	属　性	数 据 类 型	说　明
datetime	必选	多于 1 种类型（any）	需要提取星期数字的日期
firstDayOfWeek	可选	日期类型（Date.Type）	每周的第一天为星期几； 可以用 0~6 代表周一到周日

12.2.3　针对日期划分排班表

对于实行三班倒制度的企业，首先要做的就是排班，如果需要做一个排班的日历管理表格，那么通过 Power Query 是否可以更方便地构造这种表格呢？图 12.16 所示为一个相对简单的排班时间表，如果每天工作 8 小时，那么想要有一个针对时间排列的格式该如何实现呢？

开始日期	结束日期	排班	上班时间
2019/1/1	2019/1/7	早班	9:00
2019/1/10	2019/1/17	午班	13:00
2019/1/20	2019/1/31	晚班	22:00

图 12.16　排班时间表

1. 将数据导入 Power Query

首先将数据导入 Power Query，需要注意在将时间数据导入 Power Query 时显示为什么样的类型，是数字类型还是时间类型，如图 12.17 所示。

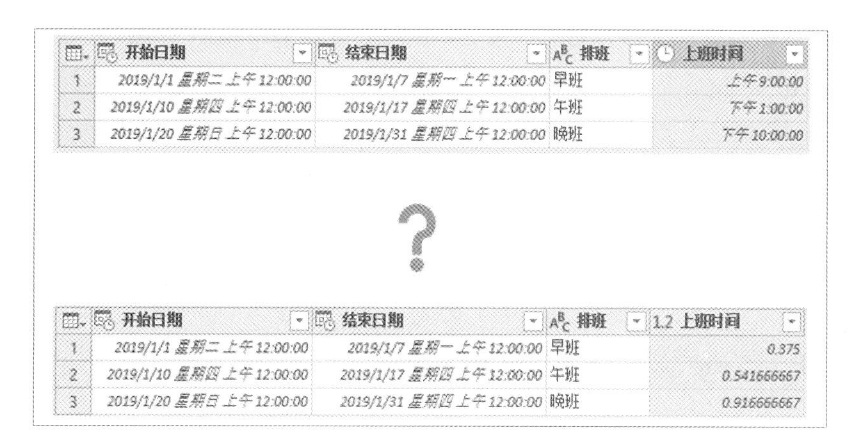

	开始日期	结束日期	排班	上班时间
1	2019/1/1 星期二 上午 12:00:00	2019/1/7 星期一 上午 12:00:00	早班	上午 9:00:00
2	2019/1/10 星期四 上午 12:00:00	2019/1/17 星期四 上午 12:00:00	午班	下午 1:00:00
3	2019/1/20 星期日 上午 12:00:00	2019/1/31 星期四 上午 12:00:00	晚班	下午 10:00:00

	开始日期	结束日期	排班	上班时间
1	2019/1/1 星期二 上午 12:00:00	2019/1/7 星期一 上午 12:00:00	早班	0.375
2	2019/1/10 星期四 上午 12:00:00	2019/1/17 星期四 上午 12:00:00	午班	0.541666667
3	2019/1/20 星期日 上午 12:00:00	2019/1/31 星期四 上午 12:00:00	晚班	0.916666667

图 12.17　将数据导入 Power Query

2. 计算持续天数

首先计算连续的工作天数，此时通过日期相减就可以了，但需要注意的是，日期之间互相加减返回的结果是 duration 类型数据。因为在后期需要构建连续日期，所以在这里先将日期数据的类型转换成数字类型再进行计算，可以将数据转换为数字类型数据的函数为 Number.From，如图 12.18 所示。

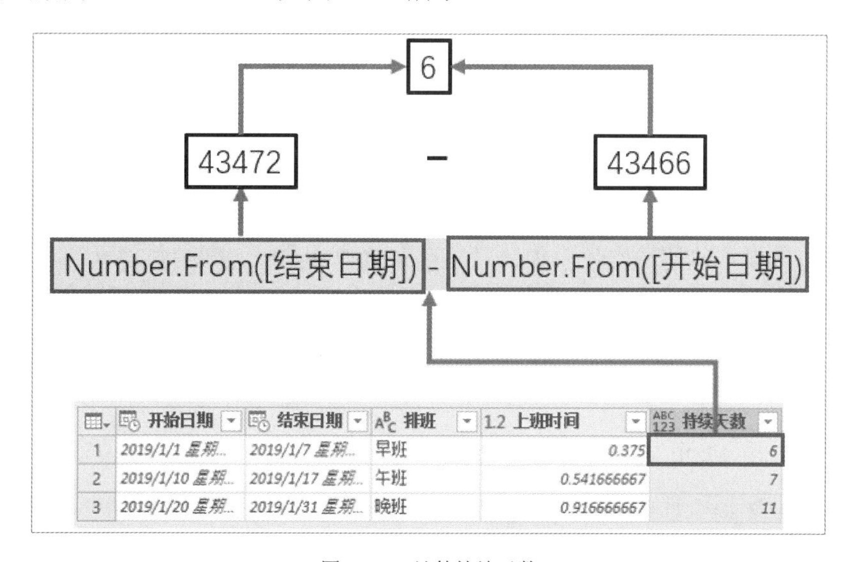

	开始日期	结束日期	排班	上班时间	持续天数
1	2019/1/1 星期...	2019/1/7 星期...	早班	0.375	6
2	2019/1/10 星期...	2019/1/17 星期...	午班	0.541666667	7
3	2019/1/20 星期...	2019/1/31 星期...	晚班	0.916666667	11

图 12.18　计算持续天数

注意：Power Query 中的日期第一天为 1899/12/31，而 Excel 中的日期第一天为 1900/1/1。在计算时间差时无影响，但是如果要从数字返回日期，则需要注意。

3. 计算开始时间

因为要用日期时间来表示上班的时间点，所以需要确定每天上班的开始时间点，单独的时间点的数据已经有了，只需要加上日期即可。之前了解到 date 类型数据是可以通过“&”符号和 time 类型数据进行连接的，可以参考表 12.2 所示。这样我们只需要生成一个日期数据类型的列表即可，最后通过“&”符号和上班的时间点进行连接组合，如图 12.19 所示。这里涉及一个新函数，即 Date.AddDays，该函数的参数说明如表 12.9 所示。

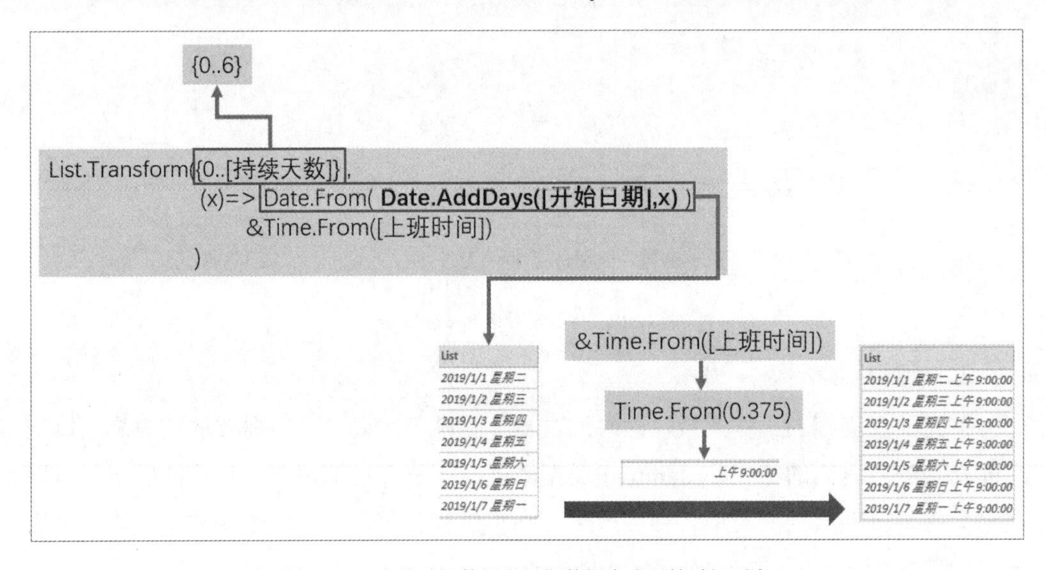

图 12.19　合并时间数据和日期数据生成开始时间列表

表 12.9　Date.AddDays 函数的参数说明

参　数	属　性	数 据 类 型	说　明
datetime	必选	多于 1 种类型（any）	初始的日期值
numberOfDays	可选	数字类型（number）	需要添加的天数

注意：因为开始日期要含头含尾，所以在增加日期时，初始值为 0。

当然，除了可以通过合并时间数据和日期数据进行操作，还可以使用一个新函数 List.TransformMany 生成上班开始时间点，如图 12.20 所示，该函数的参数说明如表 12.10 所示。

注意：在图 12.20 所示的公式中，x 代表返回 List.TransformMany 函数的第 1 参数；y 代表返回 List.TransformMany 函数的第 2 参数；a 代表 List.TransformMany 函数用于第 2 参数计算的参数，实际上也是第 1 参数。

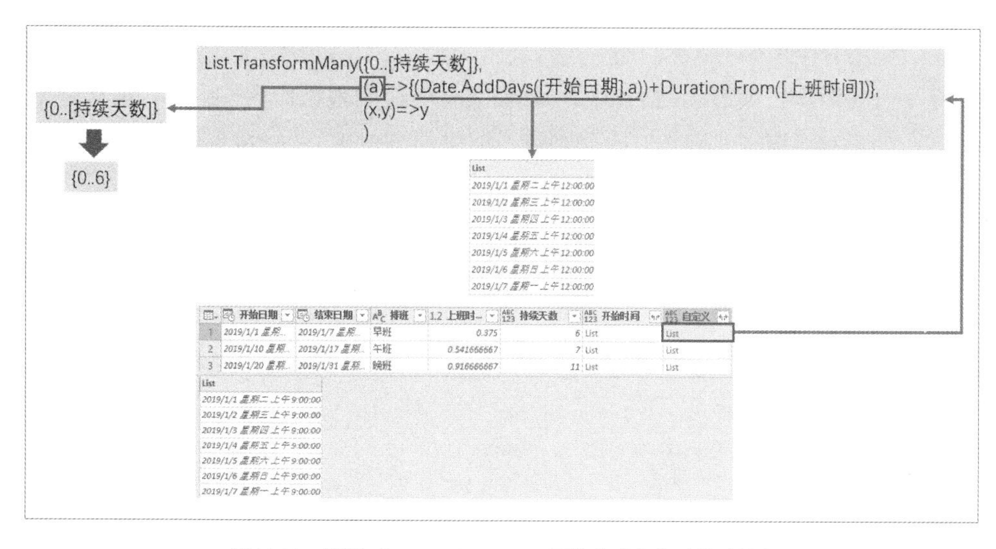

图 12.20　使用 List.TransformMany 函数生成上班开始时间点

表 12.10　List.TransformMany 函数的参数说明

参　　数	属　　性	数 据 类 型	说　　明
list	必选	列表类型（list）	需要操作的列表
collectionTransform	必选	函数类型（function）	对第 1 参数列表进行处理的函数
resultTransform	必选	函数类型（function）	对第 1 参数和处理后的第 2 参数再次进行处理的函数； 其中 x、y 分别代表前面两个参数

4．添加结束时间

结束时间相对比较容易计算，因为上班时间是以 8 小时计算的，所以只需要在添加列中把开始时间加上 8 个小时即可，如图 12.21 所示。

```
=List.Transform([开始时间], each _+#duration(0,8,0,0))
```

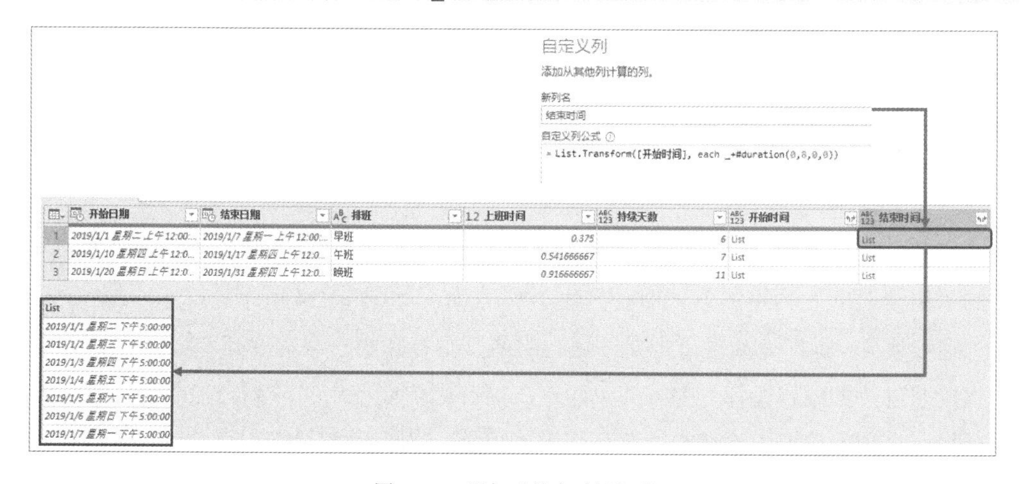

图 12.21　添加“结束时间”列

5．组合开始时间及结束时间

有了开始时间，又有了结束时间，那需要把对应的数据作为一组，目前都是单独的列表，如果直接展开，则会有重复数据，所以这里使用 List.Zip 函数把“开始时间”列和“结束时间”列一一对应的位置进行组合，如图 12.22 所示。

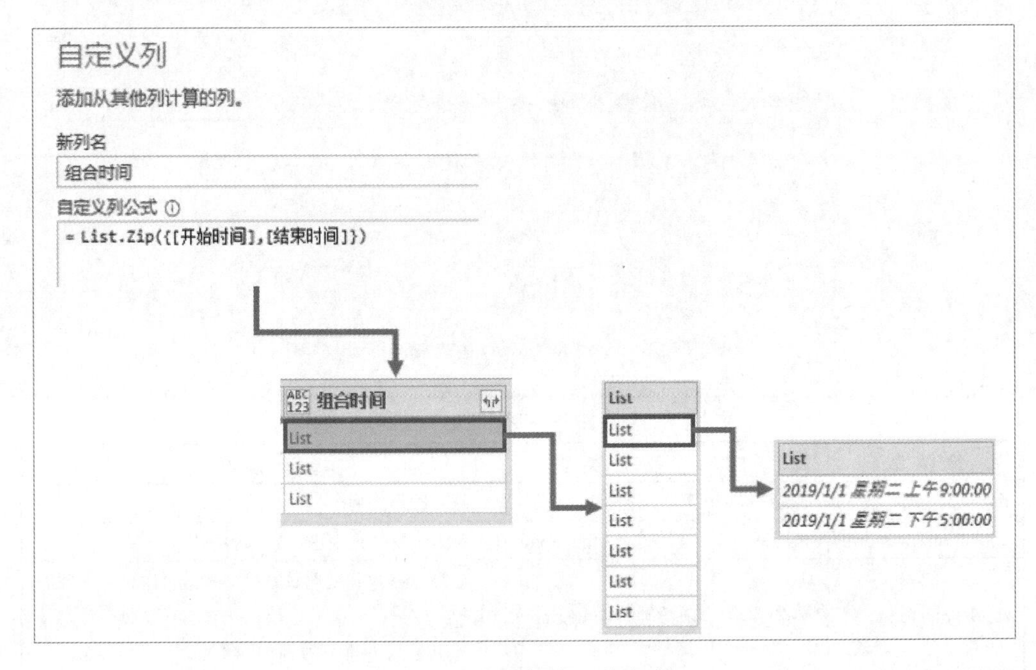

图 12.22　组合开始时间及结束时间

6．展开列表

当然，在展开列表之前，可以把不需要的列删除，使 Power Query 中数据的界面更加简洁，如图 12.23 所示。

	组合时间	排班
1	List	早班
2	List	午班
3	List	晚班

图 12.23　删除不需要的列

在第一次展开组合时间时是通过“扩展到新行”的方式展开的，第一次展开后返回的“组合时间”列中的值依旧是列表类型数据，如图 12.24 所示。

继续展开，此时需要注意的是，这次的展开不能和第一次的展开一样，第一次展开是直接通过“扩展到新行”的方式，而这次展开则需要使用“从列表提取值”的方式，并且找一个列表数据中不存在的符号作为连接符，以便后续分隔使用，如图 12.25 所示，这里使用逗号“,”来对列表中的数据进行连接。

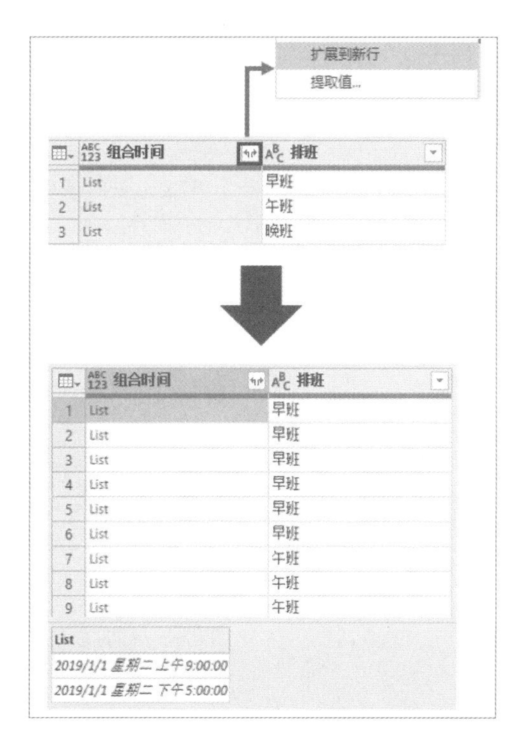

图 12.24　通过“扩展到新行”的方式第一次展开组合时间

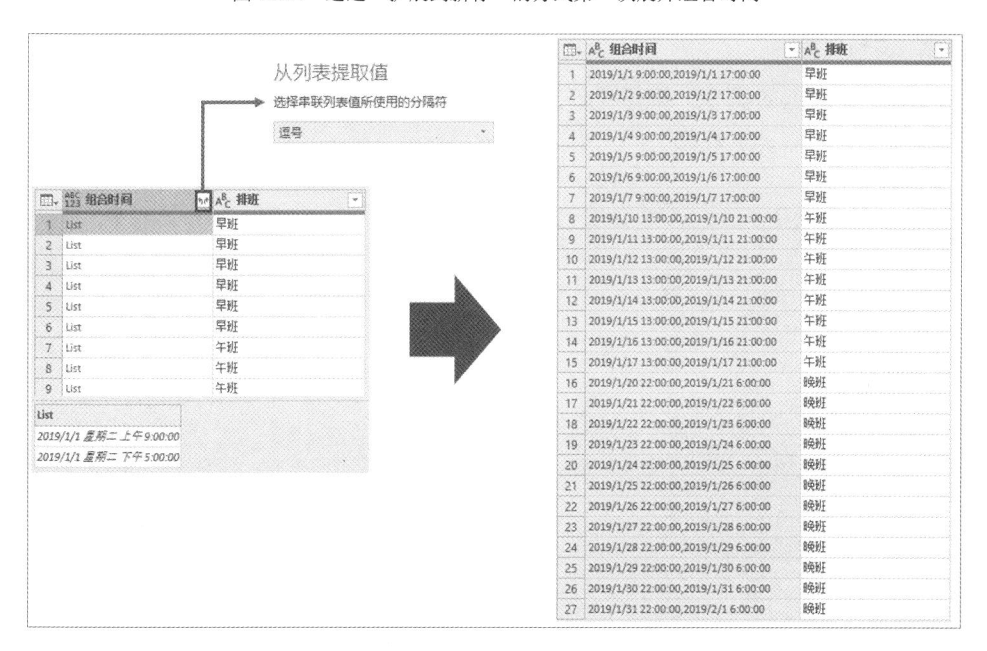

图 12.25　展开并连接列表中的数据

7．分列数据

将数据进行分列处理，通过之前连接时使用的逗号“,”进行拆分，得到两列，一列是上班的开始时间，另一列是上班的结束时间，并同时修改列的名称。这样就能得到最终的返回结果，如图 12.26 所示。

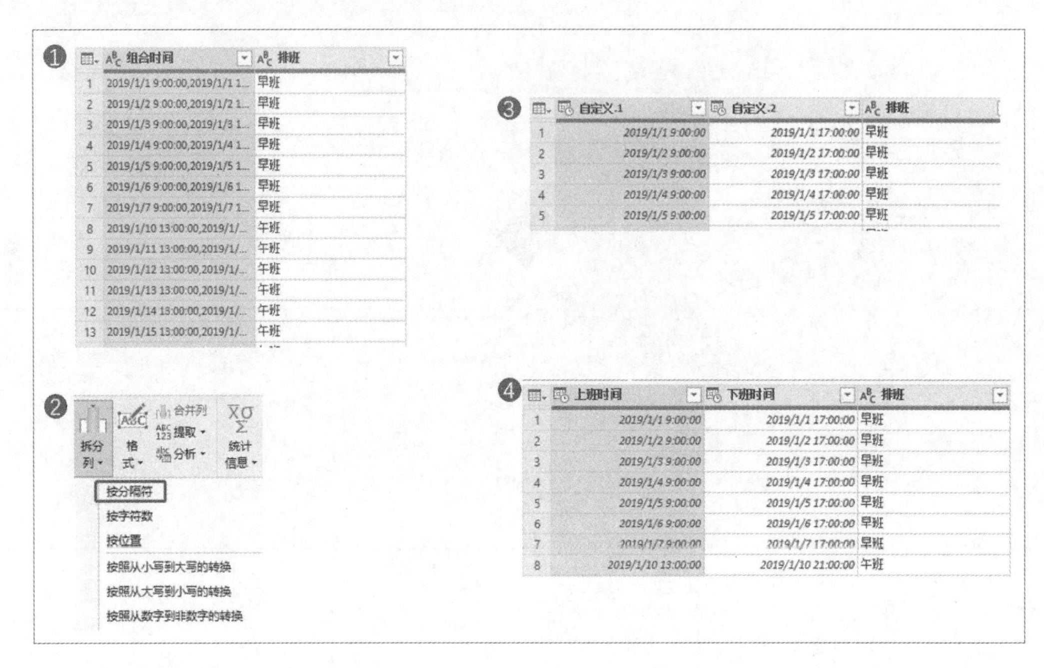

图 12.26　拆分组合时间

8．调整数据

最后对于数据的类型，把原先经过拆分后得到的文本类型数据改为 datetime 类型数据，最终得到的效果如图 12.27 所示，并可加载到 Excel 工作表中。

	自定义.1	自定义.2	排班
1	2019/1/1 9:00:00	2019/1/1 17:00:00	早班
2	2019/1/2 9:00:00	2019/1/2 17:00:00	早班
3	2019/1/3 9:00:00	2019/1/3 17:00:00	早班
4	2019/1/4 9:00:00	2019/1/4 17:00:00	早班
5	2019/1/5 9:00:00	2019/1/5 17:00:00	早班
6	2019/1/6 9:00:00	2019/1/6 17:00:00	早班
7	2019/1/7 9:00:00	2019/1/7 17:00:00	早班
8	2019/1/10 13:00:00	2019/1/10 21:00:00	午班
9	2019/1/11 13:00:00	2019/1/11 21:00:00	午班
10	2019/1/12 13:00:00	2019/1/12 21:00:00	午班
11	2019/1/13 13:00:00	2019/1/13 21:00:00	午班
12	2019/1/14 13:00:00	2019/1/14 21:00:00	午班
13	2019/1/15 13:00:00	2019/1/15 21:00:00	午班
14	2019/1/16 13:00:00	2019/1/16 21:00:00	午班
15	2019/1/17 13:00:00	2019/1/17 21:00:00	午班
16	2019/1/20 22:00:00	2019/1/21 6:00:00	晚班
17	2019/1/21 22:00:00	2019/1/22 6:00:00	晚班
18	2019/1/22 22:00:00	2019/1/23 6:00:00	晚班
19	2019/1/23 22:00:00	2019/1/24 6:00:00	晚班
20	2019/1/24 22:00:00	2019/1/25 6:00:00	晚班
21	2019/1/25 22:00:00	2019/1/26 6:00:00	晚班
22	2019/1/26 22:00:00	2019/1/27 6:00:00	晚班
23	2019/1/27 22:00:00	2019/1/28 6:00:00	晚班
24	2019/1/28 22:00:00	2019/1/29 6:00:00	晚班
25	2019/1/29 22:00:00	2019/1/30 6:00:00	晚班
26	2019/1/30 22:00:00	2019/1/31 6:00:00	晚班
27	2019/1/31 22:00:00	2019/2/1 6:00:00	晚班

	上班时间	下班时间	排班
1	2019/1/1 星期二 上午 9:00:00	2019/1/1 星期二 下午 5:00:00	早班
2	2019/1/2 星期三 上午 9:00:00	2019/1/2 星期三 下午 5:00:00	早班
3	2019/1/3 星期四 上午 9:00:00	2019/1/3 星期四 下午 5:00:00	早班
4	2019/1/4 星期五 上午 9:00:00	2019/1/4 星期五 下午 5:00:00	早班
5	2019/1/5 星期六 上午 9:00:00	2019/1/5 星期六 下午 5:00:00	早班
6	2019/1/6 星期日 上午 9:00:00	2019/1/6 星期日 下午 5:00:00	早班
7	2019/1/7 星期一 上午 9:00:00	2019/1/7 星期一 下午 5:00:00	早班
8	2019/1/10 星期四 下午 1:00:00	2019/1/10 星期四 下午 9:00:00	午班
9	2019/1/11 星期五 下午 1:00:00	2019/1/11 星期五 下午 9:00:00	午班
10	2019/1/12 星期六 下午 1:00:00	2019/1/12 星期六 下午 9:00:00	午班
11	2019/1/13 星期日 下午 1:00:00	2019/1/13 星期日 下午 9:00:00	午班
12	2019/1/14 星期一 下午 1:00:00	2019/1/14 星期一 下午 9:00:00	午班
13	2019/1/15 星期二 下午 1:00:00	2019/1/15 星期二 下午 9:00:00	午班
14	2019/1/16 星期三 下午 1:00:00	2019/1/16 星期三 下午 9:00:00	午班
15	2019/1/17 星期四 下午 1:00:00	2019/1/17 星期四 下午 9:00:00	午班
16	2019/1/20 星期日 下午 10:00:00	2019/1/21 星期一 上午 6:00:00	晚班
17	2019/1/21 星期一 下午 10:00:00	2019/1/22 星期二 上午 6:00:00	晚班
18	2019/1/22 星期二 下午 10:00:00	2019/1/23 星期三 上午 6:00:00	晚班
19	2019/1/23 星期三 下午 10:00:00	2019/1/24 星期四 上午 6:00:00	晚班
20	2019/1/24 星期四 下午 10:00:00	2019/1/25 星期五 上午 6:00:00	晚班
21	2019/1/25 星期五 下午 10:00:00	2019/1/26 星期六 上午 6:00:00	晚班
22	2019/1/26 星期六 下午 10:00:00	2019/1/27 星期日 上午 6:00:00	晚班
23	2019/1/27 星期日 下午 10:00:00	2019/1/28 星期一 上午 6:00:00	晚班
24	2019/1/28 星期一 下午 10:00:00	2019/1/29 星期二 上午 6:00:00	晚班
25	2019/1/29 星期二 下午 10:00:00	2019/1/30 星期三 上午 6:00:00	晚班
26	2019/1/30 星期三 下午 10:00:00	2019/1/31 星期四 上午 6:00:00	晚班
27	2019/1/31 星期四 下午 10:00:00	2019/2/1 星期五 上午 6:00:00	晚班

图 12.27　最终排班表

12.3　计算到期日账单

应收款项是企业资产负债表中的一项内容，同时在企业内部还会对账龄进行分析。因为对企业账龄的分析是决定是否要提前还账的必要前提工作，这一环紧接着一环，所以企业对到期账单的跟进尤为重要，可以通过 Power Query 快速计算出到期账单的金额。

12.3.1　账期的解释

对于账期的计算方式，每个企业会有一定的差异，所以首先要明确账期是如何定义的，这样才能准确计算账单的到期日。

- 45 天结：如果发生日在每月的 15 日及之前，则下个月 15 日作为账单到期日；如果发生日在每月的 15 日之后，则账单到期日为下个月月底。
- 月结：每月最后一天作为账单到期日，无论发生日在当月哪一天。
- 半月结：如果发生日在每月的 15 日之前，则 15 日作为到期日；如果发生日在每月的 15 日及之后，则月底作为账单到期日。
- 周结：每周末尾作为账单到期日，周末以周日为结束时间。
- 现结：发生日当天作为账单到期日。

12.3.2　匹配账期

想要计算账单的到期日，首先要有一个数据，即账期清单，因为每个客户对应的账期是不一样的，所以要有这样一个数据表；其次至少要有一个客户对应的发生日期及金额，如图 12.28 所示。

	客户	账期
1	A公司	45天
2	B公司	月结
3	C公司	半月结
4	D公司	周结
5	E公司	现结

	客户	日期	金额
1	B公司	2019/1/4 星期五 上午 12:00:00	765
2	D公司	2019/1/6 星期日 上午 12:00:00	333
3	B公司	2019/1/10 星期四 上午 12:00:00	324
4	A公司	2019/1/12 星期六 上午 12:00:00	552
5	D公司	2019/1/12 星期六 上午 12:00:00	817
6	C公司	2019/1/14 星期一 上午 12:00:00	761
7	E公司	2019/1/15 星期二 上午 12:00:00	230
8	B公司	2019/1/19 星期六 上午 12:00:00	670
9	B公司	2019/1/19 星期六 上午 12:00:00	575
10	A公司	2019/1/21 星期一 上午 12:00:00	431
11	B公司	2019/1/21 星期一 上午 12:00:00	223
12	[illegible]	[illegible]	[illegible]

图 12.28　账期数据表

1. 添加客户归属账期

把客户所对应的账期匹配上，这样对后续的计算判断会有一定的帮助，可以通过“合并查询”来得到客户所对应的账期，如图 12.29 所示。

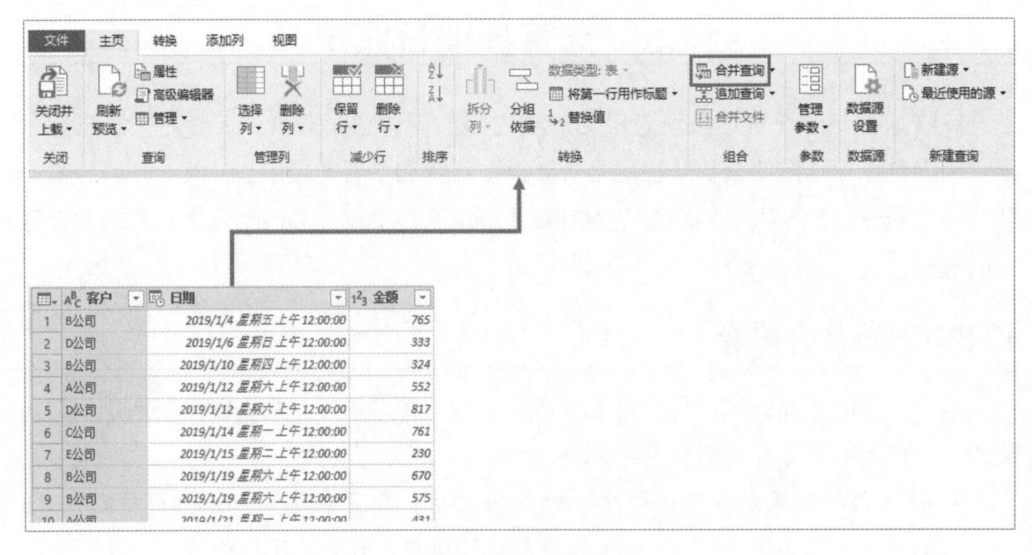

图 12.29　匹配账期

2．根据合并查询左外部的方式匹配并返回账期

在“合并”对话框中，可以根据账期销售表中的客户去匹配客户账期表中的客户名称，获得所对应的数据，并展开只需要的“账期”这一列，如图 12.30 所示。

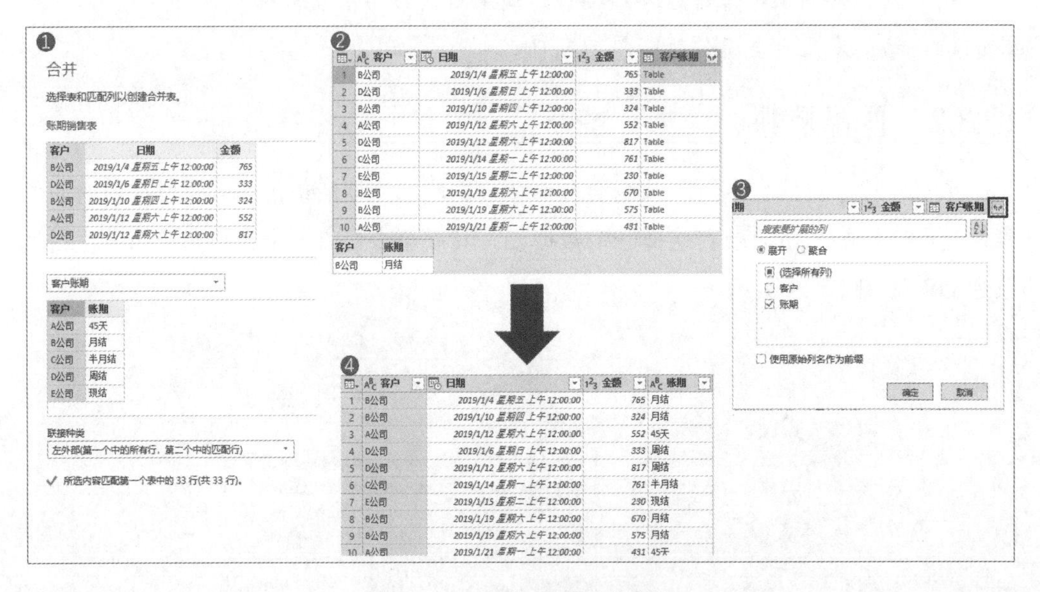

图 12.30　匹配并返回对应的账期

12.3.3　计算到期日

有了发生日期，又匹配了账期，这样只需要对账期充分理解其含义就能够计算出到期日，通过添加列的方式可以对账期判断后进行计算。

1. 现结

现结的到期日为当天日期，如果账期是“现结”，则默认发生日就是账单到期日，对应代码如下：

```
if [账期]="现结" then [日期]
```

2. 周结

周结的到期日为每周的最后一天，同时将每周的最后一天定义为周日，可以通过 Date.EndOfWeek 函数来对每周的最后一天进行计算，对应代码如下，该函数的参数说明如表 12.11 所示。

```
if [账期]="周结" then Date.EndOfWeek([日期], Day.Monday)
```

注意：这里使用了 Date.EndOfWeek 函数的第 2 参数，标明每周的第一天是从周一开始算的，所以周日代表的就是每周的最后一天，这里的 Day.Monday 也可以使用数字 1 来代表。

表 12.11　Date.EndOfWeek 函数的参数说明

参　数	属　性	数 据 类 型	说　明
dateTime	必选	多于 1 种类型（any）	可以接收 date、datetime、datetimezone 类型的数据
firstDayOfweek	必选	枚举类型	指定每周的第一天，如 Day.Sunday，或者用 0 表示

3. 半月结

因为半月结的到期日有两天，一天为每月的 15 日，另一天是每月的最后一天，每月的最后一天可以使用 Date.EndOfMonth 函数来计算，其作用类似于 Date.EndOfWeek 函数的作用，而其参数只有一个，没有指定第一天的参数。首要问题就是判断发生日的归属是 15 日之前还是 15 日及之后，代码如下：

```
if [账期]="半月结"
then if Date.Day([日期])<15
    then #date(Date.Year([日期]), Date.Month([日期]), 15)
    else Date.EndOfMonth([日期])
```

注意：使用转义字符“#”可以快速指定数据类型，同时从日期中提取年和月作为当前到期日的年和月，最后使用固定的每月 15 日作为半月结的第 2 个时间节点。

4. 月结

月结的概念实际上和周结一样，周结的到期日为每周的最后一天，而月结的到期日则为每月的最后一天。可以直接使用 Date.EndOfMonth 函数计算出每月的最后一天，代码如下：

```
if [账期]="月结"
then Date.EndOfMonth([日期])
```

5．45 天结

45 天结的到期日的计算方式和半月结的到期日的计算方式有点类似，但是存在一个月份数的差异，也就是如果发生日在每月的 15 日及之前，则账单到期日为下个月的 15 日；如果发生日在每月的 15 日之后，则账单到期日为下个月月底。代码如下：

```
if [账期]="45 天"
then if Date.Day([日期])<=15
    then #date(Date.Year([日期]), Date.Month([日期])+1, 15)
    else Date.EndOfMonth(Date.AddMonths([日期],1))
```

注意：这里使用了两个技巧，一个是通过函数来增加月份，另一个是通过转义字符中数字的计算来增加月份。

以上就是针对不同结算周期的计算方法，但是有一个问题，所有 then 之后都没有一个 else 的分支语句，如果单纯在添加列中这样书写是会出错的，那么为什么不写 else 分支语句呢？这是因为要把所有判断条件语句合并起来的时候用，如图 12.31 所示。

```
if [账期]="现结" then [日期]
else if [账期]="周结"
    then Date.EndOfWeek([日期], Day.Sunday)
else if [账期]="半月结"
    then if Date.Day([日期])<15
        then #date(Date.Year([日期]), Date.Month([日期]), 15)
        else Date.EndOfMonth([日期])
else if [账期]="月结"
    then Date.EndOfMonth([日期])
else if [账期]="45天"
    then if Date.Day([日期])<=15
        then #date(Date.Year([日期]), Date.Month([日期])+1, 15)
        else
        Date.EndOfMonth(Date.AddMonths([日期],1))
else null
```

图 12.31　合并判断条件语句

最后可以把日期数据的类型统一调整为 date 类型，通过 Date.From 函数对最终的结果进行转换即可。

12.3.4　汇总到期日金额

既然有了到期日，那就可以计算出在每一个到期日所需要回收的款项，对到期的金额要进行及时跟进处理。汇总到期日金额的方法就是通过“分组依据”，如图 12.32 所示。

考虑到不仅要汇总账单到期日的总金额，还要分客户汇总，所以在使用“分组依据”操作时需要选中“高级”单选按钮，添加多个分组依据，这样既能根据日期分组，也能根据客户分组，分组后返回的结果如图 12.33 所示。

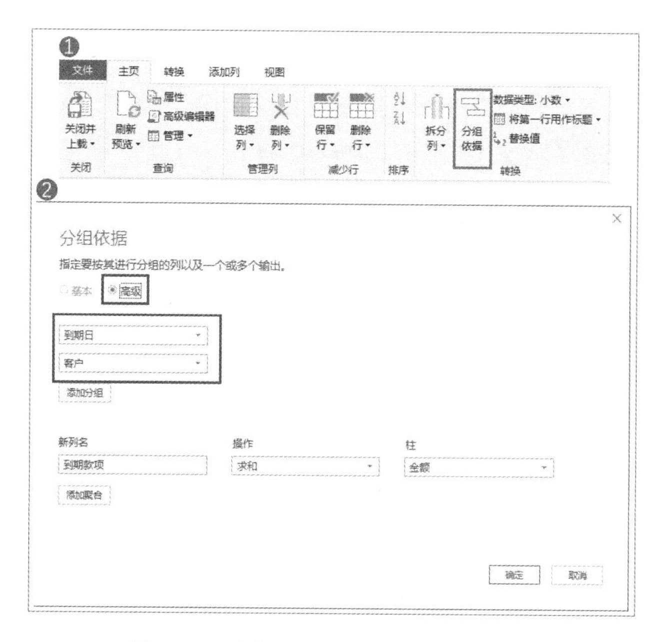

图 12.32　通过“分组依据”汇总到期日金额

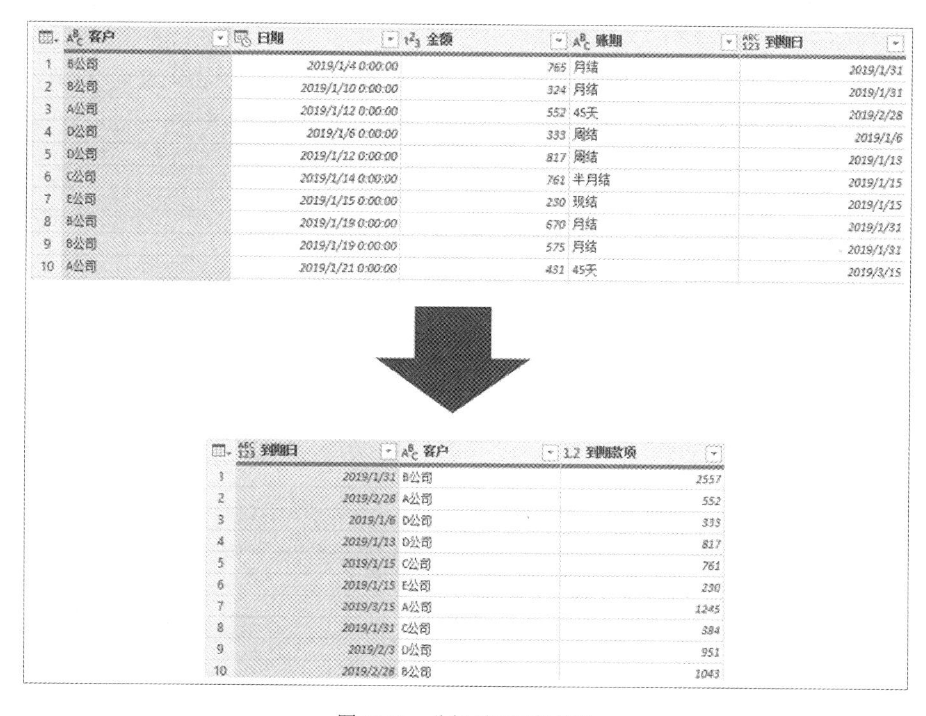

	客户	日期	金额	账期	到期日
1	B公司	2019/1/4 0:00:00	765	月结	2019/1/31
2	B公司	2019/1/10 0:00:00	324	月结	2019/1/31
3	A公司	2019/1/12 0:00:00	552	45天	2019/2/28
4	D公司	2019/1/6 0:00:00	333	周结	2019/1/6
5	D公司	2019/1/12 0:00:00	817	周结	2019/1/13
6	C公司	2019/1/14 0:00:00	761	半月结	2019/1/15
7	E公司	2019/1/15 0:00:00	230	现结	2019/1/15
8	B公司	2019/1/19 0:00:00	670	月结	2019/1/31
9	B公司	2019/1/19 0:00:00	575	月结	2019/1/31
10	A公司	2019/1/21 0:00:00	431	45天	2019/3/15

	到期日	客户	到期款项
1	2019/1/31	B公司	2557
2	2019/2/28	A公司	552
3	2019/1/6	D公司	333
4	2019/1/13	D公司	817
5	2019/1/15	C公司	761
6	2019/1/15	E公司	230
7	2019/3/15	A公司	1245
8	2019/1/31	C公司	384
9	2019/2/3	D公司	951
10	2019/2/28	B公司	1043

图 12.33　分组后返回的结果

12.3.5　已到期账单及未到期账单

有了到期日的账单，很容易就可以通过和当日实际对比，从而获取当日所到期的所有账单，以及未到期但是应收的账单。

1. 整理已到期账单

假定操作日期为 2019/4/1，并且之前的所有款项均未收回。通过 Table.SelectRows 函数对日期小于当天的数据进行筛选，如图 12.34 所示。

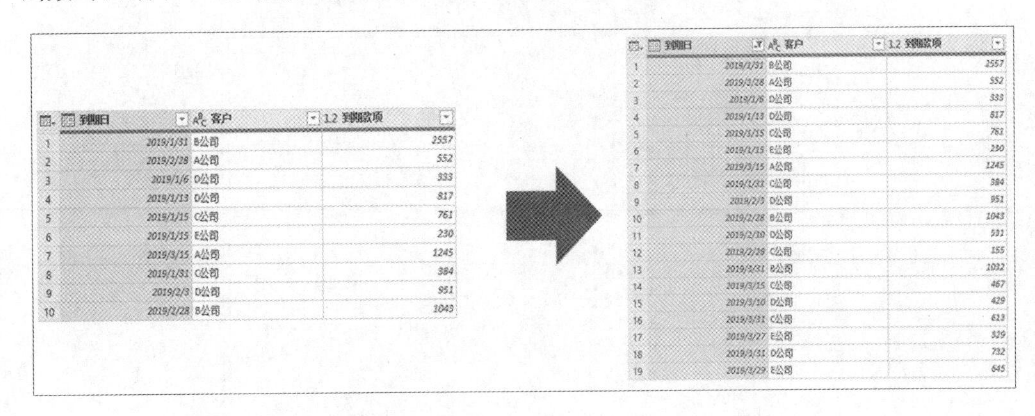

	到期日	客户	到期款项
1	2019/1/31	B公司	2557
2	2019/2/28	A公司	552
3	2019/1/6	D公司	333
4	2019/1/13	D公司	817
5	2019/1/15	C公司	761
6	2019/1/15	E公司	230
7	2019/3/15	A公司	1245
8	2019/1/31	C公司	384
9	2019/2/3	D公司	951
10	2019/2/28	B公司	1043

	到期日	客户	到期款项
1	2019/1/31	B公司	2557
2	2019/2/28	A公司	552
3	2019/1/6	D公司	333
4	2019/1/13	D公司	817
5	2019/1/15	C公司	761
6	2019/1/15	E公司	230
7	2019/3/15	A公司	1245
8	2019/1/31	C公司	384
9	2019/2/3	D公司	951
10	2019/2/28	B公司	1043
11	2019/2/10	D公司	531
12	2019/2/28	C公司	155
13	2019/3/31	B公司	1032
14	2019/3/15	C公司	467
15	2019/3/10	D公司	429
16	2019/3/31	C公司	613
17	2019/3/27	E公司	329
18	2019/3/31	D公司	732
19	2019/3/29	E公司	645

图 12.34　筛选已到期应收款项

注意：因为考虑要输出两个表格，一个是已到期应收款项，另一个是未到期应收款项，所以此时是在空查询中筛选的，"账期销售表"代表的是查询名称而不是查询步骤名称。同时，因为 DateTime.LocalNow 函数的作用类似于 Excel 中的 Today 函数的作用，返回的是 datetime 类型数据，无法与 date 类型数据比较，所以需要进行类型的转换，在类型一致后再进行比较。

同理，对未到期的账单也可以通过筛选的方式获取，最后对到期日和客户进行一次排序及数据格式的整理，最终的结果如图 12.35 所示。

已到期款项

	到期日	客户	到期款项
1	2019/1/6	D公司	333
2	2019/1/13	D公司	817
3	2019/1/15	C公司	761
4	2019/1/15	E公司	230
5	2019/1/31	B公司	2557
6	2019/1/31	C公司	384
7	2019/2/3	D公司	951
8	2019/2/10	D公司	531
9	2019/2/28	A公司	552
10	2019/2/28	B公司	1043
11	2019/2/28	C公司	155
12	2019/3/10	D公司	429
13	2019/3/15	A公司	1245
14	2019/3/15	C公司	467
15	2019/3/27	E公司	329
16	2019/3/29	E公司	645
17	2019/3/31	B公司	1032
18	2019/3/31	C公司	613
19	2019/3/31	D公司	732

未到期款项

	到期日	客户	到期款项
1	2019/4/15	A公司	606
2	2019/4/30	A公司	510
3	2019/5/15	A公司	830

图 12.35　最终返回的两个应收款项的表格

第 13 章

提取代码中的数据

在互联网时代，网页越来越多，如果从现有的一份看似杂乱的网页数据中清洗出有规则的数据，那么这种用眼睛核对并通过复制、粘贴操作来清洗数据的方式会很麻烦。大部分的网页都是遵循一定的规则来写代码的，通过这些有规则的代码来获取数据，相对于手动操作会方便很多。

本章主要涉及的知识点有：

- 提取带有 table 标签的网页数据
- JSON 格式的数据与文本类型的数据之间的互相转换
- 提取代码中具有相同特征的数据
- 提取错行代码中的数据

13.1　带 table 标签的代码

table 标签是 HTML 语言中的一种标签格式，而 HTML 语言又是网页编程语言中一种十分重要的计算机语言。顾名思义，table 标签就是表格标签，其所表示的就是表格类型。之前在数据导入章节中提到过，Power Query 中有一个 Web.Page 函数能够解析带有 table 标签的网页代码。

13.1.1　网页代码的基础知识

了解网页代码的知识对数据的清洗有非常重要的帮助，不同的网页源代码使用的清洗方式不一样，如果对于相对规整的数据格式，则可以直接使用相对应的操作进行处理，在 Power Query 中本身就带有很多针对 HTML 格式的网页数据进行清洗及解析的函数。

简单的 HTML 表格是由 table 元素及一个或多个 tr、th 或 td 元素组成的。table 元素在最外层，代表表格，tr 代表表格的行，th 代表头（也就是标题内容），td 代表数据内容，如图 13.1 所示。

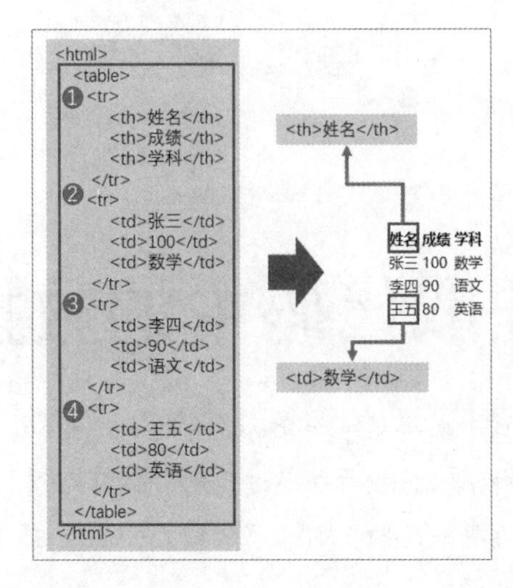

图 13.1　table 标签代码格式

13.1.2　源代码结构分析

对于 HTML 代码的清洗，首先需要分析网页代码的内容，在此基础上选择相对合理的清洗流程。如果网页源代码中存在 table 标签，如图 13.2 所示，则此类数据可能是表格数据。

中国银行外汇牌价

货币名称	现汇买入价	现钞买入价	现汇卖出价	现钞卖出价	中行折算价	发布日期	发布时间
阿联酋迪拉姆		183.58		197.22	190.16	2020-02-15	10:30:00
澳大利亚元	467.62	453.09	471.06	472.68	468.94	2020-02-15	10:30:00
巴西里亚尔		155.6		176.67	160.67	2020-02-15	10:30:00
加拿大元	525.49	508.9	529.37	531.17	526.59	2020-02-15	10:30:00
瑞士法郎	709.1	687.22	714.08	717.14	713.2	2020-02-15	10:30:00
丹麦克朗	100.91	97.8	101.73	102.21	101.33	2020-02-15	10:30:00
欧元	754.37	730.93	759.93	762.38	756.97	2020-02-15	10:30:00
英镑	908.85	880.61	915.54	918.68	911.08	2020-02-15	10:30:00
港币	89.78	89.07	90.14	90.14	89.93	2020-02-15	10:30:00
印尼卢比		0.0493		0.0532	0.051	2020-02-15	10:30:00
印度卢比		9.1838		10.3562	9.7995	2020-02-15	10:30:00
日元	6.3444	6.1473	6.3911	6.4009	6.3621	2020-02-15	10:30:00
韩国元	0.588	0.5674	0.5928	0.6145	0.5901	2020-02-15	10:30:00

```
<table cellpadding="0" align="left" cellspacing="0" width="100%">
  <tbody><tr class="odd">
      <th>货币名称</th>
      <th>现汇买入价</th>
      <th>现钞买入价</th>
      <th>现汇卖出价</th>
      <th>现钞卖出价</th>
      <th>中行折算价</th>
      <th>发布日期</th>
      <th>发布时间</th>
  </tr>

  <tr>
      <td>阿联酋迪拉姆</td>
      <td></td>
      <td>183.58</td>
      <td></td>
      <td>197.22</td>
      <td>190.16</td>
      <td class="pjrq">2020-02-15</td>
      <td>10:30:00</td>
  </tr>

  <tr class="odd">
      <td>澳大利亚元</td>
      <td>467.62</td>
      <td>453.09</td>
      <td>471.06</td>
      <td>472.68</td>
      <td>468.94</td>
      <td class="pjrq">2020-02-15</td>
      <td>10:30:00</td>
  </tr>

  <tr>
      <td>巴西里亚尔</td>
      <td></td>
      <td>155.6</td>
      <td></td>
      <td>176.67</td>
      <td>160.67</td>
      <td class="pjrq">2020-02-15</td>
      <td>10:30:00</td>
  </tr>
```

图 13.2　网页及源代码分析

13.1.3　提取 table 标签中的数据

如果只希望提取 table 标签中的数据（包括标题及内容），则在 Power Query 中可以直接使用 Web.Page 函数，该函数返回 HTML 文档的内容（分解为其组成结构），以及完整文档的表示形式及其删除标签后的文本，可以接收二进制类型及文本类型的参数，先将本地的 HTML 格式的文件转换成文本文件，再通过 Web.Page 函数进行解析，如图 13.3 所示。

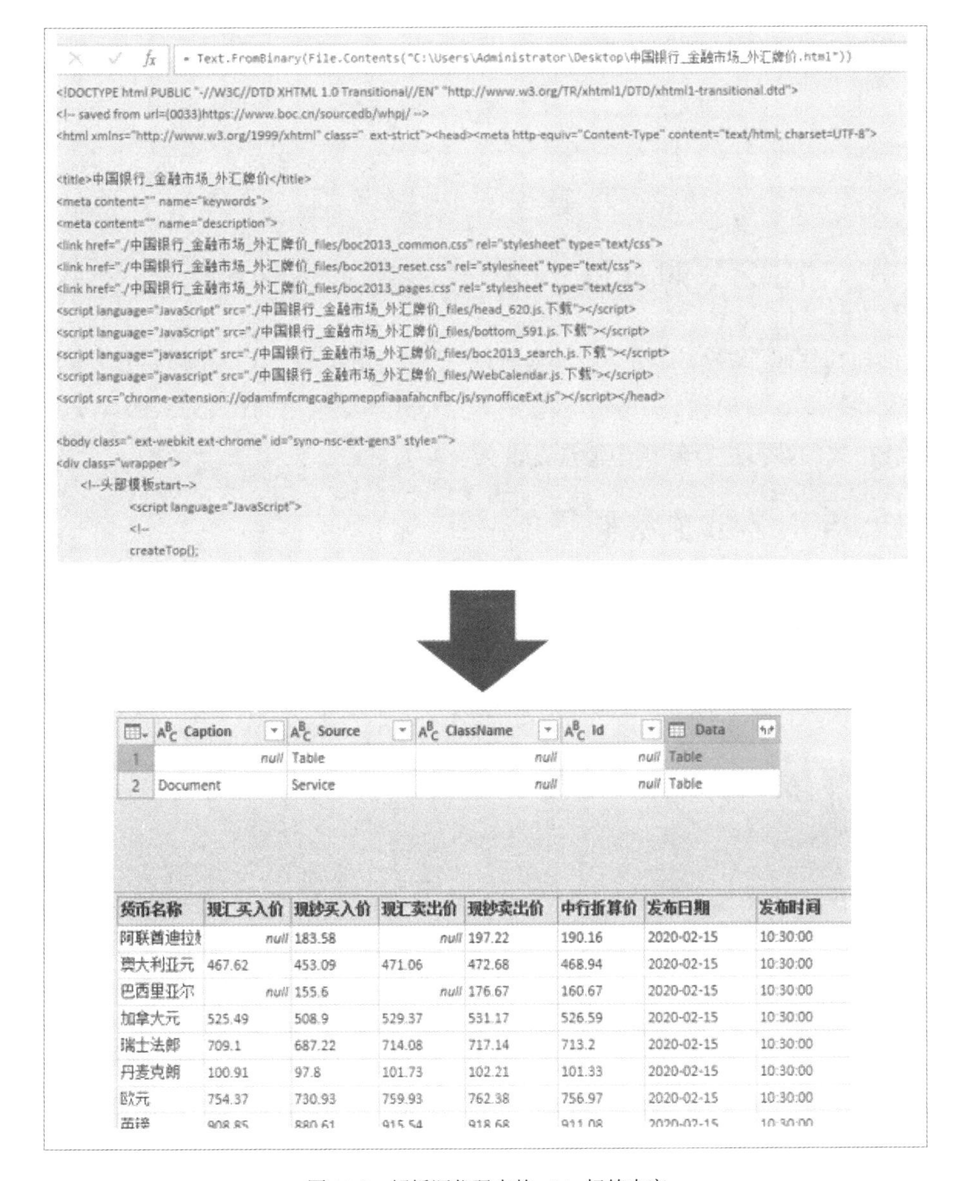

图 13.3　解析源代码中的 table 标签内容

注意： 虽然“Data”列中有两个 table 类型的数据，但主要是看“Source”列中 table 类型数据的来源，只有“Source”列中显示为“Table”的数据才是真正从 table 标签格式中解析的。

如果代码中有多个 table 标签，那么通过上述方法可以一次提取所有表格数据，如图 13.4 所示。

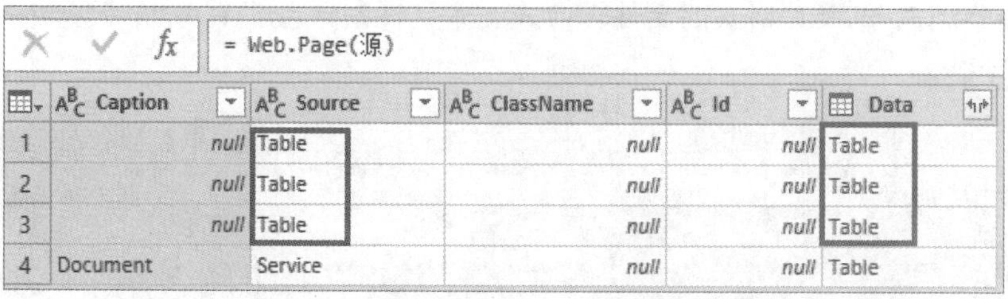

= Web.Page(源)

	Caption	Source	ClassName	Id	Data
1	null	Table	null	null	Table
2	null	Table	null	null	Table
3	null	Table	null	null	Table
4	Document	Service	null	null	Table

图 13.4　解析多个 table 标签

13.2　对 JSON 格式的数据进行清洗

目前，在代码的编写过程中，很多时候会用到 JSON 格式。JSON 是一种轻量级的数据交换格式，目前代码中很多参数的数据格式写法使用的都是 JSON 格式，所以对 JSON 格式的数据进行解析与清洗是非常有必要的。

13.2.1　JSON 格式的数据简介

JSON 格式的数据一般由两组符号及两个分隔符组合而成。一对中括号代表数组，一对大括号代表对象，冒号分隔符分隔标题及数据，冒号前代表标题，冒号后代表数据，逗号分隔符则代表平行数据，示例如下：

```
[
  {
    "姓名":"张三",
    "成绩":100,
    "学科":"数学"
  },
  {
    "姓名":"李四",
    "成绩":90,
    "学科":"语文"
  },
  {
    "姓名":"王五",
    "成绩":80,
    "学科":"英语"
  }
]
```

中括号内的内容格式类似于 Power Query 中的列表类型（无标题），而大括号内的数据格式类似 Power Query 中的记录类型（有标题和内容）。对于以上这些格式的数据，如果通过 Power Query 直接进行解析，则会得到如图 13.5 所示的内容。

图 13.5　JSON 格式的数据在 Power Query 中的解析结果

13.2.2　JSON 格式的转换

在 Power Query 中有两个与 JSON 格式相关的函数：一个是 Json.Document 函数，用于将 JSON 格式的文本解析成 Power Query 认可的状态，如 record 或 list 类型数据；另外一个是 Json.FromValue 函数，用于将指定的数据转换成 JSON 格式数据的二进制类型，最后可以通过 Text.FromBinary 函数进行二进制的转义。Json.Document 函数的参数说明如表 13.1 所示，Json.FromValue 函数的参数说明如表 13.2 所示，Text.FromBinary 函数的参数说明如表 13.3 所示。

表 13.1　Json.Document 函数的参数说明

参　数	属　性	数 据 类 型	说　明
jsonText	必选	多于 1 种类型（any）	可以接收文本类型及二进制类型的数据
encoding	可选	枚举类型（TextEncoding.Type）	文本编码类型 例如，TextEncoding.Unicode

表 13.2　Json.FromValue 函数的参数说明

参　数	属　性	数 据 类 型	说　明
value	必选	多于 1 种类型（any）	可以接收除枚举类型及函数类型以外其他类型的数据
encoding	可选	枚举类型（TextEncoding.Type）	文本编码类型

表 13.3　Text.FromBinary 函数的参数说明

参　数	属　性	数 据 类 型	说　明
binary	必选	二进制类型（binary）	转换成二进制类型的数据
encoding	可选	枚举类型（TextEncoding.Type）	文本编码类型

1. 将 JSON 格式的数据转换成表格类型的数据

看到数量多的代码先不要着急，看看是否有可遵循的规则。如图 13.6 所示，从数据预览上看，代码主要是由大括号及中括号组织的，基本可以确定是 JSON 格式的数据，所以针对这类格式的数据可以直接使用 Power Query 中的 Json.Document 函数进行解析。

仔细看可以发现，本次的代码和之前的代码有些不一样，这次是以大括号为开始状态的，说明解析出来的是记录类型数据，即由一个“成绩表”标题及一个成绩数据组组合而成的格式，其中的成绩数据组又由多个内容组合而成，如图 13.7 所示。

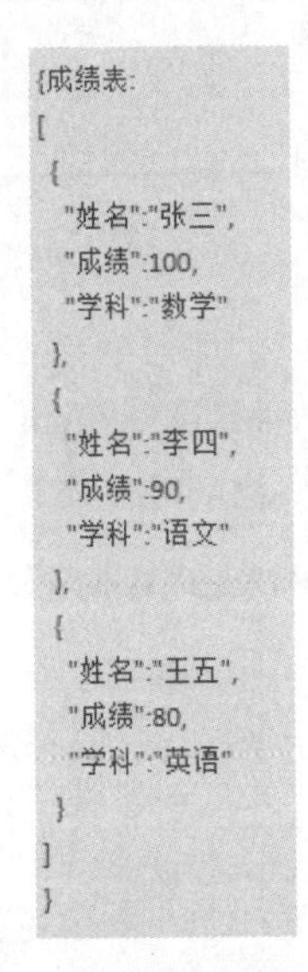

图 13.6　JSON 格式的数据

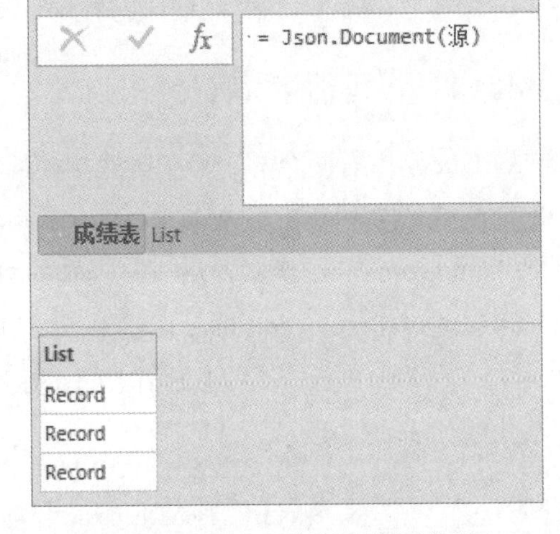

图 13.7　JSON 格式的数据解析后的结果

以提取最终成绩表中的数据为例，对数据多次进行深化及展开后，可以得到以表格形式呈现的成绩表，操作过程如图 13.8 所示。

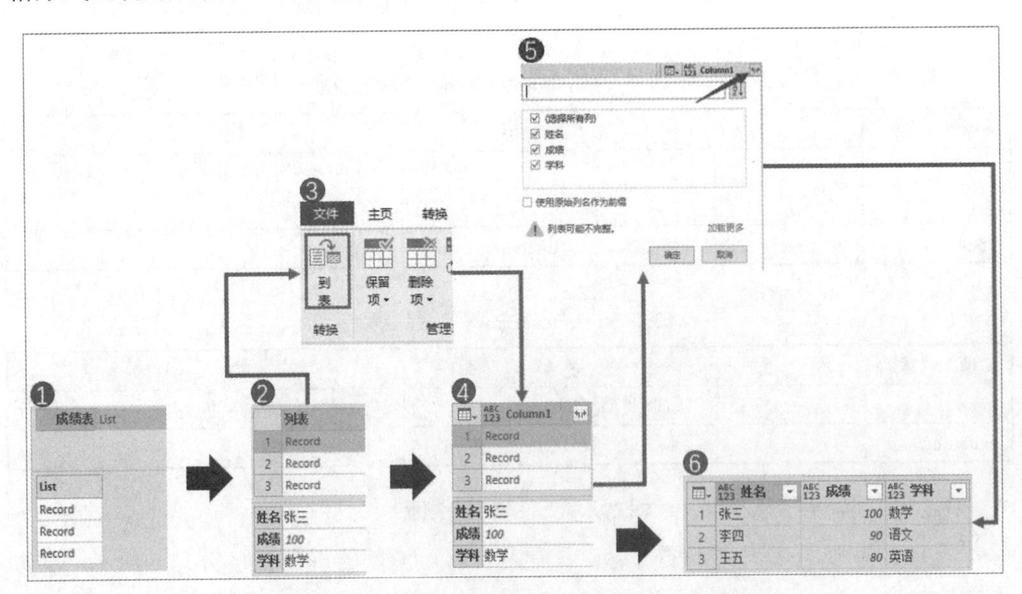

图 13.8　解析 JSON 格式的成绩表的操作过程

2. 将表格类型的数据转换成 JSON 格式的数据

如果需要将表格类型的数据转换成 JSON 格式的数据，则一个一个根据格式编写代码会比较麻烦，这时可以使用 Json.FromValue 函数将表格类型的数据进行转换。但是 JSON 格式只认可大括号和中括号，相当于 Power Query 中 list 和 record 类型所使用的符号，所以如果想要将表格类型的数据转换成 JSON 格式的数据，首先需要把表格类型的数据转换为想要的数据类型，如列表类型或记录类型。如图 13.9 所示，将表格类型的数据转换为记录类型的数据，不过具体的转换方式最终要看 JSON 格式数据的要求。例如，使用 Table.ToList、Table.ToColumns、Table.ToRecords 等函数在将表格类型的数据转换成 JSON 格式的数据时就会有差异。

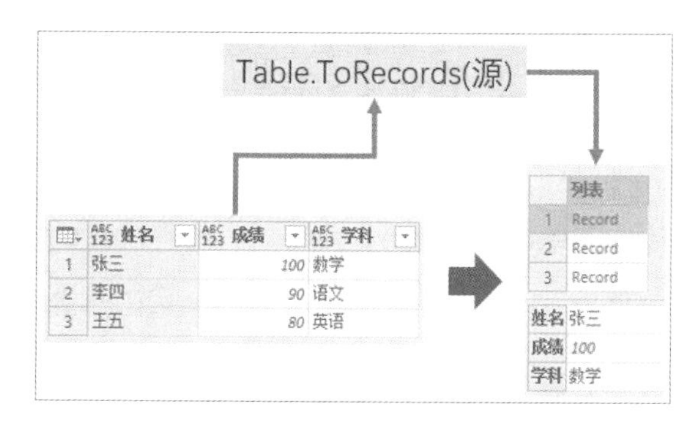

图 13.9　将表格类型的数据转换成记录类型的数据

很多类型的数据都能转换成 JSON 格式的数据，通过 Json.FromValue 函数把数据先转换成二进制文件，然后通过 Text.FromBinary 函数把二进制文件解析成文本文件，如图 13.10 所示。

图 13.10　从记录数据转换成 JSON 代码

图 13.10 中数据的样式和图 13.6 中数据的样式不一样，为什么会有这么多看不懂的代码呢？这些代码代表什么意思呢？

实际上，这些代码代表的就是中文字符，只不过是通过 Unicode 编码来替代了中文字符，把这些字符通过搜索 Unicode 编码转中文就可以得到正确的答案，如图 13.11 所示。

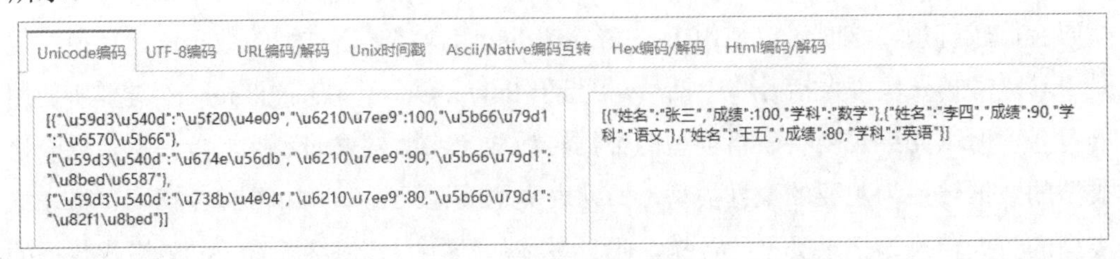

图 13.11　Unicode 编码转中文

这样数据内容就与图 13.6 中的数据一致了。

13.3　提取代码中的指定数据

table 标签内的内容的提取相对比较容易，只需要明确检查代码中是否带有此类标签即可。但是在大多数的代码中，table 标签并不常见，而以 div 标签为主要格式，很多数据都放置在 div 标签中，不过这类标签也是具有一定的规整性的。

13.3.1　导入源代码文件

想要从源代码中提取数据，首先需要把源代码文件导入 Power Query。图 13.12 所示为一份由代码编写而成的网页文件，将该文件放在文件夹某处，通过从文件导入的功能将其导入 Power Query。

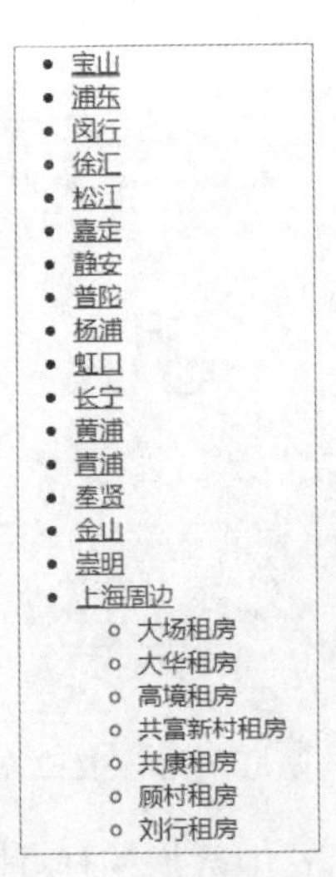

图 13.12　网页文件样式

在一般情况下，如果直接从文件导入，则在导入后 Power Query 会自动识别文件类型，然后用相应的转换函数来操作，如图 13.13 所示，但是往往有些智能识别操作并不是我们所希望的，我们需要的是清洗源代码。这里可以直接手动操作把 Web.Page 函数替换成可以从二进制文件产生数据的函数，如 Lines.FromBinary 函数或 Text.FromBinary 函数等。

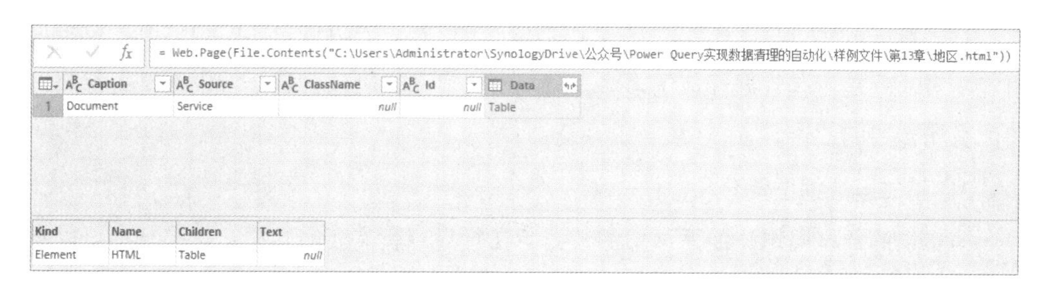

图 13.13　对导入的文件进行二进制解析并生成文本类型的数据

这里使用 Text.FromBinary 函数把二进制类型的数据转换为文本类型的数据，如图 13.14 所示。此时生成的文本文件中的内容就是原来编写网页文件的源代码。

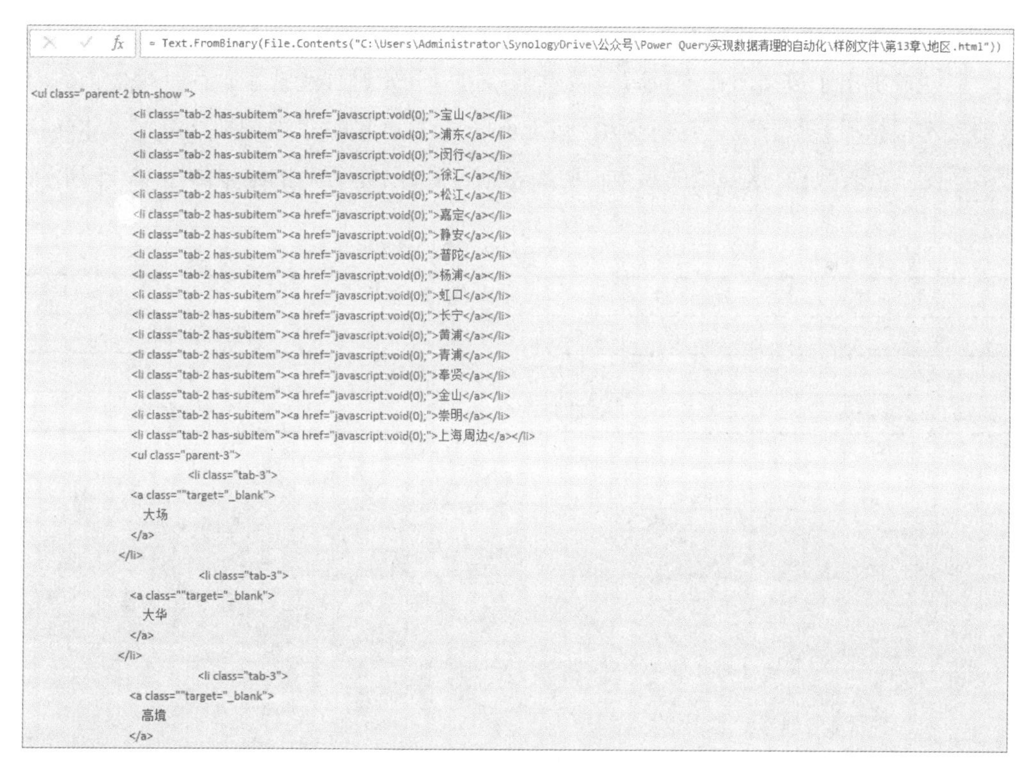

图 13.14　转换网页文件的源代码

13.3.2　分析数据所在位置

想要清洗出代码中所需要的数据，首先要了解需要清洗的效果，也就是希望将数据整理成什么样，以及哪些代码中的数据需要提取和整理。本次清洗的目的是把地区数据提取出来。这里的地区包含两个层级：一层是区县级别的，也就是第一层级的，如“宝山”和“浦东”这样的地区；而第二层级则是类似“大场”这样的地区。

1．第一层数据位置分析

有了目标就要找共同性，在第一层级中，可以看到代码相对比较规整，代码也相对容易看，就是所有数据行都包含“tab-2”的内容，代表包含这个特定字符的行数据中就有所需要的数据。

2．第二层数据位置分析

第二层的数据同理，但是这里的数据所在行只有所需要的数据，没有其他可以参考的，能参考的也就是数据所在的上一行或下一行代码相对比较有规律。而下一行的代码</a>很普通，在第一层数据中就带有这种形式的代码，突显不出特征的唯一性，所以，这里选择第二层关键词“大场”上面第二行代码中的“tab-3”作为特征关键词。

13.3.3 提取所需数据

已经分析出了数据所在的位置，接下来就可以开始进行清洗了。在处理之前先将全部文本根据行进行分隔，这时会用到 Lines.FromText 函数，通过换行符把文本转换成多个文本列表数据，该函数的参数说明如表 13.4 所示，运行后的结果如图 13.15 所示。

表 13.4　Lines.FromText 函数的参数说明

参　　数	属　　性	数 据 类 型	说　　明
text	必选	文本类型（text）	需要处理的文本
quoteStyle	可选	枚举类型（QuoteStyle.Type）	对引号的处理方法
includeLineSeparators	可选	逻辑类型（logical）	是否保留换行符

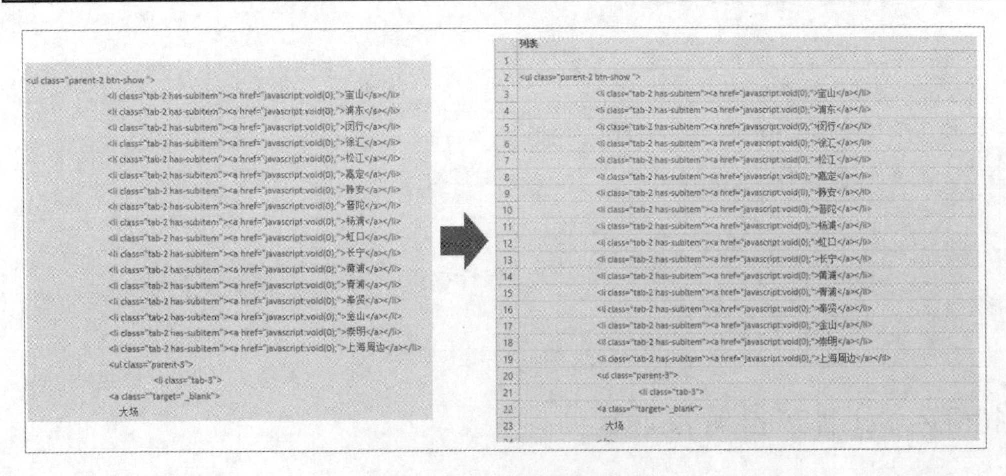

图 13.15　文本转换成文本列表数据

1. 筛选包含第一层级标题的行

首先处理第一层级的标题，根据之前的思路，先找到包含关键词的行。通过 List.Select 函数与 Text.Contains 函数的组合即可实现，而且相比于 Table.SelectRows 函数，使用 Table.Select 函数进行筛选的条件更简单，因为只有单列，所以不存在标题的选中问题。List.Select 函数的参数说明如表 13.5 所示。通过两个函数的组合即可返回包含关键词的行列表，如图 13.16 所示。

表 13.5　List.Select 函数的参数说明

参　数	属　性	数 据 类 型	说　明
list	必选	列表类型（list）	需要在其中进行选择的列
selection	必选	函数类型（function）	筛选的条件

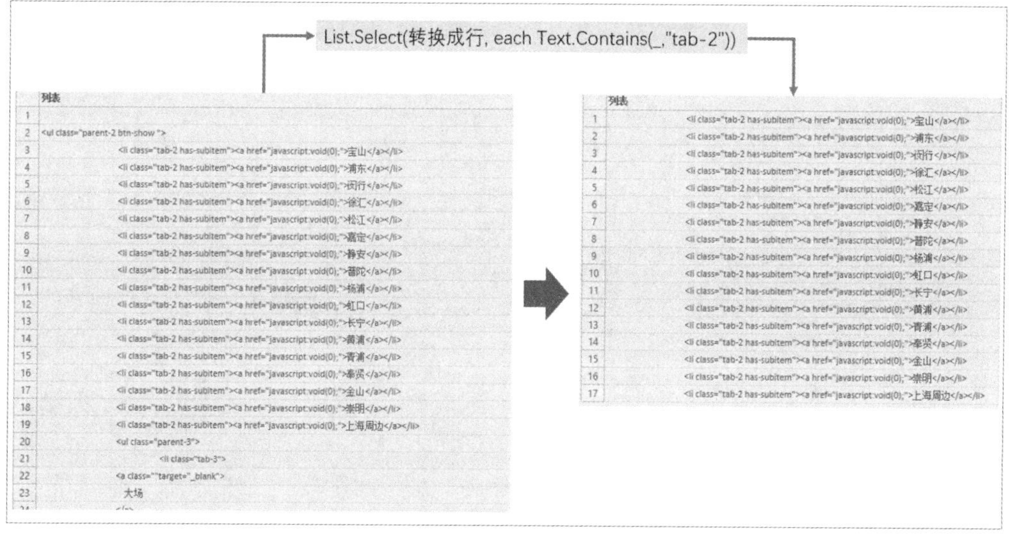

图 13.16　筛选出包含关键词的行

2. 清洗包含第一层级标题的行

筛选出包含第一层级标题的行后，接着就要把所需要的数据提取出来，这时可以通过 Text.BetweenDelimiters 函数对两个分隔符之间的文本进行提取，Text.BetweenDelimiters 函数的参数说明如表 13.6 所示。可以看到，最终提取的数据就是第一层级的地区数据，如图 13.17 所示。

表 13.6　Text.BetweenDelimiters 函数的参数说明

参　数	属　性	数 据 类 型	说　明
text	必选	文本类型（text）	需要在其中进行选择的列
startDelimiter	必选	文本类型（text）	初始的分隔符

续表

参 数	属 性	数据类型	说 明
endDelimiter	必选	文本类型（text）	结束的分隔符
startIndex	可选	多于 1 种类型（any）	数字类型和列表类型，列表中可以为两个参数{x,y}： x 代表的是索引号，整数数据类型； y 代表的是查找类型，0 代表从头，1 代表从尾
endIndex	可选	多于 1 种类型（any）	数字类型和列表类型，列表中可以为两个参数{x,y}； x 代表的是索引号，整数数据类型； y 代表的是查找类型，0 代表从头，1 代表从尾

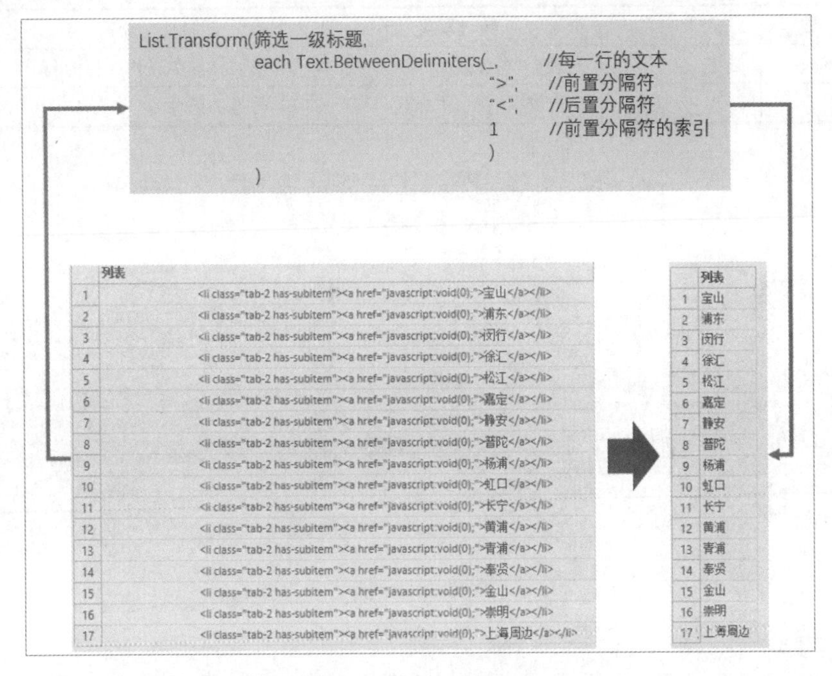

图 13.17 提取第一层级的数据

3. 筛选第二层级参考关键词

如果第二层级标题的情况和第一层级标题的情况一样，那么也很方便，但是因为在同一行没有可操作的关键词，所以用的是第二层关键词“大场”上面第二行代码中的关键词“tab-3”所在的位置，然后下移两行。这里涉及 3 个动作，即筛选包含关键词的行、提取参考关键词在列表中的索引、关键词的索引下移两行。

首先就是筛选包含关键词的行，与之前的筛选操作一致，可以通过 List.Select 函数与 Text.Contains 函数的组合进行筛选，如图 13.18 所示。

4. 提取参考关键词在列表中的索引

提取参考关键词在列表中的索引可以通过 List.PositionOfAny 函数来完成。该函数和 List.PositionOf 函数的差异在于第 2 参数可以一次性查找多个参数，该函数的参数说明如表 13.7 所示。通过该函数就可以得到参考关键词在列表中的索引，如图 13.19 所示。

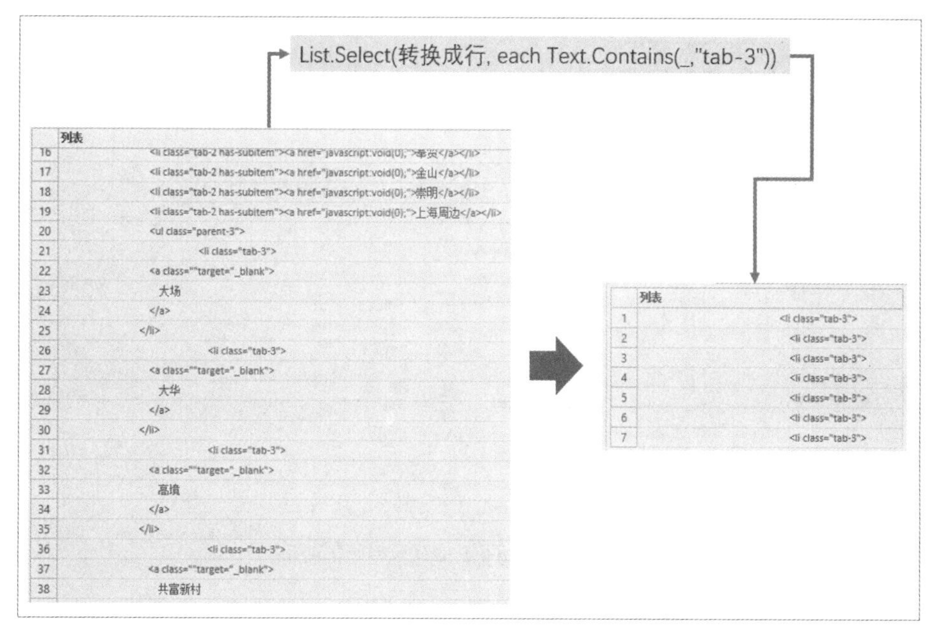

图 13.18　筛选第二层级参考关键词

表 13.7　List.PositionOfAny 函数的参数说明

参　　数	属　　性	数 据 类 型	说　　明
list	必选	列表类型（list）	需要操作的列
value	必选	列表类型（list）	查找的数据列表
occurrence	可选	枚举类型 Occurrence.Type（0，1，2）	0 代表出现第一个查找值的位置（默认）； 1 代表出现最后一个查找值的位置； 2 代表出现所有查找值的位置
equationCriteria	可选	多于 1 种类型（any）	每一项通过比较器进行测试

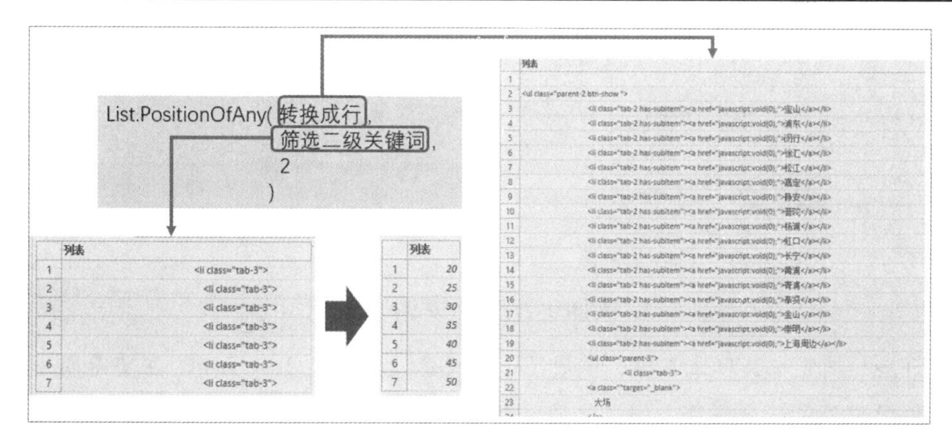

图 13.19　提取参考关键词在列表中的索引

5. 偏移索引位置到数据所在索引

既然已经知道参考关键词在列表中的索引，之前是以数据上面两行作为参考关键词依据的，现在只需要把所有的索引位置下移两位即可。可以通过 List.Transform 函数对索引进行批量偏移两位，如图 13.20 所示。

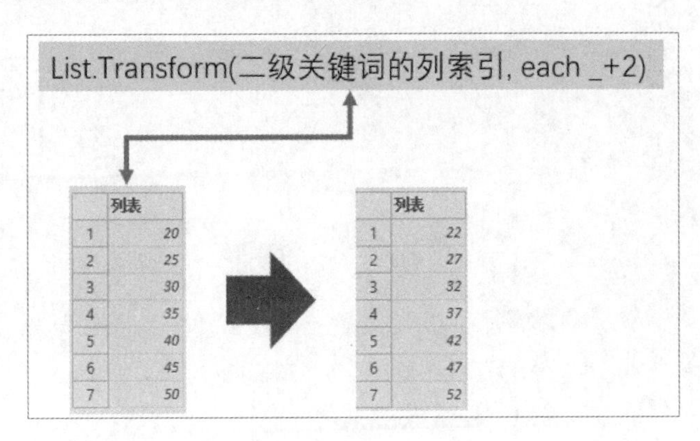

图 13.20　偏移索引位置到数据所在索引

6. 提取第二层级的数据

然后可以根据已经得到的索引将对应位置的数据批量提取出来，这样就完成了第二层级数据的提取，如图 13.21 所示。

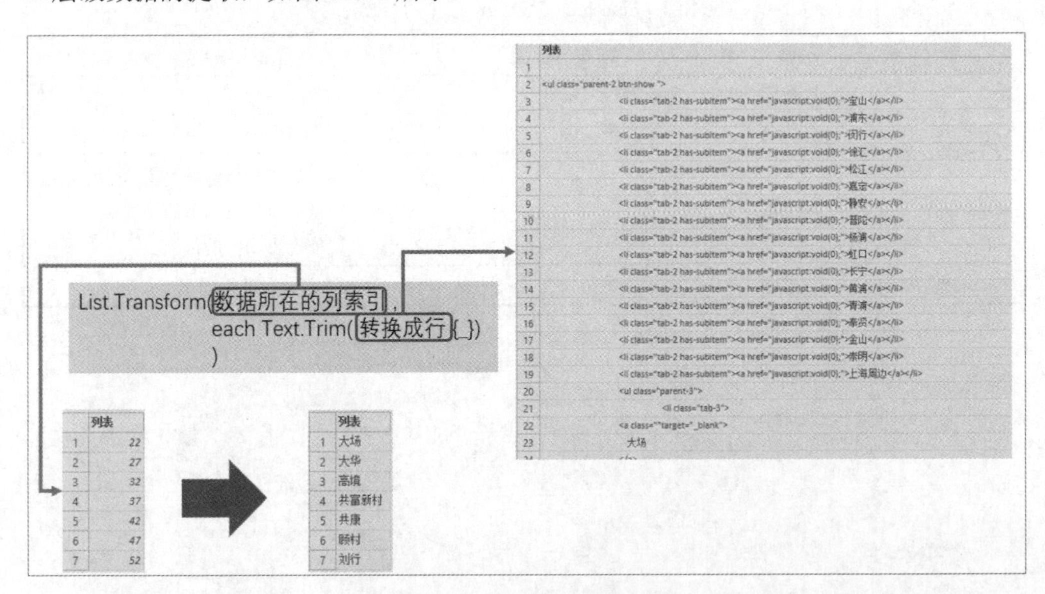

图 13.21　提取第二层级的数据

注意：这里在提取文本时，多用了一次文本处理函数 Text.Trim，主要是因为提取出来的数据不是从分隔符之间提取的，数据存在前置的一些空格等，所以在将数据提取出来之前需要进行一次清洗。

7. 合并数据列表

最后把第一层级的数据和第二层级的数据进行合并，得到一个总体的数据列，如图 13.22 所示，可以使用 List.Combine 函数或直接使用合并连接符“&”进行合并。

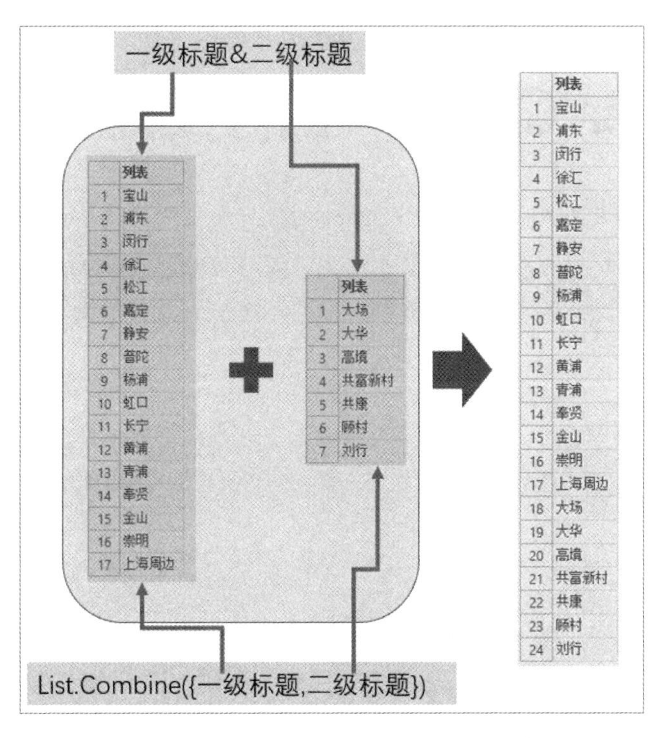

图 13.22　合并第一层级的数据和第二层级的数据

第 14 章

Power Query 中的自定义函数

顾名思义，自定义函数在 Power Query 的数据类型中也属于函数类型，其所实现的功能类似于 Power Query 系统自带的一些函数的功能，只不过在进行特别复杂的计算时，原始计算功能无法单独满足需求，如果要组合完成，则需要书写符合特定环境下的功能函数。

本章主要涉及的知识点有：

- 函数的基本概念
- 函数的书写格式
- 函数中如何备注
- 创建一个长度转换函数

14.1 Power Query 中的函数概念

在 Power Query 的 M 语言中，函数是从一组输入的参数数据到输出的结果数据，无论是输入参数还是输出结果都可以为多种数据类型，并且输入值也可以是空值。通过命名函数参数，然后提供表达式来计算编写的结果。虽然本书前面章节中对于函数也有所涉及，但是并没有系统地介绍过函数，本节将详细地介绍函数的相关内容。

14.1.1 函数的结构

函数主要是由函数名、变量参数、计算过程三部分构成的。其中，变量参数必须写在括号内，变量参数到计算过程必须用特定标记“=>”，如图 14.1 所示，而函数名在特定情况下是可以省略的。

fx=()=>DateTime.LocalNow()

函数名 变量参数 计算过程

图 14.1 函数的基本结构

如果不在本查询中被调用，则可以用查询名作为函数名，此时函数名可以省略。图 14.2 所示为以单个查询名作为函数名的函数，同时此函数不带任何参数，始终返回当前时间的前一天。

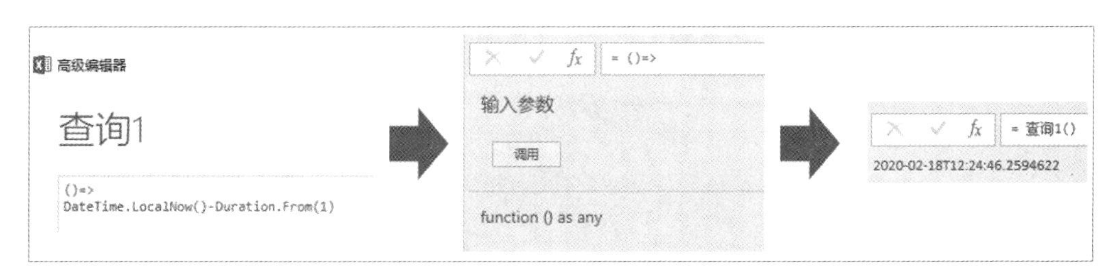

图 14.2　以查询名作为函数名的无参数函数

此外，在定义函数时，还可以限定变量参数的数据类型及是否为可选参数，在参数前用“optional”代表该参数为可选参数，在参数后用“as 加数据类型”作为该参数的限定类型。如果限定了参数的类型，但又没有表明该参数是可选参数或是否可接受空值（nullable），则该参数必须写，不管该参数是否为空值。

下面是一个典型的自定义函数，用于返回姓名的结果，其中 x 代表姓，y 代表名。如果第 2 参数“名”不存在，则直接返回姓氏；如果输入了第 2 参数，并且参数的类型为姓名中名的列表，则返回姓名列表。在 Power Query 中显示的函数效果如图 14.3 所示，此函数以查询名作为函数名。

```
=(x as text, optional y as list) as list=>
  if y = null then x
  else List.Transform(y, each x&Text.From(_))
```

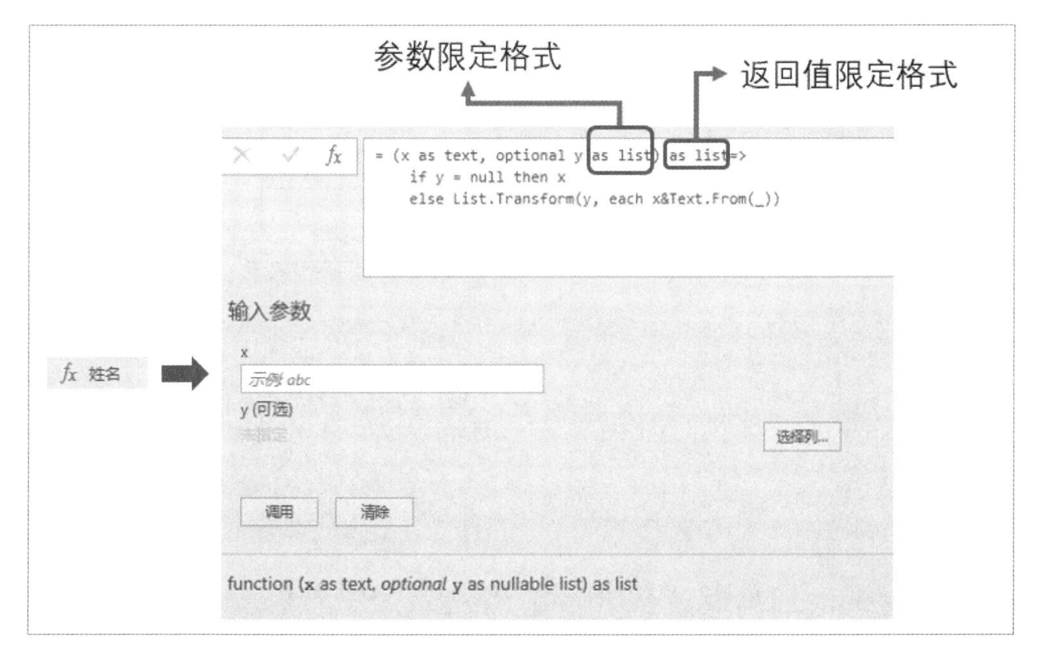

图 14.3　自定义“姓名”函数界面

注意：限定词采用英文小写形式，如 optional、as。此外，在未使用 let…in…语句时，会限定查询中只存在单个步骤，如图 14.4 所示，此时查询名自动作为步骤名。

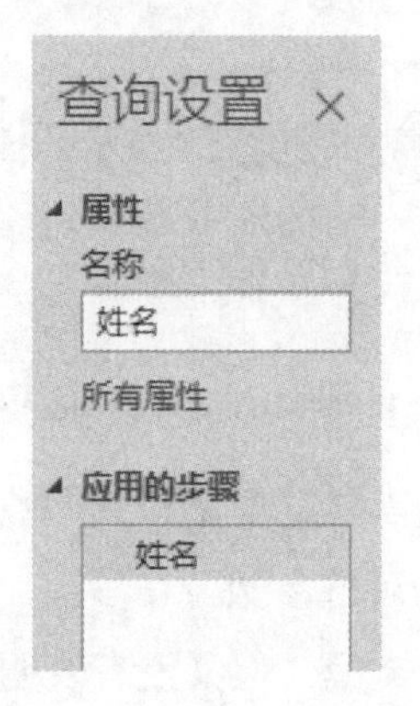

图 14.4 查询名自动作为步骤名

如果步骤名在查询中被调用，而同时查询名也采用相同的函数，则系统会自动优先调用步骤名中的函数进行计算，此时会自动添加 let…in…语句，如添加一个新的查询“姓名步骤名”，则“姓名步骤名”函数的公式与之前的“姓名”函数的公式有所差异，如图 14.5 所示。

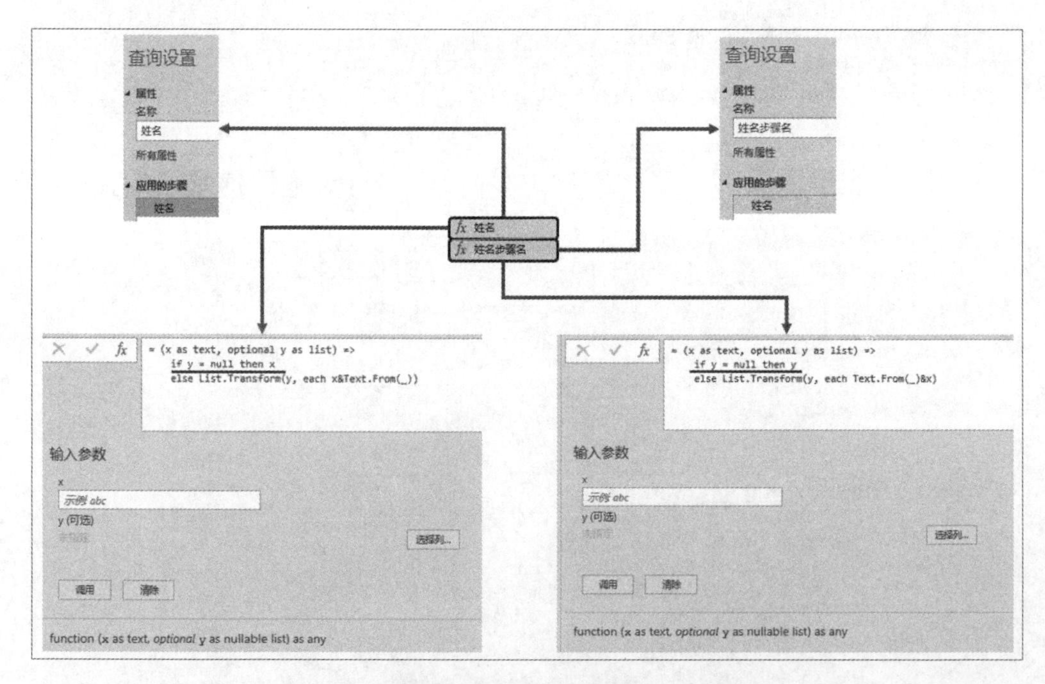

图 14.5 函数名为步骤名和查询名的公式之间的差异

如果在“姓名步骤名”查询中调用“姓名”查询，则其结果优先调用本查询内的同名函数，如图 14.6 所示。

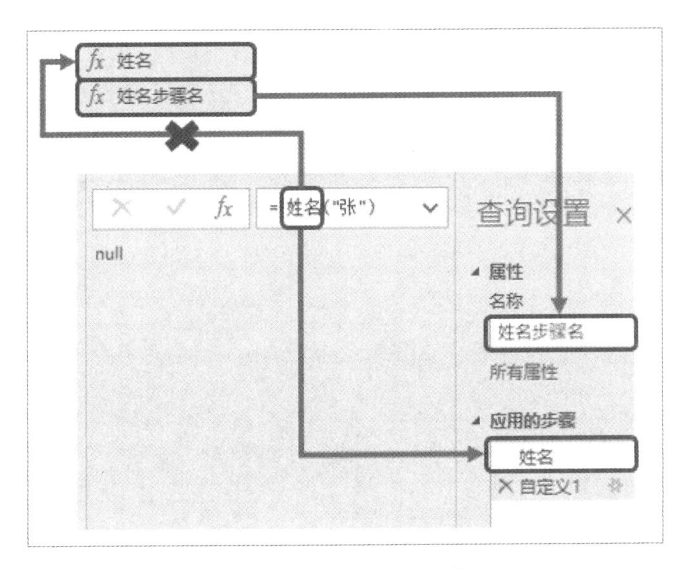

图 14.6 调用查询中的函数

14.1.2 调用查询中的步骤

Power Query 把全部数据清洗的过程处理完后，最终返回所需要的结果，这其中所有的处理步骤都是一个动作。当要对重复的动作进行调用时，如果要调用的只是一个简单的步骤，那么一般都是用变量来赋值的，只需要调用变量即可。如果要调用多个步骤，如图 14.7 所示的 3 句代码的操作步骤，甚至把全部查询的步骤都调用到新的查询中使用，则简单的方法就是在步骤的外面嵌套一层 let…in…语句，同时根据实际情况把步骤中原有的固定参数改为需要调用时的参数即可，如图 14.8 所示。

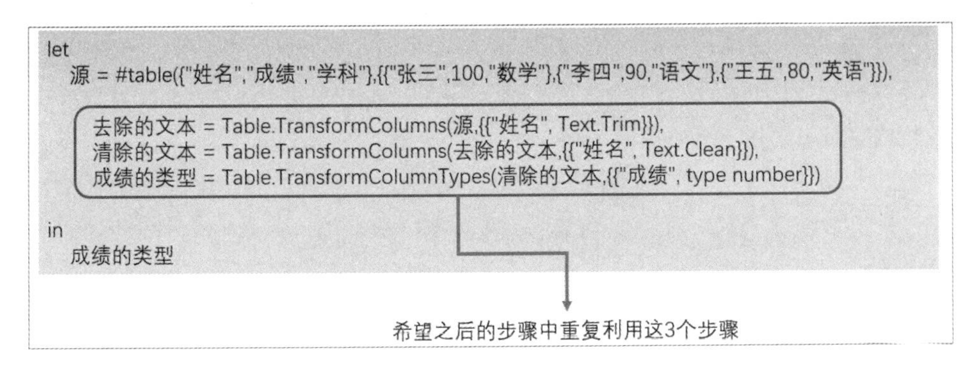

图 14.7 希望重复调用的 3 个步骤

注意：调用时需要特别留意逗号的差异，同时需要根据实际情况来对参数进行设置，这里把原来代码中的参数“源”改成了“table”，这样就可以对后续的表格进行处理了，否则步骤都是针对源表格进行处理的。

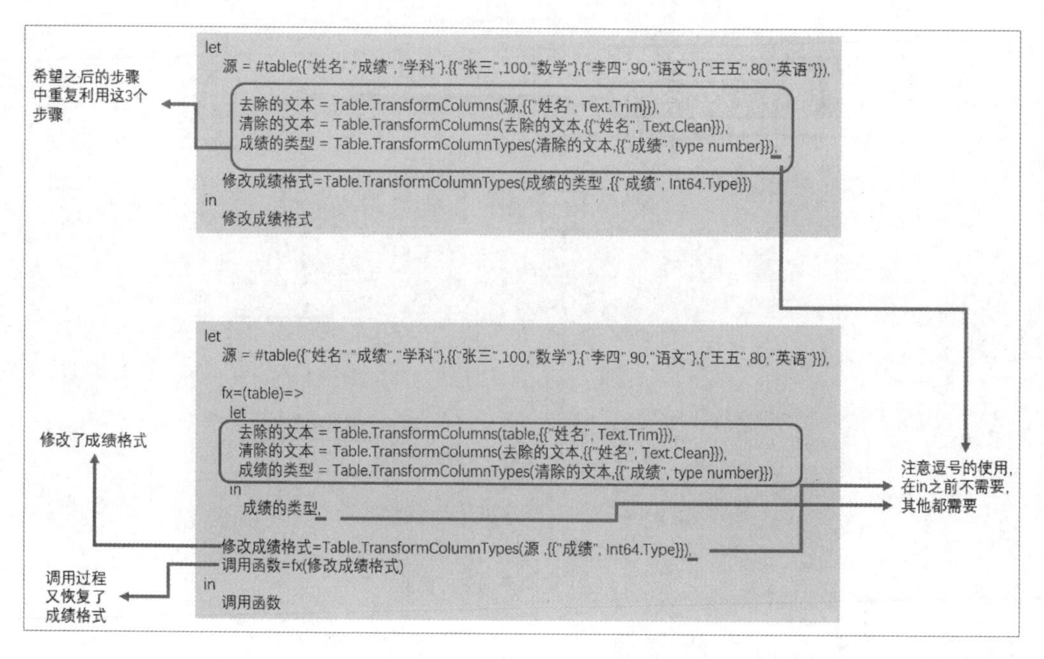

图 14.8 调用多个步骤的方法

14.1.3 调用全部查询

与调用查询中的多个步骤相比，调用全部查询相对来说更简单。因为在查询中调用多个步骤时还需要添加 in 的返回结果，而在调用全部查询时，其最终的结果已经用 in 返回了，所以在添加 let...in...语句时就更方便了，如图 14.9 所示。

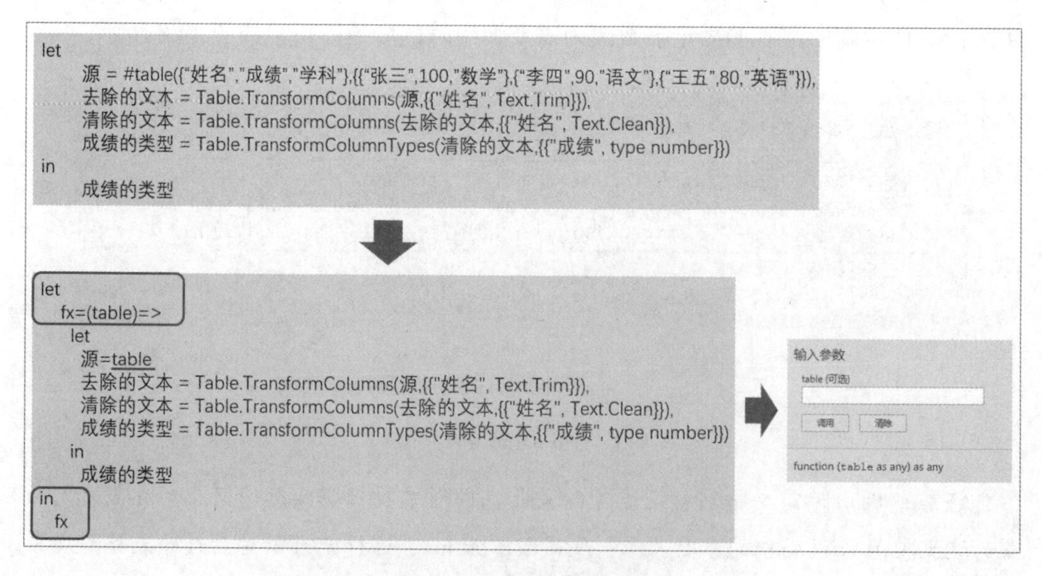

图 14.9 调用全部查询作为函数

14.2　自定义函数的备注

自定义函数就是根据编写者的意思编写的代码，但是有时候时间长了编写者自己都可能记不住代码的用途，尤其是一些长串的代码，或者是一些嵌套类的函数、复杂的循环函数等，甚至这些代码是分享给他人的，因此函数的说明就必不可少。

14.2.1　代码的编写格式

Power Query 中展现的查询名和步骤名都是由代码组成的，在编写自定义函数时需要编写一定量的代码，而一个良好的代码编写习惯可以帮助编写者更好地编写代码，以及帮助使用者更好地理解和使用代码。如图 14.10 所示，对于同样的代码，如果编写时使用的格式不同，则效果会完全不一样，图中下半部分的代码比较容易理解。

```
let
fx=(table as table, origian_list as list, replace_list as list, column_name as list) as table
=>List.Accumulate(List.Zip({origian_list,replace_list}),table,(x,y)=>Table.ReplaceValue(x,y{0},y{1},
Replacer.ReplaceText, column_name))
in
fx
```

```
let
    fx=(table as table, origian_list as list, replace_list as list, column_name as list)=>

List.Accumulate(List.Zip({origian_list,replace_list}),
                    table,
                    (x,y)=>Table.ReplaceValue(x,
                                              y{0},
                                              y{1},
                                              Replacer.ReplaceText,
                                               column_name
                                              )
                    )
in
    fx
```

图 14.10　使用不同格式编写的代码

建议在编写代码时尽量把每一个函数中的参数单独作为一行，同时每个层级的代码缩进保持一致，左右的括号也尽量先保持一致再编写，以避免遗漏。

14.2.2　代码中的备注

自定义函数大部分都是需要手动编写的，直接操作只能生成代码，想要调用就要进行简单的编写。代码会有简单和复杂的差异，对于简单的代码，通常一眼就能看懂；而对于复杂的代码，则需要在代码中添加备注。

1．添加单行备注

虽然编写规范的格式能够让大部分人看清楚代码的结构，但是如果配上一定的代码备注，则能更好地理解代码，不仅编写者自己能够看得更清楚明白，也能使其他人一目了然。如果想要对单行代码添加备注，则可以在该行所有代码之后使用双斜杠“//”来添加，双斜杠后的内容都是作为备注的，不对代码产生影响。对于同样的代码，在加上对每个参数的说明后，会让使用代码的人更容易理解。示例如下：

```
let
   fx=(table as table, origin_list as list, replace_list as list, column_name
as list)=>
List.Accumulate(List.Zip({origin_list,replace_list}),     //替换的列表 y
             table,                                        //操作的表 x
             (x,y)=>Table.ReplaceValue(x,
                                    y{0},                  //原值
                                    y{1},                  //替换值
                                    Replacer.ReplaceText,  //文本替换函数
                                    column_name            //需要替换的列的名称
                                    )
                       )
in
   fx
```

2．添加多行备注

添加单行备注使用的是双斜杠“//”，那么添加多行备注是不是直接用多个双斜杠来添加多个单行备注就可以了呢？是的，这种方式是可以为多行代码添加备注的，但是如果行数比较多，则这种添加多行备注的方式重复的操作会非常多。这时就可以利用 Power Query 使用多行的备注写法，使用斜杠加星号“/*”来表示起始位标记符，同时需要一个结束位标记符，符号则是相反，用星号加斜杠“*/”来表示。在起始位标记符和结束位标记符中间的所有字符都将作为备注使用。示例如下：

```
let
   fx=(table as table, origin_list as list, replace_list as list, column_name
as list)=>
/*
第 1 参数的类型是表格类型
第 2 参数的类型是列表类型
第 3 参数的类型是列表类型
第 4 参数的类型是列表类型
*/
List.Accumulate(List.Zip({origin_list,replace_list}),     //替换的列表 y
             table,                                        //操作的表 x
             (x,y)=>Table.ReplaceValue(x,
                                    y{0},                  //原值
                                    y{1},                  //替换值
```

```
                                Replacer.ReplaceText,     //文本替换函数
                                column_name               //需要替换的列的名称
                                )
            )
in
    fx
```

14.2.3　使用元数据进行备注

什么是元数据？元数据（Meta）被称为主数据，是一种描述数据的数据，也就是用来描述每一个值，它可以用来描述数据属性等相关信息。元数据是以记录的格式进行存储的。当没有为某个值指定特定的元数据记录时，元数据记录为空（即没有字段的记录）。之前的备注都是在代码中添加的，无论是单行备注还是多行备注，都是隐性的备注，无法在 Power Query 的主界面中查看，需要打开“高级编辑器”窗口才能查看到备注。而系统自带的所有函数基本上都用了元数据对函数进行描述，可以直接在 Power Query 的主界面中查看，如图 14.11 所示，这些描述函数的文字基本上都是元数据。元数据可以通过 Value.Metadata 函数来获取。

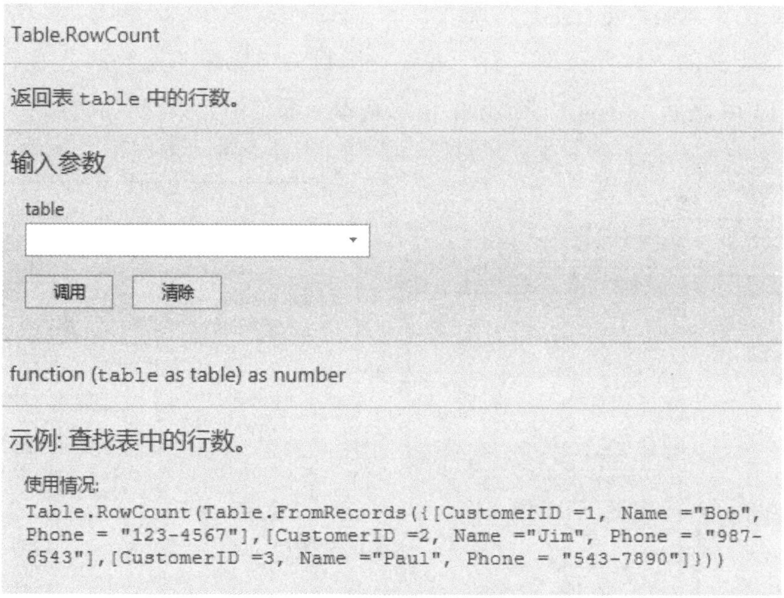

Table.RowCount

返回表 table 中的行数。

输入参数

table

调用　清除

function (table as table) as number

示例: 查找表中的行数。

使用情况:

```
Table.RowCount(Table.FromRecords({[CustomerID =1, Name ="Bob",
Phone = "123-4567"],[CustomerID =2, Name ="Jim", Phone = "987-
6543"],[CustomerID =3, Name ="Paul", Phone = "543-7890"]}))
```

图 14.11　函数的元数据描述 1

那么该如何使用元数据对数据进行备注呢？在实际应用中，通常使用“meta []”的方式为一个值指定与其关联的元数据，记录“[]”中就是对数据的一些描述，其中有一些特定的记录名称表达特定的含义。例如，如果要使用元数据对某个值进行备注，则一般可以直接使用 meta 进行元数据的赋值，公式如下：

```
="inch" meta [长度单位="英寸"]
```

元数据是对数据的描述，不参与任何计算，也就是说，上述公式和“inch”原来的值表示的意思是完全一致的，如图 14.12 所示。

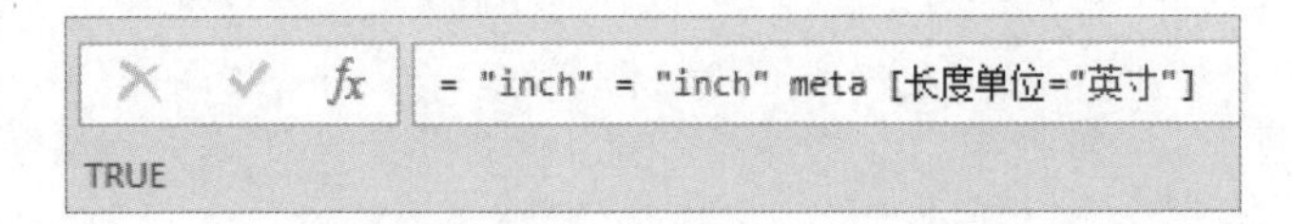

图 14.12　带有元数据和不带元数据的对比

既然能用元数据给数据赋值，那反过来也可以从数据中提取或替换元数据。如果想要从数据中提取元数据，则可以使用 Value.Metadata 函数，该函数用于从对象中提取元数据，如图 14.13 所示。

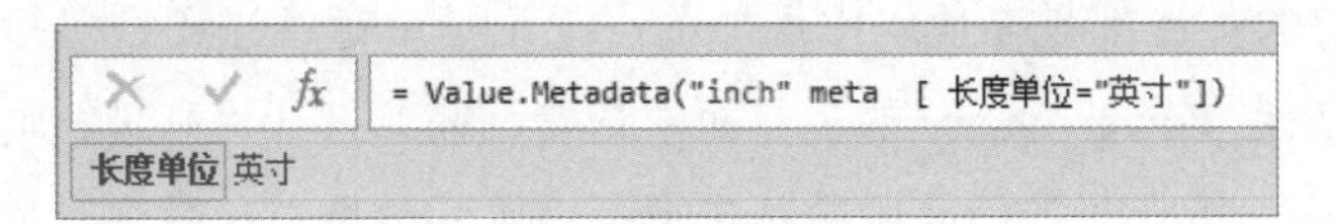

图 14.13　提取元数据

既然元数据是描述数据的数据，那么是否也可以使用元数据对函数进行描述呢？元数据又是怎么对函数进行描述的呢？

除了自定义的一些元数据，有一些针对函数特定标题的元数据是用于描述函数的，如图 14.14 所示，界面中能显示的信息基本上都是由元数据完成的。

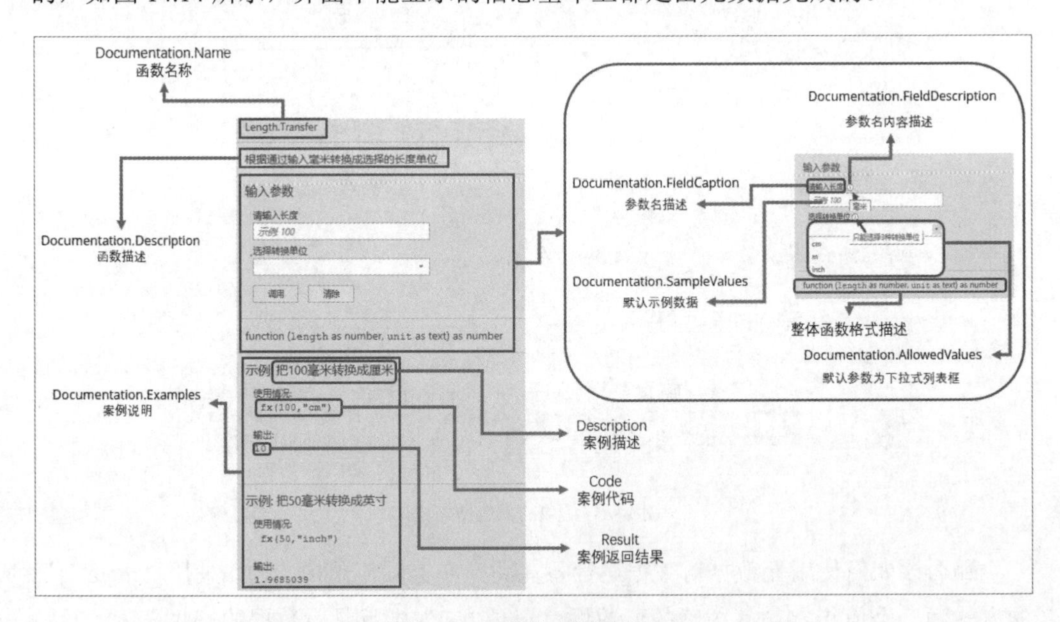

图 14.14　函数的元数据描述 2

注意：对于函数的元数据描述，需要区分是对函数 type 值的描述还是对函数本身的描述，图 14.14 中的元数据描述都是对函数 type 值的描述，而不是对函数本身的描述。

接下来区分元数据赋值及展现的差异，如图 14.15 所示，分别为函数的值和 type 值定义元数据，定义完后再通过不同的方式提取。

```
let
  fx=(table)=>table,
  函数 type 元数据= Value.Type(fx) meta [Documentation.Name="type 元数据"],
  函数元数据=fx meta [Documentation.Name="函数元数据"],
  提取函数的元数据=Value.Metadata(函数元数据),
  提取函数 Value 的元数据=Value.Metadata(函数 type 元数据),
  带 type 元数据的函数= Value.ReplaceType(fx,函数 type 元数据)
in
  带 type 元数据的函数
```

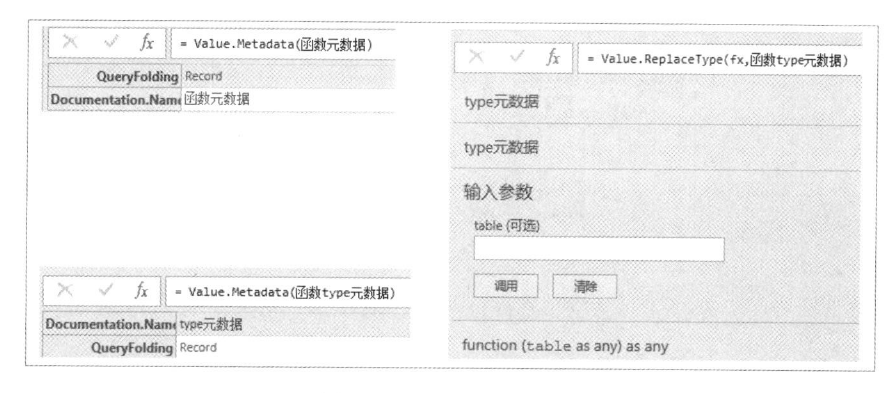

图 14.15　不同元数据的展现

14.2.4　错误值的备注

除了前面介绍的这些备注，还有一种备注也可以在 Power Query 中实现，那就是当出现错误时显示的提示备注。

怎么去判断是否会产生错误呢？可以人为进行判断，也可以在运算过程中由系统进行判断，人为判断是可以事先预判的，给出错误的原因及明确的处理方法，这里会涉及 Error.Record 函数的使用方法，该函数通常会和 try 一起使用。在前面章节中提到过 try 和 otherwise 的搭配使用方法，实际上 try 还可以单独使用，用于判断公式运行是否错误，同时返回一个记录，如图 14.16 所示。

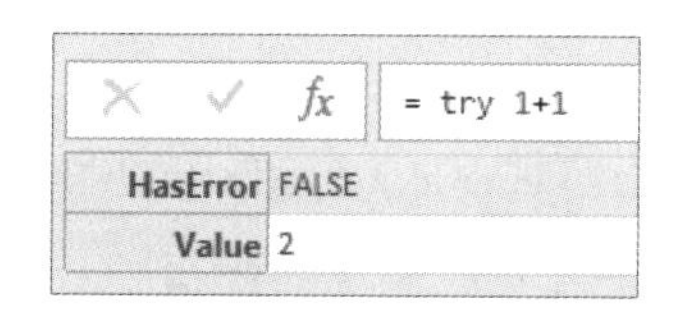

图 14.16　try 正确值

可以看到返回的记录有两个字段，其中一个为是否判断错误的“HasError”字段，至于另一个字段：如果“HasError”字段为“FALSE”，则会返回“Value”字段的值；

如果“HasError”字段为“TRUE”，则会返回“Error”字段，如图 14.17 所示。“Error”字段有 3 个明细字段，分别为“Reason”、“Message”和“Detail”。这 3 个字段可以自行输入 record 类型的错误提示，也可以通过 Error.Record 函数来完成表达式组成。

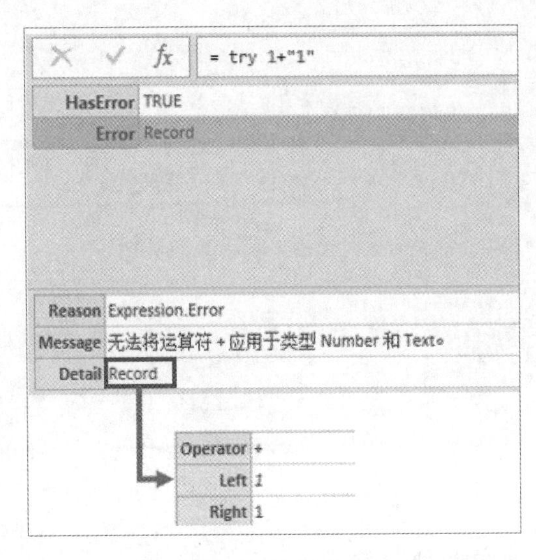

图 14.17　try 错误值

当上述的计算表达式运行时，会出现错误的反馈结果，可以查看对应“Error”字段的 3 个字段所在的位置，具体的显示内容如图 14.18 所示。

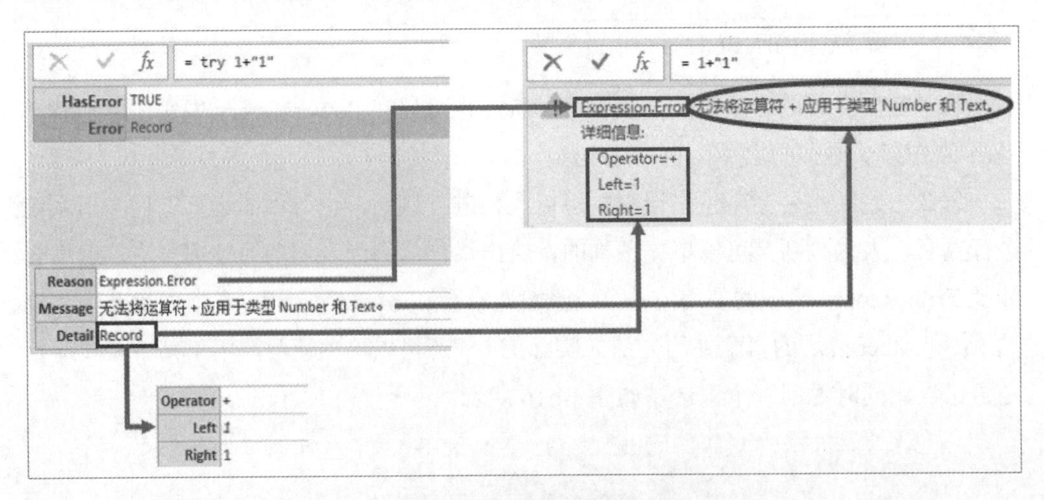

图 14.18　Error 记录数据所对应的错误指示

如果想要变更上述错误提示信息，则需要通过 error 语句替换，代码如下所示，新建一个自定义函数，如果能完成相加则求表达式的结果，如果不能相加则产生错误并给出提示，效果如图 14.19 所示。

```
(x,y)=>if x is number and y is number
```

```
    then x+y
    else error [Reason="类型错误",
            Message="请输入数字类型数据",
            Detail=[方法 1="去掉数字中的引号""",
                方法 2="使用 Number.From 函数进行转换"]
            ]
```

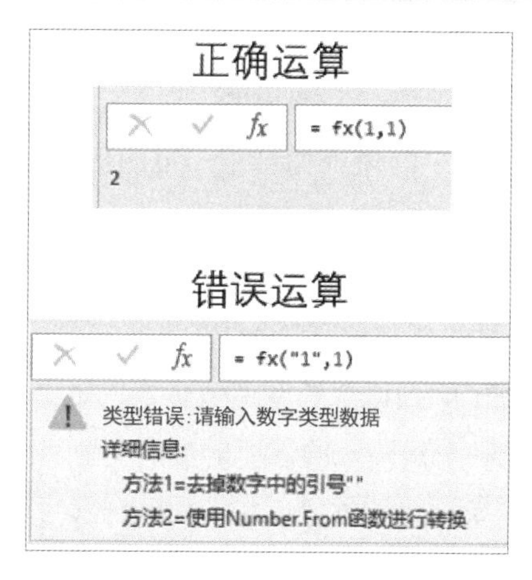

图 14.19　自定义函数运算错误后的返回结果

14.3　自定义函数实战

在介绍了自定义函数的基础概念后，还需要通过一个案例来详细说明如何快速上手自定义函数的使用，毕竟所有知识都以应用为最终目的。本节以编写长度单位转换的函数作为案例，详细说明自定义函数时的一些技巧及注意事项。

14.3.1　函数的目标

想要编写自定义函数，首先要有一个明确的目标，有了目标就有了思路，有了思路就有了写法，所以在动手编写函数前，需要确定一个目标。

（1）输入一个长度单位值，转换成所需要的另外一个长度单位值。

这是个基本的目标，所有函数计算都围绕这一基本前提。例如，输入一个以毫米（mm）为计量单位的值，通过函数可以转换成以厘米（cm）、米（m）、英寸（inch）等为计量单位的值。

（2）如果没有选择长度单位，则列出所有长度转换单位的值。

这是个多功能的函数，如果存在判断的条件，则基本上会通过 if 语句来实现其功能及需求。同时需要注意返回值的类型，正常单位转换返回值的类型是数字类型，但是如果返回所有长度转换单位的值，则返回值的类型可能会是列表或表格等类型。

（3）如果自定义函数在运行时出现错误，则需要给予错误提示。

这里涉及错误语句的运用，在使用者未输入正确的内容时给予一定的提示。这里有以下几点提示。

- 当输入的英寸为简写“in”时，提示需要输入完整的长度单位“inch”。
- 当输入的长度数值为非数字类型时，提示需要更改的数据类型并给出建议。
- 当出现其他错误时，也要给予一定的提示。

（4）在自定义函数界面中给出一定的说明。

如果要在自定义函数界面中向使用者给予一定的提示，则会涉及元数据的概念，也就是使用元数据给使用者进行函数的解释说明。

14.3.2 完成基本功能

根据之前的目标，可以了解到这个长度单位转换自定义函数主要有两个变量参数，一个是输入的长度数值，另一个是输入的需要转换的单位。比较容易理解的方式就是通过 if 语句来判断，每一个不同的转换单位执行不同的计算过程，自定义函数中的代码如下。图 14.20 所示为能够完成基本功能的函数。

```
(length, unit) =>  //输入的长度单位为 mm
    if unit="cm" then length/10
    else if unit="m" then length/100
    else if unit="inch" then length/25.4
    else "转换错误"
```

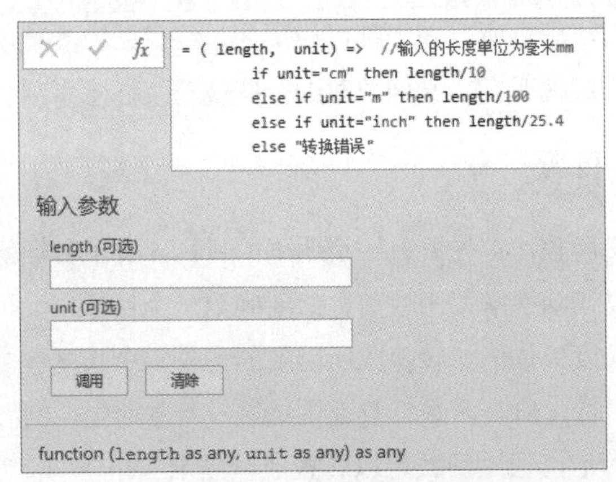

图 14.20 能够完成基本功能的函数

上述代码就能完成基本的长度单位转换的需求，这种写法相对容易，也比较简单，这一步就已经完成了 14.3.1 节中所写目标 1 的需求。

14.3.3 完成多条件需求

在 14.3.2 节中介绍的基础代码只能进行单一长度单位的转换，如果要一次性返回多个长度转换单位的值就无法实现了，所以需要在原来代码的基础上添加多个判断条件，以满足多种需求。

根据 14.3.1 节中所写的目标 2 可知，长度单位是一个可选参数，所以在参数的描述上至少要加上 optional 进行限定修饰，否则必须输入两个参数，不然就会出错，如图 14.21 所示。

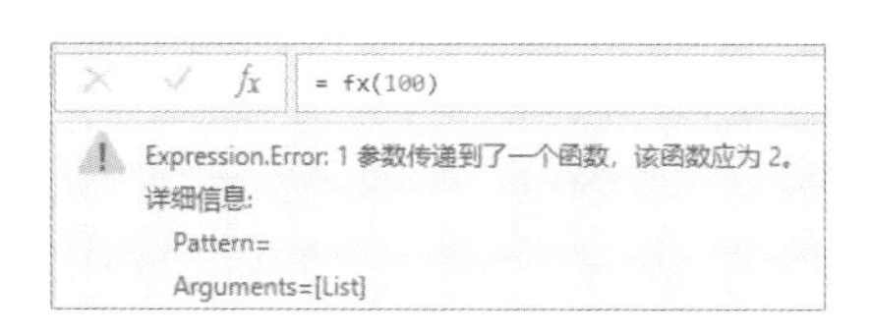

图 14.21　单参数无修饰词的结果

先在参数 unit 前加上 optional 限定修饰，再进行同样的单参数的操作，返回的结果就不一样了，在无此参数的情况下，依旧可以执行该自定义函数，如图 14.22 所示。

图 14.22　单参数有修饰词的结果

因为设置的参数可以为空，所以接下来就是编写参数 unit 为空值时需要返回的结果了，那返回所有结果的代码要怎么编写呢？最直接的办法就是把所有的参数都列出来，然后根据参数进行计算，代码如下：

```
if unit=null
then Table.AddColumn(Table.FromColumns({{"cm","m","inch"}},{"Unit"}),
                                  "Value",
                                  each if [Unit]="cm" then length/10
                                  else if [Unit]="m" then length/100
                                  else if [Unit]="inch" then length/25.4
```

```
                    else "转换错误"
                    )
```

这样就生成一个表，这个表有两列数据，一列是单位，另一列是通过输入参数 length 进行转换后的值，如图 14.23 所示。

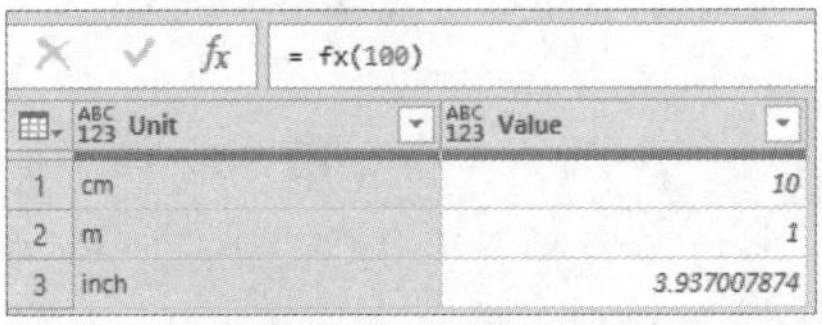

= fx(100)

	Unit	Value
1	cm	10
2	m	1
3	inch	3.937007874

图 14.23　返回参数 unit 为空值时的结果

这样编写代码理论上没有问题，但是有点烦琐，如果长度单位再多一些，那么是否要一直添加判断条件呢？有没有更加简化的办法呢？这里可以预先给定所有需要转换的计量单位及计量的参数，因为这里的计量转换都是以输入值除以某个数值作为转换值的，所以只需要给出对应转换单位的除数的分母即可，如图 14.24 所示。

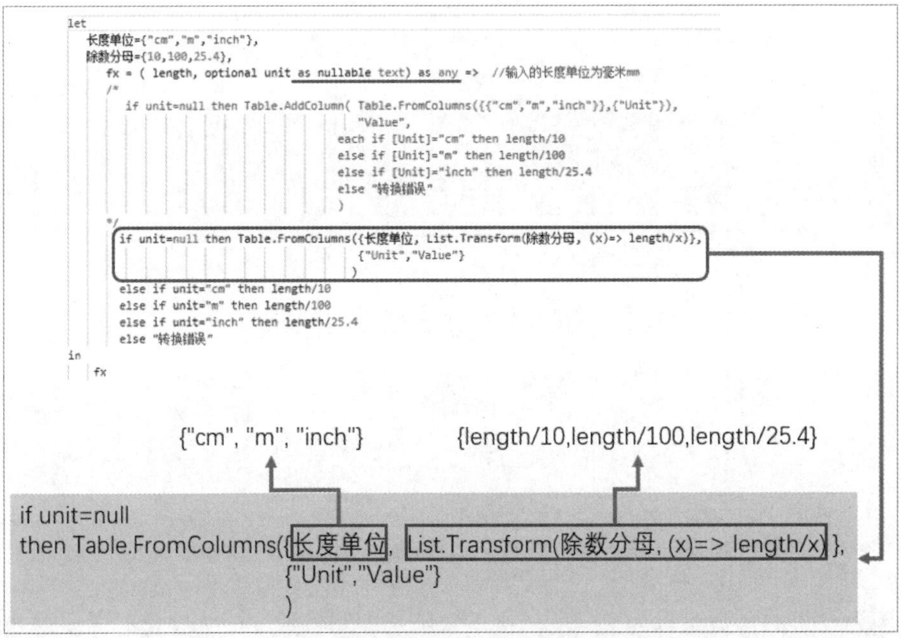

```
let
    长度单位={"cm","m","inch"},
    除数分母={10,100,25.4},
      fx = ( length, optional unit as nullable text) as any =>  //输入的长度单位为毫米mm
      /*
        if unit=null then Table.AddColumn( Table.FromColumns({{"cm","m","inch"}},{"Unit"}),
                                           "Value",
                                         each if [Unit]="cm" then length/10
                                         else if [Unit]="m" then length/100
                                         else if [Unit]="inch" then length/25.4
                                         else "转换错误"
                                         )
      */
       if unit=null then Table.FromColumns({长度单位, List.Transform(除数分母, (x)=> length/x)},
                                           {"Unit","Value"}
                                          )
       else if unit="cm" then length/10
       else if unit="m" then length/100
       else if unit="inch" then length/25.4
       else "转换错误"
in
    fx
```

{"cm", "m", "inch"}　　{length/10,length/100,length/25.4}

```
if unit=null
then Table.FromColumns({长度单位, List.Transform(除数分母, (x)=> length/x)},
                       {"Unit","Value"}
                       )
```

图 14.24　简化判断条件并返回全部转换值

预先给定两组数据，一组是“长度单位”，另一组是“除数分母”，这样通过对应的长度单位，自动执行对应的计算后得到两组列表，最后把两组列表组合成表格的格式并返回结果。在进行这一步的同时，可以对函数参数的数据类型及返回值的类型进行一个说明，参数 unit 可以限定为 nullable text，而最终返回的值有两种情况，一种是数字，另一种是表格，所以如果要定义的数据的类型是 1 种以上的数据类型，则可以将数据类型定义为 any。那么为什么不限定参数 length 的数据类型呢？这是考虑到后面实现错误提示时需要特别注意的，如果在参数限制范围内直接限定了数据类型，那么返回的错误提示也会是系统自带的错误提示。

14.3.4 设置函数错误提示

错误提示有 3 种，所以对应的也需要进行 3 种情况的错误反馈意见。分别来看一下如何设置这 3 种情况的错误提示。

（1）当输入的英寸为简写“in”时，提示需要输入完整的长度单位“inch”。

首先需要使用 if 语句进行判断，通过判断第 2 参数 unit 是否输入“in”字符，如果输入，则给予一定的提示，让输入者输入完整字符“inch”，需要返回的错误提示效果如图 14.25 所示，注意这里的错误提示使用的是 Error.Record 函数。

```
if unit="in"
then error Error.Record("转换单位错误","请正确输入转换单位","需要输入英寸全写 inch")
```

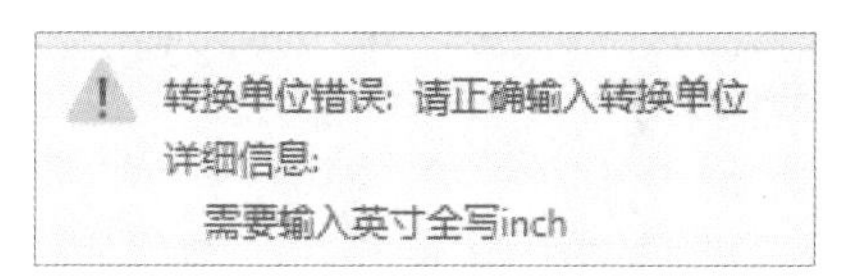

图 14.25 当参数 unit 输入“in”时的错误提示

（2）当输入的长度数值为非数字类型时，提示需要更改数据类型并给出建议。

这里十分关键的是如何判断参数为非数字类型，如果把这个判断条件写好了，提示错误原因，则需要返回的错误提示效果如图 14.26 所示。

```
if not (length is number)
then error [Reason="长度值类型错误",
        Message="请输入数字类型数据",
        Detail=[方法 1="去掉数字中的引号""",
              方法 2="使用 Number.From 函数进行转换"
              ]
        ]
```

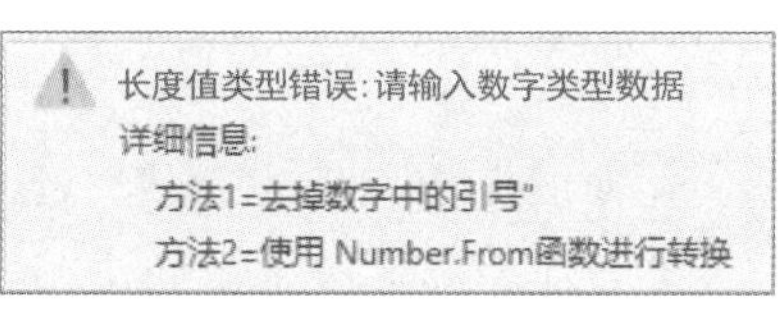

图 14.26 长度值为非数字类型数据时的错误提示

在编写上述代码时有几个地方需要注意。首先在判断数值的类型是否为数字类型时，可以使用 is number 先判断是否为数字类型，然后用小括号括起后并在其前面加上 not 进行逻辑反转，判断是否为非数字类型；其次在使用错误提示时，直接使用的是记录类型，需要特别注意的是，如果使用的是记录类型，则 3 个字段名为固定的“Reason”、“Message”和“Detail”才能显示错误信息，其中第 3 个字段中的值还可以使用记录类型的值。

（3）当出现其他错误时，也要给予一定的提示。

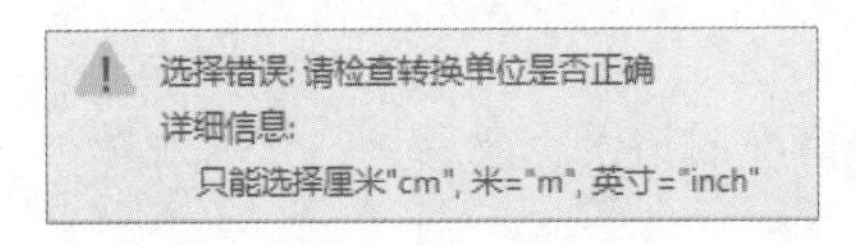

图 14.27　出现其他错误时给予的提示

这时的错误提示是在排除其他所有错误的情况下给予的提示，相当于原来代码中的“转换错误”所在的位置，此时用错误提示方法替换文本值返回方式，具体错误提示效果如图 14.27 所示。

```
else error Error.Record("选择错误",
                        "请检查转换单位是否正确",
                        "只能选择厘米""cm"", 米=""m"", 英寸=""inch"""
                        )
```

这里需要注意的是，如果要返回的文本中带有引号，则需要把原来的引号再书写一次，也就是写两次引号，这样才能在返回时显示长度单位。

14.3.5　函数界面中的说明

之前提到过，自定义函数界面中的说明是由元数据完成的。在这个过程中主要注意的是针对函数参数元数据的写法及对整个函数元数据的写法。先来看整体的代码，如图 14.28 所示。

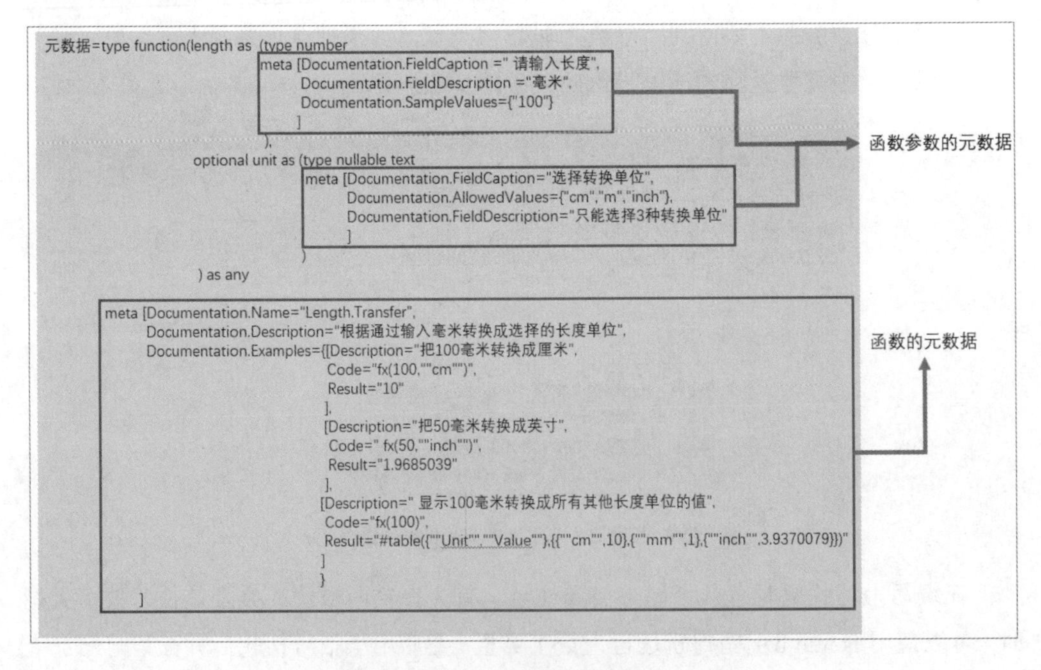

图 14.28　自定义函数界面中的说明代码

图 14.28 中的代码看着很多，实际上这些代码分为两部分，一部分是针对函数参数的元数据描述，另一部分是针对函数的元数据描述。

1. 函数参数的元数据描述

使用 type 进行函数类型的说明，随后针对函数中每个参数进行元数据的赋值说明，在使用元数据时，需要注意元数据记录中字段名的使用，如图 14.29 所示，每个字段名都有固定对应的功能。

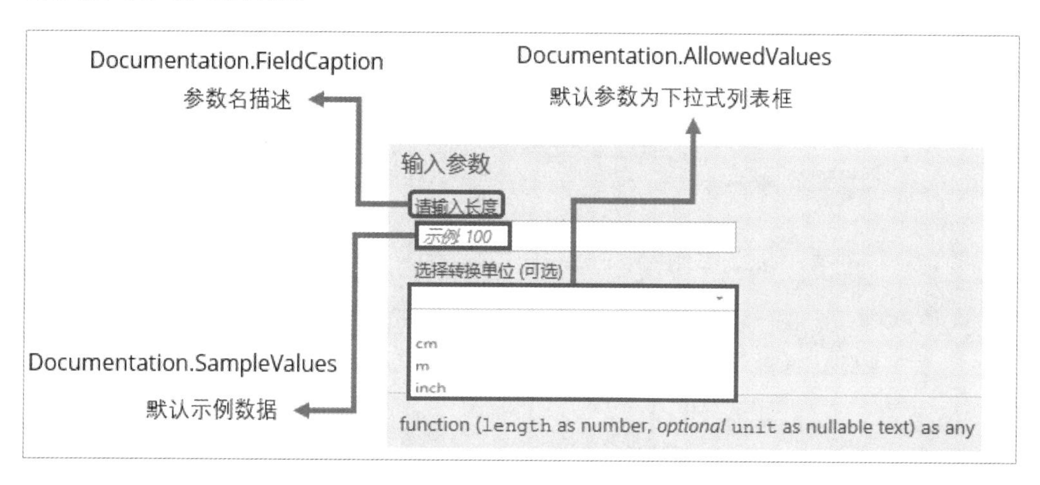

图 14.29　函数参数的元数据描述

注意：函数参数的元数据描述共有 4 个字段，图 14.29 中还有 1 个 Documentation.FieldDescription 字段没有显示出来，这是因为其和函数的元数据产生了冲突，如果同时写了函数的元数据，则这部分就不会显示。

2. 函数的元数据描述

除了函数参数的元数据描述，还有函数的元数据描述。函数的元数据描述主要是由 3 部分组成的列表，其中案例说明 Documentation.Examples 字段又是由 3 个记录组合而成，如图 14.30 所示。

有了这些元数据的内容，关键的就是如何将元数据赋值到函数的 Value 值上，而不是函数本身的元数据上，这时就需要使用 Value.ReplaceType 函数替换原来 type 中的值，可以直接使用元数据替换原来函数 type 中的数据，公式如下：

```
Value.ReplaceType(fx, 元数据)
```

下面来看整体的函数编写。将每部分的内容进行拼接，但是在拼接前，还有个地方可以改进，那就是输入值的计算公式，之前是先通过 if 语句一个一个去判断转换的长度单位是什么，再根据转换单位进行公式计算，如图 14.31 所示。

因为之前当第 2 参数为 null 值时，对长度单位及分母的除数都单独进行了赋值，所以在最后编写计算公式时，也可以利用这个特性来编写，从而简化公式，如图 14.32 所示。

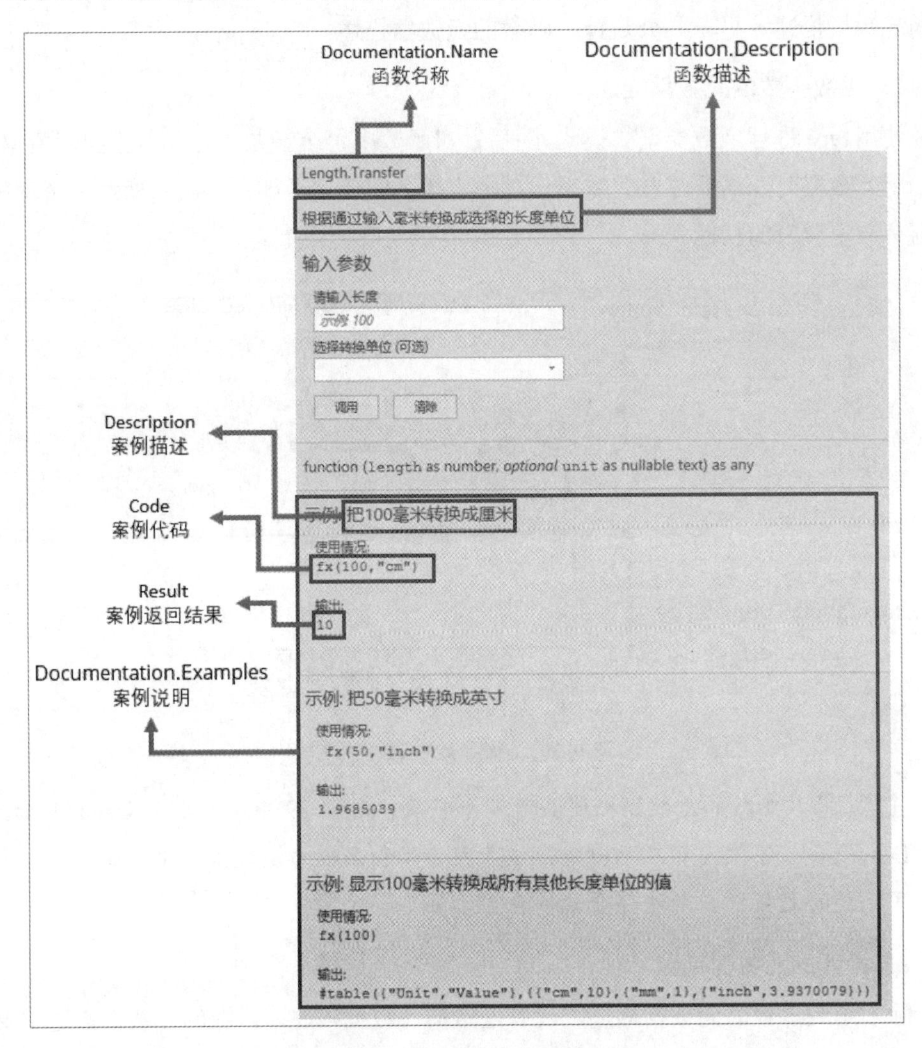

图 14.30　函数的元数据描述

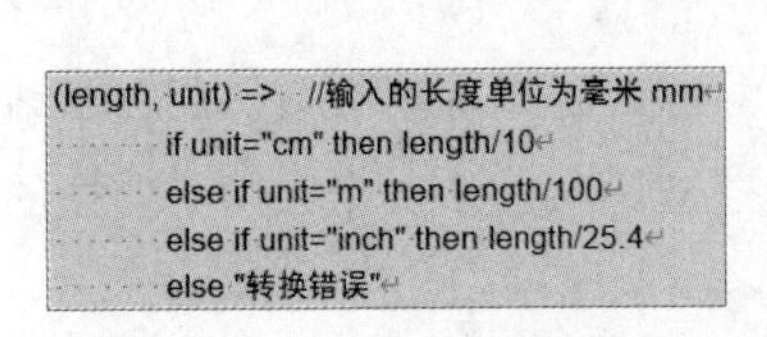

```
(length, unit) =>   //输入的长度单位为毫米 mm
    if unit="cm" then length/10
    else if unit="m" then length/100
    else if unit="inch" then length/25.4
    else "转换错误"
```

图 14.31　逐个判断长度单位

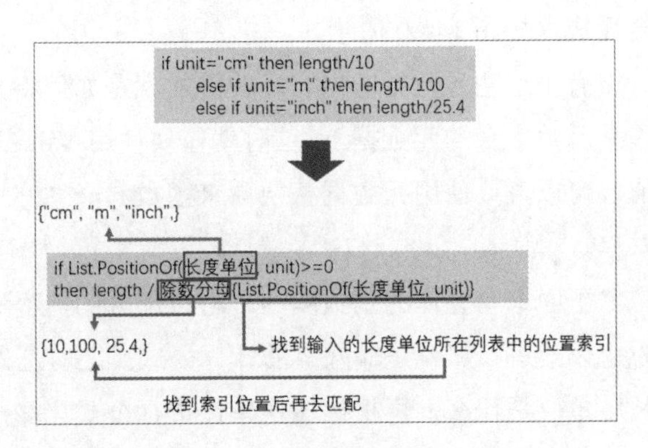

图 14.32　替换逐个判断后的公式

这样编写公式，在增加新的转换单位时，就不需要单独编写 if 语句的判断条件了，只需要完善长度单位及除数分母的列表即可，最终把所有代码进行合并，如图 14.33 所示。

```
Length Transfer

let
    长度单位={"cm","m","inch"},
    除数分母={10,100,25.4},
    fx=( length,  optional unit as nullable text) as  any =>
        if not (length is number) then error [Reason="长度值格式错误",
                                               Message="请输入数字格式",
                                               Detail=[方法1="去掉数字中的引号""",
                                                       方法2="使用 Number.From函数进行转换"]
                                                      ]
        else if unit=null
            then Table.FromColumns({长度单位, List.Transform(除数分母, (x)=> length/x)},
                                    {"Unit","Value"}
                                   )
        else if unit="in" then error Error.Record("转换单位错误"," 请正确输入转换单位","需要输入英寸全写inch")
        else if List.PositionOf(长度单位, unit)>=0 then length/ 除数分母{List.PositionOf(长度单位, unit)}
/* 如果不使用以上方式，可以直接通过if判断来执行
        else if unit="cm" then length/10
        else if unit="m" then length/100
        else if unit="inch" then length/25.4
 */
        else error Error.Record("选择错误", "请检查转换单位是否正确", "只能选择厘米""cm"", 米=""m"", 英寸=""inch"""),
    元数据=type function(length as  (type number meta [Documentation.FieldCaption =" 请输入长度",
                                                       Documentation.FieldDescription ="毫米",
                                                       Documentation.SampleValues={"100"}
                                                      ]
                                   ),
                        optional unit as (type nullable text meta [Documentation.FieldCaption="选择转换单位",
                                                     Documentation.AllowedValues={"cm","m","inch"},
                                                     Documentation.FieldDescription="只能选择3种转换单位"
                                                    ]
                                         )
                        ) as any
          meta [Documentation.Name="Length.Transfer",
                Documentation.Description="根据通过输入毫米转换成选择的长度单位",
                Documentation.Examples={[Description="把100毫米转换成厘米",
                                         Code="fx(100,""cm"")",
                                         Result="10"
                                        ],

                                        [Description="把50毫米转换成英寸",
                                         Code=" fx(50,""inch"")",
                                         Result="1.9685039"
                                        ],

                                        [Description=" 显示100毫米转换成所有其他长度单位的值",
                                         Code="fx(100)",
                                         Result="#table({""Unit"",""Value""},{{""cm"",10},{""mm"",1},{""inch"",3.9370079}})"
                                        ]
                                       }

                          ]
in
Value.ReplaceType(fx, 元数据)

✓ 未检测到语法错误。
```

图 14.33　最终合并所有代码

第 15 章

对接人工智能 API 处理数据

什么是 API？API 是 Application Programming Interface（应用程序编程接口）的缩写，是一些预先定义好的函数或软件系统不同组成部分衔接的约定，使用者可以通过这些函数来运行某些程序，并返回预期的结果，有些类似之前介绍的自定义函数。在网络上，这些接口很多都是开放式的，其中有些是免费的，而有些则是以收费的方式来调用的。

本章主要涉及的知识点有：

- 了解开发文档的说明
- 在 Power Query 中利用 Web 端进行 API 对接
- 以 GET 方式和 POST 方式递交请求的差异
- 二进制转换的一些注意事项

15.1 高德开放平台的 API 对接

说起高德，首先想到的就是高德地图，而作为高德地图 API 开放的网站，高德开放平台可以让使用者利用开放的 API 调用高德的一些程序来实现某些应用目的，如通过高德开放平台的 API 来解析 IP 地址的归属地及范围。

15.1.1 准备阶段

想要利用高德开放平台，首先需要在该平台上进行注册。登录高德开放平台，注册成为开发者用户，如图 15.1 所示，根据实际情况来注册成为个人开发者用户或企业开发者用户。

图 15.1　在高德开放平台中进行注册

15.1.2　了解对应 API 的开发文档

想要了解网站能够提供什么类型的 API，以及如何获取这些 API 并调用，必须先了解其提供的开发文档，要选择合适的文档资料来阅读，如图 15.2 所示，如果是通过 Power Query 中的 Web 函数来调用 API 的，则选择的方式就是 Web 服务的方式。不同的开发环境或工具使用的开发文档也是不同的。

图 15.2　开发文档

通过 Web 服务的开发文档可以看到 Web 服务支持的 API，如图 15.3 所示，这里以“IP 定位”API 作为本次的案例说明。

Web 服务

地理/逆地理编码 API	批量请求接口	坐标转换
路径规划API	行政区域查询	天气查询
搜索API	静态地图	轨迹纠偏
输入提示API	IP定位	云图服务 API

图 15.3　Web 服务支持的 API

继续进入“IP 定位”API 的网页说明，此时进入真正的开发文档说明内容，也就是介绍如何进行 API 的调用的内容，如图 15.4 所示。

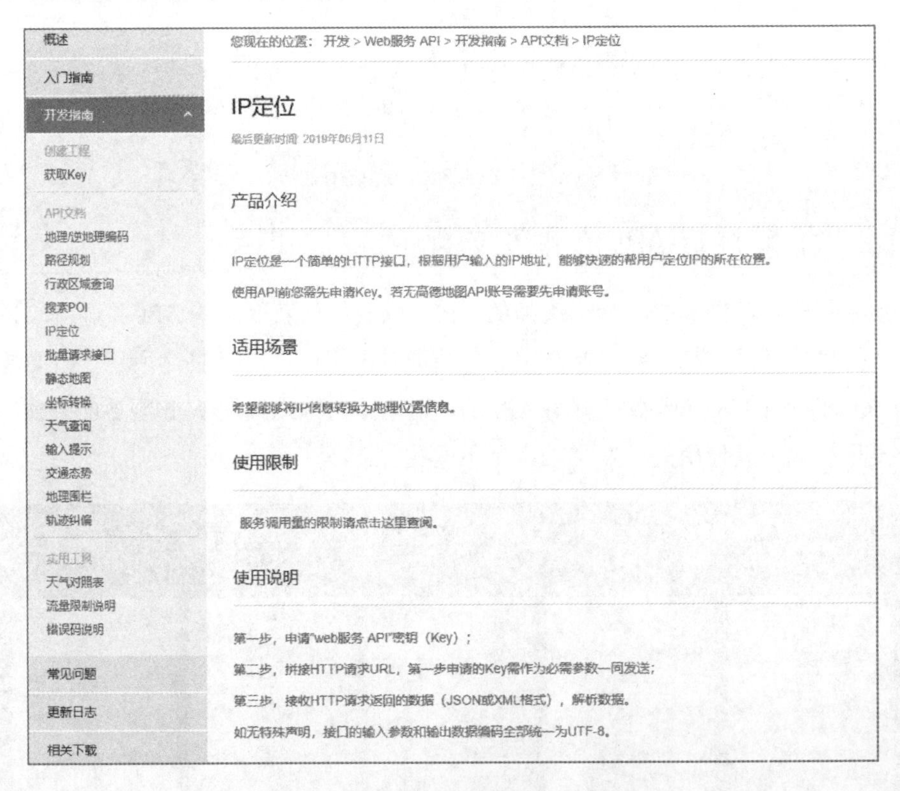

图 15.4　“IP 定位”API 的开发文档说明

在开始操作前，首先要读懂“IP 定位”API 的开发文档说明，要了解哪些是特别重要的信息，来看其中的使用说明。

（1）申请“Web 服务 API”密钥（Key）。

密钥是证明身份的一种方法，通过提交密钥来识别请求的来源，也就是代表的权限，首先需要获取密钥。

（2）拼接 HTTP 请求 URL，第一步申请的 Key 需作为必需参数一同发送。

作为参数一同发送，那么参数请求的方式是哪种呢？通常来说有两种参数请求的方式，一种是 GET 方式，另一种是 POST 方式，而“IP 定位”API 的调用使用的是 GET 方式，如图 15.5 所示。同时，API 的开发文档中还提供了请求时的 URL 地址。

IP定位

IP定位API服务地址：

URL	https://restapi.amap.com/v3/ip?parameters
请求方式	GET

*parameters*代表的参数包括必需参数和可选参数。所有参数均使用和号字符(&)进行分隔。下面的列表枚举了这些参数及其使用规则。

图 15.5　参数请求方式

有哪些参数需要请求呢？通过开发文档说明可以得知，其必需参数只有 1 个，也就是密钥 Key，如图 15.6 所示。

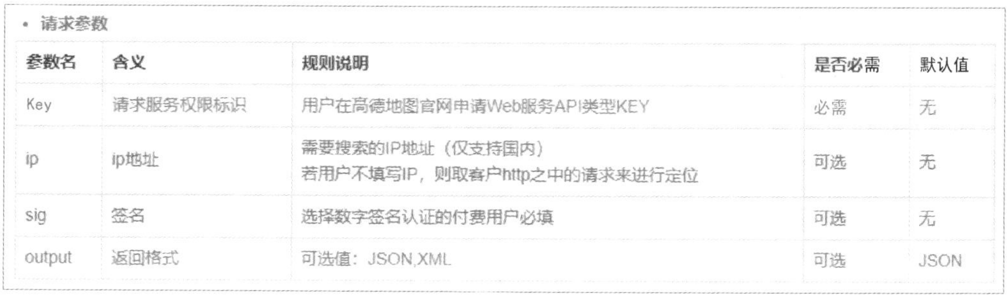

• 请求参数

参数名	含义	规则说明	是否必需	默认值
Key	请求服务权限标识	用户在高德地图官网申请Web服务API类型KEY	必需	无
ip	ip地址	需要搜索的IP地址（仅支持国内） 若用户不填写IP，则取客户http之中的请求来进行定位	可选	无
sig	签名	选择数字签名认证的付费用户必填	可选	无
output	返回格式	可选值：JSON,XML	可选	JSON

图 15.6　请求参数的数量及属性

（3）接收 HTTP 请求返回的数据（JSON 或 XML 格式），解析数据。

这里主要说明的就是返回数据的格式，即 JSON 或 XML 格式，其中 JSON 格式在前面介绍清洗代码的第 13 章中提到过，而 XML 格式实际上类似 JSON 格式，同样有一定的格式规律，Power Query 也有专门针对 XML 格式数据的解析函数。代表返回格式的 output 参数既可以在请求参数中指定，也可以使用默认的 JSON 格式。

（4）数据格式编码。

在文档中如无特殊声明，则接口的输入参数和输出数据编码全部统一为 UTF-8。

15.1.3 创建应用

注册结束后，可以登录网站，在对开发文档进行了解后，接下来就可以开始操作了，只需根据流程逐步进行操作即可。

登录网站后，单击“控制台”按钮，在左侧的导航栏中选择“应用管理”→“我的应用”标签，在右侧出现的“我的应用”页面中单击“创建新应用”按钮可以创建一个新的应用，如图 15.7 所示，这些内容都可以根据实际情况填写。

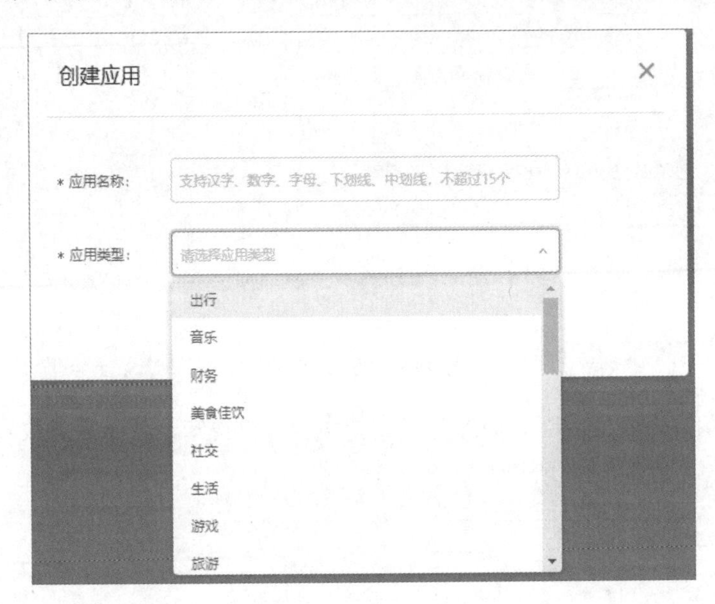

15.7 “创建应用”对话框

创建应用并不等于申请 Key，而是需要通过添加 Key 的方式来获取密钥，而添加 Key 的按钮在所创建的应用的最右侧，如图 15.8 所示。

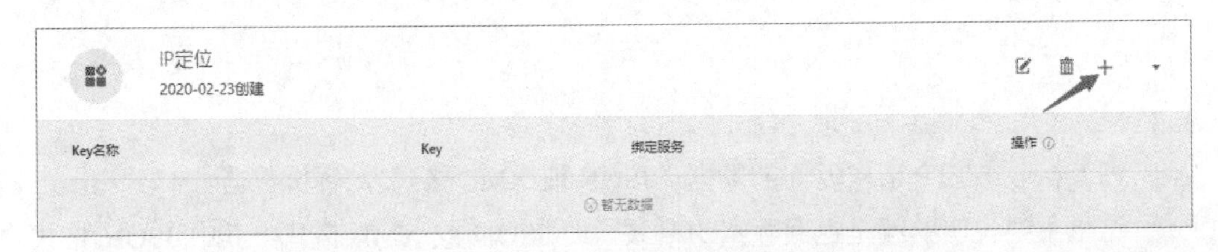

图 15.8 添加 Key 界面

单击加号按钮后，会弹出“为 IP 定位添加 Key”对话框，如图 15.9 所示。因为在之前已经了解到我们所需要调用的接口属于 Web 服务，所以在这里选择时需要选择“Web 服务”，也可以理解为 Key 可以用于列出的所有应用程序的调取。

此时返回“我的应用”页面就可以看到 Key 的内容，其中不仅显示了 Key 的内容，还对 Key 进行了服务说明，显示是“Web 服务”，如图 15.10 所示。

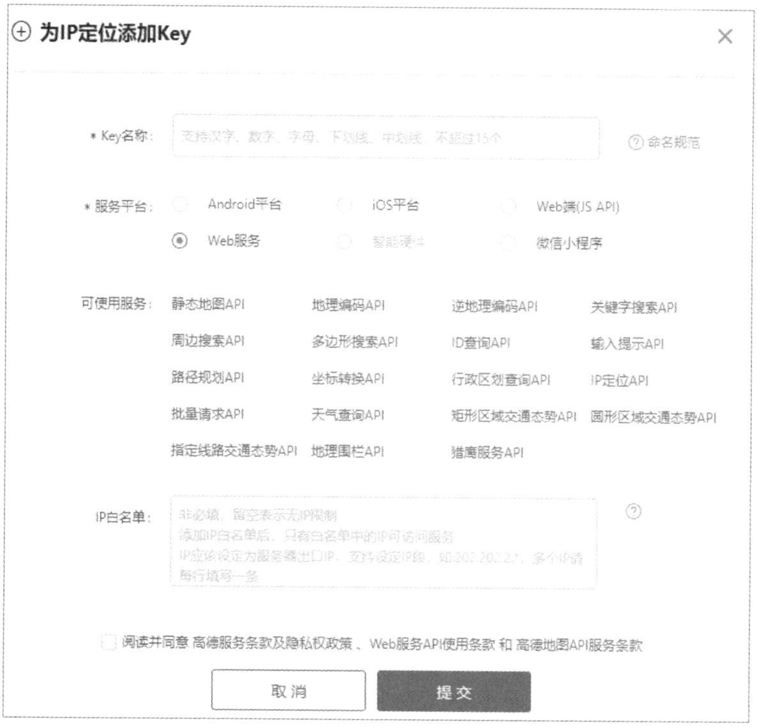

为IP定位添加Key

* Key名称：支持汉字、数字、字母、下划线、中划线，不超过15个　命名规范

* 服务平台：Android平台　iOS平台　Web端(JS API)　Web服务　智能硬件　微信小程序

可使用服务：静态地图API　地理编码API　逆地理编码API　关键字搜索API　周边搜索API　多边形搜索API　ID查询API　输入提示API　路径规划API　坐标转换API　行政区划查询API　IP定位API　批量请求API　天气查询API　矩形区域交通态势API　圆形区域交通态势API　指定线路交通态势API　地理围栏API　猎鹰服务API

IP白名单：非必填，留空表示无IP限制　添加IP白名单后，只有白名单中的IP可访问服务　IP应该设定为服务器出口IP，支持设定IP段，如202.202.2.*，多个IP请每行填写一条

阅读并同意 高德服务条款及隐私权政策 、Web服务API使用条款 和 高德地图API服务条款

取消　提交

图 15.9　“为 IP 定位添加 Key”对话框

图 15.10　显示 Key 的内容并对其进行服务说明

15.1.4　编写代码

开发文档说明中指出，调用“IP 定位”API 的必需参数只有 1 个，也就是 Key，只要有了 Key，就能直接调用 API 对应的接口程序，接下来就是在 Power Query 的界面中编写代码。在正式编写代码前，可以参考开发文档中的示例，如图 15.11 所示。由图 15.11 不仅可以了解正式的请求链接的样式，也可以了解返回值的样式，返回值是由多个记录构成的，并使用 JSON 格式进行展现。

注意：请求的主链接为“？”符号之前的代码，主链接后面都是由“&”符号连接的参数字段及内容。

在 Power Query 中，发起 Web 请求的函数为 Web.Contents，该函数的使用说明如图 15.12 所示。

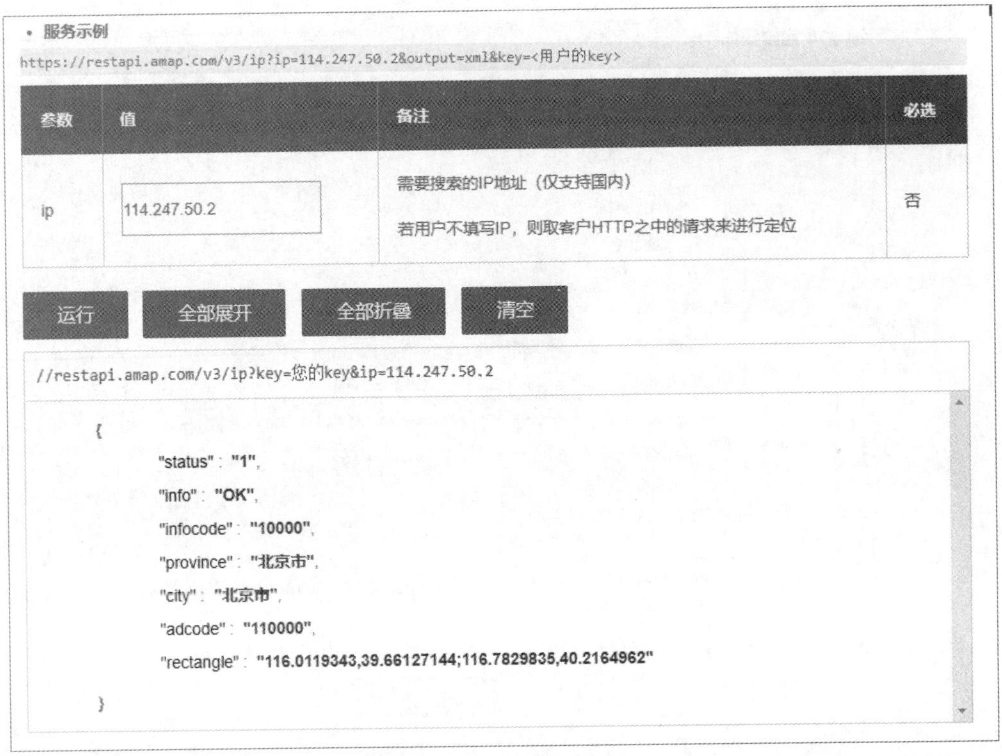

• 服务示例

https://restapi.amap.com/v3/ip?ip=114.247.50.2&output=xml&key=<用户的key>

参数	值	备注	必选
ip	114.247.50.2	需要搜索的IP地址（仅支持国内） 若用户不填写IP，则取客户HTTP之中的请求来进行定位	否

运行 全部展开 全部折叠 清空

//restapi.amap.com/v3/ip?key=您的key&ip=114.247.50.2


```
{
    "status" : "1",
    "info" : "OK",
    "infocode" : "10000",
    "province" : "北京市",
    "city" : "北京市",
    "adcode" : "110000",
    "rectangle" : "116.0119343,39.66127144;116.7829835,40.2164962"
}
```


图 15.11　开发文档中的示例

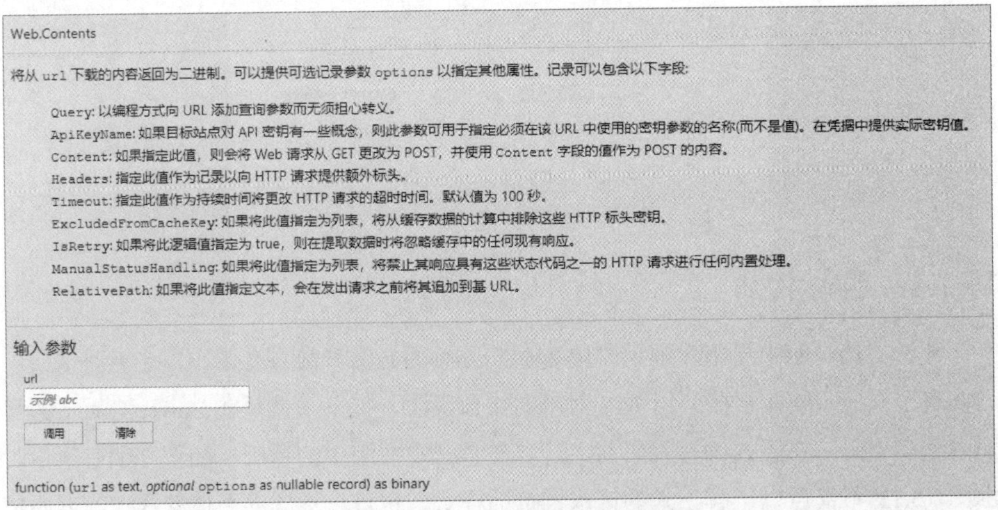

Web.Contents

将从 url 下载的内容返回为二进制。可以提供可选记录参数 options 以指定其他属性。记录可以包含以下字段:

Query: 以编程方式向 URL 添加查询参数而无须担心转义。
ApiKeyName: 如果目标站点对 API 密钥有一些概念，则此参数可用于指定必须在该 URL 中使用的密钥参数的名称(而不是值)。在凭据中提供实际密钥值。
Content: 如果指定此值，则会将 Web 请求从 GET 更改为 POST，并使用 Content 字段的值作为 POST 的内容。
Headers: 指定此值作为记录以向 HTTP 请求提供额外标头。
Timeout: 指定此值作为持续时间将更改 HTTP 请求的超时时间。默认值为 100 秒。
ExcludedFromCacheKey: 如果将此值指定为列表，将从缓存数据的计算中排除这些 HTTP 标头密钥。
IsRetry: 如果将此逻辑值指定为 true，则在提取数据时将忽略缓存中的任何现有响应。
ManualStatusHandling: 如果将此值指定为列表，将禁止其响应具有这些状态代码之一的 HTTP 请求进行任何内置处理。
RelativePath: 如果将此值指定文本，会在发出请求之前将其追加到基 URL。

输入参数

url

示例 abc

调用 清除

function (url as text, *optional* options as nullable record) as binary

图 15.12　Web.Contents 函数的使用说明

Web.Contents 函数只有一个必需参数，也就是链接（url），其余的功能都是在特定环境下使用的，所以针对 GET 方式请求的链接，在 Web.Contents 函数中也只需要填写一个链接即可。那么这个链接怎么填写呢？这个链接是通过主链接+参数构成的，其中 Key 作为必需参数要添加到链接中一起提交。先把已知条件全部写出并赋值，然后通过拼接得到一个正式的链接，这样直接使用 Web.Contents 函数进行请求，因为是 GET 方式的请求，所以直接使用函数第 1 参数就能获取。代码如下：

```
let
    主链接="https://restapi.amap.com/v3/ip?",
    KEY="83681c9c0e229ab856741f2dbf0769cd",
    拼接链接= 主链接 &"key=" & KEY,
    请求数据=Web.Contents(拼接链接)
in
    请求数据
```

这样就把这个请求递交给高德开放平台了，此时高德开放平台返回的是二进制类型的数据。根据之前开发文档说明里给出的解释，当不使用代表返回格式的参数时，返回数据的格式是 JSON，所以要进一步对 JSON 格式数据进行解析。可以直接在 Power Query 界面中选择“打开为”→“Json”选项对返回的数据进行解析（见图 15.13），也可以自行使用 Json.Document 函数从二进制类型的数据中返回 JSON 文档的内容。

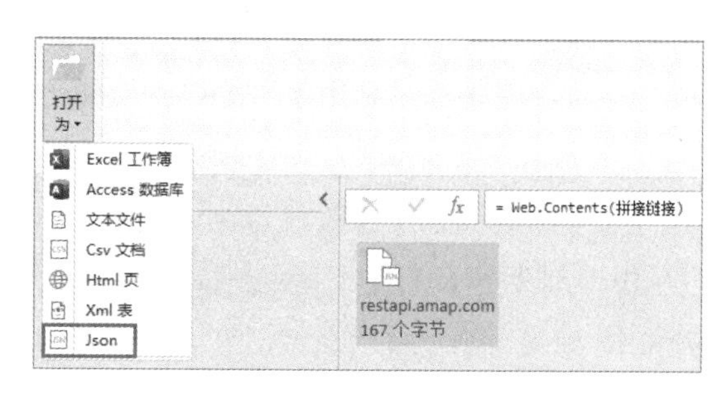

图 15.13　返回 JSON 文档的内容

返回 JSON 文档的内容后，在 Power Query 中以记录类型对数据进行显示，在之前查看其返回数据的格式时就已经得出结论，现在查看在 Power Query 中的显示情况，如图 15.14 所示。

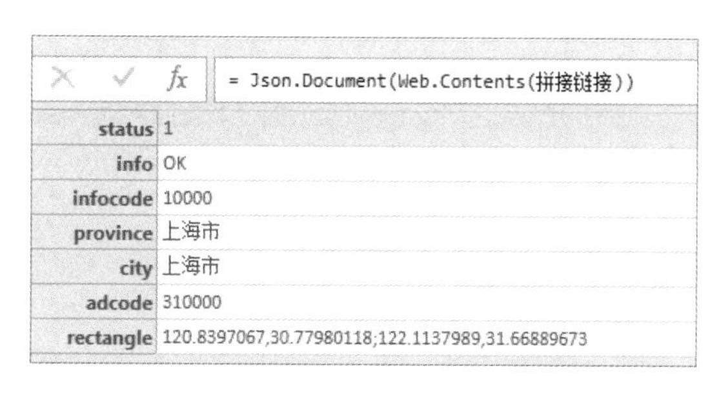

图 15.14　通过 JSON 解析后显示为记录类型的数据

这里在调用时只用了一个唯一的参数 Key，返回的是使用者当前的 IP 地址信息，如果要查询其他 IP 地址信息，则可以把 IP 地址信息作为自定义函数中的一个参数，用自定义函数来实现查询。代码如下：

```
let
fx=(optional IP as text)=>
    let
    URL="https://restapi.amap.com/v3/ip?",
    KEY="2acb178babddbe991a0197ab6bb66a1a",
    参数=if IP= null
        then [key=KEY]
        else [key=KEY, ip=IP],
    web=Web.Contents(URL, [Query = 参数])
    in
     Json.Document(web)
in
fx
```

注意： 在使用参数时，要特别留意大小写，因为在递交信息时，不仅参数的大小写有影响，字段名的大小写也是有影响的。如果递交的链接中把“ip”改成了“IP”，则会返回错误的结果。

上述代码中使用了几个技巧，首先是参数这里有 optional 的前置，也就是可以直接调用函数而不需要填写参数，此外就是利用了 Web.Contents 函数的第 2 参数中的 Query，把所有请求的参数都放在一个记录中，通过函数会自动生成用“&”连接的格式。这样比直接在参数中书写参数标题及参数内容要更简洁，也容易理解。这样就形成了调用 IP 地址并返回 IP 地址数据的自定义函数，如图 15.15 所示，在参数 IP 这里输入图 15.11 所示示例的 IP 地址“114.247.50.2”，可以看到返回的结果与示例说明是一样的。

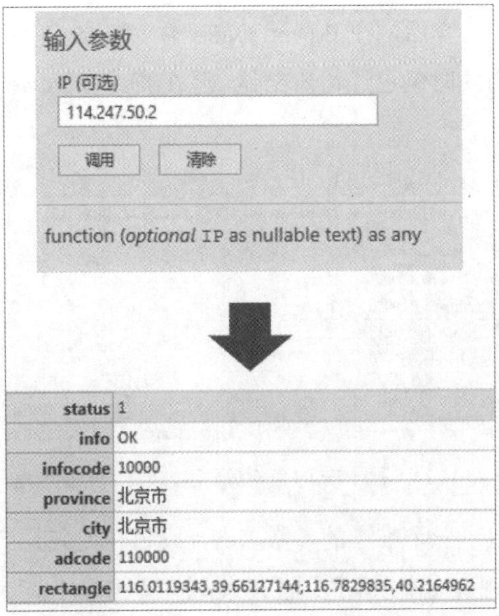

图 15.15　自定义 IP 地址解析函数及返回结果

15.2　百度智能云的 API 对接

人工智能的英文全称为 Artificial Intelligence，简称 AI。如果要自己进行人工智能的开发，则必须懂得相关知识，如果现阶段无法一步达到这一水准，则可以利用现有的资源。百度的人工智能目前就开放了其 API，使用者可以通过其规定的方式进行调用。图 15.16 所示为百度智能云上针对人工智能开发提供的一些技术，通过开放式的 API 就能利用这些技术，实现如语音识别、文字识别、图像识别等功能。

图 15.16　百度智能云上针对人工智能开发提供的一些技术

15.2.1　准备阶段

既然需要使用百度智能云提供的 API 服务，那么提供商是百度，首先要注册一个百度智能云账号，单击右上角的“注册”按钮，进入百度智能云账号注册界面，如图 15.17 所示。

百度智能云账号的注册和普通网站账号的注册一样，没有太大区别，在注册百度智能云账号后，使用者要选择注册的主体属性是个人还是企业，如图 15.18 所示，如果是企业，则在后期的权限会更多一点。

因为要对接使用的是百度人工智能中的“文字识别”应用，所以在选择产品服务选项时，直接选择“文字识别”选项，如图 15.19 所示。

此时会进入文字识别“概览”页面，可以大致了解文字识别中的一些项目，如通用文字识别、网络图片文字识别、身份证识别等可利用的 API，同时会给出免费的调用次数，以及免费数量不够时使用付费的方式来增加次数的信息，如图 15.20 所示。

图 15.17　百度智能云账号注册界面

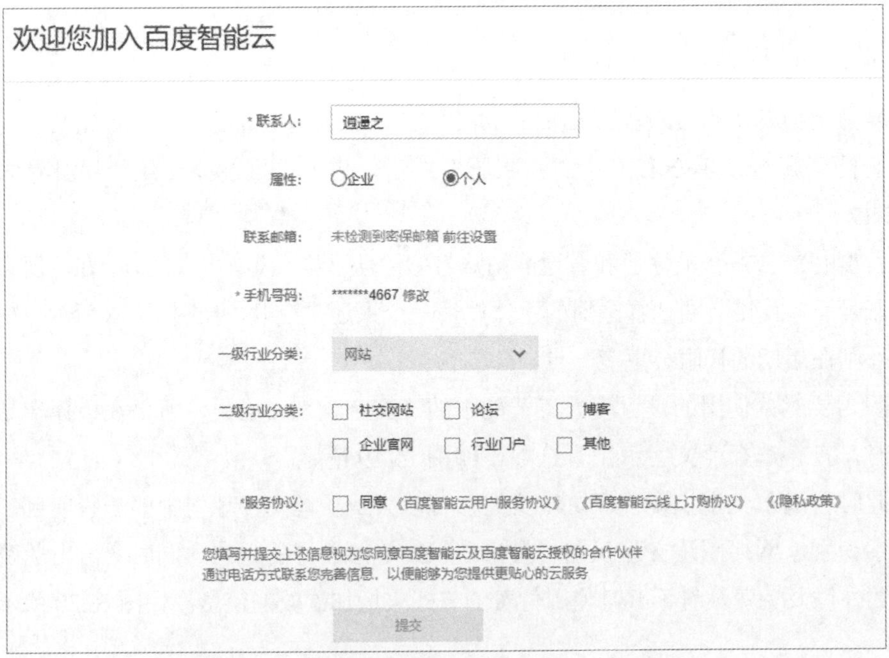

图 15.18　选择注册的主体属性

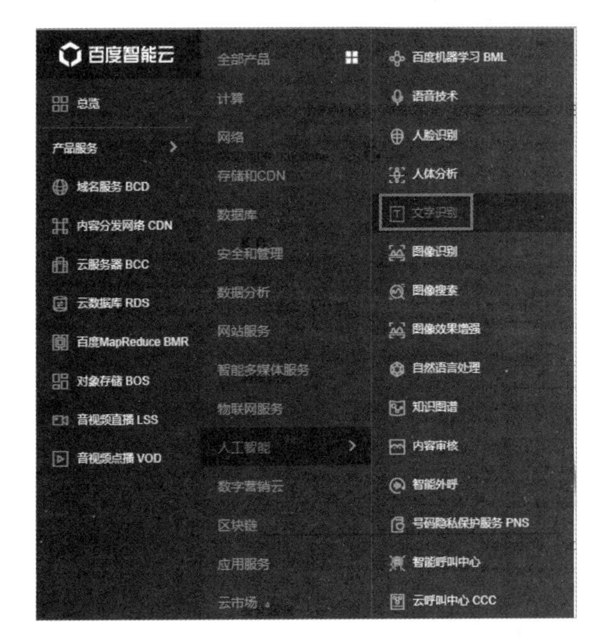

图 15.19　选择“文字识别”选项

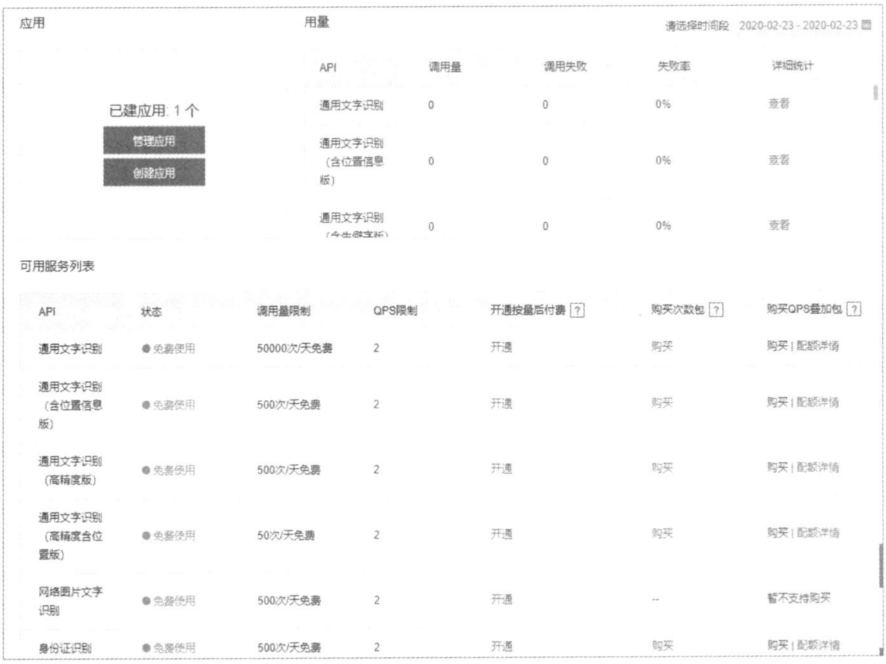

应用

已建应用: 1 个

管理应用

创建应用

用量　　请选择时间段 2020-02-23 - 2020-02-23

API	调用量	调用失败	失败率	详细统计
通用文字识别	0	0	0%	查看
通用文字识别（含位置信息版）	0	0	0%	查看
通用文字识别（含生僻字版）	0	0	0%	查看

可用服务列表

API	状态	调用量限制	QPS限制	开通按量后付费 ?	购买次数包 ?	购买QPS叠加包 ?
通用文字识别	● 免费使用	50000次/天免费	2	开通	购买	购买 | 配额详情
通用文字识别（含位置信息版）	● 免费使用	500次/天免费	2	开通	购买	购买 | 配额详情
通用文字识别（高精度版）	● 免费使用	500次/天免费	2	开通	购买	购买 | 配额详情
通用文字识别（高精度含位置版）	● 免费使用	50次/天免费	2	开通	购买	购买 | 配额详情
网络图片文字识别	● 免费使用	500次/天免费	2	开通	--	暂不支持购买
身份证识别	● 免费使用	500次/天免费	2	开通	购买	购买 | 配额详情

图 15.20　文字识别“概览”页面

15.2.2　了解对应 API 的开发文档

这么多 API 可以进行对接，每一个 API 的要求可能都不相同，之前高德开放平台提供的开发文档中“IP 定位”API 的要求相对来说就简单很多，那么百度智能云提供的开发文档中 API 的要求是不是也比较简单呢？以需要对接的“文字识别”API 为例来看其开发文档说明，如图 15.21 所示。

请求格式

POST方式调用

注意：Content-Type为`application/x-www-form-urlencoded`，然后通过`urlencode`格式化请求体。

返回格式

JSON格式

请求限制

请求图片需经过`base64编码`及`urlencode`后传入：图片的base64编码指将一副图片数据编码成一串字符串，使用该字符串代替图像地址。您可以首先得到图片的二进制，然后去掉编码头后再进行urlencode。

注意：

1. 图片的base64编码是不包含图片头的，如（`data:image/jpg;base64,`）；
2. 使用 Postman 工具或 Python、PHP 等请求库会自动进行 urlencode，无须自行处理。

请求格式支持：PNG、JPG、JPEG、BMP

接口名称	图片编码后大小限额
百度文字识别所有接口的图像大小限制	base64编码urlencode后大小不超过4MB，最短边至少15px，最长边最大4096px

调用方式

调用AI服务相关的API接口有两种调用方式，两种不同的调用方式采用相同的接口URL。

区别在于**请求方式**和**鉴权方法**不一样，请求参数和返回结果一致。

【如果您对于使用API调用的方式很陌生，您可以参见：【只要10分钟 快速掌握文字识别】教程

调用方式一

请求URL数据格式

向API服务地址使用POST发送请求，必须在URL中带上参数：

access_token: 必需参数，参考“Access Token获取”。

> 注意：`access_token`的有效期为30天，需要每30天进行定期更换；

图 15.21 “文字识别”API 的开发文档说明

这个开发文档说明是针对文字识别的通用性说明，其中与之前的“IP 定位”API 相比，比较明显的就是递交请求的方式不一样，高德开放平台提供的“IP 定位”API 是以 GET 方式递交请求的，而百度智能云提供的“文字识别”API 则是以 POST 方式递交请求的。此外，还有两个事项需要注意，一个是图片的 base64 编码不包含图片头，另一个是需要经过 urlencode 编码处理，后续在实际操作中会解释。

文字识别是一个大类，在其下面还有很多小类。以“通用文字识别”API 为例，

打开“通用文字识别”API 的开发文档，Body 中的请求参数如图 15.22 所示。

Body中放置请求参数，参数详情如下：

请求参数

参数	是否必选	类型	可选值范围	说明
image	和url二选一	string	-	图像数据，base64编码后进行urlencode，要求base64编码和urlencode后大小不超过4MB，最短边至少15px，最长边最大4096px,支持jjpg/jpeg/png/bmp格式，当image字段存在时url字段失效
url	和image二选一	string	-	图片完整URL，URL长度不超过1024字节，URL对应的图片base64编码后大小不超过4MB，最短边至少15px，最长边最大4096px,支持jpg/jpeg/png/bmp格式，当image字段存在时url字段失效，不支持https的图片链接
language_type	否	string	CHN_ENG ENG JAP KOR FRE SPA POR GER ITA RUS	识别语言类型，默认为CHN_ENG 可选值包括： - CHN_ENG：中英文混合 - ENG：英文 - JAP：日语 - KOR：韩语 - FRE：法语 - SPA：西班牙语 - POR：葡萄牙语 - GER：德语 - ITA：意大利语 - RUS：俄语
detect_direction	否	string	true/false	是否检测图像朝向，默认不检测，即：false。朝向是指输入图像是正常方向、逆时针旋转90/180/270度。可选值包括: - true：检测朝向； - false：不检测朝向。
detect_language	否	string	true/false	是否检测语言，默认不检测。当前支持（中文、英语、日语、韩语）
paragraph	否	string	true/false	是否输出段落信息
probability	否	string	true/false	是否返回识别结果中每一行的置信度

图 15.22　“通用文字识别”API Body 中的请求参数

图 15.22 中的参数看起来非常多，但是如果仔细看可以发现，其必选参数只有 1 个，即 image 或 url，只有 1 个必选参数的 API 调用起来会更简单。

15.2.3　创建应用

在大致了解了开发文档后，接着就可以创建应用了。同样，如果在百度智能云中需要对接 API，那么也是需要创建应用的。在文字识别“概览”页面中单击“创建应用”按钮，因为进入的是文字识别智能应用，所以在创建应用时会自动选中其下的所有子级功能，如图 15.23 所示。申请一个应用就能使用文本识别的所有接口。

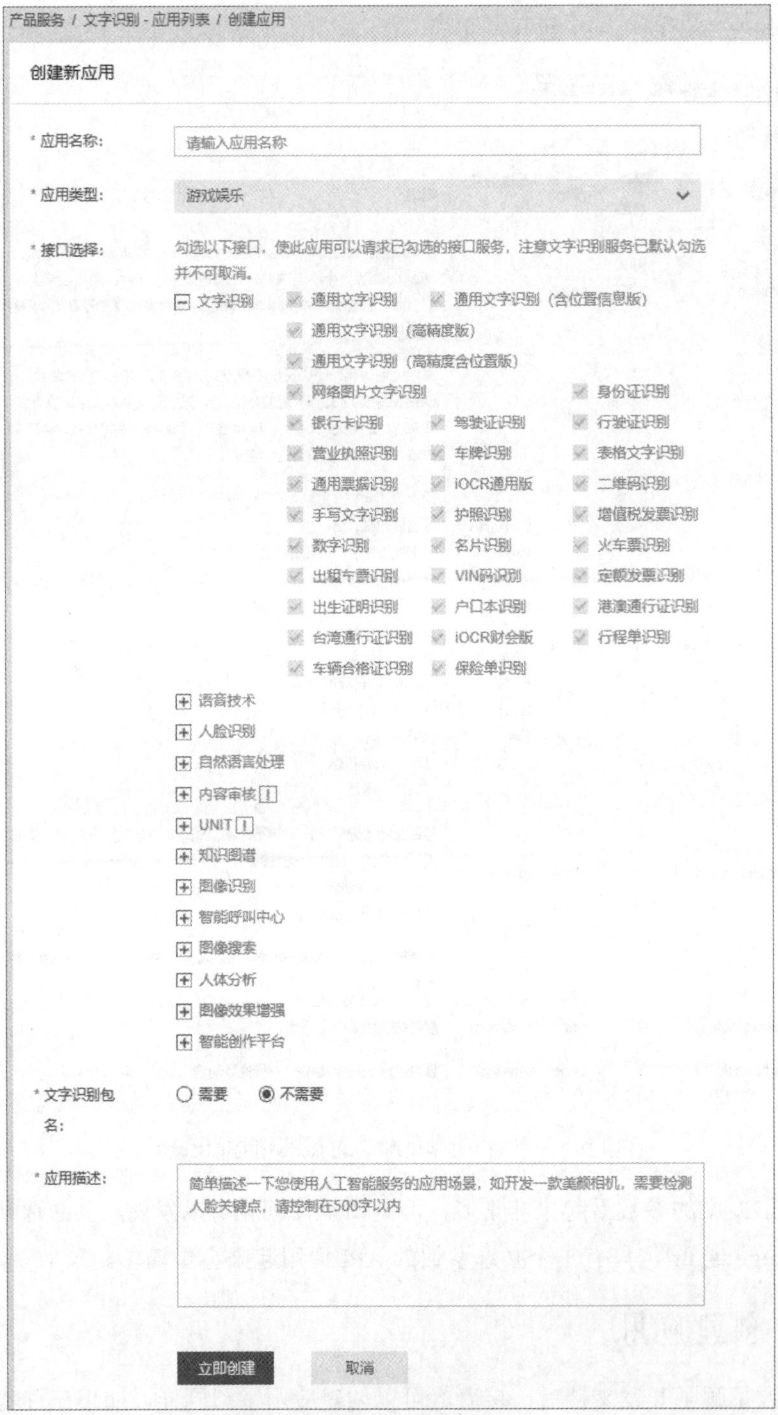

图 15.23　创建“文字识别”应用

在创建完应用后，就可以看到对应的 Key 和密钥，如图 15.24 所示，这个信息是在每个 API 对接应用时都要依赖的内容。

应用详情

编辑　查看文档　下载SDK　查看教学视频

应用名称	AppID	API Key	Secret Key	包名
test	18677346	vH1N4S3hb0EYRHgajAWKm3V1	8IYTx9Vlu5o92Irws71sOguy4xLYvIX9 隐藏	文字识别 不需要

API列表：

API	状态	请求地址	调用量限制	QPS限制
通用文字识别	免费使用	https://aip.baidubce.com/rest/2.0/ocr/v1/general_basic	50000次/天免费	2
通用文字识别（含位置信息版）	免费使用	https://aip.baidubce.com/rest/2.0/ocr/v1/general	500次/天免费	2
通用文字识别（高精度版）	免费使用	https://aip.baidubce.com/rest/2.0/ocr/v1/accurate_basic	500次/天免费	2
通用文字识别（高精度含位置版）	免费使用	https://aip.baidubce.com/rest/2.0/ocr/v1/accurate	50次/天免费	2
网络图片文字识别	免费使用	https://aip.baidubce.com/rest/2.0/ocr/v1/webimage	500次/天免费	2

图 15.24　“应用详情”页面

15.2.4　编写代码

在创建应用后，就到了编写代码这一步了，这也是十分关键的一步。接下来讲解开发文档中的内容及注意事项。

1. 调用方式

通过百度智能云提供的“文字识别”API 的开发文档可以了解到，百度智能云提供的“文字识别”API 是以 POST 方式递交请求的，以 POST 方式递交的请求主要由两部分组成，一部分是请求表头，另一部分是请求主体内容。

POST 请求的表头可以接受的数据格式有 4 种，分别是 application/x-www-form-urlencoded、multipart/form-data、application/json 及 text/xml，而“文字识别”API 对接应用时使用的则是第一种格式，即 application/x-www-form-urlencoded，如图 15.25 所示。

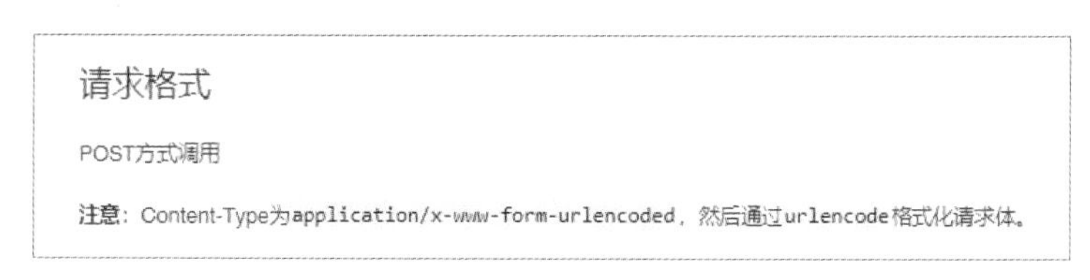

请求格式
POST方式调用
注意：Content-Type为application/x-www-form-urlencoded，然后通过urlencode格式化请求体。

图 15.25　“文字识别”API 对接应用时使用的请求方式

在开发文档中，也对 POST 请求的主体内容进行了说明，需要经过 urlencode 编码处理，在 Power Query 中对应的函数为 Uri.EscapeDataString。可以看一下之前对唯一参数的说明，如图 15.26 所示。

POST 请求的主体参数 url 先经过 base64 编码转换成二进制类型数据，再经过 urlencode 编码处理，同时对图像的尺寸及编码后的大小进行了限制。

2. 请求 URL 的参数

在开发文档中，对每一个调用的 API 链接都有说明，有一个主链接，然后在链接中还有一个参数 access_token，如图 15.27 所示。

Body中放置请求参数，参数详情如下：

请求参数

参数	是否必选	类型	可选值范围	说明
image	和url二选一	string	-	图像数据，base64编码后进行urlencode，要求base64编码和urlencode后大小不超过4MB，最短边至少15px，最长边最大4096px,支持jjpg/jpeg/png/bmp格式，当image字段存在时url字段失效
url	和image二选一	string	-	图片完整URL，URL长度不超过1024字节，URL对应的图片base64编码后大小不超过4MB，最短边至少15px，最长边最大4096px,支持jpg/jpeg/png/bmp格式，当image字段存在时url字段失效，不支持https的图片链接

图 15.26　请求主体 Body 中的参数要求

请求示例

HTTP 方法：POST

请求URL：https://aip.baidubce.com/rest/2.0/ocr/v1/general_basic

URL参数：

参数	值
access_token	通过API Key和Secret Key获取的access_token,参考"Access Token获取"

图 15.27　请求 URL 的参数描述

POST 请求中的参数 access_token 和之前高德开放平台中 GET 请求的参数 Key 一样，只不过这里的参数 access_token 不像高德开放平台提供的“IP 定位”API 中直接使用 Key 就可以了，单击“Access Token 获取”文字链接，会有一份获取方式的介绍文档，如图 15.28 所示。

原来 Access Token 也需要通过请求来获取，其请求方式可以是 POST，也可以是 GET。GET 请求方式相对简单，只需要根据要求添加参数即可，如图 15.29 所示，每一个参数的书写要求都会在开发文档中找到对应的指导。代码如下：

```
let
token_url="https://aip.baidubce.com/oauth/2.0/token",
参数=[
      grant_type="client_credentials",
      client_id="vH1N4S3hb0EYRHgajAWKm3V1",
      client_secret="8IYTx9Vlu5o92Irws71sOguy4xLYvIX9"
     ],
access_token=Json.Document(Web.Contents(token_url,
                                        [Query=参数]
```

```
                )
            )[access_token]
in
access_token
```

鉴权认证机制

更新时间：2019-12-26

简介

本文档主要针对HTTP API调用者，百度AIP开放平台使用OAuth2.0授权调用开放API，调用API时必须在URL中带上access_token参数，获取Access Token的流程如下：

获取Access Token

请求URL数据格式

向授权服务地址https://aip.baidubce.com/oauth/2.0/token发送请求（推荐使用POST），并在URL中带上以下参数：

- **grant_type**：必需参数，固定为client_credentials；
- **client_id**：必需参数，应用的API Key；
- **client_secret**：必需参数，应用的Secret Key；

例如：

```
https://aip.baidubce.com/oauth/2.0/token?grant_type=client_credentials&client_id=Va5yQRHlA4Fq5eR3LT6
```

图 15.28　获取 Access Token 的方式

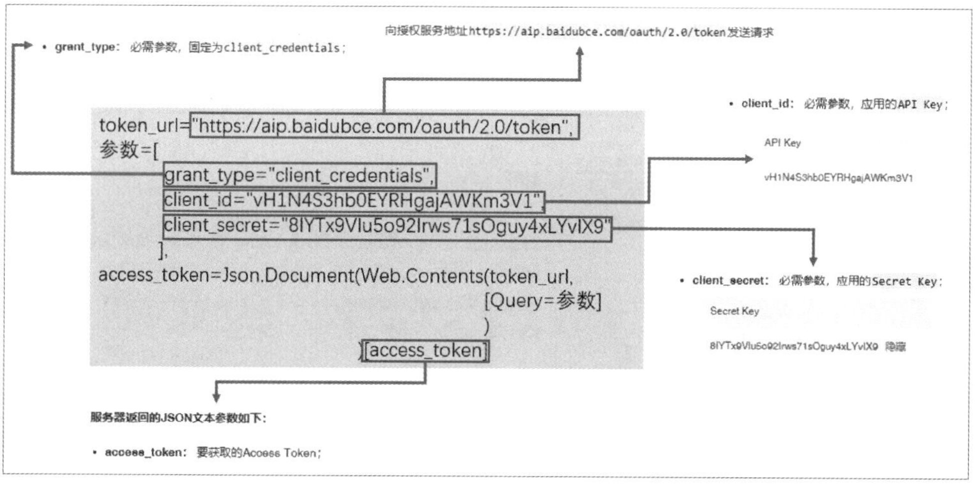

- grant_type：必需参数，固定为client_credentials；

向授权服务地址https://aip.baidubce.com/oauth/2.0/token发送请求

- client_id：必需参数，应用的API Key；

API Key

vH1N4S3hb0EYRHgajAWKm3V1

```
token_url="https://aip.baidubce.com/oauth/2.0/token",
参数=[
        grant_type="client_credentials",
        client_id="vH1N4S3hb0EYRHgajAWKm3V1",
        client_secret="8lYTx9Vlu5o92lrws71sOguy4xLYvlX9"
    ],
access_token=Json.Document(Web.Contents(token_url,
                                [Query=参数]
                                )
                            )[access_token]
```

- client_secret：必需参数，应用的Secret Key；

Secret Key

8lYTx9Vlu5o92lrws71sOguy4xLYvlX9 隐藏

服务器返回的JSON文本参数如下：

- access_token：要获取的Access Token；

图 15.29　通过 GET 请求方式获取 Access Token

注意：API Key 和 Secret Key 都是在创建的应用中找到的。

3. POST 请求的主体内容

POST 请求的主体内容先经过 base64 编码转换成二进制类型数据，再经过 urlencode 编码处理。在 Power Query 中对应的函数为 Binary.ToText，Binary.ToText 函数的使用说明如图 15.30 所示。

Binary.ToText

返回将数值 binary 的二进制列表转换为文本值的结果。或者，可以指定 encoding 以便指示要在生成的文本值中使用的编码 以下 BinaryEncoding 值可用于 encoding。

BinaryEncoding.Base64: Base 64 编码
BinaryEncoding.Hex: 十六进制编码

输入参数

binary (可选)

encoding (可选)

BinaryEncoding.Base64
BinaryEncoding.Hex

function (binary as nullable binary, *optional* encoding as nullable BinaryEncoding.Type) as nullable text

图 15.30　Binary.ToText 函数的使用说明

直接使用 Uri.EscapeDataString 函数和 Binary.ToText 函数的组合，可以得到一个由二进制类型的参数转换的文本文件。

```
Uri.EscapeDataString(Binary.ToText(pic_B,BinaryEncoding.Base64))
```

其中，pic_B 为通过 base64 编码转换成的二进制类型的图片，上述代码先将二进制类型的数据转换成文本类型的数据，然后经过 urlencode 编码再次转换，得到一个最终转换好格式的文本型字符串。

此外，需要特别注意的是，image 是作为参数标题的，如图 15.31 所示，因为参数的类型是 string，是文本型字符串，所以需要使用“&”连接符对参数的标题及内容进行组合。

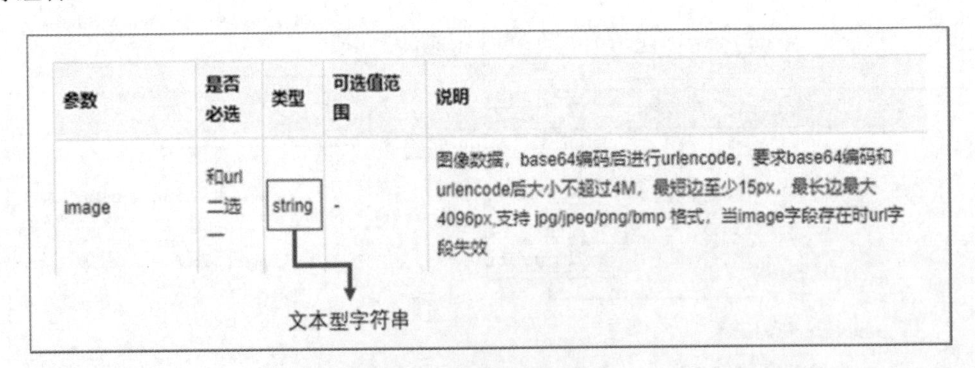

参数	是否必选	类型	可选值范围	说明
image	和url二选一	string	-	图像数据，base64编码后进行urlencode，要求base64编码和urlencode后大小不超过4M，最短边至少15px，最长边最大4096px,支持 jpg/jpeg/png/bmp 格式，当image字段存在时url字段失效

图 15.31　参数 image 的说明

最终的 Body 中文本类型的参数是前缀加上转换成文本的二进制数据，代码如下：

```
"image=" & Uri.EscapeDataString(Binary.ToText(pic_B,BinaryEncoding.Base64))
```

但是在 Web.Contents 函数中的参数 Content 需要的是二进制类型数据，因此还需要对请求主体的参数进行一次类型转换，从文本类型转换成二进制类型，使用的是 Text.ToBinary 函数，所以最终的 Content 内容是经过转换后的二进制类型数据，代码如下：

```
Text.ToBinary("image=" & Uri.EscapeDataString(Binary.ToText(pic_B,
BinaryEncoding.Base64)))
```

在开发文档中，参数 image 和 url 是二选一的，为什么要选择 image 呢？实际上，如果是图片链接，那么这个 Body 中的内容直接使用图片的参数标题加链接就可以了，代码如下：

```
Text.ToBinary("url=" & "https://dwz.cn/YbnDZtlY")
```

注意：图片链接是短网址链接，实际的图片是 http 格式，如果是 https 格式，则会返回错误。

然后把全部代码合并起来，形成一个自定义函数，只需要唯一参数是二进制类型的图片或 url 链接格式的图片，就能获取图片中的文字了，代码如下：

```
let
fx=(pic_B)=>
    let
    //获取 Access Token
    token_link="https://aip.baidubce.com/oauth/2.0/token",
    query1=[
            grant_type="client_credentials",
            client_id="vH1N4S3hb0EYRHgajAWKm3V1",
            client_secret="8IYTx9Vlu5o92Irws71sOguy4xLYvIX9"
           ],
    access_token=Json.Document(Web.Contents(token_link, [Query=query1]))
[access_token],

    //获取图片中的文字
    url="https://aip.baidubce.com/rest/2.0/ocr/v1/general_basic",
    header=[#"Content-Type"="application/x-www-form-urlencoded"],
    query2=[access_token=access_token],
    pic_D=Uri.EscapeDataString(Binary.ToText(pic_B,BinaryEncoding.Base64)),
    //处理图片格式
    Content=Text.ToBinary("image=" & pic_D),
    result=Json.Document(Web.Contents(url,
                                    [Headers=hearder
                                     Query=query2,
                                     Content=Content]
                                     )
                        )
in
    result
```

```
in
fx
```

注意：*实际上，在这里可以省略表头 Headers。*

因为在代码中只给了 1 个必需参数，如果运行正确，则返回 3 个字段，分别是“log_id”、“words_result”和“words_result_num”，如图 15.32 所示。

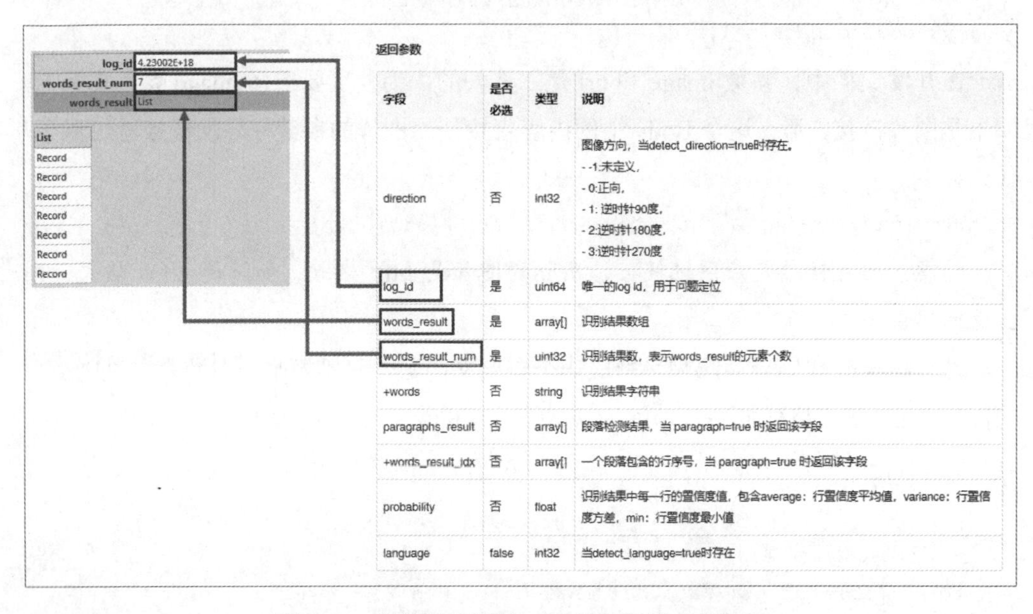

返回参数

字段	是否必选	类型	说明
direction	否	int32	图像方向，当detect_direction=true时存在。 - -1:未定义， - 0:正向， - 1: 逆时针90度， - 2:逆时针180度， - 3:逆时针270度
log_id	是	uint64	唯一的log id，用于问题定位
words_result	是	array[]	识别结果数组
words_result_num	是	uint32	识别结果数，表示words_result的元素个数
+words	否	string	识别结果字符串
paragraphs_result	否	array[]	段落检测结果，当 paragraph=true 时返回该字段
+words_result_idx	否	array[]	一个段落包含的行序号，当 paragraph=true 时返回该字段
probability	否	float	识别结果中每一行的置信度值，包含average：行置信度平均值，variance：行置信度方差，min：行置信度最小值
language	false	int32	当detect_language=true时存在

图 15.32 “通用文字识别”API 调用返回字段的说明

如果是本地图片，则可以直接调用 File.Contents 函数获取图片的二进制类型；如果是批量本地图片，则可以使用 Folder.Contents 函数获取文件夹内的文件，其返回值中有一个名为“Content”的列就是文件的二进制类型（见图 2.17）；如果是网络图片，则需要使用 Web.Contents 函数返回其二进制类型。总之，自定义函数的参数直接调用图片的二进制类型即可，使用 image 标题的参数，可以在多种场景下使用此自定义函数。